U0221767

中 国 水 仙

江泽慧　彭镇华　等著

中国林业出版社

图书在版编目(CIP)数据

中国水仙/江泽慧,彭镇华等著. —北京:中国林业出版社,2013.1
ISBN 978-7-5038-6911-2

Ⅰ. ①中… Ⅱ. ①江…②彭… Ⅲ. ①水仙 – 介绍 – 中国 Ⅳ. ①S682.2

中国版本图书馆 CIP 数据核字(2013)第 003723 号

责任编辑 徐小英
封面设计 赵 方
版式设计 骐 骥

出版 中国林业出版社(100009 北京西城区刘海胡同7号)
E-mail forestbook@163.com **电话** (010)83222880
网址 http://lycb.forestry.gov.cn
发行 中国林业出版社
印刷 北京中科印刷有限公司
版次 2012 年 12 月第 1 版
印次 2012 年 12 月第 1 次
开本 889mm×1194mm 1/16
印张 20
字数 402 千字
印数 1~1000 册
定价 280.00 元

前　言

　　中国水仙古称"蒿"、"天葱"、"雅蒜"、"俪兰"、"凌波仙子"等，正是华夏民族最高审美情趣，高尚、纯洁、坚贞、亮节、和谐、朴实品格反映，高度精神文明体现。中国水仙有文字可考证的，也有数千年栽培史和在盆盎中水养历史。人们爱它，用它，种它，赏它，养它，培育它，赞它，画它，雕琢它……，以独特的生命感悟方式，赋予了人的品格和仙风道骨，使它积淀承载了丰富的中国传统文化内涵，诗、词、歌、赋、琴曲、画卷、典故、传说、图腾标志等，不胜枚举，是我国传统十大名花之一，形成了独特的中国水仙文化。自古以来，深受华夏炎黄子孙崇敬和厚爱，被奉为"岁朝清供"佳品，更是一年一度春节时，国家领导人在人民大会堂举行全民春节盛大团拜会上和正月十五元宵佳节欢聚会上唯一用花，在节日中给全国各族人民带来祥和与喜庆，为中华文明建设增添无比靓丽光彩！

　　华夏大地，名花荟萃，花之国度，佳卉故乡。名花是大自然美中精华，是中国古老文化标志。人们借以明志树德，作为吉祥美好象征。悠久历史和蕴含丰富文化，凝聚伟大高尚中华民族品德和气节。优异众多花卉园艺植物种类以及独有迷人姿色，不仅使古往今来无数华夏儿女为之自豪，而且我国的维管植物总数相当于美国、加拿大和欧洲的总和，是全球植物起源、演化、发展及栽培中心之一。由此，使众多国外植物探险者心驰神往，从 16 世纪起，他们一遞又一遞，轮流不断、更番接连，远渡重洋，深入中国，风餐露宿，冒雪踏冰，探索这植物王国宝库，寻求珍贵植物资源。现今流行全球的切花、盆花，以及欧美各个发达国家中植物园、公园、庭园中栽培优良园艺果木，园林花卉草木，大都源自中国。如法国传教士，著名中国生物采集家 Armand David（M. Labbé Armand David，1826~1900 年），1862~1874 年间曾在中国，特别是华北到华南以至西南，长期采集动植物标本，包括大熊猫，鸽子树等珍稀动植物，都是他采集之后被外国人命名的。中国水仙亦被外国人 M. J. Roemec 于 1847 年定名为 *Narcissus tazetta* var. *Chinensis* Roem，居然变成法国水仙变种。又如英国植物学家，采集家 E・H・威尔逊（E. H. Wilson）更是其中最有名一员，自 1899 年起，18 年中，先后 5 次来中国，搜集植物花卉种类总数竟达 3500 号，蜡叶标本 65000 多份。以自己亲身感受，发自内心感叹，他著作《中国，园林的母亲》（China, Mother Of Gardens）一书于 1929 年在美国出版，总结在中国的发现与收获。从此，我国即以

"世界园林之母"和"全球花卉王国"称誉名扬世界。名花作为和平与友谊使者,从中国来到世界各地,成为异国他乡园林花卉中不可缺,深受当地大众喜爱的名花,更是各国育种学家求之不得,爱不释手杂交育种原始亲本材料。同时,中国人从异国他乡亦引进不少名花品种,经过园丁们不懈辛勤耕耘养护,已在华夏大地繁衍并扎根落户。如原产南非的君子兰、印度的茉莉花、鸡冠花,墨西哥的仙人掌、鸡蛋花、大丽花,中亚等国的石榴、凤凰木等,已成为中国众多名花中重要组成部分,充分显示中西文化交流。

现今,世界花卉园艺大发展,我国花卉产业亦展现蓬勃发展良好态势。国际间花事频繁交流,方兴未艾。著名球根花卉如郁金香、风信子、洋水仙以及切花品种月季、康乃馨、红掌、非洲菊等优良商品种类大量被引入我国,从而丰富国内鲜花市场和美化公园、庭园环境。同时,中国水仙玉洁冰清,芳馨素雅,球大、葶多、花繁、形美、花期长,花香淡雅宜人,具有健脑益体效能,神韵高雅,特适盆盎中水养冬花,只需一碟清水,在水仙属植物万余品种中独树一帜,超越群芳。独创的阉割栽培技术和商品鳞茎球雕刻造型艺术及水养技艺,这一切构成千姿百态,一幅幅立体画,诗情画意,意境高雅,融文化艺术于一炉,成为世界花卉中奇葩!令世界园艺界刮目相看!

据史载,早在我国明朝隆庆元年(1567),穆宗皇帝朱载垕颁下诏书,取消漳州府海澄县月港进出海疆禁令时,"准贩东西两洋"后,中国水仙就漂洋出海走天涯。康熙二十四年(1685)清政府在石码港设立海关后,中国水仙鳞茎球便成为对外出口贸易大宗商品。经五百余年发展,据不完全统计,仅在2010年时,福建省漳州市中国水仙商品鳞茎球年产量约4000万粒,其中有1000万粒出口北美洲、欧洲以及东南亚等国家和地区。随着众多旅居华人身影,中国水仙也早已传播世界各地,香飘万里,其独特中国水仙文化内涵驰誉海外,是圣洁、美丽、吉祥、高尚之象征,被世界各地人们所认同。有关中国水仙文化活动也纷纷展开,其中最具影响力最富盛名,当属美国夏威夷檀香山中华总商会主办中国水仙花节以及审定评选出该年度"水仙花皇后"一名,"水仙花公主"四名,任期一年,凡选中者被视为莫大荣耀。每年在中国农历春节时举行,至今已经举办60余届。

《荀子·王制第九》曰:"水火有气而无生;草木有生而无知;禽兽有知而无义;人有气、有生、有知,亦且有义,故最为天下贵也。"当地球生物圈运转演化到人类出现时,加上人气、人生、人知、人义、人文,就构成充满活力、生机盎然人类生态文明社会。

中华民族历来就是一个爱花民族。我们祖先爱花、采花、栽花、养花、赏花、赞花、画花,其历史悠久,至少可以说和人类生产活动同行。中国古称"华夏",在古代"華(华)"与"花"相通,由此表明,文明肇始,华夏民族生存、发展与花木密不可分，息息相关，或采食之、或作医药、或装饰家园……，在"华夏"这一民族图腾柱上凝聚着先人对花卉草木之倾心爱戴和无比崇敬。

中国水仙不仅具有色、形、姿、香四绝和花、叶、茎、根俱全自然美，还具有神韵美和灵魂美。神韵美是自然美凝聚、升华和结晶，体现其特有风骨、气质和神韵，比自然美更具有深刻含义，更幽邃意蕴，以及更高之境界，逸士之操，君子之节。玉洁冰清、严冬苗发、亭亭玉立、凌波微步、不畏严寒、傲雪凌霜，在冰中孕蕾、在雪里怒放，清香幽远，健脑益体，令人心旷神怡；神韵高雅，抱德坚贞，无私无畏，默默奉献，给人间带来无限生机与活力，春之信息。如宋代姜特立《水仙》诗："六出玉盘金屈卮，青瑶丛里出花枝。清香自信高群品，故与红梅相并时。"清代康熙皇帝《水仙花》诗："冰雪为肌玉炼颜，亭亭玉立貌如仙。"，"翠帔湘冠白玉珈，清姿终不涴泥沙。骚人空自吟芳芷，未识凌波第一花。"这些诗词或写水仙神韵，或赞美其品格，都可谓雅韵欲流，足为中国水仙添色增辉。中国水仙所具有的形态特征和生物学、生态学等一系列有异于国外水仙之独特品性和博大精深中国传统文化品味，在世界上独一无二的。然而，尤其近几十年来，中国水仙原产地或者说起源问题发生疑问。一说是地中海起源，一说是中国本土起源，二者争论不断，迄今未决。为此，在全面整理前人关于中国水仙为地中海起源和中国起源两者依据与论点基础上，广泛搜集引证各种经典古籍、考古工作者发掘出土实物资料，跨学科、多角度观察，细化分析，对比、深入探究，追根溯源中国水仙古名字与古汉字、中华博物学、中华古医药、古代远射兵器弓箭制造、仿生制陶、中国饮食文化、上古琴艺文化以及中国道教伦理等等相互影响与发展关系，证实中国水仙早在我国远古时代与人类生活起居活动息息相关，不可分离。

宋代爱国词人辛弃疾对屈原未能在《离骚》中题品中国水仙而感到遗憾。如在《贺新郎·赋水仙》词："灵均千古怀沙恨，记当时匆匆，忘把此仙题品。……弦断招魂无人赋，但金杯的砾银台润。愁带酒，又独醒。"张炎在《西湖·题墨水仙》词："独将兰蕙入离骚，不识山中瑶草。"

我国明代著名中医药学家李时珍在参阅了800余部前人典籍基础上，足迹踏遍药材出产地，采集标本绘成图，其中就有中国野生水仙。耗费毕生心血，在1587年完成了中国古代最伟大的药物巨著《本草纲目》。在《卷十三·水仙集解》记载："亦有红花者，按唐·段成式《西阳杂俎》云：'柰祗出拂林国，根大如鸡卵，苗长三四尺，叶似蒜，中心抽条，茎顶开花，六出红白色，花心黄赤，不结子，冬生夏死。取花压油，涂身去风气。'据此形状，与水仙相仿佛，岂外国名谓不同耶？"李时珍肯定"柰祗"为红花者，即为欧洲红口水仙。仅形状与中国水仙相仿，但名称不同。"叶长三四尺"，按《唐六典·卷三》唐代长度单位有小尺、大尺之分，小尺长度等于现今米制30cm，大尺则为36cm。就按小尺度量"柰祗"叶长也有90cm，也远远

超过中国水仙栽培品种叶长 30～50cm 很多。

清代湖南长沙人王闿运在撰著的《尔雅集解·释草第十三》："蒚，山蒜。蒜，荤菜。蒚，今之水仙，冬草也。根正似蒜，花如釜上置鬲，故谓之鬲。"又在《芳草·水仙》词序曰："水仙花，即蒚，山蒜。开花如釜，蒸鬲，今或名雅蒜，根如蒜也。"

湖南常宁人尹桐阳在《尔雅义证》曰："蒚，山蒜。冬花似蒜而香，今水仙，百合花类，石蒜科艸也。水仙叶根似蒜，花如 釜上复鬲，故谓之鬲，加艸者，为艸类故也。"

时至 1990 年，福建农业大学许荣义曾去闽浙沿海及岛屿走访当地老农，亲临现场调研。发现不少花葶高达 60～80cm，叶长 24～30cm 野生水仙。并在 1992 年出版的专著《中国水仙·中国水仙史话》一节中提出：水仙如是外来之物，必是音名相近。如菠萝，梵文名 Shorea Robusta，既然水仙意大利音为"奈祗"，为什么从古以来水仙名称繁多，就是没有"奈祗"这种叫法？

陈心启，吴应祥两学者是地中海论的主要代表，曾于 1982 年在《植物分类学报》上发表《中国水仙花考》；吴应祥于 1984 年 3 月在《世界农业》刊物上发表的《水仙史话》，以及同年 6 月出版的《植物与希腊神话》等论著中都多次肯定认为："中国水仙是在距今 1200 多年前唐朝由意大利输入我国。"，"中国水仙是一种归化植物，它极有可能是在唐初从地中海区域传入中国。"

根据上述两种观点和提出的证据，本书研究工作把中国水仙起源和与中国传统历史文化之间关系，编写在第一章至第五章中，现简述如下：如果从独具特色的中国水仙名称而言，史载中国水仙美名甚多，其中单音节独体字"鬲"为中国水仙原始古名。汉语是语素文字，与西方拼音文字不同，这是与汉字单音成义之特点相适应。随着汉语演化发展，以及人类生产活动范围扩展，并且对事物性质认识不断深入、细化，出现双音词语，如水仙、山蒜、水稻、大豆、小麦、大麦，水仙其后又有俪兰、雅蒜、配玄、女儿花、女史花、雪中花等等美称，无不一一深深地打上华夏传统历史文化烙印。

《尔雅》相传 3000 年前为周公所撰，是我国最早解释词义专著。释通古今，规范名实，辨类属之异，集方言之殊。《尔雅·序题下疏》："尔，近也；雅，正也。言可近而取正也。"《尔雅·释草》："蒚，山蒜。"三国·魏时东方大儒孙炎《尔雅·释草》音注："蒚，力的反。蒜西乱反。种之用反。茎，户耕反或作英。"意指从字形上是"力"反，读作 lì。指具体事物，"蒜西"，汉代称"葫"，据说张骞从西域带回内地的。四川方言称"蒚"为"乱"。"乱"与"乿"通用。"种之用反"，即指"蒚"在栽植时应正放。孙炎接着更进一步详细明确说明："茎，户耕反或作英。""茎"，即具体指鳞茎球。"户耕反"意指农户耕种时应反过来，根朝下，芽朝上正放于栽植穴中，或者作观花水养时，亦要正立放在盆碟中。"英"意指花荣而不结实者。汉·许慎《说文解字》："华，荣也。"清·段玉裁注："木谓之华，草谓之荣。荣而实者谓之秀；荣而不实者谓之英。"说明早在三国时期孙炎对"蒚"了解已十分清楚。并在《尔雅·释草》注："帝登蒚山，遭莸芌草毒将死，得蒜乃啮之解毒，乃收植之，能杀虫鱼之毒，摄诸腥蟺。"帝即指炎帝神农氏，又称厉山氏。从东周以来，有 140 多种古籍均记载炎帝诞生于湖北随州厉山。炎帝图腾氏族出于对其崇拜，将"蒚"名音读 lì，音与力、厉、立同。这是中国水仙最古老原名"蒚"之由来。

唐代诗人来鹏（~883）豫章（今属江西南昌市）人，有诗《水仙花二首》，且与唐代文学家段成式（803~863）几乎为同时期人。

瑶池来宴老金家，醉倒风流萼绿华。

白玉断笄金晕顶，幻成痴绝女儿花。

花盟平日不曾寒，六月曝根高处安。

待得秋残亲手种，万姬围绕雪中看。

诗中"老金家"，即指传说中古帝少昊之称号，东夷集团古部落首领以别太昊伏羲氏，故称少昊；以金德王，故也称金天氏。邑穷桑，都曲阜。老金家即意水仙为金天氏家族图腾标志。第二首以极为简洁地概括写出中国水仙生物学特征和生态学习性，以及栽培技术流程。

甲骨文是殷商王朝宗室占卜档案，也是我国迄今为止被公认最早文字记录。如甲骨文中"蒚"字演化发展：

、 、 、 、 、 、 。从这里可以看出对中国水仙认识是逐步深化的，由注重地上部花叶描述创造文字，转到对地下鳞茎球外部形态至内部构造，体现古人掌握中国水仙鳞茎内部结构本质特征。

又如西周金文中"蒚"独体象形字演化与发展：

、 、 、 、 、 、 、 、 、 。与甲骨文示意水仙古名"蒚"鳞茎球内部结构一脉相承。

从现今《汉语大字典·蒚部》还可查到："蒚"读作 lì，音立、力、历，与古"蒚"同。在甲骨文中已简化为"蒚"，后根据艸的性质，将"蒚"的上部"麻"表示苗之意简写为"艹"，即草字头"艹"（艸），由"蒚"演化至"蒚"字。

还有战国时期楚国竹简上"蒚"字形象，以及华夏族集团图腾共主标识等。

人类来自大自然，与自然万物同根同源，追求真善美意识与心态，是其本性。历来中国人崇拜自然，尊重自然，倡导"人法地，地法天，天法道，道法自然"，而充满形态美、花香美、洋溢生命华彩和具灵性感山川花卉草木，更能唤起人类美和爱，也更是文心所至，皆可入乐入诗入画。群山巍巍，乃心志之高远；江流浩荡，乃心河之奔涌；花木扶疏馨芳，乃心影之憧憬；鸟鸣鱼跃，乃心神之灵动。万事万物，各呈其态，造化钟灵，自足其神气。然心与境契，感怀生命，则物态现为心态，性相两融，妙合为一，和谐生态。是故凡音乐、诗画之所贵也，非贵其华章黼黻，非贵其惟妙惟肖，而贵其乐声流韵，而贵其心灵与琴乐共鸣，心志所托，心境之表象，升华为生态文明最高审美境界。或喻于声，或方于貌，或拟于心，或警于事，而流韵乐声，心声之所咏，挥毫濡墨，融于卷帙之间者。故曰：人类者，天地之心也。把客观物象美化、艺术化，从而发生对自然界自觉关照。

春去夏至，水瘦山寒，千里冰封，万里雪飘，悬崖挂冰，百花俱寂，万物萧疏，唯有凌波仙子，寒冬苗发，铺就雪原之野。冰肌玉骨，铮铮风骨，衔霜映雪，风采从容，踏冰履雪，绽放岁晚。清馨隽永，丹心唤春，好一个秉志凌霄，奇美仙子气度，使冰封雪锁华夏大地上，透出益然生机，溢出洋洋之活力，开时与万里雪原共舞，谢时落素冰池，大江大湖，开得风流，落得壮美，生也独秀，枯也凛然，相伴荣枯悲欢，相守岁暮朝夕，如此深情，何等眷恋，怎样回归啊！

"湘君遗恨付云来，虽坠尘埃不染埃。疑是汉家涵德殿，金芝相伴玉芝开。"这是道家学者陈抟（871～989）隐居武当山时所写一首《咏水仙》七律诗，对盆中水养盛开水仙花赞美。从此解除道教茅山宗创始人陶弘景（456～536）将水仙之名列为社会"公讳"道规违禁，歌咏水仙诗词歌赋犹如火山爆发冲天气势从人们心中喷出。

人类皆爱花，但爱得如此痴狂，当数华夏。中国水仙文化之深厚，名目之广，故事之奇，琴乐诗画之多，流韵之风采，更当数中华。

一言以概之，吟咏水仙诗词、歌赋、琴曲是极其珍贵文化遗产，是历代先民们智慧结晶，华夏民族精神文明之瑰宝，当与天下共知之。本书收集部分清代及以前各时代吟咏水仙诗词歌赋、琴曲等计有五百余篇，水仙画卷十多幅。其中宋代赵孟坚《白描水仙》长卷，更是一幅大手笔写实性绝品，描绘野外一长块坡地上之水仙，有40多丛，着花180余朵，叶壮花繁，生机益然。出于自然，高于自然，清雅绝俗，诚然可以看出此图作者扎实非凡之写实功力。由此，陈鹏年在后幅题有："此卷长寻丈有奇，花凡数十百本，姿态百出，生动变化，自非功力精到不能有此。几案间足令寒香袭人衣袂也。"所以这些瑰宝是所有说汉语，书写汉字人们共同财富，精神食粮。大家千万不要放弃对这份先祖留下的珍贵文化遗产之继承传载啊！

对中国水仙鳞茎球浸水后放置碟盘中水养开花，古已有之，这在殷墟出土甲骨文卜辞，以及商周时代青铜礼器铭文中均可见证。中国水仙天然丽质，独具清新，素洁高雅，芬芳溢久，超凡脱俗自然美，寒冬苗发，只需一碟清水，置于室内案台窗几，展翠吐芳，增添祥瑞温馨气氛。人们评价："寒冬一缕幽香，斗室中一丛翠绿，娇柔妩媚小繁花，清水供养勤勤换，不食人间土与肥。""承露玉盘冷沉滢"而受到历朝历代文士吟咏赞美。宋僧慧梵诗："雪骨檀心碧玉姿，抽花多在小盆池。"黄庭坚诗："凌波仙子生尘袜，水上盈盈步微月。""得水能仙天与奇，寒香寂寞动冰肌。"清·康熙皇帝《水仙花》："冰雪为肌玉炼颜，亭亭玉立藐姑射。""翠帔湘冠白玉珈，清姿终不污泥沙。骚人空自吟芳芷，未识凌波第一花。"

"得水能仙天与奇，香寒寂寞动冰肌。"中国水仙具有这种特适室内水养冬花，在世界水仙属植物和万余品种大家族中独树一帜。这种有异于国外独特之品性，可以说在数千年前华夏古人类，在解剖"蒚"，即鳞茎球在水边取其胶汁，勾兑胶液浸弓过程中，逐渐发现破碎鳞茎能在水上抽叶开花之秘密，从而创造独体单音节"蒚"象形文字，以及发明水养技术，阉割造型栽培技术和雕刻盆景造型艺术。这在甲骨文和西周金文均找到明证，如"𥄂""𥅏"。因此，从这时候起，"蒚"又有新名，"水仙"之称誉。"蒚"作为华夏族集团图腾共主标志，而受到无比厚爱和至尊崇敬。图腾族首领在年祀时，都要在国家级重器青铜礼器中，水养一大盆水仙，开花时诚惶诚恐举起双手托起花盆放在祭台上，献给先祖。

现今人们用作庆贺新年，放在贡案上，成为"岁朝清供"年花。南方民族民间还有这种传统，每逢岁暮前一个月，家家户户都要精心挑选水仙鳞茎球，浸泡1～2天让其吸饱水分，置盆盎中水养，经过几十天莳养调控，在除夕之夜开花，甚至在花茎上绾几道红绸带，扎上蝴蝶结，以示"见红大吉"、"吉祥如意"，置于年祭贡案上，敬献先祖。这种送腊迎春敬上一盆亲手水养水仙花祭祀先祖传统，不仅在江南地区一带，香港、澳门、台湾民间蔚然成风，而且在海外侨胞也颇盛行。

观赏盆景是中国水仙独有雕刻造型。中国水仙是越冬常绿多年生草本鳞茎花卉。商品用鳞茎球是花农经过三年冬春连续栽培与夏秋收藏过程，辛勤管理而培育成功产品。其球茎硕大，球体饱满，营养丰富，葶多花繁，特适合游刃雕刻后在水中培育成各种惟妙惟肖造型艺术珍品。用灵巧双手和发挥大脑思维中立意丰富想象力，创造出空谷幽静，溪水潺潺意境，又雕琢出各种各样飞禽走兽等风韵独特观赏盆景，融花卉造型、盆饰与几架于一体景观，实现植株生长、盆景造型、精湛雕艺于一炉，成为无言的诗、立体的画艺术作品，在世界花卉园艺欣赏艺术中，堪称为"中国水仙一绝"。

为中国水仙鳞茎球雕刻造型题名，古已有之，可以溯源至有文字记载商周时期，中国水仙原始古名"蒚"字造型便是明证。

宋代诗人曾协（　～1173）《周知和以苏陈倡和韵赋水仙、江梅、蜡梅三种花谨次韵》咏水仙诗："天工着意初放花，三英凛凛真一家。镂冰点酥更团蜡，始信功深解生物。临风却嗅心自知，粲兮粲兮哦古诗。几年刻玉但成叶，一笑真同长康绝。得非仙种来神山，为伴老子终朝眠。岁寒得友不忍友，且对众香勤觅句。鼎分风月俱可人，如陈窦刘人所君。诗场战罢戡干越，尽扫色尘歌一钵。"从诗中可知诗人乐于探索研究对中国水仙鳞茎解剖雕刻造型技艺，雕花刻叶，创新取景极为满意，并善于引经用典，雕章续句，总结经验写成诗，赞颂自己作品。诗人认为这种镂冰"解生物"，颇有点残忍剜肉式艺术加工行为，虽然丝毫不会影响凌波仙子生长开花，但终究不忍。可是几年刻玉加工艺术作品，真可与晋代大画家顾恺之，世人称长康三绝"才绝、画绝、痴绝"相提并论。"岁寒得友不忍友"，这种将自己快乐建立在别人痛苦之上的行为，犹如东汉末期时人称为"三君"陈蕃、窦武、刘淑谋诛残害虐刻百姓的宦官曹节、王甫等事泄，反被全族抄斩，惨不忍睹。"诗场战罢戡干越，尽扫色尘歌一钵"。佛教称色、声、香、味、触、法六者为尘。并认为六尘与六根相接，而产生种种嗜欲，导致种种烦恼。南朝宋·鲍照《佛影颂》："六尘烦苦，五道绵剧。"诗稿写成，扫除一切烦恼保持清净洁白，收藏好雕刻刀具吧。

明代袁宏道《水仙花》："琢尽扶桑水为肌，冷光真与雪相宜。但从姑射皆仙种，莫道梁家是侍儿。"亦是描述雕刻水养之情形及诗人对此感怀。

清代樊增祥对雕刻造型螃蟹水仙赞颂不已，连写七首长诗《赋得螃蟹水仙》。

清代著名园艺家陈溟子在 1688 年写成的《花境》中对水仙雕刻造型也有论述。漳州学者翁国梁在 1936 年出版《水仙花考》中对水仙造型技艺描述最为详细。新中国成立后，尤其改革开放以来，随着社会经济快速持久发展，物质生活水平和精神文明建设水平不断提高，人们对集自然美与艺术美于一体的水仙雕刻造型盆景产生了深厚兴趣。为此，1984 年底，中央新闻电影制片厂到漳州拍摄《凌波仙子》；1985 年 12 月上海科技教育制片厂来到漳州拍摄《水仙盆景》，中国盆景艺术家协会副秘书长、北京市盆景艺术研究会常务副会长马文其先生分别于 1988 年和 1998 年应邀为中央电视台和北京电视台拍摄《水仙雕刻造型》等多集电视片。1990 年中国邮票发行公司发行《水仙花》邮票一套 4 枚，其中 2 枚为水仙盆景图案。再加上广播、报刊等媒体大力宣传报道，中国水仙雕刻造型技艺得到广泛交流推广、普及提高、发展创新，使中国水仙这一民间传统雕刻造型技艺焕发新精神。雕刻造型增加了水仙"吉祥、美好、高尚、纯洁"审美情趣，提高了"品、香、色、姿、韵"五绝之雅，这是中华民族高度精神表现之一。

中国水仙商品鳞茎球经辐射处理后同样可达到类似雕刻造型效果，且可大批量生产，满足花卉市场需求。辐射处理中国水仙鳞茎球矮化技术研究是彭镇华教授早年在安徽农业大学任教时，于 1980 年申报，经安徽省科委审批立项《花卉辐射育种研究》课题中一个组成部分。其中《浓香矮化型中国水仙》是经多年反复连续攻关，辐射研制开发的高科技新类型产品，获得省科技进步奖，并于 1996 年取得国家专利权（专利号为 96106782.9－2）。

中国水仙商品鳞茎球，在室内水养期间，植株易发生徒长，带状叶和花葶细弱柔软，枝叶发黄，至开花时常产生垂折。《浓香矮化型中国水仙》不仅香气浓郁且叶片深绿短厚，故不易倒伏，从而避免春节期间十分忌讳倒伏现象出现，深受群众喜爱。

香味在华夏人赏花文化中占有极重要地位，被誉为"花的灵魂"。由此，古人对花香的感受极尽描绘之能事，留下了丰富的花香文化。中国水仙冰肌玉润、神韵高雅，花色清雅素洁、婀娜多姿，其香随风远飘，令人心旷神怡，神思驰骋，……宋代黄庭坚《次韵中玉水仙花》诗："暗香已压酴醾倒，只比寒梅无好枝。"《王充道送水仙花五十枝，欣然会心，为之作咏》诗："含香体素欲倾城，山矾是弟梅是兄。"杨万里《水仙花》："韵绝香仍绝，花清月未清。天仙不行地，且借水为名。"吕本中《水仙》："淡绎衣裳白玉肤，近人香欲透衣袄。"范成大《瓶花》："水仙镂蜡梅，来作散花雨。但惊醉梦醒，不辨香来处。"邵亨贞《虞美人·水仙》词："玉盘承露金杯勤，几度和香嗊。"赵颜端《菩萨蛮·水仙花》词："芳心真耐久，度月长相守。"明代徐渭《题水仙》："画里看花不下楼，甜香已觉入清喉。"清代曹雪芹《水仙》："夕窗明莹不容尘，白石寒泉供此身。一派青阳消未得，夜香深护读书人。"历代诗人骚客从各个侧面赞美中国水仙拥有沁人心脾，飘香欲近溢远之香气感受。

中国水仙香气成分与含量测定分析研究是彭镇华教授主持的《辐射技术在林业中应用研究》一个组成部分，亦是中国林业科学研究院研究生高健博士毕业论文"^{60}Coγ射线辐照中国水仙诱变效应和机理研究"重要内容。

众所周知香味是由发香物质分子挥发，在空气中扩散，侵入人体鼻腔内刺激嗅觉神经细胞感知的。每一种植物花香都有其特殊的香味。人们闭眼闻香就能说出是哪种植物的花。中国水仙呈现的独特香味应是各个香气组分及含量上特有比例所致。香味与花香的物质组成和化学结构有关。

运用气相色谱—质谱联用仪进行分析测定。中国漳州"金盏银台"水仙花香气成分共鉴定出90种化合物，占全部峰面积的91.8%，其中大多数是含氧化合物。

从香气物质性质和作用看：芳樟醇有较强香味，在水仙精油中含量相当高，在花香中起重要作用。吲哚对中国水仙的鲜幽香气特征起极重作用，是90种香气组成化合物中少数几种含量超过5%含氮化合物之一。含量超过2%苯甲醇虽香气淡漠，但在花香中起协调和衬托作用。含量0.54%乙酸苯甲酯有较强的香味，在90种化合物中含量属于中上等，也是中国水仙花中较有价值赋香成分。

中国水仙是典型"气质花"，其香精油随鲜花开放而不断形成和挥发，所以不开花不放香。

中国水仙香气有益于人体健康。中国水仙香气具有似茉莉花之鲜清，风信子之甜鲜和紫丁香或铃兰之鲜幽，显出独特温馨清甜鲜雅幽韵之香味和浓、清、远、久特点，使人感到宁静、舒心、温馨和清新。中国水仙香气成分与桂花类似，如在水仙花香气成分中均能明显检测到乙酸苄酯，乙酸苯乙酯等芳香族乙酸，多数成分是香精香料生产重要原料，使人感到香甜、清新愉悦。经多组人体试验表明，闻花香后，脉搏变缓，肺活量有增加，收缩压下降，人体红细胞和血红蛋白增加，相应输送携带氧能力提高，增强神经细胞兴奋性，使情绪得到舒张放松，改善人体神经系统、分泌系统等，从而达到调节全身器官与协调功能的作用，具有健体益脑功效。因此，用水仙花精油涂抹可辅助神经系统疾病患者康复。所以中国水仙既是冬季室内观赏花卉中珍品，也是提取名贵水仙花精油香料植物资源。

中国水仙鳞茎球图腾作为华夏集团图腾共主标志，而受到华夏集团全体氏族成员无比厚爱和深厚崇敬，为华夏集团文化传承与发展做出巨大贡献。中国水仙成为民众历年"岁朝清供"祭祀之珍品。宋·朱熹《赋水仙花》诗："……黄冠表独立，淡然水仙妆。弱植晚兰荪，高操摧冰霜。……卓然有遗烈，千载不能忘。"

总之，中国水仙植根于东亚华夏广阔无垠大地沃土上，生长在人民喜爱之环境中，具有广泛群众基础，是真正市民之花，群众之花，人民之花。人民推选和决定，是其能得名花之桂冠和图腾共主标志先决条件。中国水仙身兼图腾共主标志和"名花"这两名称于一体之含义，足以证明其广泛群众基础和人气旺美。《周礼·春官·典命》："上公九命为伯；王之三公八命；侯伯七命；王之卿六命；……"明代张丑在所著《瓶花谱》一书中运用周代官爵九个等级九品九命，将中国水仙定为最高品级——一品九命，与兰花、牡丹、梅花等同列，可谓推崇备至。

华夏大地上众多名花代表人类许多感情，真挚友谊，纯洁爱情，崇高敬仰；名花体现人类许多精神：坚忍不拔，傲然不屈，神圣贞洁；象征人类许多愿望：幸福和平，自然独立，健康快乐。所以人民需要名花，名花服务人民，人民与名花融为一体。人民在栽培养护、观赏和利用名花过程中，不断把物质文明、精神文明与生态文明建设，推向更高新阶段。

江泽慧　彭镇华

二〇一二年十月

目　　录

第一章　绪　论

文化是人类所创造，人类整个生活方式总和，包括物质文化和精神文化相互关联两部分，而花卉文化是其重要组成部分，具有丰厚文化内涵。"文明"一词，最早始见于我国上古典籍《尚书·尧典》中的"睿哲文明"以及《易·文言》中的"见龙在田，天下文明"，均是指光明而有文采。现今之文明含义，则是与"野蛮"相对而言，是人类进步状态。

远古人类生活资源，完全依赖采集和狩猎，若采集少，就少食；天灾采不到或大风暴雨不能去采，或寒冬万木萧疏，无果实，就处于饥寒交迫。一般性情况之下，若是草木因干旱或冻害，不开花结果则采集不到果实充饥；或者草木开花少，结果少，采到食物就少；或者大年开花多，结果多，采集到食物就丰富；至于狩获猎物那就更为艰难，就是一只小型动物兔子，凶狠的狼也要付出很大气力才能抓获。动物之王如狮子，常因抓不到食草动物，或干旱而饥饿得不能行动而死亡。由此可知，自然界中花卉和草木的花开花落、花多花少、四时变化及其所结出果实、种子，就自然而然地首先成为人类生活密切相关之物，并每时每刻日益接近，变得越来越密不可缺。经千百万年极其漫长采集和狩猎生活历史长河过程，首先是香甜味美的果实，且又纷繁复杂、五彩缤纷、争奇斗艳、赏心悦目，自然界花卉、草木都时时刻刻地融进古人类生活内容，成了人类快乐和兴奋之源泉，点燃了收集、培育花卉草木，装点家园之激情，并使之激情延续至今。因此必然不断注入其情感和思想认识之中，继而就形成一种与花卉相关文化现象，或以花卉为中心文化体系。

中国水仙已成为我国十大传统名花之一，极具中国特色，自古以来就受国人崇敬和厚爱，是一个具有极大生产潜力的花卉。多年来以其起源到发展都存在不少争论，因此，试图想要表达明白，必然涉及面就会多一点，特别是与中国历史和传统文化作些探讨，难免显得有些啰唆。

第一节　地壳变化

全球生态环境不断产生重大变化是影响地球生命形态主要因素，所有生命物质都不得不适应这种变化，否则就会生存困难乃至灭亡，这已是共识。植物演化始终与环境的改变相联系的。剧烈的环境改变往往加速植物自然选择压力，增强植物的适应性，结构趋向完善，类型增多，中国水仙也不例外。中国水仙的起源和分布必然与地壳的变化相联系。

地壳漂移，大陆板块相碰撞(图 1-1)就出现"天柱折、地维绝"局面，高山成大海，海底变成高山。地壳不稳定而发生沧海桑田之变化，使海洋与陆地上许多生物遭到毁灭性打击。地球和生物界发展有其自然规律，既有长期缓慢渐变，又有短期的突变，并且相互交替。板块理论认为：联合古陆各主要板块碰撞汇聚——分裂漂移——再碰撞汇聚——再分裂漂移，呈现周期性变化，大约 5 亿~6 亿年就发生一次。地质史上所谓古特提斯洋(Tethys Ocean)碰撞带，就是石炭纪二叠纪时古特提斯洋关闭后形成碰撞隆起造山带，从中国秦岭向西经昆仑、帕米尔到黑海、高加索，入地中海，就是板块前缘碰撞所致。秦岭向东经大别山、胶辽到日本南端穿过太平洋后直至墨西哥、中美洲、加纳比海一带。这条带以南陆块都来自冈瓦纳大陆，属于特提斯古生物地理构造域。现今尚保存在古特提斯碰撞带的大洋岩石圈地区的，如地中海、黑海、里海、咸海，皆是古特提斯洋的残留部分。古地中海在新生代新特提斯洋关闭过程中，一直处于缩小状态之中。新特提斯洋是三叠纪海西运动(印支运动)的末期，随着古特提斯洋的逐渐关闭而打开的。进入新生代后，由冈瓦纳大陆分裂而出的非洲板块逐渐向北漂移，以及分裂出的印度板块以更快速度向北漂移，向亚欧(劳亚大陆)

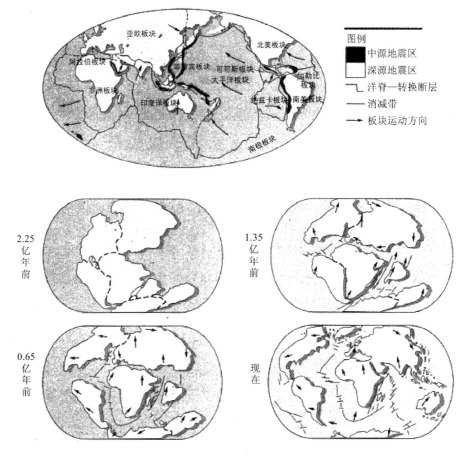

图 1-1　大陆板块漂移示意图

板块碰撞挤压，形成地质史上最著名阿尔卑斯和喜马拉雅山造山带运动。新特提斯洋自青藏高原向东逐渐关闭，在西藏班公湖向东沿着雅鲁藏布江至滇西，经红河一条缝合带进入中国南海。向西即是地中海退出亚洲境内。南海因印度板块向东北方向挤压，向左扭切，使新特提斯洋东端重新在南海活化。现今绵亘于藏北高原上可可西里无人区荒原中，有一片在地质上被称为"羌塘北坳"洼地，这就是特提斯洋，即古地中海向西退缩后露出的洋底残留部分。在这宽大海盆里居然乃有几十个锥形特征尤为明显"泥火山"，堪称一幅完美景观（图1-1 至图1-3）。

　　东南大陆构造由三大构造域组成：即北亚古特提斯洋、中亚华夏陆块群和南亚新特提斯构造域。在晚石炭世之前，位于劳亚大陆与冈瓦纳大陆之间东特提斯洋东部大洋中，即古赤道两侧以及南半球中低纬度地带大洋上漂浮一系列大小不等陆块岛群。由这些众多大小不等岛屿陆块组合而成的复合大陆，在地质上被称作华夏复合大陆或被称古华夏大陆群。主要由扬子、华南、塔里木、羌塘、昌都、中咱、保山、滇泰、马来西亚、基梅里等陆块组成。其来源主要由劳亚大陆南缘和冈瓦纳大陆北缘大小岛屿分裂而成。中朝板块在古生代以来则是古特提斯洋中独立板块，早古生代期间，扬子——华南板块隶属于东冈瓦纳大陆。这些古生代陆块之上覆盖有中生代以来沉积盆地，且类型多样，沉积岩相、建造类型、火山群与喷发痕迹、古生物区系复杂。表明众

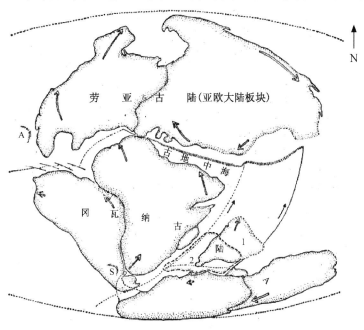

说明：

1. 点线表示断裂线。
2. 阴影线表示古地中海海沟。
3. 实线箭头示沿板块边界大剪切与侧向滑动带。
4. 空间头示联合古陆分裂以后的转动方向。
5. 图中1、2示印度板块已脱南极洲板块向北漂移。

图1-2　劳亚古陆和冈瓦纳古陆在侏罗纪位置图（180 万年前）

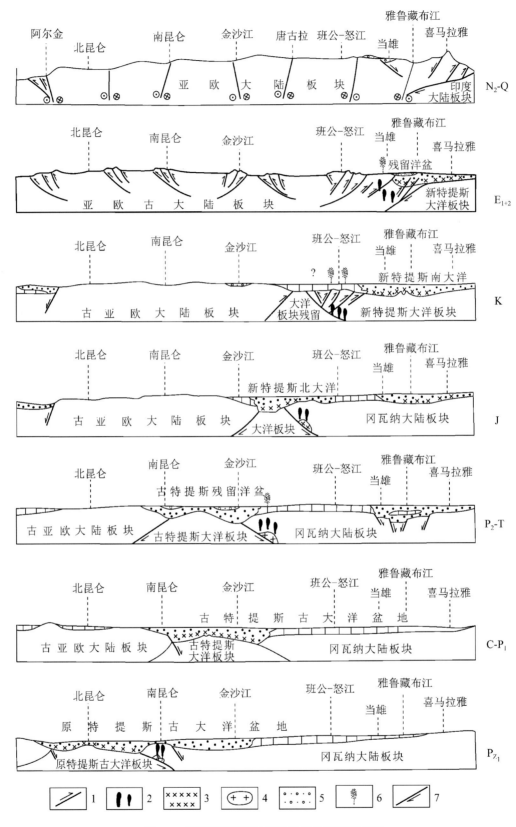

图1-3　青藏高原区域地质构造演化断面模式图

1—逆冲断层；2—岛弧岩浆；3—蛇绿岩；4—局部熔融体；5—磨拉石建造；6—火山喷发；7—俯冲带

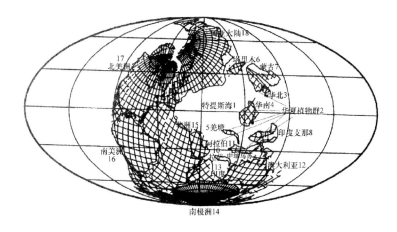

图 1-4　发育华夏植物群的特提斯洋中海岛群 (据 Ziegler 等, 1997; 修改)

多大小不同陆块是由特殊地块组成, 并经历地壳多次变动、海陆变迁、火山喷发、气候骤变、冰川袭击, 又是特殊地理位置上形成华夏大陆群。此陆群在古特提斯洋中彼此之间, 由浅海相隔, 距离不等, 随着海水之涨落, 海平面升降, 既相互独立又相互联系, 各陆块上植物群可相互辐射扩散, 迁移交流而独立演化, 发展成华夏古植物群, 其起源可以追溯到晚古生代。因华南与印支板块的孢型植物组合已真正具有三缝孢子类型, 出现在志留纪之前。历经冰火浩劫, 沧海桑田, 跨越漫长地质时期的幸存者, 形成一群适应性强、抗逆性强、寿命长、保持物种遗传稳定而生存下来, 演化、发展成独特生物学特性华夏植物群 (图 1-4)。

其次是气候变化, 地球形成之后, 不久便来一次冰川活动。冰川从极地向赤道推进, 搅得周天寒彻, 使整个大陆都覆盖着厚厚冰层。据称地球地质史上曾经历过四次规模宏大冰川运动: 第一次是 5.7 亿～6.8 亿年前寒武纪, 那时冰川大规模覆盖了大洋洲、欧洲、美洲和亚洲部分地区; 第二次冰川期在 4.1 亿～4.7 亿年前, 此次冰川覆盖了非洲、南美洲、欧洲、北美洲北部地区; 第三次冰川期在 2.3 亿～3.2 亿年前, 冰川覆盖面积扩大至整个南半球; 著名的第四纪冰川, 即第四次冰川期是从 250 万年前开始, 并一直持续至今还未结束, 现今正处于间冰期。第四纪冰川期之初, 冰川覆盖了整个北半球, 地球年平均气温曾较现今低 10～15℃, 全球 3/4 以上大陆被厚重的冰雪覆盖, 那时地球简直就像是个大雪球, 最大冰层厚度可达 2000～3000m, 海平面下降 130m 以上。地球表层及地貌系统发生一系列重大变化, 改变原有生态平衡, 诸如大气环流格局改观, 气候带迁徙, 植物带与动物群亦相继发生变动与迁徙。由此可知, 冰川既封锁了人类的食物链——绝大多数生物因冻馁而衰亡乃至灭绝, 也把人类推到生死攸关境地。

印度洋扩张始于侏罗纪末、白垩纪初 (135Ma 左右), 印度板块在白垩纪末与亚洲大陆碰撞, 地处东亚大陆华夏大地, 由于印度板块向北漂移, 俯冲与亚洲板块碰撞、翘起, 新特提洋在其中段被挤压, 升高隆起, 形成喜马拉雅山、冈底斯山、昆仑山等多条呈东西向造山带。7～7.5Ma以来，青藏高原南部与喜马拉雅山已隆升至海拔4500～5000m高度，导致全球气候环境变化。如地球环境化学同位素^{13}C和^{18}O参数快速增大，以及约7.5Ma巴基斯坦北部森林环境向草地荒漠化转化事件；上新世晚期约3Ma藏北羌塘地块与可可西里——昆仑地块隆升至海拔3600～4000m高度，导致东亚古季风逐步增强和中国西北部广泛分布黄土堆积等，从而阻挡上新世时期，即300万～240万年形成的北冰洋冰盖扩大南压、直接覆盖之灾。但从第四纪冰川时，全球气温下降，北冰洋强大寒流频繁南下光顾，冰期时北方的动植物群加速向南温带地带后撤。据地质、古气候资料统计，晚更新世华夏大陆北方气候由于多次受到冰川进退影响，冷暖变化至少有9次之多，其小波动则更多。

　　我国境内现今已发现最早古人类化石和文化遗存，有距今270万年云南元谋县小河村、距今210万年竹棚村（被专家命名为"东方人"牙齿化石）和有距今170万年大那乌村元谋人化石，有距今180万年山西芮城县境内西侯度文化和河北阳原县境内泥河湾旧石器文化，以及江西仙人洞人化石，湖北郧阳人化石，陕西蓝田人化石，……众多在百万年前古人类文化遗迹，就是他们抗争冰期顽强生存遗迹，以及创造属于中华民族所特有华夏文明。

　　古人类为生存与发展在一年四季之中，需要做好谋划、准备，经长期不断采集和狩猎实践活动过程中，积累经验，提高自身对大自然认识能力，逐渐深化对植物认知水平。如哪些植物可以食用，哪些植物可以治疗疾患与蛇虫咬伤，哪些植物果实可以贮藏，以及什么时候开花，什么时候结果，什么时候需要采集，……这些花卉草木"食之不饥"、"食之不忧"、"食之不迷"、"食之不忘"、"食之宜子孙"、"服之美人色"、"佩之可以已疠"，等等，他们必然将花卉、草木看做是自己生存与发展第一需要，以满足自己衣、食、住、行等多方面、多层次、生理上、心理上需要，从而对植物倍加崇拜和厚爱。自然而然，特别是农业的出现，这就需要观天象，需要制历法。

　　第四冰川期间，地处东亚华夏大地，北有燕山等众多山脉，西有青藏高原得天独厚地势地形阻挡，因而使得黄河流域及以南广大腹地成为一块难得宝地。这块宝地虽然也曾经反复出现过高山冰川与强大寒流南下侵袭，但却未曾遭受冰川长期全面覆盖重压作用，使得第三纪及以前起源植物得以大批幸存，成为世界植物资源最大起源演化与发展中心和栽培中心之一。中国水仙的分布现状或由地壳变化引起，从古地质学角度说中国大陆也是古地中海重要组成部分。

　　历史是一条永恒的、滚滚流不尽的长河。华夏古人类在千百万年漫长采集和狩猎劳动生活实践活动过程中，以及无数次生殖存亡搏斗中，在地壳变动、火山爆发、冰川袭击、气候骤变、洪水泛滥、沧海桑田巨变中成为幸存者。人们使用工具，并在石制和竹制工具使用与打制过程中，提高了本领，磨炼锻造出坚强的意志与毅力。同时，逐渐掌握用火、制陶技术，又熟练掌握石器打制、磨制、钻孔、镶嵌以及远射工具——弓与箭的制作与胶粘剂等工艺技术，惟妙惟肖仿生制作技术，孕育朴素审美意识，从而创造文字文化。在这条历史长河里不断诞生、演化、幻变、发展、流动、沉淀、积累，构成各种丰富多彩美的历史传统，口口相授，手手相传，予后世以深远、多方面影响，向四面八方辐射、拓展。

在史前时期，地球生物圈中植被基本上呈原生态状。人类自从诞生以来，就长期生活在绿色怀抱之中，衣、食、住、行、医等物质生活与人体保健几乎都离不开绿色植物。诱人绿色是植物本色，是大自然中主宰色，是人类赖以生存条件。华夏大地处于北半球东部季风区气候带上，土地辽阔，地理、气候类型多样，植物资源在数量和种类上都极其丰富，华夏古人类生活环境中到处都是植物，包括衣、食、住、行处处所用到的植物。因此，他们精神文化中也不可避免有了许多植物身影。中国花卉、草木等植物，品类繁茂，功能不一，其价值当然也是多层面。首先，映入眼目，花有美丽色彩，美好姿容，美妙芳香，高雅品性，体现在人类社会生活领域里，花则是美的化身，生命显现，繁荣形象，幸福象征，花给人类生活带来欢乐、温馨、安详、活力、生机与希望。由此可知，花卉、草木对人类价值而言，既有诉诸人们生理，又有诉诸心理；既有诉诸心情感觉，又有诉诸理性实践；既有表现自然意义，又有表现社会意义；既有表现空间深邃，又有表现时间内涵；……为人类思想提供梦幻与飞翔、审美品位广阔天地。

哲理上，早在《诗经·秦风·蒹葭》就有："溯洄从之，道阻且长。"人和自然中花卉草木是双向交往、融合，人似乎就是自然中花卉草木，自然中花卉草木就是人。老子《道德经》中："人法地，地法天，天法道，道法自然。"人与自然是一个整体，也就是"天人合一"的思想。

中国传统文化时间意识和感知模式是由古代历法和星象学所塑造，这集中体现在《易经》中对宇宙时间模式的塑造，以及《礼记·月令》中。

《论语·阳货》："天何言哉？四时行焉，百物生焉，天何言哉？"

《庄子·知北游》："天地有大美而不言，四时有明法而不议，万物有成理而不说。"

屈原《离骚》："日月忽其不淹兮，春与秋其代序。……时缤纷其变易兮，又何可以淹留？"

天地有一种无言之美，我国处于亚热带时间流程中，在空间里默默地显现出春、夏、秋、冬四时周而复始有序运行。而在一年四季中除显现为气候春暖、夏炎、秋凉、冬寒等等变化之外，更加鲜明地显现为山水、花卉草木之花开花落与荣枯种种具体形象的先后周而复始，交替循环变化，称之为"季相变化"。

时间或时序呈现为"季相"，这就是空间和时间之形象交感。在中国古人类社会生活中，长期采集和狩猎时代里，季相意识是深入人心的。季相变化，古人类感受是不同的。如春暖花开，给予人是企盼、希望，春风和煦，万物生葳，可以采集到丰富的食物；而冬季，则万物萧疏，百花俱寂，寒风刺骨，万里雪飘、冰封，找不到可食用之物，常常忍饥受冻，度日如年，……因此，古人类就要依据季相变化规律，提早采集食物，如一些干果、坚果、植物地下块茎、块根、球茎之类以及小粒草类种子，经晒干，便于贮藏，以备冬季时食用。例如，在中国古籍经典中，《礼记·月令》记载：孟春之月，"天地和目，草木萌动"；季夏之月，"温风时至"；孟秋之月，"凉风至"；季秋之月，"菊有黄华"；孟冬之月，"水始冰，地始冻"。以花记载物候，在中国源远流长，相传为夏代遗书《夏小正》，则是我国最古老月令，记载物候变化与农事之相互关系。如正月……柳稊（荑），梅、杏、桃华；二月……荣堇采蘩；又三月……拂桐芭（葩）；九月……荣菊树麦。一共记载80多个物候，初步形成一年七十二候之观念。以及中医学《黄帝素问·六节藏象论》："五日谓之候，三候谓之气，六气谓之时，四时谓之岁，而各从其主治焉。"这些都是古人需要普遍掌握岁时和季相的知识。

绿树成荫，繁花似锦，万物茂盛，风和日丽，芳香馥郁，莺声恰恰啼……古人欣赏花卉草木与禽鸟悠悠鸣叫声，所构造大自然美景不仅是生活的需求，更是体现在生理上和思想上需要与企盼，进而上升和转化到美学领域，表现对春、夏、秋、冬四时殊相世界审美概括。由此可知，作为自然之美，却因人类而存在；没有人类就没有自然之美不美。只有当自然成为人类的自然，即人化自然之后，自然美才诞生。从起源上看，人类是自然美产生之原因，而自然美则是人类实践活动之结晶！

作为自在的"时间"之本身，在今天与人类意识问世以前之时间是相同的，它似乎总是受其矢量的支配。而由现在我们所理解的历史进程，一旦为我们所感知并意识到其存在，存在之"时间"就打上了"人化"之印痕，"时间"就有了生命，就开始了其真正之文化旅程，就已经与人类生命意识融为一体，互为表里。由此可知，"时间"是一个文化词汇，有了人，才有历史之"时间"，没有时间之生命就是没有历史，而没有历史，人类社会就无从说起。"时间"不是一种空间之抽象绵延，它成为人类的第一个存在，成为人类生命延续，不断改变其内涵。"文化"概念一方面同人类活动相伴而生，另一方面又是在时间递进中不断演变发展着……

第二节　远古时代

在距今约 60 万年前的北京周口店龙骨山一带，就已相继出现古人类文化遗存有：北京人，新洞人（距今约 10 万年）。中国原始时代人类物质文化和精神文化之美，根据目前已出土古人类文化遗物看，大体产生距今约 2 万年前山顶洞人时代。

（一）山顶洞人

在山顶洞人遗址内发现许多制作很精致的骨器和晶莹美丽细石器制品。可见当时人类对工具与装饰品之取材等，除考虑到实用价值外，同时还顾及到材质的颜色和质感美观。如有多种多样奇形怪状穿孔鲩鱼骨、海蚶壳、刻纹骨管以及穿孔质感强石英石小砾石，其中穿孔兽牙就有 120 多件，数量最多。此类经穿孔的装饰物，大概都用皮革绳穿串，作为佩带装饰品挂在身上或套在自己脖上。

特别在骨管型盒里装有一件带有针眼骨针，针眼刮钻成长形之穿孔，针尖锋利，为精细骨器。可见，当时人类已经具有缝制兽皮制作衣服能力，不仅是遮身裹体，也是美化人类自身一种文明行为表现。

在山顶洞人遗址内，除了发现火烧成厚厚灰烬堆集层外，还发现有石英质火石以及燧石碎块。可见，当时人类已学会人工取火技术。燧人氏"钻木取火，以化腥臊"(《韩非子·五蠹》)古代传说，正是这一历史阶段人类发明人工取火与保存火种技术反映。

山顶洞人遗址由洞口、上室、下室和下窨四个部分组成。下窨是山顶洞人人骨化石发现场所，表明四个洞室各具不同功能。用红色赤铁矿石粉撒在死者身边周围，或示吉祥或避免邪气侵身之作用，希望死者再生。或是一种原始宗教信仰表现，表明山顶洞人在心目已有了人死后仍有灵魂思想观念。

在山顶洞人细石器中还发现两件具有簇肩半成品石簇，表明这时人类已发明弓箭制造技术。其后在山西峙峪人类遗址亦发现石簇出土，距今约 2 万年前，还有骨、角、兽牙等材质箭镞制品。

总之，最后一次冰川，在一万年前退缩，地球气候开始转暖之际，华夏古人类也开始步入农耕时代。

(二) 贾湖人

河南舞阳贾湖村墓葬出土的裴李岗文化贾湖类型二期遗物，距今约有 9000～7800 年前。挖掘有众多成组的骨律，成组完整龟甲中装有石英质石子，以及权型骨器等原始宗教用具，表明贾湖人中流行有巫术崇拜和巫术信仰观念。尤为当令世人惊叹，在出土 25 件骨笛中，17 件为完整器，6 件为残器，2 件为半成品。考古学者张居中在《舞阳贾湖考古报告》中分析说："贾湖骨笛的制作基本过程是先选择鹤尺骨，然后制胚，根据经验开出所需音高音孔，然后共经四次测音校准。"骨笛跨越年代为 1000 年左右。经碳 14 年代测定和考古学、古动物学等方面的深入研究，认为：

舞阳贾湖骨笛在 9000 年前就已经形成，并能演奏出完备五声音阶、六声音阶和七声音阶的乐曲，说明在 9000 年之前，在中国中原地区已出现中国音乐文明之曙光。在贾湖人文化延续 1000 多年中，骨笛音阶已有四声、五声、六声和七声多种音阶类型，由简到繁，说明中国音乐艺术水平发展渐进性。贾湖人使用骨笛等器乐设计出具有旋律和节奏音乐，来塑造形象，反映现实生活，表达思想感情，音乐艺术境界，其表现艺术水平十分高超。

贾湖刻符发现是在从 1983～1987 年间，发掘过程中发现贾湖遗址出土了大量文化遗存。在其龟甲上、骨器上和陶器上发现 16 例契刻符号，其中有"目"字，"户"字，"日"字等字形，与殷商甲骨文中同类字形犹如一脉相承之感。经过 11 年研究，张居中认为：8000 年前贾湖人创造契刻符号，具有原始文字性质，与商代甲骨文可有某种联系，对汉字起源研究具有重大意义。

（三）跨湖桥人

1990～2001 年发掘出土距今 7000～8000 年的浙江萧山跨湖桥遗址，是浙江境内发现年代最早新石器时代早期文化遗存。

跨湖桥遗址出土文物中有：

（1）弓钻取火复合工具：犹如现今木工手工皮筋钻具，从而验证"钻木取火"古代传说。

（2）慢轮制陶技术：在出土的陶器最为精致和独特即为彩陶与黑光陶工艺。彩陶有厚彩和薄彩两种，都施于均匀细腻陶衣上，薄彩一般施于圈足盘内壁，有红、黄、黑等色，从口沿向内垂挂的环带纹、半月纹最为普遍。另外，还有一些双腹盘从上到下分层设组，各有题，十分讲究，专家推测这类器物不是实用品，而可能充任礼器、祭器。最有特色是厚彩，施于器物外部，如罐肩颈、圈足盘、圈足等部位。彩纹一般以圆形镂孔为中心放射线，肩颈部位多以组合纹饰出现，其中"太阳"纹引人注目。在手法上，点彩别具个性，往往与条纹、波浪纹相配合。

以前认为：世界上最早陶轮出现于西亚两河流域，距今 5700～5300 年。其实，在我国距今 7000 年左右的西安半坡遗址中的陶器上，已发现用陶轮加工过特征，但没有发现陶轮。而此次跨湖桥遗址发现了木质陶轮底座，足以证实中国的陶轮制陶技术先于西亚两河流域 2000 多年。

（3）天然黏合剂发明与使用：考古工作者在清理陶片时，还意外地发现一块黑光陶片上有修补痕迹。另外，在厚彩之彩料中似乎加入某种黏合剂调和而制成。发现在出土厚彩陶器上有脱落后留下乳白色陶胎，其痕迹仍旧清晰可辨。同时出土骨器有耜、簇、镖、哨、针、簪以及纬刀、双尖叉等纺织工具。木器中很多木桨，其中一半是半成品，上面满布清晰刀砍斧削痕，还有数件木簪。此外，在石器中出土还有石簇、石斧、锛、凿、石片刀、石杵、磨盘等。

（4）中草药及独木舟：跨湖桥遗址还出土一只小陶罐，底部有烟火熏烧痕迹，内装有一捆长 5～8cm 各种植物茎枝，共约 30 余根，显然是使用中草药。另外，在跨湖桥遗址中还出土距今约为 7600～7700 年独木舟，长 5.6m，舟身最宽度为 0.53m，舟体深约 20cm。河姆渡遗址曾出土 7000 年前船桨以及可以充气浮于水面兽皮伐，但没有发现木船。从世界范围看，最早的古船要算是埃及墓穴出土"太阳船"，距今约 5000 年。在英国约克郡曾出土过距今达 9500 年木桨，但并没有发现舟或船。跨湖桥独木舟的发现，把全国纪录和世界纪录一下向前推进 2000 多年。

（5）我国最早稻作物遗存之一：在跨湖桥遗址中还出土农用工具骨耜，以及大量稻谷、米和谷壳等古稻遗存，粒型与现代栽培稻相似，表明跨湖桥人已经掌握水稻种植技术。湖南道县九嶷山附近玉蟾洞遗址出土了打制石器、骨器、象牙以及距今约2万年左右之水稻壳，就目前看来，这是人类最早之稻谷生产。表明我国农业水稻耕作发源地在南方，古籍记载教民种植谷物神农氏炎帝当应来自南方。湖南有许多地名命名如嘉禾县、耒县，水名如耒水等，表明与炎帝神农氏均有关联。

(四) 河姆渡人

1973～1977年发掘出土距今7000年浙江余姚河姆渡文化遗址，是我国目前已发现最早新石器时期文化遗址之一，其发达的耜耕稻作农业堪称世界巅峰。

共出土各类文物6700余件，内涵丰富，具有十分鲜明区域特征，从而形成独树一帜河姆渡文化：

首先是发达耜耕农业。河姆渡人稻仓中遗存稻谷堆集层，厚达20～50cm，最厚处超过100cm，换算成稻谷重量约在12t以上。河姆渡栽培稻较神农氏植稻传说还要早2000年，比泰国奴奴塔遗址出土稻谷早数百年。填补我国新石器时代考古"有粳无籼"空白。并出土骨耜170余件，其年代之早，制作之精，数量之多，堪称世界罕见。表明在7000年前，生活在我国东南沿海一带河姆渡人已经脱离"刀耕火种"落后农业状态，发展到使用成套稻作生产工具，普遍种植水稻阶段，其稻作农业耕作技术堪称世界上最为先进耜耕农业。

其次是水井的发明。考古学家在河姆渡遗址发现一口木结构古井，经测定距今已有5600余年，这是我国迄今发现年代最早人工水井。井口呈方形，边长约2m，用四排竖立木桩，组成一个方形井筒。历史传说"凿井而饮，耕田而食"农耕时代从而得到确证。

《周易》记载："木上有水，井。"千百年来训诂家百思不得其解。这口"井"字形木结构古井发掘出土，使千古之谜得以揭开。

水井发明，是人类与大自然斗争中一次重大胜利。自从发明水井后，人类可以远离河流、湖泊地方生活，开辟新生活天地。而且可以战胜干旱威胁，对发展生产起了很大作用。

还有在河姆渡遗址出土陶器。发掘出土生活陶器上刻画的图案写实性强，手法夸张，想象丰富，且富有浓郁生活气息。其中代表之作主要有双燕齐飞，小狗饱食后小憩，陶纹猪等动物图案。猪嘴很长，双目圆睁，好似在寻找食物。猪身上毛从螺旋中心向外旋状依次排列分布至全身。猪脊背上长长鬃毛直立着，栩栩如生，介于野猪与家猪之间神态。

在敛口长形陶钵侧面刻画之稻穗图案，修长而沉甸甸下垂状稻穗，穗上满布密密稻谷呈现出一派水稻大丰收之景观气象(图1-5)。

图1-5　稻穗纹敛口钵(河姆渡文化一期)

另外，7000年前，河姆渡人已经有了丰富多彩的精神文化生活，其各种制品已达到一定艺术水平。如：

出土大量石、玉制作装饰品，而玦、璜、管、珠、环等饰品大多用玉和萤石制成，开创用玉之先河。

还发明吹奏、打击乐器，如陶埙、木筒、骨哨等。其中，骨哨已达5孔，音乐工作者能吹奏完整五声音阶。

雕刻艺术品也相当讲究，用料有象牙、骨、木等，设计奇巧，寓意更是十分深奥，最为令人惊叹就是一件神秘双鸟朝阳纹象牙蝶形器，牙雕长16cm，宽5.9cm，外形像一只展翅之蝴蝶精美图像。象征古越族犹如旭日东升兴旺发达，幸福美好前景。

河姆渡遗址还出一件漆碗和一套象牙冠饰。漆碗胎为木质，碗形呈椭圆瓜棱状，敛口，底有圈足。木碗经木工旋、挖、切等工艺流程而制成后，经漆工施上朱红色漆料，微有光泽。经红外光谱分析，和长沙马王堆汉墓出土漆器涂层光谱相似。这足以说明河姆渡人已经掌握了髹漆工艺技术。

象牙冠饰是我国迄今所发现年代最为久远一组象牙冠饰。

更为令人惊讶是7000年前建筑奇迹。河姆渡遗址干栏式建筑遗迹中，最令世人惊叹不已是出土上百件具有榫卯房架木结构件。河姆渡建筑师榫卯技术，把我国应用榫卯技术历史推前3000多年。7000年前河姆渡人在没有金属工具生产条件下，仅以粗劣石器、骨器，创造多达十余种形式榫卯木构件。这种木结构建筑设计之科学，规模之宏大，为世界人类文化史上最早杰作。

7000年前盆栽花卉叶纹图案如图1-6。

河姆渡建筑师已具有较强的室内美化装修意识。不仅在干栏式建筑室内铺上带有嵌缝木地板，并在地板又铺上芦席，使地面平整易打扫干净，有利于休息。室外还留有1m多宽走廊，并在走廊外侧还安装着木板栏杆。另外房屋正门朝向南偏东10度左右，即整栋房屋朝向，这个朝向在浙江地区冬季日照时间最长而夏季最短，避开夏季炎热，增加冬季采光时间。

图1-6　盆栽玉簪二丛六叶纹陶块（河姆渡文化一期）

作为室内装饰用品有刻花木构件，还有马鞍形六叶纹陶块可能是悬挂于室内门框中或中柱上艺术品，竖立于屋脊上鸟形器。以及在陶砖上、陶瓦上、陶柱基上刻画各种花卉叶纹，装修美化自己家园，反映出7000年前古越族人爱花、赏花、崇拜植物和爱鸟、崇鸟习俗。总之，这些艺术品表现河姆渡原始宗教信仰，把氏族议事大厅和自己家园装修提高到艺术阶段（图1-7、图1-8）。

图 1-7　花卉叶刻纹瓦型陶片（河姆渡文化一期）　　图 1-8　竹叶、棕榈、玉簪叶
刻纹陶砖（河姆渡文化一期）

尤为令世人叹为观止，作为室内装饰艺术品六叶纹马鞍形陶块上，刻画有两丛，每丛三枚大叶似玉簪叶形的盆栽花卉图案。其中有两片叶因盆空间太小而相互在上半部靠在一起。从根部看却属于两丛，而不是五叶陶纹。应是两丛，每丛三枚叶分别从盆土中直接抽出，这正是玉簪地下块茎发芽抽叶特征，平行叶脉清晰。万年青叶从根茎处抽生，为基生叶，叶基为鞘套状相互对叠着，有着明显差别。所刻叶片形态流畅自如，笔力遒劲，栩栩如生，风格质朴。表明 7000 年前河姆渡人不仅栽花养花，而且发明把花卉栽于瓦盆中，移到室内，进行美化与观赏。这也是世界上迄今发现最早盆栽观赏植物。李时珍《本草纲目·竹部》集解："茎有节，节有枝，枝有节，节有叶，叶必三之，枝必两支。"而 7000 年前河姆渡人画竹叶亦是三叶相连，可见古人对植物外部形态结构认识很精准。

六叶纹盆栽花卉图与马鞍形陶块之设计，显然不可能由陶工一人随意想象所能刻画出来的，而是需要建筑师等事先设计，画好图案，然后再交给瓦工做出陶坯后，再刻画上去，晾干后放到窑中烧成等一系列工艺流程，才能完成这件作品。中国人爱花由来已久。

第三节　中华文化

中华民族，犹如一部神秘莫测，亘古久远的神话。两大文明源头——黄河和长江就穿过其广阔腹地，滔滔不息，奔流东海，哺育灿烂辉煌悠久华夏文明。当我们目光回望，穿越几万、几十万、几百万年光阴，回到那还没有文字记载史前时代，沿着考古学家足迹，看到祖先创造远古中华文明犹如一朵奇葩，在世界古代文明百花园中绽开怒放。

文明是构成国家综合国力重要组成部分，文化作为软实力日益受到各国高度重视。一个国家一个民族发展程度与其文化发展紧密相连。当今世界国与国之间发展差异，不仅体现在经济和军事实力，还体现在文化发展水平上，这正为历史和现实所证明。

中华文明是世界上最早形成文明古国之一，又是世界上唯一未曾中断，延绵发展至今文明。

我国史前文明延续 200 多万年，先民们凭借着自己经验和智慧创造人类伟大而灿烂原始文化。目前已发现旧石器古人类文化遗址三四百处，布满全国 25 个省份，而新石器时代遗址文化竟达到六千多处，遍布华夏大地。这些发现有力纠正对我国文明史存在各种偏见。随着大规模经济建设持续发展，埋藏于全国各地地下大量珍贵遗物，必将不断被发现和大规模发掘，我国有史可考文明史必将一再被提前。

从以上所介绍考古学资料中，表明先民很早就懂得欣赏花卉，如在河南省陕县出土距今 7000 多年代表仰韶文化彩陶上，多数由五出花瓣组成花朵饰纹，还有许多其他花卉题材图案，在各地新石器时代陶器上被陆续发现。考古研究者认为，专门放置花卉花瓶古已有之，这就是距今 4500 多年云纹彩陶花瓶。说明我国插花艺术一直可以上溯到夏代以前。

自从先民发现烧制盆盎后不久，就有盆栽花卉可能。如距今 7000 多年浙江余姚河姆渡遗址一期文化中，出土刻画在马鞍形陶片上盆栽植物图案，表明我国花卉盆栽历史以及植物花卉人工栽培历史极其悠久。

花是天地灵秀之所钟，美的化身。赏花，在于悦其姿色而知其神骨，如此方能遨游在每一种花独特韵味中而深得其情趣。如古人所言："梅标清骨，兰挺幽芳，茶呈雅韵，李谢弄妆，杏娇疏丽，菊傲严霜，水仙冰肌玉骨，牡丹国色天香，玉树亭亭皆砌，金莲冉冉池塘，丹桂飘香月窟，芙蓉冷艳寒江。"十一月水仙花神，别名金盏银台，水仙开于腊梅之后，江梅之前，为冬令时花，花如其名，绿裙，青带，亭亭玉立于清波之上，素洁玉莹般花朵冒雪而开，超尘脱俗，清香悠远，宛如水中仙子。姿态飘逸高雅，又如凌波仙子，所以古人又以洛神为水仙花神。

中国人在观赏花卉活动中，无论是人们所说审美上移情也好，或者是社会价值取向上投射也好，尤其重视花木所蕴含本质属性。只有当这些本质属性与人文所具有属性要求构成一致时，形貌上比较以种种比喻、比拟、象征等才成为可能，更进一步，古人不止步于双方比较之中，而是将自己主体全身心地投入其怀抱中，体现天人合一，万物有灵之思想感受。

植物和动物共同组成地球上生物圈。植物在地球上出现年代比动物要早得多，远在距今 32 亿年前太古代就已经有低等植物。

在植物进化漫长地质年代中，"两性"花最早出现于 2 亿多年前本内苏铁植物中，到被子植物时代得以迅速发展。本内苏铁（*Bennettitales*）是一类生活在 2 亿多年前中生代裸子植物，较之苏铁植物为晚，大约在一亿年前就已经完全消失。

公认可靠的被子植物化石最早出现于晚侏罗世至白垩世，晚白垩世大盛，繁荣至今。我国新生代地层中被子植物化石很多。现今在中国辽宁发现古果类化石，被世界植物学界称誉为辽宁古果，证明被子植物最少起源于 1.4 亿年前。神话传说中许多花起源都蒙着一层浪漫神秘色彩。

当被子植物开始大量出现以后，昆虫也伴随着花朵一起迎来自己的黄金时代。白垩纪花普遍比较大，承担传粉任务之昆虫主要是鞘翅目（蝶类）和膜翅目昆虫取代甲虫类主要传粉地位。再后来，随着两侧对称花和花序的出现，膜翅目、鳞翅目、双翅目以及蜂鸟类传粉作用增大。为吸引昆虫注意力，花瓣演化变异日益绚丽多姿，并且散发出各式各样气味和花蜜。那些没有赢得昆虫青睐虫媒花植物逐渐衰微，有些因此而消亡，花朵之间竞争是让一些被子植物在进化路上逐渐消失主要原因。

人类于花间生活是充满诗情画意或田园风光。闻香令人类达到精神境界最高享受和陶醉，宗教或家居，以各种香味装点装饰是极为神圣或高雅。穿行在人类时空中，各种香味散发证明一条真理：人类嗅觉也有饥饿感。它是药品，可以治病；是调料，可使饭菜可口；是香水、润肤剂，可使人心旷神怡。香味是奢侈品，数量少，不是每个人都能得以享受，甚至成为地位和身份象征。为了争夺香料贸易，欧洲各国之间不断发生各种冲突，以至战争。

然而，植物开花是为繁衍后代，和动物一样，这种生殖行为通常要消耗大量能量，除了形成花、果实和种子这些本身器官消耗外，科学家很久以前就注意到：许多植物开花时，花的温度都比周围环境温度高，比根、茎、叶等其他器官的温度也要高上几度。因此，很多植物都选择在条件适宜时候才开花结果，以避免在条件恶劣时低效率、高消耗生殖方式活动，给整株植物生存带来危害。如苏铁类植物通常情况下都生活在热带或亚热带温暖地区，在漫长 2.8 亿年里经历种种考验而生存至今"绝招"是，地球板块运动被迫迁移到温度相对较低地区后，就会选择不开花。汉语中有"千年铁树开了花"之成语比喻不可能发生之奇迹。尤其在一次次冰河时代，铁树仍然不识时务地照常开"花"，恐怕今天只能从化石中去寻找踪迹。中国水仙在气候最严寒季节里开花吐芳，虽令人费解，或许是发育史的缘故。

而在严寒冰冻天气条件，使得昆虫如蜂类、甲虫类有生命之虞而不出巢穴，采集花蜜，传粉活动也即停止。中国水仙却能制造永远不结果之花，并增强香味奉献给人间，实行处女生殖繁殖后代，即植物学上术语无融合生殖，繁殖地下鳞茎球。对于这样物象特征，古人以寄托自己的胸意，感到忧伤，表现出对水仙无限厚爱和崇敬。如庄子以鲲鹏展豪情，以托自诩，击水三千丈腾飞九万里，横空出世，而融入自我人格和思想情操。

华夏大地幅员辽阔，地处亚欧大陆东南部，东南濒临太平洋，西北深处亚欧大陆腹地，西南与南亚次大陆接壤，面积 960 万 km^2。地势西高东低，西南部有世界最高的青藏高原，山峦重叠，河流交错，湖泊众多；拥有渤海、黄海、东海及南海四大领域，南北相距 5500km，跨越温带、亚热带及热带，地貌、土壤及自然条件多样，具有适宜众多生物物种生存和繁衍的各种生境。在中生代至新生代第三纪气候温暖，第四纪冰期时未受到北方大陆冰川覆盖，自第三纪以来，气候比较稳定，导致中国植物物种极为丰富，是世界物种起源大中心，仅高等植物（苔藓、蕨类、裸子植物及被子植物）约 3 万种，在不同地带组成各种植被类型。其中乔、灌木种类就有 8000 种之多。例如有并称"中国三大天然名花"的报春花、龙胆花、杜鹃。其中：五彩缤纷、美丽异常之报春花，是报春花科（Primulaceae）报春花属（*Primula*）著名花卉，该属植物全世界共有 450 种，而原产中国报春花就有 390 种。龙胆花（*Gentiana triflora*）为龙胆科（Gentianaceae）龙胆属（*Gentiana*）植物。杜鹃（*Rhododendron simsii*）为杜鹃科（Ericaceae）杜鹃属（*Rhododendron*），全世界现在杜鹃种类 800 多种，中国就占有 650 余种。山茶（*Camellia japonica*）为山茶科（Theaceae）山茶属（*Camellia* L.），既是我国传统名花，也是世界著名园林花木。山茶属植物全世界有 220 种，中国就分布着 195 种。在原产中国山茶中，不仅有目前世界上普遍栽培的山茶花、云南山茶、茶梅等各种，还有世界山茶界之珍宝——开金黄色花朵之金花茶（*Camellia chrysantha*）。由于金花茶十分珍贵和稀有，而被列为国家一级保护植物。其他如丁香属（*Syringa*）花木，全世界有 30 种，中国就占 25 种；卫矛属（*Euonymus*）全世界有 150 种，中国有 125 种；溲疏属（*Deutzia*）全世界有 60 种，中国有 50 种；绣线菊属（Spiraea）全世界有 90 种，中国有 70 种；金莲花属（*Troollims*）全世界有 25 种，中国原产则有 16 种；牡丹（*Paeonia suffruticosa*）为芍药科（Paeoniaceae）芍药属（*Paeonia*），全部种类均产于中国；刚竹属（*Phyllostachy*）国产种类数占世界总数 80% 以上。而国产种类数占世界总种类数 70% 以上的则更多，如槭树属（*Acer*，为槭树科 Aceraecea），含笑属（*Michelia*，为木兰科 Magnoliceae）、花椒属（*Sorbus*，为蔷薇科 Rosaceae）、菊属（*Dendranthema*，为菊科 Compositae）等。从上述比较中就可以知道很多著名花卉的种属都是以中国为世界分布中心的，而且还有许多花木种类如棣棠、结香、蜡梅、珙桐、梅花、桂花、香水月季、大花香水月季、木香、南天竺、栀子花、鹅掌楸、红花檵木等，都是特产中国，举世无双之珍贵花卉种类。

中国是世界上花卉栽培最早最多的国家，是花的国度，是多种世界名贵花卉之起源中心。其优异的花卉园艺植物种类不仅使古往今来无数华夏儿女为之自豪，而且，也使许许多多国外的植物探险者心驰神往，他们远渡重洋来到中国，为了探索这植物宝库，收集珍贵的植物资源，跋山涉水，风餐露宿，出生入死不惜一切代价，有的甚至把生命埋在了异国他乡。英国植物学家 E·H·威尔逊（E. H. Wilson）即是其中的一员，自 1899 年起，受英国威奇安公司和美国哈佛大学委托，在长达 18 年内，先后 5

次来中国，足迹遍及四川、湖北、云南、甘肃、陕西、台湾诸省，采集花木种子，球根、鳞茎、插条及苗木，总数达 3500 号，蜡叶标本 65000 份。他在《中国，世界园林的母亲》一书自序中说："中国的确是园林的母亲，对我们这些国家园林而言，实在是深切地受惠于她。从早春怒放的连翘和玉兰，到夏天的芍药、牡丹和蔷薇、月季，乃至秋天的菊花，中国对园林宝库的奉献实在突出。（世界）花卉爱好者十分感激中国所提供的现代月季（modern rose）之杂交亲本，不论是茶香月季（Tea rose）或杂交茶香月季（Hybrid Tea Roses）、傲游蔷薇或十姊妹型月季（Polyantha rose）。同样，感谢她提供了温室杜鹃及报春花类亲本。而世界果树生产者，则对中国提供的桃、橙、柠檬和葡萄、柚（grapefruit）等不胜感激之至，我可以负责地宣称，在美国和欧洲各国的公私园林中，没有一处未种中国代表性植物——包括最好的乔木、灌木、草本植物和藤木（Vine）。"他以自己之亲身感受，盛赞中国花卉园艺植物资源丰富，品质优良，无与伦比。自此，中国便有了"世界园林之母"之美称。另一个英国人 George Forrest，先后 7 次深入中国云南境内，仅发现杜鹃种类就达 309 种，全部引种到英国爱丁堡皇家植物园，成为该植物园最珍贵花木。还有罗伯特·福琼（Robert Fortune）曾被英国皇家园艺学会派往中国，从中国引进了许多植物观赏花卉，如今这些植物在西方国家花园内随处可见，不胜枚举。尤其威尔逊这位世界级植物学家的贡献是：一是他远赴中国，深入山野，发现了极为丰富的树木花卉新种；二是由他直接或间接从中国引种、繁殖、推广、应用的全新植物花卉在 1000 种以上；三是由他提倡、推广部分新种作为花卉树木新品选育中关键性杂交亲本，成效显著。如由他发现、采掘鳞茎、定名发表并扩大推广的岷江百合。这是一种优美的百合，更是全球百合育种不可或缺的关键性杂交亲本。以及英国植物学家罗伊·兰开斯特（Roy Lancaster）则把中国誉为"植物工作者的乐园"。这两个恰如其分之比喻，高度浓缩了中国对世界植物学和园艺学重要贡献。

据日本《兰花栽培の枝节》记载，"建兰，中国秦始皇使者徐福携来"、"素心兰由支那唐代渡来"。早在公元 3 世纪，中国菊花经朝鲜传入日本。唐天宝十二年（753）鉴真法师东渡成功，又将东方佛教"净土宗"庐山东林教义与莲花一起传入日本，此后莲花与佛教一个重要流派在日本产生了重要影响。约自 8 世纪起，有梅、兰、牡丹、菊花、芍药等东传日本，1806 年输入欧洲。我国云南、四川特产的黄牡丹、紫牡丹于 1880 年传入巴黎后，轰动一时，被誉为"中国花"。茶花于 14 世纪传入日本，17 世纪又传入欧洲。16 世纪月季、蔷薇开始流入意大利。1780 年前后，中国的"月月红"、"月月粉"、"中国彩晕"、"中国淡香"（香水月季）等 4 个四季开花的月季品种，由印度孟加拉湾传入欧洲，此时英法两国正在交战，为了保护中国月季输入，双方竞达成临时停战协议，由英国军舰护送，横渡英吉利海峡，培育在王后专有的玛尔梅森月季花园中。各国植物学家，从 16 世纪开始，就纷纷来中国搜集花卉资源。意大利引入中国花卉园林植物约1000种；联邦德国现在植物中有50%来自中国；荷兰40%花木也由中国引入；北美引种中国乔、灌木在1500种以上，美国加州树木花卉中有70%以上来自中国。18～19世纪，欧、美诸国从中国云南、四川等地搜寻杜鹃300余种，报春花130余种。

在世界花卉新品种培育中，中国原生花卉种类植物起到了举足轻重之作用。在欧洲西亚地区仅有法国蔷薇（*R. gallical*）、大马士革蔷薇（*R. damascena* Mill）及异味蔷薇（*R. foetida* Herrm）三种均是春天开一季花品种，但自引种了四季均能开花、香气馥郁中国月季花后，经不断杂交、培育，现代月季品种已多达2万种。诸如此类的著名花卉还有牡丹、山茶、杜鹃、桂花等。这方面值得我们很好学习，与时俱进，孕育更多新品种，美化绿化城镇村庄，丰富人民精神和物质生活。

中国自古以来编著出版数量众多花卉园艺著作，如晋·嵇含（263～306）《南方草木状》，戴恺之《竹谱》；唐代王方庆（？～702）《园庭草木疏》，贾耽（730～805）《百花谱》，李德裕（787～850）《平泉山居草木记》，罗虬《花九锡》，杨夔《植兰说》，唐末五代时张翊《花经》；宋朝僧仲休于雍熙三年（986）撰著《越中牡丹花品》、欧阳修（1007～1072）《洛阳牡丹记》，沈立（1007～1078）《海棠记》，刘攽（1023～1089）《芍药谱》，刘蒙（1040～1079）《刘氏菊谱》，王观于熙宁八年（1075）《扬州芍药谱》，周师厚（1031～1087）于元丰五年（1082）《洛阳花木记》，陆游（1125～1210）《天彭牡丹谱》，范成大（1126～1193）《范村梅谱》、《范村菊谱》，史正志（1175）《史氏菊谱》，张磁（1153～1235）《梅品》，赵时庚（1223）《金漳兰谱》，王贵学（1247）《王氏兰谱》，陈景沂（1256）《全芳备祖》，鹿亭翁《兰易》，陈思《海棠谱》，宋伯仁《梅花喜神谱》，张邦基《陈州牡丹记》，丘璿《牡丹荣辱志》；元时冯子振（1257～1314）《梅花百咏》，刘之美《续竹谱》；明代杨端《琼花谱》，黄省曾《艺菊》，薛凤翔《牡丹史》，吴彦匡《花史》，许光照《月季谱》，陈继儒（1558～1639）《月季新谱》、《种菊法》、周文华《汝南圃史》，王路（1617）《花史左编》，王象《群芳谱》，江之源《百花藏谱》（续编），张丑（1577～1643）《瓶花谱》，袁宏道（1568～1610）《瓶史》，屠大山（1500～1579）之子屠本俊《瓶史月表》，慎懋官（1581）《华夷花木鸟兽珍玩考》，王世懋（1536～1588）《学圃杂疏》，张应文《罗钟斋兰谱》，李奎《种兰诀》，程羽文《花历》、《花小名》，夏旦《药圃同春》，冯京第（死于1650）《兰史》，孙知伯（1640）《培花奥诀录》；清朝陈溟子《花镜》，汪灏（1708）《广群芳谱》，赵学敏（1719～1805）《凤仙谱》，杨仲宝《砑荷谱》，吴其濬（1846）《植物名实图考》，刘文淇（1789～1854）《艺兰记》，《名花谱》，朴静子《茶兰谱》等。经过长期积淀汇聚，中国形成独具精湛花卉文化体系。

华夏大地，名花众多，大自然中美的精华。中国名花除具有四季之开花性、早花性、多花性、高抗逆性、强适应性以外，还普遍具有"色、香、姿、韵"四绝俱全独特迷人神韵美。现今许多流行于全球切花和园林中花卉、草木不少源于华夏大地，作为美、和平与友谊使者，由华夏传播到世界各地，成为各国园林中不可缺少名花。因此，中国享有"世界园林之母"称誉。甚至欧洲国家流行着"没有中国花木，就称不上一个花园"，今天我们应让"古代文化与现代文明交相辉映"。

华夏民族是一个爱花民族，我们祖先历来就具有栽花、养花、赏花和爱花优良传统。中国古称"华夏"，在古代"華(华)"即"花"，该字是先有"華"字后有"花"字。华夏民族生存和发展与花卉、草木有着十分密切关系，在"华夏"民族图腾柱上，凝聚着先人对花卉、草木倾心爱戴和无比尊崇。人们爱名花、赏名花、种名花、养名花、赞名花、歌咏名花、画名花、雕名花，……对名花所蕴含本质属性，表现出独特生命感悟方式。对名花赋予人之品格，因而留下许多关于名花文化内涵，比如有趣传说，神奇故事，美丽画卷，动人歌曲，脍炙人口诗词，以及精美工艺品，……给名花戴上各种精美绝伦，博大精深文化光环，为华夏文化增添一道道极为亮丽色彩。古人选育保留至今众名花艺术品种，体现出华夏人类审美观早已升华到世界最高艺术境界领域。

中国水仙是中华传统十大名花之一，神、姿、色、态、香俱居上乘，伴随华夏民族生存和发展千万年而一起走过来。草木萧疏，百花凋零严冬，水仙冰肌玉骨，傲霜凌雪，发芽抽葶，破雪而出，挺立于百丈冰冻雪原上，含苞灿然怒放，将香撒满人间，敢向雪中出，一花独先天下春。春回大地之际，却悄然隐退，……周而复始，年年如此。中国水仙花开在冰冻百丈、万里雪飘、人烟绝迹环境中，"俏也不争春"高尚品格和"只把春来报"伟大斗争精神。尤其是在被捣碎取尽胶汁后，有些被丢弃于水中，漂浮在水面上，不汲取土壤养分，仍能发根抽叶生长，含苞绽放与神奇之花操性。古人认为水仙"凛天质之至美，凌岁寒而独开"是人格最高理想境界。

中国水仙作为药用植物为古人类健康服务；其鳞茎球根盘朝天使其受热均匀而快速干燥，启迪人类开发出作为古代炊具仿生陶器制品杰作，即具有三个连体水仙鳞茎球倒立状构成三个袋形足陶制炊具——鬲，古人以声托形转借其炊具之名依然被称为"鬲"；作为人类开发最早天然性黏合剂，用于制造复合远射工具——弓箭，远射威力与命中率的提高，可以捕获大型食草动物，甚至威风凛凛之剑齿虎、猎豹等凶猛食肉动物。水仙鳞茎球因此被列为氏族、国家战略资源而成为秘方，默默地做出巨大贡献。身怀异香，甘于寂寞，卓尔独立，坚忍不拔，正是君子难能可贵品德。因此，古人给予命名叫"蒚"，并冠以"雅蒜"、"水仙"、"俪兰"、"花盟"、"万人友"……，一系列典雅高尚名号称谓。并非古人凭一些似是而非形似而玩弄表面文章，或是心血来潮自作多情将自己感受，任性妄为强行嵌入所偶然面对景观事物上，而是古人对于名为"蒚"的一丛丛生于松下"小草"经过长期考察、深刻认识、观赏、使用，且得到社会公认必然结果。因此生活在"蒚"自然分布区里的中华五帝之一炎帝，古人尊称为神农氏，又称历山氏，发现这种鳞茎汁液能治蛇毒，因而命名为"蒚"，并把"鬲"

地下鳞茎球形态特征选择为图腾物象，制成"图腾标志"顶礼膜拜，作为天上之神草而隆重祭祀。图腾意识是中国远古氏族共同重要意识，意识是文化之核心，是文化结构中深层核心结构，成为图腾信仰。并依此形象创造出以"蒚"字象形字为部首系列汉字系统，进而为华夏文化传承做出巨大贡献。

从古人为中国水仙命名中，由单音节古名"蒚"移情至美称为"水仙"演化过程中，我们便可以感受到这种人格化升华，多么洋溢天上仙气神韵和人间烟火气息。水仙每一个名字，常常附带一段美丽动人传说和典故。这些传说和典故中，水仙自然本性与我们人类的气质、精神达到完美和谐和统一，从而积淀了极其丰厚的文化内涵。公元前600年春秋时期著名琴师伯牙成名之作选择"水仙"之名及其操行作古琴曲题名《水仙操》，则是水仙之名望与操行最早进入音乐领域代表高雅文化深层次之中，便是佐证。中国传统优秀文化在花卉上，不论草本还是木本花卉，其积淀极为丰富，是世界花卉文化中一枝奇葩，也是一个国家文化悠久、文明昌盛的标志。

由此可知，古人对植物的认识总是与人类最基本生存需要息息相关。东夷集团之所以把中国水仙鳞茎球形态作为图腾标识受到崇拜、厚爱和祭祀，正是古人认为中国水仙在弓箭制造以及开发出炊具造型，以及医治毒蛇、毒虫咬伤等方面所起作用巨大，为华夏民族屹立于东方，文化未发生断层之有力保证。

第四节　水仙花文化与生态文明

早在没有文字记载的远古旧石器时代开始，中华民族先辈就已经尝试将大自然中美丽花草通过雕刻在陶罐、骨器等形式表现出来，这应该是中国花文化最早表现形式，从此花文化便逐步引入到人们生活中。花是美的化身，是美的物质体现，但是中国人对花的理解却不仅限于此。在中国人眼中，花是有灵有情之物，我们在欣赏花美丽之时，同时感受到她的灵性，并由此产生情感和精神上寄托。因此，赋予花以灵性便是中国花文化之个性。

中国水仙作为中华传统十大名花之一，在历史长河中与中华文明相伴而生。她矗立在严冬，"只凭一勺水，几粒石子过活"，似乎不食人间烟火；她冰肌玉骨，傲然于天地间，"湘君遗恨付云来，虽坠尘埃不染埃"，"俏也不争春，只把春来报"。此外，水仙还为人类提供药用、因物造器、兵器等特殊功能，推进人类体质和智力进化与发展。水仙花文化在中国历史文化发展和精神文化形成过程中具有重要作用。

我国劳动人民在长期生产实践和文化活动中，逐步把水仙生态习性特征总结升华成一种做人精神风貌，如冰清玉洁、凌霜傲骨等，被列入人格道德美范畴，其内涵已形成中华民族品格、禀赋和美学精神象征。从唐代开始，历代皆有咏水仙花诗文佳作，如唐·来鹏《水仙花》："瑶池来宴老金家，醉倒风流莓绿华。白玉断笄金晕顶，幻成痴绝女儿花。"又如宋·辛弃疾《贺新郎·赋水仙》中"罗袜尘生凌波去,汤沐烟江万顷"。水仙花文化在中国花文化中独树一帜,妙趣横生。

　　文化是民族的血脉和灵魂,生态文化追求尊重自然、顺应自然、保护自然,通过人与自然交往过程中的生态意识、价值取向和社会适应,维护和增强自然生态系统的服务功能,是反对奢侈消费、资源低效高耗、污染高排放的经济发展方式,推动绿色发展的原动力和思想渊源。早在战国时期伟大哲学家和思想家老子在其《道德经》中就提到"人法地,地法天,天法道,道法自然"辩证法思想,面对资源约束趋紧、环境污染严重、生态系统退化的严峻形势,当今世界必须树立尊重自然,顺应自然,保护自然的生态文明理念,把生态文明建设放在突出地位,融入经济建设、政治建设、文化建设、社会建设各方面和全过程。

　　"生态文明"与"生态文化"就像是一棵大树,如果说生态文明是树干,那么生态文化就是树根和树冠,只有根深叶茂,树干才能长得又高又直。生态文化传承了中华民族优秀传统文化与生态智慧,融合了现代文明成果与时代精神,构筑了中华民族人与自然和谐共荣的精神家园。把"建设生态文明"作为中国实现全面建设小康社会奋斗目标新要求,并写进党的十七大、十八大全国代表大会政治报告中,充分体现生态文明对中华民族生存发展重要意义,标志着中国特色社会主义将向生态文明发展阶段迈进,将向建设美丽中国迈进!水仙花文化作为生态文化的组成部分,在促进生态文明建设上具有重要地位。大力弘扬水仙花文化,全力推进水仙花卉产业发展,有助于加快生态文明建设步伐,努力建设美丽中国,实现中华民族永续发展。

第二章　中国水仙起源

　　水仙在植物学自然系统分类中隶属被子植物单子叶植物。系统位置列为百合亚纲天门冬目石蒜科（Amaryllidaceae）水仙属（*Narcissus*）中多年生草本植物。

　　石蒜科，按照该类群的传统界定，包括具有花莛植物，花序有佛焰苞包被、下位子房，因此被认定为是一个独立的科。该进化支单源性得到下位子房、石蒜碱和 rbcl 序列支持（Chase 等，1995a），以及 Chase 等（1993）和 Qiu 等（1983）依据叶绿体 rbcl 序列信息发现，单子叶植物从具单沟花粉粒木兰亚纲而来，为单元起源。

　　石蒜科起源于古南大陆（即为冈瓦纳大陆 Gondwana），与葱科最为接近，且是一个分化显著中等科，有 13 族，66 属，730 种，全世界广布。植物系统发育排列位上，与具单沟远极花粉粒木兰类植物亲缘关系远比具三沟萌发孔花粉粒真双子叶植物更亲近，尤其是与古本草木兰类植物关系更为密切。表明在遗传系统进化树中与木兰类植物更为接近，而中国正是世界被子植物中木兰类植物演化与发展中心。由此可见，起源古老，其演化、辐射扩散、杂交变异关系复杂。在时间与空间上涉及泛大陆，几次分离——漂移——再骤集系列过程中，地球地质历史时期变化巨大。

　　水仙在石蒜科 13 族系列中第 8 位为水仙族（Narcisseae），其族仅有 2 属。其中水仙属内约有 30 种，主要分布于地中海沿岸地带，北非、中欧，以及向东至高加索、中亚、伊朗东南部沿海地带和巴基斯坦、孟加拉，在东亚我国东南沿海以至琉球群

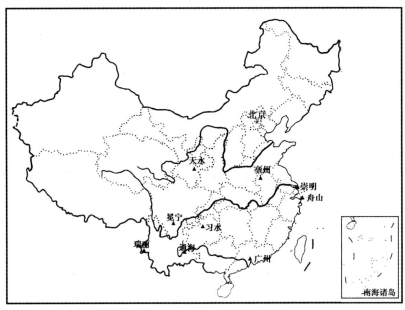

图 2-1　历代文献记载中国水仙资源分布示意图

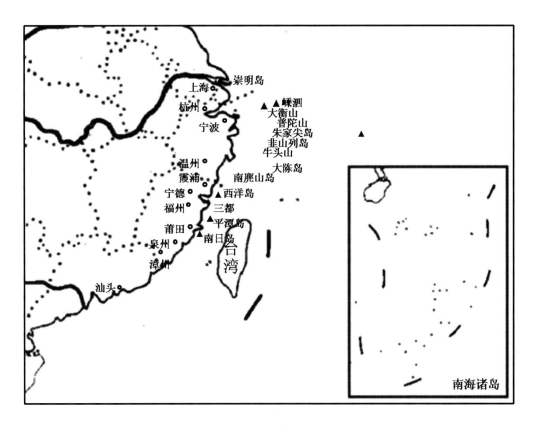

图 2-2　中国水仙在沿海岛屿自然分布示意图

岛，至日本九州、本州沿海地带亦有野生分布。另一属为全能花属（*Pancratium*）约有 15 种，分布于地中海沿岸地带至热带非洲和亚洲。我国香港产 1 种，印度也有分布。在地质史上同属于特提斯洋即古地中海古自然地理区域范围内（图 2-1、图 2-2）。

　　水仙属植物在起源、演化和发展过程中，其染色体组型，染色体数目和倍性在进化中产生复杂变异。染色体原始基数 X = 7，由基数 7 上升为 8、10 和 11。2n 分别有 14，20，21，22，24、28、30、33、34……，即是非整倍体上升。非整倍体上升途径就是着丝粒横列，水仙属的非整倍体增加大概也涉及同样机制。当植物由二倍体被诱导为同源多倍体之后，在生殖特性上最显著变化就是结实率下降。据报道二倍体，如仙客来水仙（*N. cyclamineus* DC）2n = 14，x = 7；三蕊水仙（西班牙水仙 *N. triandrus* L.）2n = 14，x = 7；以及长寿花（*N. jonguilla* L.）、黄水仙（*N. pseudo-narcissus* L.）、灯心草水仙（*N. juncifolius* Lagasca），2n = 14，28，X = 7，等二倍体及四倍体外，多数种呈现染色体数目和倍性复杂现象，如 X = 8、9 或 X = 10、11，2n 呈现为同源多倍体，即同源三倍体，同源异源三倍体和非整倍体等遗传变异。中国水仙染色体包含有二倍体、三倍体以及同源异源三倍体。但以 2n = 3X = 30 同源三倍体居多，已完全不育，只能依靠无融合生殖来表达，以适应生存环境变化。

　　关于中国水仙起源地问题，近年来有不同看法，主要是中国论和地中海论。

第一节 中国论

中国论主要论据概括如下：

(一)历代诗词话水仙

南宋爱国词人辛弃疾(1140～1207)对屈原在《离骚》中未能提到水仙有感而发，在其所写《贺新郎·赋水仙》词中："灵均千古怀沙恨，记当时匆匆，忘把此仙题品。……弦断招魂无人赋，但金杯的砾银台润。愁带酒，又独醒。"对屈原未能题品中国水仙，含有不解不平心情。

张炎(1248～1320)在《西江月》题墨水仙词："独将兰蕙人离骚，不识山中瑶草。"明代张大复(1554～1630)《水仙花》诗："江游伴洛妃，灵均不解事"，《水仙花影》诗："自怜不入灵均谱，笑向银缶索画图。"至清代还有康熙皇帝(1654～1722)诗："骚人空自吟芳芷，未识凌波第一花。"刘嗣绾(1762～1820)《减字木兰花》水仙词："蒜山葱岭，种出根苗玉井。……如何湘浦。一卷离骚忘补?"叶申芗，福州人，在《天仙子·水仙》词："得水能仙矜冷艳，陈思赋里依稀见，品高惜未入骚经，尘不染。"这说明中国自古以来人们对水仙怀有厚爱与崇敬之心情不减。

(二)李时珍手绘制水仙图

明代医药学家李时珍(1518～1593)认为自古以来，历代中医药学家所用中药材都采自山野中，只有野生类型所含药用成分最高。因此，李时珍亲手绘制水仙图为野生中国水仙之形态特征，而北宋画家赵孟坚以及南宋画院所画之水仙则是栽培水仙之形态特征，叶与花葶等长。在1587年撰著的《本草纲目·卷十三·水仙解集解》记载："亦有红花者。按唐·段成式《酉阳杂俎》云：'榇祗出拂林国，根大如鸡卵，苗长三四尺，叶似蒜叶，中心抽条，茎顶开花，六出红白色，花心黄赤，不结子，冬生夏死。取花压油，涂身去风气。'据此形状，与水仙仿佛，岂外国名谓不同耶?"

(三)《尔雅启蒙》评"蒚"

清·姚正父，清，归安(今浙江湖州市)人，撰著咸丰二年(1852年)刊刻出版《尔雅启蒙》："蒚，音历，山蒜。凡蒜生山中者名蒚。本草，小蒜，野生，小者一名蒚，蒚是为小蒜。"

(四)王闿运评水仙之古名

王闿运(1832～1916)，湖南湘潭人，官翰林院检讨，加侍读。辛亥革命后，曾任国史馆馆长。家有《湘绮楼》藏书数万卷，著有《湘绮楼诗集》、《湘绮楼文集》等几十种。他认为水仙花之古名：即蒚，山蒜。如：《芳草》咏水仙词序曰："水仙花，即蒚，山蒜。花开如釜，蒸鬲，今或名雅蒜，根如蒜也。《尔雅》：凡香草即曰山。"

又在所撰《尔雅集解·释草第十三》："蒚，山蒜。蒜，荤菜。蒚，今之水仙，冬草也。根正似蒜，花如釜上置鬲，故谓之蒿。"《尔雅诂林》评："是书诠释《尔雅》不囿于某家之论，而是兼采自汉至清名家说解，旁证先秦以来各种重要典籍以成一家之书，可以与邵氏《正义》，郝氏《义疏》相参阅。"

(五)《尔雅义证》及《尔雅诂林》评

尹桐阳，字侯青，湖南省常宁人。清末民初学者，在《尔雅义证》："蒿，山蒜。冬花似蒜而香，今水仙，百合花类石蒜科艸也。水仙叶根似蒜，花如釜上复鬲，故谓之鬲，加艸者，为艸类故也。"《尔雅诂林》评："运用现代科学知识研究《尔雅》，力求贯通古今，是本书的最大特点。"

(六)《水仙花考》记载

民国时漳州籍学者翁国梁先生 1936 年在《水仙花考》一书中提出"《南阳诗注》有'水仙本生武当山谷间'"记载，摘录文献"水仙花生武当山谷间"有九条之多；吟咏水仙花在湘、楚、荆等有十三条之多。武当山中央有一峰名"参岭"或"簪上"，原产地与诗吻合。"此外，东亚区域植物极其丰富，在历史植物地理学上，可视为被广布之植物区之原始产地。"

(七)许荣义、李益民二位先生关于中国水仙论述

许荣义、李益民二位先生在 1992 年出版《中国水仙》书中第三节《中国水仙史话》："水仙如是外来之物，必是音名相近，如菠萝，梵文名 shorea Robusta。既然水仙意大利音为'奈祇'，为什么从古以来水仙名称繁多，就是没有'奈祇'这种叫法？"查阅欧洲学者有关多花水仙产地资料："1986 年 1 月 17 日意大利人韦佐西教授(意大利 Prof. barlo Vezzosi 农学院花卉教授)引用文献资料其一是：Evauahew Calvindce. U. 卡尔维诺著作中写道：*Narcissus tazetta* L. 原产地中海沿岸地区、东亚、中国、日本，还有意大利。其二是：Adriano Fioriaca 菲奥里 1753 年书中写道：*Narcissus tazetta* L. 原产地中海沿岸地区，东亚。"《中国水仙史话》又说："对于中国水仙是否原产地中国或是东亚；中国水仙是否由意大利传入我国，应进一步研究。"

(八)有关其他论著与报道

《中国高等植物图鉴》记载："(水仙)原产浙江和福建。"

《浙江花卉》中记载："中国水仙原产我国，在我省东南沿海岛屿，尤其在舟山等地都有成片野生水仙花。"

《花卉栽培学》记载："水仙又名水仙花，天蒜、雅蒜、金盏银台、百叶花等。属石蒜科，水仙属。原产我国，是我国传统名花之一。"

(九)有关发现野生水仙的报道

《甘肃日报》1983 年 9 月 11 日刊登洪涛、军翔报道《康县发现野生水仙花》："据《阶州志》记载，曾经是水仙花产地。……四月二十七日，我们在康县下乡途中偶尔听到铜钱公社响水洞有野生水仙，便前往观看。……就在这里，我们发现了野水仙

花。形似大蒜的鳞茎露出地面随处可见。有根扎在树根之间，有的挤在石头缝里，有的三五一堆，更多的则是几十株盘成一片。"

另见报道："在贵州省遵义地区的习水县回龙区的斑竹林以及瓮坪的花场也生长着野生水仙。……在习水县回龙区一带的野生水仙花，鳞茎白大，花葶长，花冠白色，副冠黄色。当地人俗称为'石蒜'。"

甘肃康县到贵州遵义地区一带在地质时期均是地处亚欧大陆块古地中海的东段。

第二节　地中海论

陈心启、吴应祥两位先生是支持地中海论的主要代表，分别曾于 1982 年在《植物分类学报》上发表的《中国水仙考》及 1984 年 3 月在《世界农业》刊物上发表的《水仙史话》，并于 1984 年 6 月出版的著作《植物与希腊神话》等论著中都多次肯定认为：首先，水仙属现代分布中心是在地中海沿岸，只有中国水仙分布于东亚中国与日本沿海，在植物地理学上不支持水仙属这种自然的间断分布。其次，我国自明、清以来有两个水仙主要产地，即江苏省苏州(包括现在上海嘉定)和福建省漳州地区，但在这两个地区，至今未发现野生水仙踪迹。所报道江、浙、闽等地"野生水仙"，均在寺庙附近，在无人烟岛屿上尚无发现。再者，唐代段成式所著《酉阳杂俎》中明确记载："奈祇出拂林国"，奈祇即水仙，拂林国即意大利。因此，陈心启、吴应祥学者认为："中国水仙是在距今 1200 多年前唐朝由意大利输入我国。""中国水仙是一种归化植物，它极有可能是在唐初从地中海区域传入中国。"其论点主要有两方面：

一、从史籍记载上

中国水仙系一种归化植物。中国关于水仙最早记载始于宋代。在宋代以前没有水仙遗迹，就是文学典籍中也从未出现过"水仙"或有关水仙描述。

从公元前六世纪《诗经》中就开始有不少关于植物记载。其后，像《尔雅》、《毛诗草木鸟兽虫鱼疏》、《神农本草经》、《南方草木状》等书籍中所涉及植物也不在少数。特别是到了唐代，文学作品中吟花颂柳俯拾皆是，但竟没有一首是吟咏水仙。这不太可能是由于文人疏忽或是水仙缺乏吸引力，而只能解释为在宋代以前没有水仙，或者还没有被广泛栽培。

从宋代流传下来三十余首有关水仙诗词可见，水仙在当时是十分珍贵的花卉。例如，黄庭坚《吴郡送水仙花二大本》中"折送东园粟玉花，并移香本到寒家。何时持上玉宸殿，乞与官梅定等差"之句。可见当时只有达官贵人或高级文人偶见栽培，但却恰好从另一个侧面说明水仙在宋代才开始出现，或者还是出现不太久珍贵花卉。

从有关诗词中可以看出，当时水仙栽培主要见于湘鄂一带。例如高似孙《水仙花后赋》所涉及"潇湘、沣沅、荆浒、湘渊",又如黄庭坚诗中"荆州今见水仙花",以及朱熹诗中"湘君谢遗谍,汉水羞捐珰"等,均指今湖南、湖北一带。表明当时中原还没有栽培水仙,宋代张末《赋水仙花》中有"中州未省见仙姿"诗句就是明证。

至于当时闽、浙一带是不是有水仙栽培,在一些诗词中也有蛛丝马迹。如黄庭坚诗《吴郡送水仙二大本》,又《花史》中曾记载:"宋杨仲元自萧山购得水仙一、二百本,极盛,乃以古铜洗之,学洛神赋体,作《水仙花赋》。"还有宋代许仲企诗:"芳苞出水仙,厥名为玉霄。适从闽越来,绿绥拥翠条。"等记载。这表明很可能当时在江苏、浙江、福建一带也有水仙栽培,究竟是闽越先,还是湘鄂先,难以考证。

《南阳诗注》认为"水仙原产于武当山"。武当山在今湖北省西北部均县境内,十堰市附近,是著名道教名山之一。武当山在禹时属荆州,春秋时属楚国,在洞庭湖北面,故宋代诗人吟诗作赋,每多将水仙与湘、楚、洞庭湖、荆州等地名冠之。根据均县气象资料,从 1961～1970 年十年统计,气温以 1 月为最低,在 -8～-7℃,绝对最低气温在 -10℃左右,2 月份平均气温尚在零下,显然温度对水仙生长极为不利。水仙秋末种植,冬季生长,夏季休眠。武当山原产说法显然是不可靠的。"根据笔者和厦门园林局同志,两次武当山调查,该山确实没有水仙生长。"

唐代段成式(803～863)《酉阳杂俎》中有一段记载:"奈祇出拂林国,根大如鸡卵,叶长三四尺,似蒜,中心抽条,茎端开花六出,红白色,花心黄赤,不结子,冬生夏死。取花压油,涂身去风气。"从上述记载:第一,这里所谓的奈祇,按花形状、色泽、花期以及植物体态,确系指某种水仙;第二,这种水仙与现在中国水仙并不完全相同;第三,奈祇与波斯语的"Nargi"(水仙)同音;第四,这种水仙原产地是拂林国,即今天地中海沿岸意大利。这是一段相当可靠、最早有关水仙花记载。

《花史》记载:"唐玄宗(712～756,在位 45 年)赐虢国夫人红水仙十二盆,盆皆金玉七宝所造。"既然花盆用金玉七宝制造,可见红水仙身价之高贵。显然,当时这种从意大利引入栽培花卉,是国内所未曾见过红花水仙,必然引起轰动。当时人们喜爱红色,十分珍贵,成为仅供宫廷玩赏花卉。

在唐代及其以前史籍中未见关于水仙记载,绝非偶然,而是当时还没有栽培,或者至少没有普遍栽培。但是从唐朝开始,随着对外往来逐渐增多,很可能水仙也在这时被引进。据唐史记载,唐代从贞观十七年至开元十年(643～723)80 年间,仅拂林国就有五次与唐代交往。这离《酉阳杂俎》记载也仅一百来年时间。既然其他品种水仙可以在当时输入,那么中国水仙是否也可能同时或在稍后输入我国呢?应当说也有可能。

中国发现"野生水仙",实为"逸生"。根据有关县志记载,中国自明清以来有两个著名水仙花产地,即嘉定、苏州一带和福建漳州。但是,不论在嘉定、苏州,或福建漳州,至今均未发现有野生水仙。史籍中仅有两处记载野生水仙,一是《南阳诗注》:"水仙本生武当山谷间";一是《定海厅志》(光绪):"水仙本名雅蒜……。雅蒜悬山海涂，有数十亩(康熙)。"

武当山位于湖北省西北部均县与房县之间，但至今尚未闻有野生水仙。就是其邻近地区，以至整个湖北、湖南亦未闻有野生水仙。

针对东南沿海所谓"悬山海涂"野生水仙问题，据调查，该地区确有相当数量"野生水仙"。此外，福建近年来也在沿海平潭、长乐、连江、霞浦等地发现有"野生水仙"。可见它在我国东南沿海分布并不孤立。问题在于这些野生水仙究竟是天然野生，还是栽培逸为野生，一些情况值得注意：

定海与普陀两岛上野生水仙都是位于庙宇或房屋附近。其中大部分分布在朝南，距海10余米至数十米海滩周围。有些地方虽然现在房屋荡然无存，但确曾有过房屋和人们居住历史。至于从来无人居住小岛，至今尚未发现有野生水仙。水仙花期一般在2~3月份，此时还是海岛最冷季节，这里水仙大多数花葶被冻坏，而不能正常开花。开过花植株，虽可见略膨大子房，但没有完好胚珠，至少绝大多数都不能正常结实。生长一般良好，而且有成片幼苗，但每片中各种龄级都有，参差不齐，未见成片同龄幼苗。

由此可见，这里野生水仙不太可能是土生土长乡土植物，很可能是一种归化植物。据欧洲植物志(D. A. Webbin T. G. Tutinetal，Flora Europaeas 5，79~80，1980)记载，中国水仙原种 *Narcissus tazetta* L. 在欧洲有悠久栽培历史，由栽培逸为野生者甚多。整个水仙属都有类似情况，常常无法判断其来源。因此，我们也不应当把上述地区野生水仙简单地归结为本地原产乡土植物。

这里的野生水仙虽然生长良好，结果者极少。幼苗又非同龄，所以不太可能由天然种子萌发而来，很有可能是无性繁殖结果。上述地区野生水仙只见于或绝大多数见于人们居住地方，而且花期正好处于当地最冷霜冻季节，又几乎不结实，一种土生土长乡土植物出现这种情况令人费解。

二、从植物学观点

从植物学观点看，认为中国水仙是归化植物。水仙属约有30种，现代分布中心在地中海沿岸，向东可达伊朗、阿富汗和巴基斯坦，只有一个变种即中国水仙，孤零零地分布于东亚中国与日本沿海。如此间断分布在被子植物中，极为罕见。

中国水仙科学记载，最早见于汪机(1522~1566)《本草会编》和李时珍《本草纲目》。但明确指出与地中海沿岸法国水仙(*Narcissus tazetta* L.)有密切亲缘关系。M. J. Roemer(1847)把中国水仙视为法国水仙一个变种，并科学命名为 *N. tazetta* var. *Chinensis* Roem。

N. tazetta 是水仙属中最广为栽培，也是最多型一个种。根据花色泽，这个种可分为三大类(或称亚种)：花被纯白色，副花冠亮黄色到深黄色(subsp. *tazetta*)；花被奶

黄色或极淡黄色，副花冠中等至鲜黄色（subsp. *italica*）；花被鲜黄色或金黄色，副花冠深黄色至橘黄色（subsp. *aureus*）。中国水仙应属于第一类下一个变种。这里要着重指出，与地中海植物密切亲缘关系，特别是与 *N. tazetta* var. *herbetiana*、*N. tazetta* var. *monsrchus* 及 *N. tazetta* var. *sexlobata* 等变种之间差别是十分微小。日本植物学家北村四郎等（1974，欧洲植物志）认为中国水仙与地中海水仙有密切关系，而且从花的形态、色泽看，其间隔离时间似乎不太长。

中国水仙花期正好处在霜冻严重的早春，不能正常结实。石蒜科在我国只有很少几个属，全部是夏秋开花，唯独水仙例外。反之，在水仙故乡——地中海沿岸，冬季至早春气候干燥而阳光明媚，气温并不太低，不少水仙品种均在此时开花结实，这无疑是一种适应。

至于不结实问题，不仅沿海野生水仙如此，栽培水仙也是如此。这一现象应当说是某些长期采用无性繁殖栽培植物所具有。《酉阳杂俎》中关于水仙记载就已经有"不结子，冬生夏死"之句。近代的一些研究证实中国水仙是三倍体，是有道理。尤其值得注意是日本学者釜江正已通过对朝鲜、日本和我国台湾所产中国水仙65个系统染色体组型和减数分裂过程的研究，确认日本所产水仙与我国所产者系同一起源，均为同源三倍体。我国李懋学等（1980）又进一步证明，在我国舟山群岛产野生水仙与漳州、上海崇明栽培水仙，三者在染色体数目、基本组型和 Giemsa — C 带的带型上极其相似，并认为三者是同一来源同源三倍体。

根据上述观点，从植物学角度，其结论与史籍记载和野外调查结论一致。认为中国水仙并非中国或日本原产乡土植物，而极可能是古代从地中海地区输入归化植物，首先在中国栽培，然后引入日本。在长期栽培过程中，有些逸为野生，并在适宜条件下保存下来。

第三节　再论中国水仙原产

中国水仙在水仙属自然分类系统中属于多花水仙群里一个种。M. J. Roemer 于1847年把中国水仙命名为法国水仙种下一个变种（*N. tazetta* var. *chinensis* Roem），这在世界范围内，把隶属不同类型植物分布区的植物如此处理显然证据不足，甚为不妥。当时被欧洲人自己称之为植物社会学家，也纷纷广泛搜集植物标本，参与到世界各大洲所产植物种类命名与定名之行列中，冠上自己大名作为个人命名之优先权。由此致使仅就欧洲地中海沿岸地带所产水仙30多种小型属植物命名至今仍存在混乱、争论不休问题所在。作为本属后选模式种：红口水仙 *N. Poeticus* L. $2n = 14$、21、28，$x = 7$、10、11，也未能完全代表其属染色体基数类型。

中国是世界上文明古国，又是物种起源大中心，凡是从境外引进特别是引人注目的植物或者器物，在史籍里均有明确记载，注明出处，不改其原名，也不淹没从国外引入事实。

有关在唐代引进地中海所产欧洲水仙之文献记载：

唐·段成式（803～863）在《酉阳杂俎》记载："奈祗出拂林国，根大如鸡卵，叶长三四尺，似蒜，中心抽条，茎端开花六出，红白色，花心黄赤，不结子，冬生夏死。取花压油，涂身去风气。"花红白色，花心即指花雄蕊为黄赤色，中心仅抽一条花葶开一朵花；鳞茎球如鸡卵大。描绘表明正是红口水仙花的形态特征。

（1）段成式以"红白色"来描绘花冠色彩，而中国水仙"金盏"是花冠之副冠形状如酒杯，金黄色，绝无红色。

（2）"根大如鸡卵"：中国水仙三年生开花，鳞茎似"蒜"形，绝非仅有如"鸡卵"大，仅是主鳞茎也是非常大近圆球形，加上连生之侧芽，似笔架形或莲花座形。"叶长三四尺"，中国水仙带状叶也无此长度。

明·王世懋（1536～1588）在撰写的《花圃撷余》以及吴彦匡在明崇祯年间（1628～1644）撰成的《花史》中均引有"唐玄宗赐虢国夫人红水仙十二盆，盆皆金玉七宝所造。"其一，这里所记载的红水仙在时间上所指均是在唐玄宗皇帝时所发生之事，实则为一件事：都指的是红水仙。其二，用金玉七宝装饰的水仙花盆，这是皇宫中日常生活常用装饰用品，其实没有特殊性，如《开元天宝遗事》记载有七宝花障，则用多种宝物装饰制成之花障。又如《西京杂记》中记载有七宝綦履、七宝床；《北齐书·穆后传》有七宝香车等等。其三，表明皇宫已有用金玉七宝装饰的花盆专用来养水仙事实了。而红水仙只适合土中栽培，按照中国水仙水养法，采用水养开花之后，因国外红水仙鳞茎小，鳞茎球体内没有足够水养开花的营养物质，或许这正是至今中国还没有红水仙重要原因。

中国水仙经水培开花历史悠远，早在甲骨文有关卜辞中，不仅可查到殷商王朝设有专职奴隶称为"人蒜"之奴隶群体，以及开垦圣田从事水仙种植栽培和水仙鳞茎球作为贡品等内容记载，还发现有青铜器皿进行水仙水培开花用于观赏之象形文字形体，至周代均有所发现。正如李学勤先生在 2006 年出版的《走出疑古时代》一书自序中所言："《走出疑古时代》这本书是我最近几年继续探索中国古代文明的结果。……信古、疑古、释古的提法，已经是学术史上的公案。今天的中国考古学、历史学和文献学，都是相当发达成熟的学科。这份沟通这些学科的成果，将能进一步阐释古代的历史文化。不仅如此，我们还要把中国古代文明放到整个人类文明历史的背景，去考察、理解、比较和估价，从而作出具有理论高度的贡献。"

中国水仙自古以来，美名甚多，其中单音节"蒜"为水仙原始古名。汉语是语素文字，与拼音文字不同。"与汉字单音成义之特点相适应的"。凝结概念，孕育范围，反映丰富文化内涵。因此，中国自古以来原生植物名称全是单音节，如竹、草、木、稻、黍、稷、菽等，一物一名，一名一字，一字一声，一字一义。这已是中国古汉语之特色与传统。随汉语演化发展，以及古人对事物性质认识加深，出现双音节词语，水仙、山蒜、水稻、小麦、大豆等，字义丰富。水仙其后还有俪兰、雅蒜、女星、女儿花、女史花，等等。我们自己使用至少已有数千年了。

一、中国水仙生物学依据

（一）形态特征

中国水仙为具有地下鳞茎球多年生草本植物。其鳞茎呈现圆锥形或卵圆形，由鳞茎皮、肉质鳞茎片、叶芽、花芽、盘状茎（鳞茎盘）等组成。主要特征有：

1. 地上部分

叶：基生，无叶柄，扁平带状，深绿色，被霜色白粉，成熟叶片长为 30～50cm，在福建西罗盘岛发现自然野生中国水仙之叶片最长仅 24cm。宽为 1～5cm。栽培品种叶较宽，且一般一球有 5～9 片叶，多数为 5～6 片叶，个别最多 11 片。

花葶：又称花茎，花序轴从叶丛中抽出肉质花葶，中空，髓腔较大。花葶直径 0.2～0.3cm，长 20～45cm，自然野生种花葶较长，在福建宁德县青山岛鸟岩下发现的自然生长中国水仙花葶长竟达 64cm；在平潭县君山岛北岗岭荒草斜坡上亦发现自然野生水仙花花葶达 80cm。栽培品种通常每个鳞茎抽出 1～10 枝花葶，最多达 26 枝花葶。花序成扇形着生于花序轴顶端展开，有小花 3～7 朵，最多有 16 朵。栽培品种与自然野生种形态差别很大。宋·赵孟坚（1199～1264）所画水仙图以及明代汪机《本草汇编》所附水仙图均为栽培形态特征。即使由家化逃逸为野生，其变化亦不会很大（见图 2-3）。

图 2-3 　《本草纲目》中李时珍手绘野生中国水仙

中国水仙之花由花被（花瓣）、花筒、副冠三大部分组成。副冠鹅黄至鲜黄色，且浅杯状，这种描述，即指中国传统酒杯之形状，与欧洲人所指杯状相异甚大。花被乳白色、卵圆形、先端圆尖中稍凹似浅匙状，具飘逸之清香，为中国水仙花形、花色、花香特征。

2. 地下鳞茎部分

中国水仙鳞茎球为圆锥形或卵圆形，俗称花头。鳞茎外被黄褐色膜质鳞茎皮，不裂（而蒜外皮裂开，露出一个个蒜瓣）。内部鳞片厚肉质，白色，层层包裹，且互相抱合组成球状，各层间基部均有腋芽着生，大球中央部位着生有花芽。主芽外包有 12～15 层鳞片，副芽外包有 4 层鳞片。鳞片基部着生于鳞茎盘上。小鳞茎，又称侧生芽、边芽、脚芽，则萌生母体鳞茎基部，呈绕鳞茎盘环生多个不等，多年生草本植物。而蒜或称大蒜、葫等，其小鳞茎为"弯月形"瓣状着生在鳞茎盘周边上，此外表由一个易破裂膜质鳞皮包裹着，为一年生草本植物，从9月种植至翌年5月收。

中国水仙根系着生于鳞茎盘下外圆周边，呈环状排列3~7层根点中长出，根乳白，内质，圆柱形，无侧根，质脆易断，折断后不能再生，一般长5~50cm不等。老根具气道。鳞茎内含有丰富胶质黏液，黏液中含有毒素和水仙碱。如误食引起头晕、呕吐，严重时昏迷不醒(图2-4，图2-5)。

图2-4 人工阉割后中国水仙
鳞茎球形态示意图

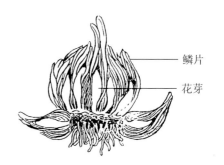

图2-5 人工阉割后中国水仙主鳞茎球与
子鳞茎连生状态

(二) 生物学习性

1. 生态习性

中国水仙在深秋于鳞盘下根点处先萌生内质须根，后再从鳞茎球顶端萌出主芽头，抽出叶先生长，长出6片叶时，花葶从叶丛基部抽出，冬季开花，翌年春天贮藏营养，膨大鳞茎球，至夏初，气温达到25℃临界温度时，叶片枯萎进入休眠期。正如唐·来鹏(？~883)。在《水仙花二首》之二：

> 花盟平日不曾寒，六月曝根高处安。
>
> 待得秋残亲手种，万姬围绕雪中看。

来鹏称中国水仙，为人类之盟友。由此可见唐代江西南昌市附近地区，栽培中国水仙技术已非常成熟了，现今漳州地区种植水仙农户仍然在沿用这种古老的栽培技术。以及福建沿海地带人们对水仙乃称之为"万人友"。

中国水仙开花期早，在冬季最寒冷季节开花，而欧洲地中海水仙品种要经过冬季低温季节，即秋季定植后，在土中首先发根、长根，翌年2月春暖时叶芽萌发出土，4~5月开花，生长发育可以持续初夏。吴应祥先生亦认为，"中国水仙的花期正好处于霜冻严重早春，不能正常结实。石蒜科在我国只有很少几属，全部夏秋季开花，唯独水仙例外。反之，在地中海沿岸，冬季至早春气候干燥而阳光明媚，气温并不太低，不少水仙种及其品种均在此时开花结实，这无疑是一种长期适应。"而中国水仙却在冬季与早春寒冷季节开花，这或许是生理生态有异于欧洲地中海水仙独特之处。这种独特差异变化，绝非短时间自然适应所能获得。地中海型气候是冬季有雨，潮湿温润，极少有霜；夏季火热干燥，很少降雨，是两种截然不同的气候类型。

2. 鳞茎球生长发育习性

中国水仙鳞茎球体有很强分生能力，在鳞茎基部可伴生出大小不等侧鳞茎，从1～2个至4～5个不等，呈"莲花座"状环母体鳞茎周边伴生的小鳞茎则更多。个体大小不等小鳞茎以及不同龄级鳞茎，每年相继伴生长大并陆续脱离母体鳞茎球，独立生根长成大鳞茎球。母体鳞茎球伴生出子鳞茎球，子鳞茎球又伴生出孙子鳞茎球，子子孙孙一代又一代延续伴生下去，年复一年，在自然界就形成一堆堆不同龄级水仙鳞茎球，拱出地面形成一片片自然群体植被。福建农业大学许荣义先生在调查浙江朱家尖岛上自然生长中国水仙时，发现名叫老基黄地方，水仙竟然大量挤生在岩石缝中，生长茂盛。表明中国水仙适应性强。

另据《甘肃日报》1983年9月11日报纸上刊了洪涛、军翔两人报道《康县发现野生水仙花》："四月二十七日，我们在康县下乡途中遇尔听到铜钱公社响水洞有野生水仙，便前往观看。……形似大蒜的鳞茎露出地面随处可见。有根扎在树根之间，有的挤在石头缝里，有的三五一堆，更多的则是几十株盘成一片。"又据舟山地林科所何国任等于1981年9月《普陀山调研报告》中写道："水仙的生活力很强，在十分干旱的条件下，原有的鳞茎枯死，还能从老鳞片的10～12层深处重新萌出一叶茎，似米（粒）大的小水仙。"

远在南朝梁·陶弘景在《名医别录》："近道处处有，其根牙亦似兽之牙齿也。"

东南浙江、福建沿海一带居民与花农，把从水仙鳞茎球伴生出来之侧芽，称为"脚芽"、"边芽"，把繁殖用侧芽又称为"芽仔"、"也仔"。实行"牙仔"、"钻仔"、"种仔"三级栽培。

（1）"芽仔"栽培：从2年生鳞茎球伴生侧芽中掰下来，只有一个中心主芽，没有侧芽。于11月上旬用撒布方法种植，至翌年芒种时收鳞茎球，即为一年生鳞茎球。此时只能是营养生长，无花芽形成，俗称"钻仔"。

（2）"钻仔"栽培："钻仔"具有2～4侧芽。种植前把侧芽掰去，于10月下旬下种，采用条布法，翌年芒种收藏，即是二年生鳞茎球，俗称为"种仔"。此期间在田间只有1%的植株主芽可以抽葶开花，花葶仅有1枝。其侧生小鳞茎球即使发育良好，也不能成花。

（3）"种仔"栽培："种仔"侧芽多，种植前也要掰去侧芽。实行粒布方法。为了使养分集中供给主芽和鳞片生长，中国创造一种特殊阉割方法，并经过一年培养发挥主芽优势使之主鳞茎膨大端正优美，鳞茎盘新伴生分化出之两侧"脚芽"大小对称，并成偶数。经三年艰苦不断努力栽培出主鳞茎不但硕大，花葶也繁多。不仅100%主芽能分化成花芽，而且侧生小鳞茎主芽也能分化形成花芽，可以上市销售，花农俗称为"花头"。欧洲水仙秋后栽培，至翌年初夏收获后，即可以作为商品"花球"上市销售，实为一年栽培。分生之侧芽也仅1～2个呈葱头形扁牛角状，繁殖数量比中国水仙要少得多，同时个头也小得多。

3. 中国水仙鳞茎球开花生理习性

中国水仙鳞茎球收获晒干贮藏达1个多月后，于7月中旬花芽细胞始发育，于10月初发育完第1朵小花，以后每隔一个发育期发育形成第2朵小花……依此类推。

而地中海所产水仙鳞茎球花芽分化始于土中，在储藏时完全形成花朵，但需经冬季低温阶段后于翌年3~4月份开花。中国水仙鳞茎首先要经过高温30~32℃打破生殖细胞休眠并诱导其花芽分化，温度低则抑制花芽分化。中国水仙则在当年冬季11~12月份开花，不需低温阶段。

4. 中国水仙遗传多样性和亲缘距离与欧洲水仙较远

（1）用RAPD标记方法对中国水仙与欧洲红口水仙（*N. poeticus* L.）进行遗传多样性和亲缘关系距离研究发现：两者除在外部形态特征，生物学特性存在显著差异外，并在DNA水平上亦表现较大差异，其亲缘关系距离较远。

（2）多米尼西斯（Dominicis）用吉姆萨氏染剂（Giemsa）和DAPI荧光染色技术结合色霉素A_3对浅色黄水仙（*N. biflorus*）及其亲本南欧水仙（*N. tazetta*）和欧洲红口水仙进行了核型分析，揭示了欧洲浅色水仙与其有亲本的关系，认为中国水仙与南欧水仙之亲缘关系距离较远。

中国水仙鳞茎球是特适水养冬季花卉，而欧洲水仙不具备肥大结实鳞茎，须种植在肥沃土壤中继续汲取营养方能展叶开花。

总之，由上述可知，中国水仙与地中海水仙无论在形态特性、生物学习性以及遗传多样性、亲缘距离等方面均存在较大差异，即使经过1000多年栽培过程，也是难以产生如此大变化。另外从中国水仙染色体组成上有二倍体、三倍体、同源三倍体、异源三倍体，染色体基数$x=10$、11，但以同源三倍体最多。因此，应是独立演化发展之自然群体，并经剧烈地质变动后生存下来自然群体。或者是古代因取其胶滥挖滥采遗留下来之个体。

其次，水仙花族另一属为全能花属（*Pancratium* L.）约15种，分布于地中海至热带非洲和亚洲，我国有1种，即为全能花（*P. bitlorum*），产于我国香港地区。印度亦有分布。由此可知，水仙族2属植物种类在我国境内均有自然分布。因在地质历史上东亚与欧洲地中海沿岸同属特提斯洋水域北岸，劳亚板块（亚欧大陆），一在东部，一在西部，相距几千公里。

在西藏高原南部日喀则地区发现桉树化石，在高原东部四川理唐地带又发现晚始新世时期大量桉树化石。化石埋藏于紫红砂砾岩中，桉树化石占化石总数60%（48块），说明当时桉树已形成优势森林。伴生化石树种有山龙眼科帕里宾属（*Palibinia pinnatifida*），班克属（*Banksia puryearensis*）、杨梅科甜杨属（*Comptonia*），榆科刺榆属（*Hemiptelea*）、现今刺榆属仅一种（*H. parada-vidii*）产于我国南部外，甜杨梅属只有一种（*C. peregrina*）产于北美东部，成为北美特征植物，桉属和班克属现今产于澳大利亚，帕里宾属而今已经绝迹。桉树在澳大利亚始现于渐新世，比川西的桉树化石时代还晚 2200 万年，说明桉树起源地在亚欧大陆。北美与东亚在地质时期植物联系例子甚多，甜杨梅在我国西藏高原上出现过，即是一个例子。现今查明柳叶莱属（Epilobiu M. L.）原祖是在第三纪从亚欧大陆直接或间接地迁徙到南半球新西兰岛上的。现已确证：东亚与北美隔着太平洋间断分布植物已超过 120 属，其中 117 属在中国有记录（吴征镒，1983）。这种间断分布在被子植物中，不胜枚举。

二、商秦前"鬲"字之象形

（一）商代甲骨文中有关水仙古名"鬲"字之象形

甲骨文是商代时期主要为巫卜文化产物，距今有 3000 多年历史。商代贵族遇大事行事前往往用龟甲兽骨占卜吉凶，以后又在龟甲骨上用刀刻记所占事项及事后应验之卜辞或纪事，其上所刻文字学者称为甲骨文。

"鬲"读作ⅼⅰ，立、历、栎读音同，古语与"鬲"通用。最早出现于甲骨文中，如 🔲、🔲、🔲、🔲、🔲 等形体。但在发现占卜记载文辞已非本义。引用为奴隶名如人鬲，地名如鬲邑、鬲山，水名如鬲津河，官员之职名如胶鬲，以及早在 7000 年前仰韶文化时因受水仙鳞茎球收晒产生的热力学原理启发仿制成受热最佳袋状足炊具之名亦称"鬲"等。

（二）西周时刻铸在青铜重器上，铭文中"鬲"象形字之形体

西周时期出现系列符号与甲骨文字形几乎一脉相传。如：

（召仲鬲）　　（盂鼎）　　（鬲叔盨）

（仲婴父鬲）　　（单伯鬲）　　（虢仲鬲）

（南姬鬲）　　（南姬鬲）　　（南姬鬲）

（伯婴父鬲）　　（伯姜鬲）　　（同姜鬲）

（鄦奝伯鬲）　　（鲁伯鬲）　　（鲁伯鬲）

（令簋）　　（江小仲鼎）　　（衡枞鬲）

（三）战国时期出土楚国竹简中有关"鬲"象形字之形体

🔲　郭·穷·二·舜 耕于——(歷)山

上（二）·容·四〇傑（桀）乃逃之——（鬲）山是（氏）

楚国"鬲"字之象形体仍处于较原始阶段。甲骨文中"鬲"字已超于成熟阶段。郭店楚墓竹简的"鬲"与楚容城竹简的"鬲"字结构相比，上半部表示水仙鳞茎球茎内部形态结构，显示分层鳞片，以及中心花芽的形态。下半部分则把花葶的形态结构放大，突出显示出来。与金文中"華（华）"字，古"花"字形体几乎完全相似如　、　、　、　、　。甲骨文"华"字有表示花葶在山上之意，"　"、"　"则表示种在地上之球茎形态，"　"、"　"、"　"象征花葶之意则是原始古"华"字之字体。

（四）秦时"鬲"象形字之形体

秦始皇统一中国，结束战国时期国家分裂局面后，实行书同文，车同轨，统一度量衡政策。"　"、"　"，即在原"鬲"字头上加"艹"字头，使之更趋于完善，更为规范化与系统化。

独体字"鬲"是"蒿"字古字，在甲骨文与周金文中常转借他事之义，如用在人名、或地名，甚至国名。"鬲"字具有独立造字能力，以其为部首一共创建 88 个汉字系统，并且还孳乳，以"鬲"作形声字引用到其他相关 32 个部首中，是汉字母体文字之一。"鬲"字表示球茎植物鳞茎内部结构形体与"木"、"竹"等原生态植物进入汉字部首系统中，当然还有"麦"、"禾"、"黍"人工栽培植物作为部首，构建汉字系统。

由此可见，汉字在人类文明史上最为神奇。汉字是一幅画，因其象形，以最简洁、高智、奇丽之形态，画龙点睛，寓"神"于"形"技巧，将该时代文明特征储存在一、丨、丿、乀、丶、亅六种笔画组合汉字结构创造之中。通过象形文字形式，现今人们才能穿越千万年时空隧道，走进那个时代，如临其境，如见其形，如闻其声。汉字又是一首诗，每个汉字都是在某一时空背景下，将一个或若干个形象意蕴，通过直接，或间接，或模糊逻辑组构起来，显示出画意与诗情。汉字因古人在对具体事物具有系统而又精确认识基础上，准确而形象指称事物之艺术创造结果。每一形又独立，其义却与事物结构特征相互关联，其义易"诂"。每个汉字是独立成形，一字一形，一音一义，乃至多音多义也是汉字最独特特征。每个汉字都是一则故事，形象地展现着文明进化过程，凝结时代信息文物，活化石。因此，通过对"鬲"字的起源，演变与发展过程，探索那个时代，古人对"鬲"多年生鳞茎草本植物认识程度，开发利用之深度与广度了解，以溯中国水仙文化历史之源。

三、《尔雅·释草》对"蒿"的诠释

相传《尔雅》最早为周公（前 1077～前 1018 年）撰著，汉初学者缀辑旧文，即今本十九篇。晋·郭璞注序："《尔雅》是释古今之异言，通方俗之殊语。"即用雅正之言，或称标准语来解释典籍中古语、方言、俗语。《尔雅》是我国最早的分类解释词义词典。亦是中国有据可查较为系统植物分类工具书。

汉·许慎(约 58 ~147 年)《说文解字·草部》："蒚，夫蓠上也。从艸，鬲声。""菜之美者，云梦之荤菜，生山中者名蒚。"《说文解字》是我国第一部按汉字部首分类，并充分运用"六书理论"分析汉字结构，阐明造字本义字书，或称为字典。

《尔雅·释草》："蒚，山蒜。"汉·孙炎《尔雅注》："帝登蒚山，遭茹芋草毒将死，得蒜乃啮之解毒，乃收植之。能杀虫鱼之毒，摄诸腥羶。"帝，即指神农氏炎帝。《尔雅·释草》孙炎音注："蒚，力的反。蒜西乱反。种之用反。茎，户耕反或作英。"

朱祖延主编《尔雅诂林一五》一书中记载："孙炎《尔雅注》、《隋志》七卷，而《唐志》作六卷，《释文·序录》作三卷；孙氏《尔雅音义》、《七录》二卷，《释文·序录》作一卷。孙氏《尔雅注》、《尔雅音义》均佚已久。清·黄奭辑得孙氏《尔雅音义》四六九条，载《尔雅古义》卷四；马国翰辑得孙氏《尔雅音义》一卷，九十二条，又《尔雅注》上、中、下三卷，共四二二条。均收在《玉函山房辑佚书·经编·尔雅类》。孙炎《尔雅音义》，与其他诸家不同处，是反语注音多。《颜氏家训、言辞》：'孙叔言(然)创《尔雅音义》，是汉末人独知反语。'颜之推所以这样说，'盖反语条例，至叔然始成立。'"英：花、花片。《诗经·郑风·有女同车》："有女同行，颜如舜英。"《左传》："英，犹华也。"楚辞·屈原《离骚》："朝饮木兰坠露兮，夕餐秋菊之落英。"晋·陶潜《桃花源记》："落英缤纷。"指花片。英华：指花木之美。亦指花卉草木初生之苗，《管子·禁藏》："毋伐木，毋夭英。""户耕反或作英。"由此可见，东汉时已对中国水仙作为观赏花卉栽培。晋·郭璞注："蒚，力的反，蒜西乱反，《说文》云：荤菜也，一本云：'菜之美者，之荤菜种之。'种之用反。茎，户耕反或作英。""蒜西乱反"，"蒜西"即指"葫"，汉·张骞(？ ~前114)出使西域时带回中原，称为"葫"又俗称"大蒜"，有别于内地荒野所生一种小蒜。"乱反"，"乱"与"蘺"同，即指"蒚"。"反"即指球茎倒立状之形态。"力的反"，即应是"立的反"，表示"正"与"倒"之意。"种之用反。茎，户耕反或作英"，指"蒚"字形体所表示之球茎呈"倒立"状之形态，"户耕"，指农户在种植"蒚"时，还是要恢复到正立时之形态的，"或作英"，"英"指花或花葶，即指"蒚"字形体倒立状，其花葶也呈现倒立状，但在作为花用观赏时也应为正立位状态。古人阐述很清楚，亦说明中国水仙栽培历史悠久之佐证。

1986 年山东文物考古研究所工作者在山东青州苏埠屯晚商 7、8 号墓出土青铜铭器铸刻图案中发现与水仙鳞茎球象形字"蒚"有关"⿰"徽标，从虫从蒚，或从蛇从蒚，或从龙从蒚，远古时候古文字"虫"与"蛇"、"龙"通用。《中国古史的传说时代》一书中认为是族徽，当释为融字。族徽中的"⿰"，释为"重蒚"，即音转"重黎"。而据

《山海经·大荒西经》"颛顼生老童,老童生祝融",又"颛顼生老童,老童生重及黎"。

这是由两个水仙鳞茎球外部形态图案与两条"蛇"或称为"龙"图案组成复合图腾标识。"鬲"居图案中心位置,"龙"分立于两旁,显然,这是以"鬲"为图腾共主的华夏集团复合图腾标志。这与当今中华人民共和国国旗五星中间大星代表中国共产党是一样的。

四、古琴曲中有关水仙

水仙之名最早见于古代音乐古琴曲中"水仙操"题名。

据汉·蔡邕(132~192)琴学专著《琴操》一书中收录古琴曲目:"古琴曲有诗歌五曲、……又有十二操:一曰《将归操》、二曰《猗兰操》、三曰《龟山操》、四曰《越裳操》、五曰《枸幽操》、六曰《岐山操》、七曰《履霜操》、八曰《朝飞操》、九曰《别鹤操》、十曰《残形操》、十一曰《水仙操》、十二曰《怀陵操》。……"

琴曲歌辞包含题名、曲调、本事、体式、风格等要素。题名的产生与其他各要素有着密切关系,有的题名直接反映了某一要素,如兰、水仙、鹤等。因此,以"操"为题名的乐府琴歌一般带有故事性题解,大多以叙事性见长,并能从琴歌中相应地看到琴乐所表现人物形象、情节意境、思想情感、主题风格等方面音乐艺术内容。

因此,从"十二操"编排中可以发现:二曰《猗兰操》之排名,正与国兰于中国农历二月开花之节气相合。相传《猗兰操》为孔子(前551~前479,春秋末期思想家、政治家、教育家,儒家创始人)所作。据《琴操·猗兰操》记载,孔子周游列国。一次,在卫国又吃闭门羹,不为国君接见。只好带着弟子返回鲁国。归途中,经荒僻山谷时,闻到一股清香,于是停下车细看是兰花。感叹:兰花,当为王者香啊!生在深谷之中,虽长得茂盛,却只能与杂草在一起。对兰援琴而歌,自比兰花,伤感自己生不逢时,于是"芝兰生于幽谷,不以无人而不芳。君子修道立德,不因穷困而改节",《猗兰操》琴曲由此而成。由于兰花"不因贫寒而猥琐,不为无人而不芳"高尚品德,被历代文人赞之"兰之香,盖一国",喻之"花中君子"以其象征着一种理想,抒发一种情怀,成为华夏子孙理想人格及民族精神和坚贞、美好、高洁、典雅象徵。

公元前600年(周定王时)伯牙成名之作《水仙操》。在古琴辞曲《十二操》被编排在"十一操"位置上,恰于中国水仙花期在古代农历十一月开花节气相合,可见与国兰排在第二"操"位列上一样,均具有独特内涵。水仙之名比国兰,即孔子所作《猗兰操》时还要早一百多年,进入上古琴曲题名榜上,这是史籍上迄今最早记载两种国产传统名花被创作成古琴曲,列入《十二操》中,而受到古人赞颂,融入上古音乐,融入古人思想情感和创作意境。从而进入高雅文化层次之中,可以说,人将花尊为神仙,中国自古有之,中国水仙与国兰并列,故又有"俪兰"之美称。"鬲"字音转"俪"具有并列,相匹配之意。

中国水仙自古独具天然丽质，冰肌玉骨，素洁高雅，秀姿神韵，清香幽远与超凡脱俗自然美。远古时代最早主要作为制取天然黏合剂，用于胶弓，箭羽和弓弩强固之上，所造武器既可捕猎大型食草动物和凶猛兽类，又可坚兵强国。在数十万年前与古人类化石同时出土的剑齿虎、猎豹骨化石便是佐证。以及修补舟船、胶凝渔网线之胶粘剂。正如吴应祥先生所说："一些情况值得注意：定海与普陀山两岛上野生水仙都是位于庙宇或房屋附近。其中大部分分布在朝南的、距海10余米到数十米的海滩周围。有些地方虽然现在房屋已荡然无存，但确曾有过房屋和人们居住的历史。"如此，或许恰恰证明是渔民上岸在沙滩上修补渔船，胶凝网线、绳索时，用作水仙鳞茎抽取胶粘剂后丢弃在海滩上所为，而非是人为栽培作观赏之用或作为商品销售。

古时水仙鳞茎球作为天然有机胶源，被破碎取尽胶汁，然后丢弃在水边荒滩或飘浮江湖水面上。在那百卉具枯，百花凋零，坚冰百丈，万里雪飘严冬寒冷季节，被丢弃而浮于水面纤弱之小花却无私无畏，不惧严寒冰冻，傲霜破雪，顽强拼搏，展翠吐芳，所表现高尚品行与操守，深深印在古人心田中，受到厚爱与崇敬，并作为华夏集团图腾共主图案标志，因而创作出名列上古琴曲"十二操"中第十一操《水仙操》加以歌颂而流韵千古，似乎也在情理之中。

五、桂阳王南朝梁·萧铄于宴会上《水仙赋》命题初衷应指为水仙花作赋

据宋·贾嵩《华阳陶隐居内传》卷上记载："桂阳王登双霞台置酒，召宗室侯王兼其客，先生从宜都豫焉。桂阳采名颁号，各令为赋置十题于器中，先生探获《水仙》，大惬意。沈约，任昉读之，叹曰：'如清秋观海，第见澶漫，宁测其深！'此心伏如此。"据推此文当作于齐高帝萧道成（479～482年在位）建元四年（482），时陶弘景，二十七岁，任宜都王萧铿（477～494）齐高帝子侍读。桂阳王萧铄（470～494）亦为齐高帝子，好名理。从年龄上看，萧铄当年为12岁，萧铿仅为7岁。封地一在桂阳，即在今湖南南部地带，宜都即在湖北宜昌附近，因尚在读书期间，其宴当在建邺（今南京市）皇宫中。古代宴会饮酒时，均是先命题作诗作赋，作成之后进行评比。桂阳王拟十题赋作，其中一题为《水仙赋》，初衷实指应是当时室内盆中所养水仙花，而陶弘景则把水仙花虚构成道教徒梦幻所追求在水中化成水仙之企望，凡是与水有关传说人物都纳入水仙范围之内加以渲染。陶弘景十岁读晋·葛洪（281～341）《神仙传》后意味深长地说："仰青云，睹白日不觉远矣。"十五岁作《寻山志》，辞深意远，文末结尾称："反无形于寂寞，长超忽乎尘埃。"由此可知，受其影响尤深。

道家诸多文献中都牵涉到古琴养生，调息等记载，类似琴曲有《庄周梦蝶》、《逍遥游》、《遁世操》等道家所创作与经常弹奏古琴曲，而未见有一首《水仙操》为题名琴曲为道教徒创作，更为见有陶弘景所喻指水仙为"河伯"或名"冯夷"、"无夷"或名为"琴高"等古琴曲出现，虽被道教列为水仙之类，却未受到道教本身称颂。由此可知，作为道家祭拜偶像纳入神仙谱中，禁止再提"水仙"之事。

六、一年二十四番花信风中记载

花信风，应花期而来之风。据吕不韦《吕氏春秋》记载："春之德风，风不信，则其花不盛，则果实不生。"吕氏所言之德风本指春风。然而花不止在春天开放，花信风也不限于春风。我国古代农历一年有十二个月，一个月有两个节气，十五日为一个节气，一年便有二十四节气。因此，古人推演一年四季之风，号二十四番花信风。

南朝梁·萧译（508～554）《纂要》记载："一月两番花信，阴阳寒暖，各随其时，但先期一日，有风雨微寒者即是。其花则：鹅儿、木兰、李花、杨花、桤花、桐花、金樱、黄芳、楝花、荷花、槟榔、蔓罗、菱花、木槿、桂花、芦花、兰花、蓼花、桃花、枇杷、梅花、水仙、山茶、瑞香，其名具存。"

所列二十四个花名均是长江流域及其以南地区所生长花卉，水仙名列二十二番花信风，花期应在农历十一月下半月中应花信风至而开。

由此可见，水仙在第二十二番花信风来时而开花，即在农历十一月下半月。这与上古琴曲"十二操"中《水仙操》排在"十一操"不谋而合，这绝不是巧合，而是表明古人早已熟知中国水仙在农历十一月开花之生态习性与生物学特征。

七、唐代有水仙记载

自从南朝梁·陶弘景于公元492年辞官，隐居茅山进入道教，把水仙名号纳入道教神仙谱系中，奉在祭台牌位上，正式成为道教祭拜偶像后，即禁止社会上人们再使用"水仙"之名号或称呼。这是从西周初期开始，即封建时代实行之礼教，称为"避讳"、"禁忌"或称"讳忌"。中国古代曾在言谈和书写文字时，要避免君父尊亲之名字。对孔子及帝王之名，众所共讳，称公讳，人子避祖父之名，称家讳。修辞学辞格之一，不直说遇有触犯忌讳之事，而用旁的话来委婉地表述。《周礼·春官·小史》："若有事，则诏王之忌讳。"《礼·曲礼上》："入境而问禁，入国而问俗，入门而问讳。"《左传·僖元年》："公出复入，不书讳国恶，礼也。"《公羊传·闵元年》："春秋为尊者讳，为亲者讳，为贤者讳。"《墨子·非命上》："福不可请，祸不可讳。"周公旦不敢称他的哥哥周武王发的名，便称"某"；秦始皇名"正"，农历"正月"改为"端月"；刘邦妃吕后名为"雉"，改"雉"为"野鸡"；汉宣帝名"询"，其官名"询卿"，就改为"孙卿"。从此之后，在各种史籍文学作品中很少见到水仙之名称，待历史进入唐代，唐帝王尊老子为先祖，太上李老君，道教尊为国教，为三教之先，皇帝诏告天下，各级百官都要执行。在唐代唯有唐宗室李勉（717～788）能仿伯牙《水仙操》制新辞《水仙操》琴曲，而能官升宰相无事，但所写的《水仙操》无人敢于传抄或操琴演奏。不管在唐代之初还是后期，凡是写"水仙"之人都受到冲击，政治上不得志，甚至遭到杀身之祸。直到五代时道教老祖陈抟（871～989）特意写《咏水仙花》诗，说水仙花亦是湘水之神——湘君遗恨，把天上两种仙草，"金芝"与"银芝"集于一身而幻化成的，下到人间，并首先降临到汉代皇家宫殿——涵德殿中。公开解除"避讳"禁忌戒令后，社会上人们歌咏水仙诗词如雨后春笋般突然增多起来。

(一)有关水仙花诗词

唐·丁儒(647~710)，早于唐玄宗，字学道，一字惟贤，光州固始人。高宗麟德二年(665)入闽，赘于渚卫将军曾氏。后历佐陈政、陈元光父子，历军谘祭酒，漳州置郡后，任佐郡承事郎，睿宗景云元年(710)谢事后落籍漳郡时感到非常高兴，作有五言二十韵《归闲诗》，其中四韵为"锦苑来丹荔，清波出素鳞。芭蕉金剖润，龙眼玉生津"。指明荔枝、水仙、香蕉、桂圆是漳州锦苑中栽培的四种地方特产。在文学手笔上用"清波出素鳞"，以暗喻水仙花，避道家"水仙""讳禁"。然而，丁儒在辞官写诗当年即突然去世。

唐·来鹏(?~883)，豫章(今属南昌市)人，有《水仙花》诗二首：其一，"瑶池来宴老金家，醉倒风流葶绿花。白玉断笋金晕顶，幻成痴绝女儿花"；其二，"花盟平日不曾寒。六月曝根高处安。待得秋残亲手种，万姬围绕雪中看"。兄弟俩被迫到处流浪客死他乡。

唐末宋初陈抟(871~989)字图南，自号扶摇子，普州崇龛(今四川安乐县)人。有一首《咏水仙花》诗："湘君遗恨付云来，虽坠尘埃不染埃。疑是汉家涵德殿，金芝相伴玉芝开。"陈以道家老祖身份和声望，从而巧妙地解除上清派茅山宗创始人陶弘景所定水仙为道家神仙谱系专用词，以及严禁世人咏水仙花清规戒律。禁令一解，从此以后，诗坛上咏水仙诗词犹如"雨后春笋"。

(二)唐代小说中有关水仙花传说

唐·陆勋撰《集异志》："河东人薛蘩，幼时在窗棂间窥见一上着白衣，下踏珠履女子徘徊于庭中，叹说丈夫在外游学，难于相会，对此风景，能不怅然，并从袖中取出一幅兰花画卷，对之微笑，复又垂泪吟起诗来，后发觉有人声，于是在庭院里水仙花下不见了。一会儿，又看到一男子从丛兰中现身，说妻子与自己分别既久，必发相思，两人虽阻于几步路之间，却好似万里之遥，说罢也吟了两首诗，隐入兰丛中。薛蘩从此文藻异常，传诵一时。"故事中水仙与兰花配为夫妻，结以秦晋之好。水仙别名俪兰，古人大概正是看到这一点。陆勋是唐代苏州嘉兴(今属浙江省)人，历官吏部郎中。生卒年月不详。

《三余帖》记载："和气磅礴，阴阳得理，则配玄荣于堂。配玄，即今水仙花也。一名俪兰，一曰女星，散为配玄。"作者：阙名(见文津阁四库全书·子部·杂家类：《说郛》卷三十二下690页)，为元末明初浙江黄岩人陶宗仪(1316~约1400)辑编。《三余帖》所辑内容为唐太宗李世民期间(627~649)之前事件。

陶宗仪所辑《内观日疏》作者也为阙名。记叙有位姚姥住在长离桥，十一月夜半，梦见观星坠地，化为一丛水仙，甚是香美就取来吃，醒后生下一女，此女长大，贤惠能文，因而取名观星。观星，古代星名，又称女史星，故水仙一名女史花，又名姚女花。

第四节　中国水仙在水仙属系统分类中地位

自从人类出现在这个地球上，其生存及进步、发展就需要对植物进行分类和命名。在 3000 多年前殷代甲骨文中就有草、木、林、森、竹、果，等象形文字。《管子·心术上》记载："物固有形，形固有名。"由此可知，中国自古就注重名象指称与命名，事物取名之含义。这也是东方文化依物象取名审美特征，与西方文化取名有所不同。从中国水仙古代最初名"蒚""水仙""雅蒜"等系列名称中所蕴含丰富文化音韵中，就可见华夏灿烂花卉文化源远流长。

世界最早分类解物释词义工具书——《尔雅》词典，据传说是 3000 多年前经周公所编而成。经后人考证，非自一人之手，递相增益，由汉初学者缀辑旧文，含合本十九篇。晋·郭璞注释："《尔雅》意义是释古今之异言，通方俗之殊语。"即用雅正之言解释典籍中古语、方言、俗语。清代学者王闿运在《芳草》咏水仙词序："水仙花，即蒚，山蒜。花开如釜，蒸蒚，今或名雅蒜，根如蒜也。《尔雅》：凡香草即曰山。"在《尔雅·释草》中即记载"蒚，山蒜"，水仙之古称。

一、世界上水仙属植物分类

水仙属拉丁文属名 *Narcissus* 来源于古希腊语 narkau，即催眠性之意，译成中文名，符合汉语称谓，即与中国水仙之意相合。临界温度达到 25℃ 时地上植株枯黄，地下鳞茎即进入休眠阶段。也有人认为来自拉丁语希腊古代传说中一青年之名——那喀索斯。这是欧洲古希腊人以希腊青年名字来命名，称为"那喀索斯"。传说美少年那喀索斯终日迷恋自己在水中倒影，终于化身为孤芳自赏水仙。……古代神话传说中许多花起源都蒙着一层浪漫而神秘色彩。其实，自然界中真正之花形成却并不浪漫。

水仙历史非常悠久，在欧洲 2000 多年前古希腊人就利用法国水仙(*N. tazetta*)制成花圈作为葬仪品以及寺院内装饰品。公元前 800 年左右在希腊文学作品中就提到过黄水仙。公元 1548 年已被发现水仙有 24 种。1576 ~1601 年，Glusius 开始进行水仙分类工作。至 1629 年，据 J. Parkinson 记载与分类，当时水仙已有 90 多个种和品种。至 19 世纪 30 年代，水仙属植物更加引起各国注意，尤其是荷兰、比利时、英国、德国等一些学者进行水仙分类和品种改良工作。到目前，世界上已培育园艺品种达2500 余种，广为世界各国栽培与应用。

水仙属约 30 种，在植物分类学上属于小型属种。主要原产北非，地中海沿岸及中欧，向东至中亚、伊朗、巴基斯坦，东亚至中国以及日本沿海岛屿上。细胞染色体

基数 $x=7$。由于品种改良和种间杂交，现有种和栽培品种分类比较复杂，形成不同分类系统，如德国分为6大类，日本最新园艺辞典中将水仙分为16类；英国皇家园艺学会将水仙分为11类；美国黄水仙学会分会将水仙分为13类。

经典分类学过去一直以植物形态学和植物地理学为基础。许多事实表明，古老植物分类亟待更新和补充，分类领域里存在一些重大课题，特别是近代植物系统发育在分子水平上所反映出来错综复杂问题，迫切需要多学科观点和方法去协助解决。杂交多倍体和无融合生殖，使原本可以识别的类群之间的界限变得模糊不清，形成多倍体复合体后给分类带来了很大困难。

二、中国水仙在分类系统中地位

中国水仙属于多花水仙群（*Narcisuss tazetta*）。在以往分类系统中被列为南欧水仙（法国水仙）变种（*N. tazetta* var. *chinensis* Roem）。认定为法国水仙变种显然有误，为此有必要重新对中国水仙在分类系统中地位进行论证。

1. 中国水仙野生种

（1）从李时珍《本草纲目》所绘制野生水仙图（图2-3）：鳞茎圆锥形，较小，一茎一花葶，一葶着花5朵，花葶较长，属于野生水仙类型。

（2）现今在福建宁德青山岛乌岩下村前悬崖斜坡上有各龄鳞茎丛生植株，葶上着花5~9朵，香气浓郁。发现野生水仙花葶长竟达89cm（栽培种一般花葶长在20~45cm）有叶片8枚，叶片长度只及花葶长的1/2。以及在福建希罗盘岛上发现自然生长的中国水仙野生种叶片最长仅为24cm（栽培种叶片数一般为5~9枚，多数为5~6枚，个别至11枚）。平潭县君山岛北岚岭野生水仙花葶长达80cm，有小花5~9朵，清香。当地人俗称"粘粘头"、"野蒜"、"万人友"。这都是野生水仙形态特征。

2. 中国水仙栽培类型

在我国最早见于宋代画家赵孟坚（1199~1264）写生《白描水仙》长卷画图。本幅画水仙四十余株，花朵有一百八十余朵。其形态比野生种高大、花繁。完全显示出水仙自然生长状态，又高于自然，清雅绝俗。比起欧洲人莫尔格（约1530~1588）约于1568年绘制水彩画《水仙花与赤蛱蝶画图》要早300多年，这是一丛5花葶，一葶一花的多花枝水仙。而《白描水仙》图中所示是一个鳞茎球抽花葶数1~3枚，每花葶着花3~9朵，则为中国水仙多花类型。南宋画院所画水仙图亦是栽培多花类型。

中国水仙在多花水仙群中应列为亚属（Subgenus Narcissus）短副冠组（Section Hermione）。具有种的分类地位。其栽培品种有：

（1）金盏银台（cv. jinzhan yintai）：花单瓣。花被片春白色，副冠浅杯状，金黄色。现分布于浙江舟山群岛、南麂岛和福建沿海的平潭、长乐、连江、霞浦等地与岛屿，跨海向东经琉球至日本九州、本州等沿海岛屿有大量栽培。染色体数目为 $2n=$

$3x = 30$，$x = 10$。为同源三倍体，比正常二倍体多一条染色体（$2n+1$）。

（2）玉玲珑（cv. flovepleno）又称千叶水仙，花重瓣。花被片深裂褶皱纵卷，纯白色，副冠纵碎裂卷褶，雄蕊亦变态为碎瓣状，淡黄色，基部鹅黄色。分布同金盏银台。染色体数目为 $2n = 3x = 30$，$x = 10$。该类型最早见于南宋杨万里（1127～1206）诗《咏千叶水仙并序》，其序曰："世以水仙为金盏银台。盖单叶者，其中有一酒盏深黄而金色；至千叶水仙，其中花片卷皱密矗，一片之中，下轻黄而上淡白，如染一截者；与酒杯之状殊不相似，安得以旧日俗名辱之？要之，单叶者当命以旧名，而千叶者乃真水仙云。"

曾沧江、陈勤娘两位先生于 1984 年在《植物研究》第 4 期发表《福建漳州水仙花的染色体数目及命名研究》中，分别观察统计 40 个系统漳州水仙单瓣和重瓣两个品种染色体数目。单瓣水仙（*N. tazetta* L. cv. Grand、Emperor）等品种染色体数目为 $2n = 14$，$x = 7$，为二倍体；重瓣水仙（*N. tazettal* cv. Grand、Emperor、Flore、Pleno）等品种染色体数目为 $2n = 14$，$x = 7$。

由以上细胞型资料可知，漳州地区栽培中国水仙单瓣品种与重瓣品种染色体组型有 $x = 7$、10、11 三个染色体组型，$2n$ 中有 14、20、21 二倍体，以及起源于二倍体，即在二倍体中多 1 条染色体（$2n+1$）为同源三倍体类型。

染色体基数在只有一个染色体组物种中，只有一个。在包含有两个或三个染色体组物种中，一般也可能只有一个组为原始基数，如水仙染色体基数最小为 $x = 7$，在起源上被认为是原始种在 $x = 7$ 基数上升至 $x = 10$、11，为非整倍体增加，在漫长的进化过程中因着丝粒横裂添加形成的。这种在二倍体水平上染色体数目的非整倍体上升，也出现于许多植物类群中，在生殖特性上最显著的变化就是结实率下降，如中国水仙'金盏银台'即是不结子，以无融合生殖方式繁殖后代扩展种群。

杂交、多倍体和无融合生殖，使原本可以识别类群之间界限变得模糊不清，形成多倍复合体后给分类带来极大困难。种内不同细胞型的发现对传统分类学和物种概念的演变起了重大影响。不能把分类学种内新细胞型一律处理为种或其他分类等级，建立新分类群，而应以细胞学角度，分析不同的细胞型之间的形态关系，地理分布和生态适应上的关系，细胞型变异，划分变种、亚种甚至于种。

从以上中国水仙染色组资料中，可以看出，并不是孤零零'金盏银台'，染色体组 $2n = 3x = 30$，$x = 10$ 的一个品种，其中有：

$2n = 2x = 14$，$x = 7$ 的单瓣种以及 $2n = 2x = 14$，$x = 7$ 的重瓣种，这是水仙属原始种类。

亦有染色体在多倍体水平上非整倍体上升之品种：金盏银台：$2n = 2x = 20$，$x = 10$，以及玉盏玉方 $2n = 2x = 22$，$x = 11$，等系列进化品种体系。

总之，一言以概之：与其水仙属原始种染色体组基数 $x = 7$ 相比，中国水仙应是与法国水仙同属于多花类水仙种的分类等级地位，而不应是其种下一个变种。

根据生物学上物种概念，物种形成关键是生殖隔离形成。依据隔离屏障在植物有性过程中起作用时期不同，生殖隔离可以分为合子形成前隔离和合子形成后隔离。

例如植物花期变异在物种群体和个体水平上具有复杂自然变异模式。植物个体之间通过传粉进行基因交流，需要植物功能性开花时间一致性或重叠来保证。花期变异，会导致群体间或群体内部亚群体间基因交流产生障碍和遗传分化，最终可能导致领域或同域新物种形成。

又如地理环境生态因素导致种群之间基因交流受阻，种群各自独立积累遗传变异，最终即使环境限制因子消失，也不能再进行基因交流，从而形成独立新物种。

还有染色体结构变异和显性基因突变发生并迅速在种群中固定，限制新种群与原种群遗传交流而导致新物种形成。

甚至群体经历遗传漂移独立进化后也可能出现新物种形成。

其中，植物功能性花期一致是植物个体或群体之间进行基因交流先决条件。植物可通过改变其生活史性状（如交配系统，种子散布及休眠等性状）来适应环境并对群体间基因交流及群体遗传组成产生重要影响。

建立于 1856 年英国 Pak Grass Experiment（PGE）是一个测试花期变异影响基因交流一个长期而优良实验系统。Gavrilets 和 Vose（2007）模拟实验结果表明，在控制开花期变异的位点数目较少，适应性选择压力中等和适于花期改变的生态位存在情况下，低于 50000 小时，就足以导致新生态位上同域或邻域的物种形成。

由此表明，中国水仙是在系统发育过程中，由热带海洋气候环境条件下，随大陆板块漂移至北半球亚热带气候条件，又经第四纪冰期多次低温长期反复变动，尤其在冬季开花，促使性别发生退化，在受粉或染色体分离配对不能正常进化，即从有性生殖逐步退化到无融合生殖，致使水仙产生许多多倍体、单倍体、非整倍体物种形成，进入一种特殊的"封闭式"状态，不能进化出任何新物种，只能与改变了环境一并前进，即这种物种的繁殖只能兼性到融合生殖。中国水仙正具有这些特性。可见，独具特性中国水仙新物种演化发展形成是由于生殖隔离必然结果。

中国水仙有其独特的生物学特性，表 2-1 列出了中国水仙和法国水仙在形态学、生态学和遗传学上相异的主要特征比对。

自林奈 1753 年发表《植物种志》已有 258 年的历史，植物分类也经历发展、昌盛和衰落的阶段。当今全球面临生物多样性危机的同时，分类学研究也遇到阻碍或挑战。随着科学技术的发展，引起了社会各界人士与有识之士关注。从植物分类学中衡量一个物种的另一个准绳是"每个种占据一定区域，并证明它所遇到的环境条件是适应的"。从这个标准出发，中国水仙亦完全符合植物种的要求。特适水养冬花，在世界水仙植物 30 余种家族中以及万余栽培品种中也是独树一帜，独一无二。

表 2-1　中国水仙与法国水仙的异同

主要区别 / 种名		中国水仙	法国水仙(*N. tazetta*)
地理分布		主要分布在我国福建、浙江等东南沿海一带，在日本、朝鲜均有分布	原产欧洲伊比利亚半岛、大西洋加那利群岛、北非利比亚、法国南部、意大利及科西嘉岛等地中海沿岸
主要品种		主要品种有两个，单瓣的称为'金盏银台'，重瓣的称为'玉玲珑'	品种繁多
形态学水平	鳞茎	主鳞茎呈扁球或椭圆形球状，腹部丰满肥大，围径一般为 20~25cm，最大可达 30cm 以上，常与两侧的 2~5 个小鳞茎排成一列，呈笔架型，非常适宜雕刻和水培	通常除 1 个主球外，也附有 1~2 个侧球。具弯曲形长颈，似葱头状。但主鳞茎不算肥大，不适合雕刻或水培
	株高	约 30cm	50cm
	叶形	狭长扁平，带状，绿色	线型，蓝绿色，背面具龙骨脊
	花葶数	花葶数多，可达 8~11 支	一般为 4~7 支
	花序着花数	小花多，每一花序着花 4~15 朵	花朵数量相对较少，每一花序着小花 4~8 朵或 3~4 朵
	花的大小	花朵较小，花径一般约 2.5cm	花朵稍大，花径较大，约 2.5~5cm
	花型	单瓣或重瓣	单瓣
	花被形状	倒卵形，盛开时平展成盘状	花瓣相对较阔而大，部分具尖
	花被颜色	白色	黄色
	副冠形状	浅杯状或花瓣状(中国酒杯形状)	缸状副冠稍大，即口小腹大鼓型
	副冠颜色	亮黄色	深黄色
	香味	香味浓、清、远、久，芬芳四漫，逾月不绝	香味较淡
生态习性	花期	11~12 月严寒季节开花，花期较长，最多可达 1 个月	地中海型气候 3~4 月开花，花期较短，一般为 10 天左右
	栽培方式	常用水培，也可用土培，生产性栽培在水稻田	不宜水养，只能在土中栽植，生产性栽培在旱地
	培育年限	培育三年。第一年无花，第二年少有开花，第三年花枝多，花繁，成为商品花球上市	培育一年即成商品花球上市
遗传学水平	倍性	同源三倍体	二倍体
	染色体数	$2n = 3X = 30$	$2n = 2X = 20$
	结实性	不结实	可结实
	育性	高度不育	可育
生物学特性	花芽分化期	7 月中旬花芽在高温 32℃ 条件下始分化，至 10 月初完成第一朵发育，仍保持有南大陆系统发育特性	6 月初鳞茎仍在土中即进入花芽分化，至 10 月完成分化，仍需经冬季低温阶段后于翌年 2~5 月开花
所属气候区		东亚季风区	地中海型气候区

第三章　中国水仙史溯源

中国是物种起源大中心，其花卉草木资源丰富，种类繁多，古人利用和种植历史也极其悠久，栽培技术精湛，为世界植物资源演化、发展和栽培中心之一。虽然植物栽培年代始于何时，目前尚无确证，但可以肯定在文字出现之前，花卉草木资源，必然早已被人类开发利用和栽培。毫无疑问，花卉、草木首先是人类生存和发展必需生活资料第一来源。考古工作者发现，如距今170万年前云南元谋人主要食物就是森林里多种植物果实、地下块根、种子、鲜枝和嫩芽等。植物对人类重要性还表现医药上，早在《山海经》中就多次出现有关植物药用价值记载："菁蓉（肉苁蓉，列当科）食之使人无子。""荣草，其叶如柳，其本如鸡卵。食之已风。""杜蘅（马兜铃科）食之已瘿。""丹木食之已瘅，苦辛食之已疟。"……关于医药治病与驱邪功能的记载多达55处。人类生存对植物依赖，使之对植物形态、生长环境以及使用价值更为关注，因此观察更为精细，在命名取象时对其形态特征与功能方面注意力自然就更为慎重讲究。

草木之名，多为专用字符，为示意明确，具象性强为特点。单音节植物名，多是上古汉语基因遗存。古人抓住事物特征并给予描述，认识纷繁世界并为万物命名，事物特征是直接作用于人体感官外观表象，或者是由表象概括而形成之意象。原始语言经历由直观形态语言、具体形象语言、抽象逻辑语言三个发展阶段。因此汉语既然是一种从未间断和异化，又上承古人起源，下传至今古老语言，自然保存大量人类文明进化信息和逻辑思维哲学精神。

第一节　水仙与中医药

生长绽放于大自然旷野中之花卉草木，是人类生息极其珍贵之植物资源，既可观赏，又广具用途。首先是药食同源，既可入食充饥，又可入药治病、疗伤痛之疾，以及保健养生等功能。其历史与人类发展史同样悠久。

关于医药之起源，即本草学之源。《淮南子·修务训》有："神农氏乃始教人播五谷，……尝百草之滋味，水泉之甘苦，令民知所避就，当此之时，一日而遇七十毒。"《史记·帝王世纪》："神农氏，姜姓也，……长于姜水，有圣德，以火德王，故号炎帝。"《史记·外纪》载："古者民有疾，未有药石，炎帝始味草木之滋，察其寒温平热之性，辨其君臣佐使之义，尝一日而遇七十毒，神而化之，遂作方书以疗民疾，而医道自此始矣。复察水泉甘苦，令人知所避就，由是斯民居安食力，而无夭札之患，天下宜之。"

中国古老书籍中首推四本古籍，即《易经》、《尚书》、《山海经》、《尔雅》。《尔雅·释草》："蒿，山蒜。"宋·罗愿（1136~1184）《尔雅翼·释草卷五》："蒿，《释草》云：'蒿，山蒜。'释曰：'《说文》云，荤菜也。一云，菜之美者，云梦之荤菜。'生山中者名蒿。……孙炎乃云：'帝登蒿山，遭菇芋草毒将死，得蒜乃啮之解毒，乃收植之，能杀虫鱼之毒，摄诸腥膻。'"孙炎是东汉末期经学家，字叔然，乐安（今山东广饶）人，受业于汉·郑玄（127~200年），时人称为"东州大儒"，曾著《周易春秋例》为《毛诗》、《礼记》、《春秋三传》、《国语》、《尔雅》和《尚书》作注，所著《尔雅音义》影响较大。孙炎注中"帝登蒿山"，帝即指炎帝神农氏，又称历山氏、烈山氏。相传始教民为耒、耜以兴农业，为医药以救活黎民百姓疾患，遍尝百草之滋味，一日而遇七十毒，神而化之，而终不悔。对于药效明显的，则收之种于帝药之圃中。炎帝被称为神农，被奉为药王菩萨。

以神农名字命名之《神农本草经》，则是一部我国最古老源远流长药物学专著，汇集先秦前我国药物学成就，所载植物数百种，分别按其性味、功用和主治，并根据药物效能和使用目的，分上、中、下三品，上品无毒害为君，中品微毒称臣，下品毒性强烈号佐使，对后世具有深远影响。这些植物中，先民或用其花、叶，或用其果、种子，或用其枝、皮，或用其根、鳞茎，……作为药材，在其药效成分含量最高四时节令时及时采集、晒干备用，救死扶伤，疗病养生。

《山海经·大荒南经》："有荣（融）山，荣（融）水出焉。黑水之南，有玄蛇，食麈。有巫山者，西有黄鸟、帝药、八斋。黄鸟于巫山，司此玄蛇。"晋·郭璞注："天帝神仙药在此也。"袁珂注："此经下文云：'大荒之中，有云雨之山，……群帝焉取药。'大荒西经云：'大荒之中，有灵山，……百药爱在。'……，而二地均有神药，此巫山'帝药、八斋'之所说由起也。"帝药是帝族所用治疗之药，即指帝族系药物栽培生长地，有八处药场。荣（荥）山——融山，荣（荥）水——融水从山里流出。有巫山——灵山地。

考古工作者认为在山东青州苏埠屯晚商祝融后裔墓出土的""由复合图组成之族徽，从"鬲"从"虫"，古代"虫"字"蛇"字通用，或称为"龙"，现今释为"融"，族徽中的""为"重鬲"，又音转"重黎"。这是神农、祝融族世系图腾图徽标志。而据《山海经》、《左传》、《史记》等说法，"祝融"正是"重黎"，出于颛顼族系统。图腾所用徽志图案造型即取自水仙鳞茎外部形态与"虫"、"蛇"、"龙"之外部形态组合而成。在甲骨文中与"蒿"字象形体形和"龙"之象形，并组成"融"字之形象，实为炎帝、黄帝两大氏族集团联合为华夏图腾标识。神农族系图腾"蒿"居中心，黄帝族两条"龙"图腾位列两旁，形成以神农为首领共主图腾标识。《史记》记载了神农、炎帝、黄帝、蚩尤、颛顼、高阳氏、帝喾高辛氏、尧、舜、禹的图腾世系。均可以一一考证。炎帝祝融族世系在开发水仙鳞茎球用处，取得巨大成功，作为药用可以消除蛇、虫之毒害，用以治疗痈肿、消除肿痛，鱼骨鲠等，开发出胶粘剂技术尤其用于冷兵器弓箭改进，提高射程、命中率方面成效显著，为东夷集团强大作出了贡献。用此图案作为本族图腾徽标，以彰显本图腾族创造发明和兵器威力。中国古代有名氏族领袖都是图腾神。《山海经》记载中国图腾崇拜时代各古老图腾氏族活动，迁移、崇拜信仰、畜养动物，种植黍、稷、粟、稻、秫、菽家化过程，以及利用开发花卉草木资源作为食用与药用治病方法，图腾崇拜是先民生活中最重要事物。如《山海经·中山经五》记载："又东北四百里，曰鼓镫之山……，有草焉，名曰荣草。其叶如柳，其本如鸡卵，食之已风。"荣草即指秋冬季节生长之花草。在冬季不惧严寒霜雪冻害，常绿不枯，并开花，称为荣草。本：即指荣草地下根部如鸡卵状，实则为卵圆形之鳞茎球。叶：其形状如柳叶，实则如明代著名中医药学家李时珍在《本草纲目》中所绘野生水仙花叶之形态特征。风：在中医学中指病因，如痛风，风湿肿痛，蛇虫叮咬产生的红肿，痈肿等类似之病症。

又"薄（百）之首，自甘枣之山至于鼓镫之山，凡十五山，六千六百七十里。历儿，冢也，其祠礼；毛：太牢之具，县以吉玉。其余十三者，毛用一羊，县婴用桑封，瘗而不糈。"历儿，冢也：此历（儿）应指的是鬲山，是"鬲"图腾氏族所祭祀之第一座最庄严最隆重的神圣山峰。第一圣山，即为祖山，冢山，故称冢。神农炎帝所居之山原名为鬲山，因祭祀用公牛，悬挂用玉制作的礼器。由此可知，图腾氏族对"鬲"视为最为重要之草本植物。如"县"与"悬"字古时通用。这也是距今四千多年前文字初创时期史载由夏禹、伯益编著的《山海经》所记载之事物，文句简单概况，古汉语僻字多，事物年代甚远，现今之人难以理解其涵义所在。

本草，佑中华民族繁衍生息，以成今日泱泱大国，亦惠施周邻各国。尚志钧（1918～2008）在《本草论文集——本草人生》注："蒜，《别录》陶隐居云：'小蒜生叶时，可煮可食。至五月叶枯，取根名䔉（音乱）子，正尔啖之，亦甚熏臭。味辛、性热、主中冷、霍乱，煮饮之，亦主溪毒。食之损人，不可长用之。'《唐本草》注：'小蒜与胡葱相得，主恶蛓，山溪中沙虱水毒大效。以俚人疗时用之。'臣禹锡（掌禹锡）按《蜀本图经》云：'小蒜野生，小者一名䔉，一名蒚。苗、叶、根、子似胡而细数倍也。尔雅云，蒚，山蒜。'"俚人，古代时对黎族之别称。《后汉书·南蛮传》注作俚人。黎族前身即为"重鬲"，音转"重黎"。

因中药材以野生者药效最佳，列为草类称水仙乃以古名"蒚"命名，如今出版的《中药别名辞典》："正名，山蒜。别名'蒚'。"《本草拾遗》："别名：蒚（29029）《尔雅》。"至明代医药家汪机（1463～1539）在撰著的《本草汇编》山草类中将"蒚"之名始改称为水仙。在此以前《本草》均称为"蒚"、"山蒜"之古名。为区别与中国产小蒜相异，自汉代后将葫改称为大蒜。

李时珍(1518~1593)在《本草纲目·草部》十三卷山草类：

> 水仙《汇编》：
>
> [释名]金盏银台。时珍曰："此物宜卑湿处，不可缺水，故名水仙。金盏银台，花之状也。"
>
> [集解]机曰："水仙花叶似蒜，其花香甚清。九月初栽于肥壤，则花茂盛，瘦地则无花。五月初收根，以童尿浸一宿，晒干，悬火暖处。若不移宿根更旺。"时珍曰："水仙丛生下湿处，其根似蒜及薤而长，外有赤皮裹之。冬月生叶，似薤及蒜。春初抽茎，如葱头。茎头开花数朵，大如簪头，状如酒杯，五尖上承，黄心，宛如盏样，其花莹韵，其香清幽。一种千叶者，花皱，下轻黄而上淡白，不做杯状，人重之，指为真水仙，盖不然，乃一物二种尔。"
>
> 根：[气味]苦、微辛、滑、寒、无毒。土宿真君曰：取汁伏汞，煮，拒火。
>
> [主治]痈肿及鱼骨硬。
>
> 花：[气味]缺。
>
> [主治]作香泽，涂身理发，去风气。又疗妇人五心发热。同干荷叶、赤芍药等分，为末，白汤每服二钱，热自退也(时珍，出《卫生易简方》)。

机，即指汪机(1463~1539)，安徽祁门县人，世代为医，著有《本草汇编》等。在集解中汪机所指水仙说明：

1. 中国野生水仙叶片较短，而花葶挺高。

2. 经人工长期栽培的中国水仙，花葶稍高于叶。

3. 水仙叶为基生、带状，蒜或葫叶为鞘状套叠，随花葶(蒜薹)上升对列，披针形。

汪机在《本草汇编》中所绘水仙为栽培水仙；李时珍所说水仙为野生类型，真正属于山草类，其药用效能更好(图3-1至图3-3)。

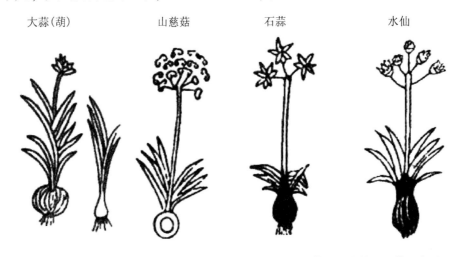

大蒜(葫)　　　山慈姑　　　石蒜　　　水仙

图3-1　选自李时珍在《本草纲目》手绘野生中国水仙、葫、山慈姑、石蒜示意图

图3-2　《中国植物图鉴》中所绘水仙　　　　图3-3　《本草汇编》中所绘水仙

　　《植物大辞典》、《博物辞典》等记载："（水仙）鳞茎有毒，可治痈肿。"《中药学大辞典》记载："水仙花具有祛风除热，活血调经的功能，对子宫病和月经不调有一定疗效。水仙鳞茎含有多种生物碱，有毒性，具有一定抗癌作用。"日本《农业杂志》记载："将根去皮捣烂和以米饭调拌均匀，贴于患处，能治肿痈，对妇女乳房肿痈有特殊疗效。"美国夏威夷大学 Furusawa 等人于 1971～1974 年进行的药理研究证明水仙鳞茎所含的一种伪石蒜碱能延长白血病脾肿大的小白鼠寿命，抑制反转录酶活性。

　　由董世份主编，重庆大学出版社 1997 年 12 月出版发行的《中华医药全典》一书中，较全面地介绍了中国水仙药理、药效功能。内容有：

> 　　一、成分：花，鲜花含挥发油，主要成分为丁香油酚、苯甲醛、苄醇、桂皮醇；日本产水仙花所含挥发油成分为芳樟醇、乙酸苄脂、苯丙醇 -1、芳醇、α - 松苯乙酯、庚醇、苯甲醛、茶乙醇、壬醛等。花尚含芸香贰、异鼠李素 -3，鼠李糖、葡萄贰类胡萝卜素、香草醇等。
>
> 　　根（鳞茎）：含石蒜碱、伪石蒜碱、多花水仙碱、漳州水仙花碱等多种生物碱。水仙生物碱有一定抗癌和抗病毒活性。
>
> 　　二、药理：根茎粗浸剂对豚鼠、兔与猫的离体及在体子宫都有强大的兴奋作用。水仙总生物碱腹腔注射对大鼠肉瘤、小鼠肉瘤及艾氏腹水癌均有明显疗效。水仙煎剂对小鼠淋巴细胞性脉络丛脑膜炎病毒感染有一定效疗，体外试验亦有效。
>
> 　　三、采集加工：春秋采挖较佳。将根头挖起后，截去苗茎、须根、洗净泥沙，用开水焯后，晒干；或纵切成片，晒干。
>
> 　　四、炮制：《本草汇编》："五月初收根，以童尿浸一宿，晒干，悬火暖处。"（明代·汪机）
>
> 　　五、性味归经：鳞茎性寒，味甘、苦、有毒。归心肺经。

六、功能主治：

水仙花：祛风除热、活血、调经。

鳞茎：主治痈疮、毒虫咬、鱼骨鲠。

七、用法用量：

水仙花内服：2.4~4.5g，水煎服；或入散剂。

外用：捣敷。

鳞茎外用：捣敷或捣汁涂。

使用注意：水仙根有毒，不宜内服。

八、附方：

1. 妇人五心发热：水仙花、干荷叶、赤芍药等分，为末、白汤，每服6克（《卫生易简方》）。

2. 痈肿疮毒、虫咬：水仙鳞茎捣敷或捣汁外涂。（《本草从新》）

3. 腮腺炎：水仙鳞茎捣烂敷患处。

4. 乳痈：取水仙鳞茎捣烂敷患处。（《岭南采药录》）

5. 一切毒痈疽：水仙鳞茎捣烂敷之，能散毒。（《岭南采药录》）

古代医药家或民间采药人，为了保护药物资源，采取药材时，不挖取母本植物体，都要保留其母本。取其"牙子"幼苗或小球茎作为药用。但幼苗也不会取，因药效差，只会采集成熟全草或鳞茎上侧生的"子鳞茎"，在江南地区方言俗称"牙子"是水仙鳞茎可能性最大。再者，中国疆域广大，各地所产药物种类不相同，不同植物有相近药用功能，因而各地所编《本草》药物不相同，即使同类植物，且均是就地就近采集相应药用植物，又因方言不同，因此各地所编撰地方《本草》之药物异名、别名就很多。

我国江、浙、闽一带花农或者药农之方言：从水仙鳞茎上掰下来的"子球"，种植或使用称为"芽仔"。"芽仔"与"牙子"音同。他们称幼童也叫"牙子"。"牙"是"芽"本义。"子"亦是"仔"之本义。

由此可见，《本草经》药名：牙子，很可能就是《尔雅·释草》中"蒚，山蒜"。即中国水仙鳞茎球伴生出之侧鳞茎。因采取鳞茎龄级不同，"芽仔"为一年生可能毒性小，甚至无毒，而二年生"钻仔"毒性就可能大了，这也许是古人文献记载水仙鳞茎有毒或无毒评昧之误差原因吧。

第二节　水仙与古代兵器弓箭

弓箭起源于原始社会。人类为狩猎获取生活食物，将竹竿或树枝弯起来用藤条、绳索或兽皮筋在两端捆住且绷紧成半月形而成为弓，这就是弓最初原始雏形。在距今约有三万年山西峙峪遗址出土细石器中发现有带双肩石镞，可以证明当时人类已发明并使用弓箭。这也是人类进步文明史上一件大事，证明人类已懂得很好地利用机械储存能量。以前对于天空中飞鸟，对于距离较远兽类很难猎取，有弓箭就可以远距离射杀大型猛兽，还可避免自身伤害。

从这组猎射岩画看，宁夏卫宁县大麦地人已经掌握和使用了弓箭。早期弓箭自然是很原始笨重，弓就是木竹材料弯曲而成，有大有小，大者有一人高，小者也有半人长，制作简单，将木棍弯曲，两头拴上一根毛柠条拧成的绳子或者是一根兽皮筋就制成弓；箭也很简单，一根细而直木竹条，一头削尖就是箭。在宁夏平罗县贺兰山腹地白芨沟上田村一处岩洞中，发现用赭石颜料绘制彩色岩画中，其弓箭制造技术有了很大提高，弓箭有力，能远射。弓箭使打猎范围扩大，提高打猎效果，从而促进了当时社会生产力发展。弓箭在冷兵器时代战争中发挥巨大作用，中国古代军队历来非常重视使用弓箭（见图3-4，图3-5）。

说到冷兵器，使人想到黄帝族集团和炎帝族集团间发生过"阪泉之战"或又称为"涿鹿之战"，以及联想到蚩尤或黎苗族系，蚩尤为九黎、黎苗、三苗、苗蛮之祖。能与黄帝族长期战争，没有先进武器怎么行。《世本·作篇》云："蚩尤以金作兵器。"《吕氏春秋·荡兵》："蚩尤非作兵，利其械矣。"表明蚩尤已使用金属制作武器，矢最早是用石磨制，仰韶文化遗址已出土大量骨制矢镞。那时大概蚩尤开始使用铜制矢镞。《山海经·海内外经》："少昊生般，般是始为弓矢。"郭璞注："《世本》云，'牟夷作矢，挥作弓。'"《荀子·解蔽篇》云："倕做弓，浮游作矢，而羿精于射。"《墨子·非儒下》云："古者羿作弓。"《孙子》云："倕作弓。"《吴越春秋·勾践阴谋外传》云："黄帝作弓。"《吕氏春秋·勿躬篇》云："夷羿作弓。"《说文》云："牟夷初做矢。"又云：

图3-4　贺兰山白芨沟岩洞彩绘狩猎岩画图

图3-5 战国时期青铜器铸刻攻战图

"挥做弓。"弓箭这种冷兵器，可用不同材料制成。有趣的是，以上典籍记载不同年代和人氏，几乎都是东夷集团族系人。弓箭发明与使用是在旧石器时代，可以说他们是各个时代弓和箭改良与制造人。史传羿则是有名改良箭尾羽之人。文物专家证实，箭尾羽翼毛用鹰、雕、鹊等猛禽类之羽制作，射程直而远（《中国大百科全书·军事卷·箭》）。从羿字象形字看来，像是箭上装羽之意，可证羿是弓箭改进人物。羿是东夷鸟图腾族，少昊为鸟图腾族首领。东夷族集团所处地域则是中国长江流域，正是野生水仙植物分布地带。《竹书纪年上》记载："（帝尧）二十九春僬侥氏来朝没羽。"没羽为古代弓箭名。《后汉书·明帝纪》："西南夷，哀牢，儋耳，僬侥，……诸国前后慕义贡献。"北周庾信《哀江赋》："西赆（jìn）浮玉，南琛没羽。"南琛即指南方所进献之弓箭。东夷之"夷"字，《说文解字·大部》："夷，东方之人也。从大，从弓。"清·段玉裁注："各本作平字也，从大从弓，东方之人也。浅人所改耳。今正，韵、会正如是。羊部曰：南方蛮闽从虫，北方狄从犬，东方貉从豸，西方羌从羊，西南僰人、焦侥从人，益在坤地颇有顺理之性。唯有东夷从大。大，人也。夷，俗仁，仁者寿，有君子不死之国。按'天大、地大、人亦大'，大，像人形，而篆从大，则与夏不殊。夏者，中国之人也，从弓者。"实则古籀文独体字"↑"（竹）之象形，误为"大"之篆体。表明弓由竹制成的。

水仙多年生地下鳞茎球内含有丰富而透明胶汁状黏液，球体被碰伤或刀割伤，会立即从伤口破损处流出胶液。这胶液是一种优良天然性粘结剂。现今浙江、福建沿海及岛上渔民仍称水仙鳞茎球为"粘粘头"、"万人友"、"野蒜"，当地人取黏液糊风筝。能作为粘结剂用在风筝上，表明水仙胶汁液粘结力强且质轻。

从甲骨文中水仙鳞茎球独体字"鬲"与弓箭独体字"弓"、"矢"的形、声之间相互转借、通用创造孳乳新字关系上来看，其关系也极为密切。

甲骨文中"弓"字作弓、弓、弓、弓，左右不分，或者写作弓弓、弓弓，会意双弓之形，甲骨文中还有"弘"字，这"弘"便是弓有一臂，与弩的形象一致，双弓与"弘"字出现，说明商代已经使用了弩。弩起源可追溯到原始社会晚期。

西周金文中"弓"与甲骨文同，其繁体者弓、弦俱全，为弓之象形；其简体者去其弦，其形稍变。如：

弓（弓以庚自）　弓（戈癸郋簋）　弓（静自）　弓（趠曾晶）　弓（燕簋）　弓（散簋）

再者由"鬲"与"弓"组成多种排列构成的形声字来看，其间关系可以看得更清楚。

鬻，读作lì，或写作鬻。《说文》："鬻，鬲也。古文亦鬲字，象孰饪五味气上出也。"又云："两弓象气之旁出，非从两弓也。"以炊具为基础释解未中原意。《玉篇·鬻部》："鬻，厉也，亦作鬲。""鬻"字与"鬻"同。《玉篇·弓部》："弭，束，弓弩。"束，约束，捆缚。《淮南子·氾论》："讼而不胜者，出一束箭。"高秀注："箭十二为束也。"顾野王（519～581）在其所撰的《玉篇》中释为其本意之一部分。指明"鬲"与"弓"之相关联。用鬲胶浸弓之义未说清楚，也许为军事秘密不便点明。

鬻：《说文·鬲部》："鬻，键也。从鬻（lì），古声。"段玉裁注："鬻，《释言》：'餬，饘也。'当做此字，今江苏俗称粉米麦为粥糊。""鬻"字为古"糊"字。翮：《说文》："翮，羽茎也。从羽，鬲声。翦，箭也。"六翮，健羽，鸟类双翅中正羽，《战国策·楚策四》："奋其六翮而凌清风，飘摇乎高翔。"由此可知，水仙鳞茎球胶汁液古人用来胶弓，黏结箭羽，固矢与箭笱之上。

《说文·鬻部》："鬻，厉也。古文亦鬲字。象孰饪之五味气上出也。"清·段玉裁注："二字浅人妄增，此云：古文亦鬲字即介搰文，大改古文之例。何取汉令鬲为训释乎？鬲，鬻皆古文也。谓弱也。鬲，鬻本一字，鬲专象器形，故其属多谓器；鬻兼象孰饪之气，故其属皆谓孰饪。"这里"鬻"字其本义应为"鬲"之胶汁、胶弓之意，段玉裁也看出《说文》训释非其本义，是"大改古文之例。"但始终未跳出"鬲"为炊具之思想牢笼，无论怎么释训，还是非其本义。"鬲瓦"字才是真正代表古代炊具本质含义。为瓦制或称陶制。"镉"为铜制炊具之义。"鬻"读作yù，本义则表示将"弓"放鬲的薄粥状胶液中浸泡之意，因而引申为育，生育、养育之他意，以及姓氏。所谓"古文"：即是指汉代人对于秦统一之前的古文字之统称，特别是战国时代东方国家文字。这些文字，秦统一后已经成为历史。

鬷夷，复姓。《左传·昭二十九年》："昔有飂叔安，有裔曰董父，实甚好龙。(舜)帝赐之姓曰董。氏曰豢龙，封诸鬷川，鬷夷氏其后也。"注："飂，古国名，叔安，其君名。"此地在今山东定陶县境。这是祝融族集团北方一支。

又如鬻熊，楚之先祖，季连之苗裔，为周文王师，其曾孙熊绎当成王时，封于楚，姓芈氏，居丹阳(《见史记·楚世家》)。熊绎，周代诸侯国楚国始封之祖。周文王时有鬻熊，其后以熊为氏。春秋时楚丹阳有二，一为熊绎始封地，叫西楚，地在今湖北秭归县东，一为楚文王(前689～677)徙都之地，地在今湖北宜都县西，即古荆州之地。鬻拳(～前675年)为楚文王时大夫。这是祝融族集团南方一支。

可见，这都是"鬲"与"弓"发生关系，从事制造弓箭之人以"鬲"为图腾标志，为氏名、为国名、为族名、为人名，为历代帝王所重视，封有领地，承认其方国地位。以上均说明古代东方集团弓箭制造方面贡献很大，这种远射武器威力巨大，飂飂！如迅疾，如高风。晋·潘岳《西征赋》："吐清风之飂戾，纳归云之郁蓊。"因此，"夷"字又释为"夷平"之义。

甲骨文中出现"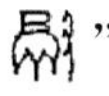"象形字，实则由"鬲"与"手"组成形声字，会意取"鬲"进献之义。如""(外四四四)。表示进献"鬲"鳞茎球茎可以取胶液，用于黏结箭之矢头与尾羽。又如："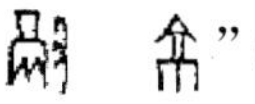"(佚三六六)，即献京，向商王进献或进贡水仙鳞茎球之意。说明商代早已将中国水仙鳞茎球作为战略物资，成为重要之植物资源。

《周礼·冬官·考工记》："弓人为弓，取六材必其时。六材既集，巧者和之。干也者，以为远也；角也者，以为疾也；筋也者，以为深也；膠也者，以为和也；系也者，以为固也，以为受霜露也。……斫挚心中，胶之必匀，斫挚不中，胶之不均，……。"胶粘剂是制作弓箭六种必备材料之一，从古以来，都列为重要军需物资。《孙子·作战》："千里馈粮，则内外之费，宾客之用；胶漆之材，车甲之奉，日费千金，然后十万之师举矣。"可见胶与漆均是军需物资，而且价格不菲。至于胶在弓箭中所起作用，北宋科学家沈括(1031～1095)在《梦溪笔谈·造弓》云："予伯兄善射，自能为弓。其弓有六善：一者性体少而劲；二者和而有力；三者久身力不屈；四者寒暑力一；五者弦声清实；六者一张便正。弓性体少则易张而寿，但患其不劲；欲其劲者，妙在治筋。凡筋生长一尺，干则减半；以胶汤濡而梳之，复长一尺，然后用，则筋已尽，无复伸驰。又揉其材令仰，然后傅角与筋，此两法所以为筋也。凡弓节短则和而虚(虚谓挽过吻则无力)，节长则健而柱(柱谓挽过吻则木强而不来。节谓把梢裨木，长则柱，短则虚)。节若得中则和而有力，仍弦声清实。凡弓初射与天寒，则劲强而难挽；射久，天暑，则弱而不胜矢，此胶之为病也。凡胶欲薄而筋力尽，强弱任筋不任胶，此所以射久力不掘，寒暑力一也。弓所以为正也，材也。相材之法视其理，其理不因矫揉而直。中绳则张而不跛，此弓人之所以当知也。"这里还有一道工序沈括未讲到，即用丝绳或丝线将筋与整个弓体整个密密捆绕紧实后再放入胶汤浸没弓体，才能使胶液涂得均匀且薄。且用水仙胶液调和胶粘剂不受天气干湿冷暖变化影响，不管晴天或雨天，严冬或酷暑，即一年四季弓力如一，均可发箭。现今福建沿海民众称中国水仙为粘粘头，用其胶汁调制胶粘剂，胶粘风筝用。民间蜡质石印模具缺损修补均用此胶粘剂。

由此可知，胶对于弓与箭是如此重要，且用量较大。商代军队中已把弓弩手编成三百人之方阵用于战争，如甲骨文中有"　　　　　"（丙七六），即"王令三百射手"之义。《史记·六五·孙武传附孙膑》："公元前341年齐魏马陵之战时，齐国于是令齐军善射者万弩，夹道而伏，当魏军经过此地时，万弩齐发，大败魏军。"古代一场战争，需消耗掉几万支以至几十万支箭。《易·系辞下》："弧弓之利，以威天下。"

《周礼·夏官·司弓矢》："司弓矢掌六弓、四弩、八矢之法，辨其名物，而掌其守藏与其出入。中春献弓弩，中秋献矢箙。及其颁之士弓、弧弓，以授射甲革、椹质者；夹弓、庾弓，以授射豻侯鸟兽者；唐弓、大弓，以授学射者，使者、劳者。其矢箙皆从其弓。凡弩夹，庾利攻守，唐大利战车、野战。凡矢、枉矢、絜矢利火箭，用诸守城、车战；杀矢、鍭矢用诸近射、田猎；矰矢、茀矢用诸弋射；恒矢、庳矢，用诸散射。天子之弓合九而成规，诸侯合七而成规，大夫合五而成规，士合三而成规；句者谓之弊弓。凡祭祀，共射牲之弓矢。泽，共射椹质之弓矢。大射、燕射，共弓矢如数并夹。大丧，共明弓矢。凡师役、会同，颁弓各以其物，从授甲兵之仪。田弋充笼箙矢，共矰矢。凡亡矢者，弗用则更。"

缮人："掌王之用弓弩、矢箙、矰弋、抉拾，掌诏王之射，赞王弓矢之事。凡乘车、充其笼、箙载其弓弩，既射，则剑之，无会计。"

槀人："掌授财于职金，以赍其工。弓六物为三等，弩四物亦如之。矢八物皆三等，箙亦如之。春献素，秋献成。书其等以响工。乘其事，试其弓弩。以下上其食而诛赏。入人功于司弓矢及缮人。凡赍财与出入，皆在槀人。以待会而考之，亡者阙之。"

在《周礼·冬官·考工记》又有专门制造弓和矢的工匠，矢人为矢，弓人为弓各司其职。

由此可知，西周王朝国防军工仅就弓、箭、弩制造，管理机构组织严密，分工明确，奖惩分明，组织体系以及庞大有序生产制造体系。西周王室直接控制军队有十四师，十几万人。其制弓、箭、弩技术已达到一定水平，形制标准已达规范化、系列化。《考工记》中弓人为弓，矢人为矢，四弩、八矢等，对弓与箭材料选择、加工制造方法、各个部件性能作用与整体组合都提出明确要求，对选材制弓与箭时应注意牵涉到质量事项问题也作具体而透彻分析。当时制弓一般方法为：以多层木材与竹片叠合在一起制作弓身，并粘附上用胶汤调制好筋，再用丝绳缠紧，通体浸入胶汤，再涂漆。黏附于弓体两端用以挂弦弭采用动物角制作，弓弦采用动物皮制成，并胶汤调和好。采用这种方法制成的弓弹力大，经久耐用，不管什么气候条件，弓的弹力不减，古人称之为"角弓"。这种造弓技术在当时是世界上最为先进。从结构、选料、用料上讲，世界制弓技术在很长一段时间内，都没有超越过这个阶段水平。现今出土文物所见弓，以楚国最多，有木制，也有用几片竹片叠合，复合材料叠合，外面黏合筋，用胶质线缠紧，再用丝线缠紧，髹漆装饰制成弓。汉代注重强弓劲弩，有的战将所用弓的张力可达300斤。两晋南北朝时，弓的张力又有增大。宋代骑兵多用强弓，采用"满开弓，紧放箭"速射法射敌。

自火器问世后，弓箭仍以它轻巧灵便，射中率高优势，而继续服役军中，并且一直延续用到清朝末年。

在我国古代，"射"不光是一种技艺，还是人之德行，体现的是公卿大夫必须通晓"六艺"之一，不仅在国君会盟、宴会上视为一种礼仪，而且在民间风俗中也以它为礼节，如弓射礼，以饮酒后举行弓射礼活动比赛。射礼按规格分为大射、宾射、燕射、乡射四种。并在西周初期构建成一整套射礼制度。古代未成年贵族男子必须学习射箭和射礼。

弩是由弓发展演变而来远射兵器，是特指安装有装弦装置之弓。弩由弓、弩臂、弩机(击发或扣发机构)三部分构成。弓横装在弩臂前端，弩机装在弩臂后部；弩臂用来承弓、撑弦，并供使用者托持，弩机扣弦，瞄准击发。迄今为止，发现保存较好湖北江陵秦家嘴战国楚墓中，装一次箭可以连续发射10次之弩。此外，还有足踏张弦蹶张弩。汉代弩在弩机外加廓，这样不但装配方便快速，还能使弩臂承受支撑更大张力，射程更远。再就是加高望山，且在望山上刻上刻出供瞄准用刻度，从而提高射击精准度。我国在唐代已出现车弩。

箭飞行速度及准确性与尾羽关系十分密切。羽太多，则飞行速度慢，射程近；羽太少，飞行不稳定，准确性差。因此《考工记·矢人》对箭羽的选择及用量多少都有严格规定。东夷集团羿就是制箭之人。

历史进入夏商时期，奴隶制国家进一步巩固和发展，建立了具有相当规模的军事力量。必须扩大各种兵器产量，提高质量，并改进战斗效能，弓与箭、弩等兵器大量装备日益扩大的王朝军队，其制造与贮备数量也越来越多。天然性胶需求量大增，野生水仙鳞茎球已供不应求，除寻求用动物骨骼、皮熬成胶作为代用品外，商、周两朝启用大批奴隶采用人工开垦圣田，大批量种植水仙。已获得用于制造弓箭胶粘剂，这在甲骨文中和青铜器铭文中可以证明。

奴隶是奴隶社会里为奴隶主所占有从事无偿劳动力，绝大部是战败氏族，或方国之人俘虏为隶。甲骨文、金文中经常见奴隶群体之名为"人鬲"，管理胶、漆生产供应之官员称为"胶鬲"。汉·郑玄《考工记》注：古时有"以其事名官"和"以氏名官"。从事什么手工业就名什么氏族。其氏族首领自然成"工官"，替统治阶级服务。如殷纣王时有个称为贤臣"胶鬲"之职官专管水仙种植栽培与胶料提取生产供应。《孟子·公孙丑上》记载："纣之去武丁未久也，……又有微子、微仲、壬子、比干、箕子、胶鬲，皆贤人也，相与相辅之，故久而后失之也。"胶鬲为殷周人，原为殷王纣臣，遭纣乱，隐遁为商。后来文王于鬻贩鱼盐市得其人，举为臣，仍从事原"鬲"胶料黏结剂生产供应。奴隶中称为"人鬲"，简称"鬲"，从事有关"鬲"种植收藏，在秋季以后天气转冷开始在水中提取胶料。商周时有专门奴隶称"陶人"从事制陶，生产炊具"鬲"，在《考工记》陶人制陶有专门规定，可相区别。西周金文中，如《孟鼎》铭文中有："易（赐）女（汝）邦司四白（伯）；人鬲自驭（御）至于庶人六百又五十又九夫，易（赐）夷（夷）司王臣十又三白（伯），人鬲千又五十夫。"又如《令簋》："姜（奖）商（赏）令贝十朋，臣十家，鬲百人。"等。周王对作战有功之封国或战将进行奖赏，除奖给弓箭、弩等兵器外，还特别奖给家臣佣人与奴隶。庶人为农业生产者称谓，地位在士以下，工、商、皂隶之上，人鬲即对从事水仙鳞茎球种植生产之专职奴隶称呼。

甲骨文中有："☒ 田 于 ☒"（前二·三七·六）即：垦田于鬲。实为商王开垦圣田种植培育鬲之意。"☒"、"☒"象形字为鬲之苗在山野中之意，"☒"、"☒"、"☒"为"鬲"鳞茎球构意，种植在人工开沟埋于土中之示意。说明我国在商代时期"鬲"野生资源已经很少，商王动用大批奴隶——"人鬲"开垦圣田，需要人工种植加快生产，以确保天然性胶料供应，用于弓、箭、弩制造之粘结剂，皮筋调和剂之需用。《考工记》记载有各种动物骨及皮、鱼皮、鱼鳔制胶代用，但作为植物天然性胶料资源——鬲，一直列为军须物资，为贡品，直至战国楚时鄂君启之舟、车节铭文中仍然列有"鬲"为通关限制物品。另外"鬲"字读作 lì，后又读作 gé，革声是借音，或音转，表明"鬲"与"革"在制胶上有内在关联。"☒"当释为"培"之义，栽培幼苗花卉之义。"☒"、"☒"之形在甲骨文中释为"坑"字之象形，并孳乳演化成"地"，"培"之形声象形字，以及引申为培育、培养、培训、教练、教养等等他事之义。如："☒ ☒ ☒ ☒ ☒ ☒ ☒ ☒"（乙四二九九）表示：癸巳卜，"☒"其意为：贞，令□商王室大臣培训弓弩射手之意。又如："☒ ☒ ☒ ☒ ☒ ☒"（乙二八〇三）其意为：贞，令☒（毕）培训或教练三百名射手。

据史载，较大规模战争：从商代中后期起，用兵接连不断，如武丁"伐鬼方三年克之"，帝乙时屡征东夷，经年不息，到帝辛（纣）时仍然经年不息用兵，消耗大量人力物力，使商末社会走向深渊，以致"纣克东夷，而陨自身"。又如周灭商牧野之战、周公平管蔡之乱、昭王攻楚、穆王西征、宣王伐猃狁、周桓王伐郑、宋楚泓之战、周郑长葛之战、齐鲁长勺之战、晋楚城濮之战、秦晋崤之战、晋楚鄢陵之战，到公元前506年时吴楚郢之战。这一时期战事之多，史称"春秋战国"。700多年间要消耗不计其数远射兵器弓箭与弩，从中也可看弓箭、弩制造规模之大，消耗制弓箭材料之多，是可想而知的。互相放火焚毁其制造兵器原材料生产基地，时有发生，因此均实行严密封锁管制。

胶粘剂作为制造弓、箭、弩等武器六种材料之一，历朝都极为重视，列为军须物资，作为进贡物品。宋代范仲淹（989~1052）在《奏为置官专管每年上供军须杂物》中奏："臣窃见兵兴以来，天下科率，如牛皮、筋角、弓弩材料、箭干、枪干、胶鳔、翎毛、漆蜡，一切之物，皆出于民，谓之和置。多非土产之处，素已难得。既称军须，动加刑宪。……"直至宋代也被列为军须上供战略物资，并"动加刑宪"。

至民间用胶粘剂，如古代木船制造业，渔民织成新渔网需用胶汤浸泡以后，才能下水捕鱼作业，都需用水仙鳞茎球提取胶汁液。因此，我国沿海及其岛屿上野生水仙就成为船工、渔民用胶主要天然来源。现今在浙江、福建沿海及岛屿靠近海滩荒草处所发现成堆野生水仙，很可能就是渔民取胶后丢弃的水仙鳞茎球，绝不是商船装载水仙鳞茎贸易途中遇险，而漂浮海面被海浪冲上海滩所为。道理很简单，若非如此，为什么仅有中国水仙一个品种呢？

用水仙鳞茎球制取胶液，需要多道工序流程。待秋季以后水仙球开始萌动发芽时，其胶液含量才最多，胶液较稀，容易流出。首先要洗净泥土，剥去外皮、杂质，并纵切，其胶液才流得快，且要浸泡在一定量之清水中提取，并浓缩成所需之浓度，以防在空气中被氧化变色。

第三节　水仙与古代炊具

远古人类因物造器意识从石器时代开始最初就受到象形石块启迪。现代科学称之为仿生学。如人类之初制造刮削器、砍砸器、齿形器等石制工具仿生造型，在实际操作过程以及应用过程感到确实锋利好用。这逐渐刺激他们模仿本领，强化了模仿意识，也唤起丰富想象力，从而引发仿生加工石器浓厚兴趣，由自发仿生制造逐步到自觉仿生制造。出土旧石器时代文化遗址中均发现有石器加工制造作坊，如火使用与保存，弓箭、陶器等发明与制造，都是人类仿生意识发展结晶。仿生学老祖宗，春秋时期世人尊称老子的李耳、老冉，在《道德经》一书中概括为："人法地，地法天，天法道，道法自然。"数千年前，已认识到人与自然正确关系，伟大哲学思想、智慧之体现。

在更新世开始第四纪，全球气候发生骤变，导致冰川大面积发生，强烈影响着欧洲、北美洲。这些地区几乎全部被几千米厚强大完整冰层覆盖，而冰期又长达几万年以至十几万年之久。在东亚，由于得天独厚，地处太平洋季风区，并受中亚古地中海退却形成荒漠草原广阔"封火线"阻隔，以及隆起到相当海拔高度青藏高原屏障作用，第四纪冰川影响较小，才使同样古老白垩纪——老第三纪区系植被较完整得以保存。受全球气候变冷，温度下降影响，人类食物链产生改变。当时采集食物绝大部分都是颗粒细小耐寒性强的草本植物种子，无法通过烧烤以满足饿肠之饥，同时随着氏族人口不断增多，也需要制作一种较大型烹煮炊具。古人在挖掘、翻晒、贮藏水仙鳞茎球过程中，将鳞茎球根盘朝天倒立于地面上，放在阳光下晾晒，发现干得快，而且避免下雨淋湿鳞茎球导致霉烂。若将鳞茎球正立向太阳，根盘朝地暴晒干燥。则因鳞茎球受热面积大，其鳞茎球表面肉质层被日光灼伤，鼓起许多泡泡，从而失水过多而干枯。由此启迪，古人模仿水仙鳞茎球之形态，而制造出倒立状三足袋形的陶制炊具。这种造型陶制炊具可以将在石磨盘上脱壳小粒植物种子放水中煮成粥，即俗称为稀饭。上可蒸，下可煮。古人将水仙之古名"鬲"引申作为炊具之名，仿生创作依声相托，形体相近转借，这在古代文献中比比皆是。

"鬲"作为古代主要烹煮食物炊具仿生造型，有异于西方世界至今还以烧烤为主饮食，是仰韶文化时期普遍使用一种大型陶制炊具，也是东方华夏族特有一种饮食文化特征。这种仿"鬲"鳞茎球外部形态造型不仅受热面积大，烹煮食物熟得快，而且传热快而均匀，不易使陶器炸裂，使用寿命长，具有丰富热力学内涵。《尔雅·释器》："款足者，谓之鬲。"《周礼·冬官·考工记》载："陶人为甑，实二釜，厚半寸，唇寸。……鬲，实五斛，厚半寸，唇寸。……"鬲，圆口，三袋状足，中空。鬲作为古代炊具之名，有陶制和铜制两种。铜鬲仿自陶鬲。商代陶鬲和铜鬲有时附有两耳，周鬲一般无耳。此器盛行于殷周，春秋中叶即已衰落，战国时期铜鬲更为少见，秦汉以降完全绝迹。致使后人不知晓这种古怪造型炊具之由来(图3-6至图3-9)。

根据考古发掘出土陶工制造"鬲"型炊具使用模具，发现于距今5500～5000年，庙底沟二期文化遗址内，亦恰在华夏族活动区范围内。其模制成形鬲型陶制炊具，并盛行于中原龙山文化，且很快扩展到周围其他氏族地区，其北至内蒙古地带均有发现出土。

模制通常先仿自水仙鳞茎球圆锥形作为单个足模型，如鬲、甑、鬹、斝、盉下半部三个袋状足成型用模制，而上半部乃为手工制成或轮制。模制法先用泥条盘筑在袋状模具(或者为实用之袋足器)外面，再拍打、滚压成与模具紧密贴合在一起，待定型后再脱模，模制大小相近袋状足坯体，然后三个足拼联一起，呈三足状，再制上半部。同时也发现三足合制方法。

《中国古代制陶工艺研究》一书介绍，依据河南安阳市后岗遗址出土龙山文化鬲足内模，西安市沣西客省庄二期文化鬹、盉袋状足内模，利用其单足内模采用三足分制法，以及山西夏县东下冯龙山文化实心"鬲形器"，山西襄汾县陶寺文化空心"鬲形器"三足合制，坯体整体脱模或者切开裆部，三足分别脱模方法制"鬲"型炊具，均取得成功。由此可知，那时模制方法制造鬲型陶器，已达到相当先进工艺技术水平。另

图3-6   自然状态下水仙鳞茎球形状（正放）

图3-7   自然生长中国水仙鳞茎球形状（倒立）

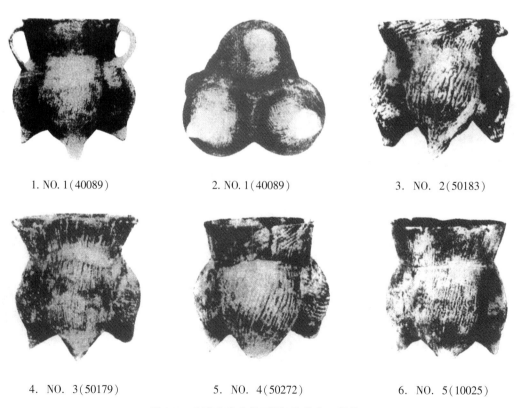

1. NO. 1（40089）   2. NO. 1（40089）   3. NO. 2（50183）

4. NO. 3（50179）   5. NO. 4（50272）   6. NO. 5（10025）

图3-8   斗鸡台出土的瓦鬲（选其中一部分）

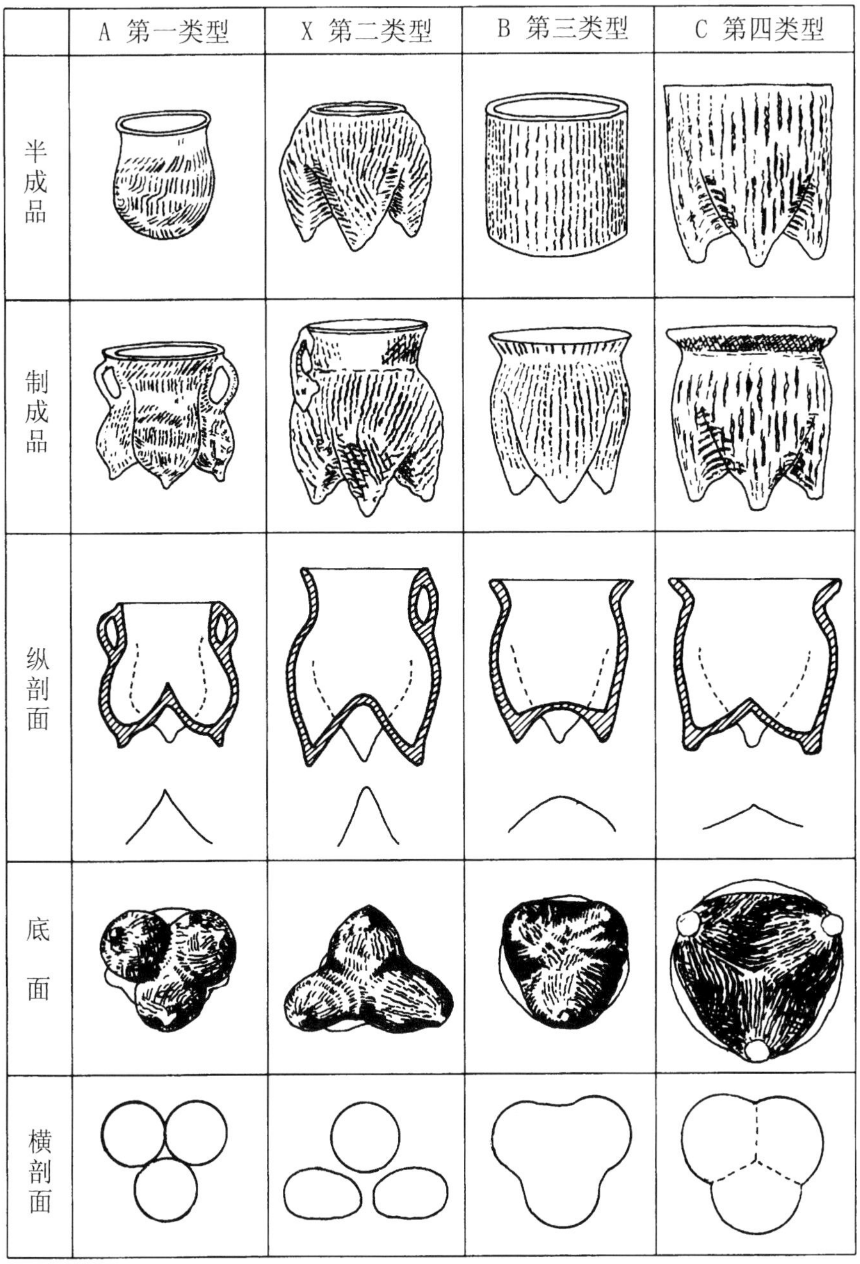

	A 第一类型	X 第二类型	B 第三类型	C 第四类型
半成品				
制成品				
纵剖面				
底面				
横剖面				

图 3-9　瓦鬲的分类——苏秉琦文集(二)

外，湖北天门市邓家湾遗址石家河文化出土鬶，三足脱模时采用斜向用力扭拧成斜向纹理形足尖，很美观，是一大特色(图 3-10 至图 3-12)。

陶人为甗，实二釜，……，这也是一种以鬲为主蒸饭煮食物复合炊具。分两层，上部是带箅透底甑，下部是鬲，上可蒸，下可煮，外形上大下小。商代铜甗大多是甑与鬲连体，一次铸成，并都是单体，即一甑一鬲。现藏于中国国家博物馆三联甗是1976 年 5 月，在河南安阳殷墟妇好墓出土，器上铭文正好与甲骨文中"妇好"相印证。可能是"妇好"生前蒸饭或祭祀时使用器物，不仅铸造精良，造型更是非常独特，而且这种样式三联铜甗到现在为止仅此一例。器形表面还铸有各式精美纹饰，如由夔龙

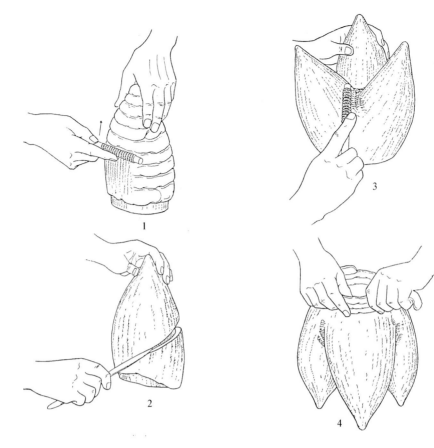

图 3-10　陶寺类型中期模制的瘦足鬲
1. 袋足外表滚压竖绳纹　2. 用刀具将袋足切割成斜口状
3. 用绕绳圆棍将档次沟压实　4. 用泥条筑成上半身

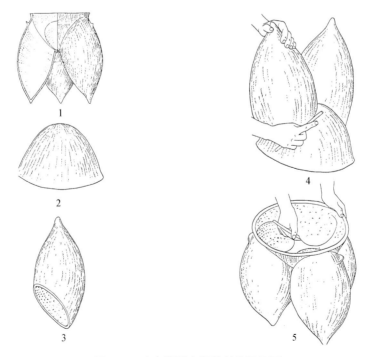

图 3-11　陶寺类型晚期模制的肥足鬲
1. 肥足鬲（H303：12）　2. 倒筑的器身，外表滚压绳纹　3. 将模制的袋足切割成斜口状
4. 袋足与器身相接处用圆棍压实　5. 器身内壁切割圆洞

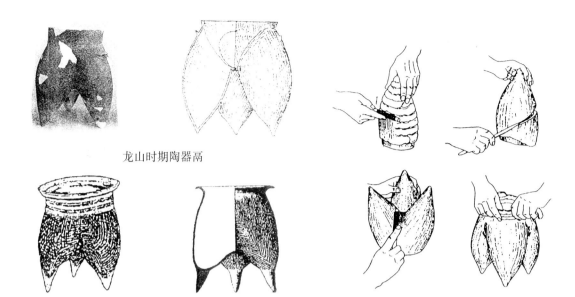

龙山时期陶器鬲

偃师二里头遗址出土的夏代陶器鬲　　郑州商城商代前期陶器鬲　　　　模制鬲工艺程序

图 3-12　模制鬲及其工艺程序（选自李文杰著《中国古代制陶工艺研究》）

组成饕餮纹，夔龙长身卷尾，张口吐舌，颇显龙威，又有蟠龙纹、云雷纹等，三联甗上下左右均饰以醒目龙纹，这或许是在刻意张扬商王室权威。

　　自人类发明用火方法后，将食物由生变熟，有烤、煎、炸、蒸、煮等多种方法。科学研究表明，中国人喜爱采用蒸、煮方法，不仅最有利于保存食物营养成分，且不产生有害人体健康有害物质，并最易于人体消化吸收和代谢。从考古资料看，祖先在距今 7000 年前仿自水仙鳞茎球干燥原理而制成陶鬲、甗，是世界上最早懂得利用蒸汽，采用蒸煮方法熟食古民族。中国人用水蒸熟世界第一碗米饭，蒸熟第一个麵制馒头。西方大多数人群仍在沿用早期传统采用烤、煎、炸等为主熟食方法。这或许是中国与西方之间在饮食方面，由于历史文化原因，形成这种显著差异。

　　"鬲"作为古代炊具仿生造型，已是仰韶文化时期普遍用于蒸煮食物一种独特陶制炊器，与现代锅同样平凡而重要。从而解决了由小粒种子加工而成粒食和粉食问题，是华夏人类重大饮食革命，显示东方华夏族特有之一种文化特征，同时也是医药、饮食文化独特蒸煮方式。

　　华夏远古人类仿生意识从旧石器之初就受到象形石块启迪，在实际操作中好利用，刺激模仿本领，强化模仿意识，也唤起丰富想象力，引发仿生加工制石器浓厚兴趣，如刮削器、砍砸器、齿形器、石钻等制造。后来由自发仿生制造逐步发展到自觉仿生制造，如火的保管和使用，弓箭、陶器、衣服等发明创造。远古人类在开发利用水仙地下鳞茎球"鬲"过程，积累丰富实践知识与经验。时至今日，现今在水仙产地漳州地区仍然采用这一古老种球快速干燥技术，即古人仿"鬲"倒立形态以制造这种古怪造型陶制炊具思路。由此可知，以"鬲"之名作为炊具之名，是古人借音托事转为他义。故此，从侧面也证实水仙鳞茎古"鬲"字与炊具陶器"鬲"字之密切关系。

依据考古发掘出土"鬲"炊具之陶模得知，在黄河中游地区，模制成型"鬲"形炊具陶器，发现于庙底沟二期文化之中，约距今 5500～5000 年，亦恰是在华夏族活动附近地区，并盛行中原龙山文化。

2009 年出版的《苏秉琦文集（二）》第一章"绪论——鬲说"一文，结论："

（1）鬲是中国古代一种常用炊具，与现代锅同样平凡而重要。从鬲字，如甗、鬻等与它同类；鼎和许多字甒、鬳等是一类，与鬲类大约没有直接关系，至于角、爵等具有三个角状空足饮器似乎又是一类，也与鬲类没有直接关系。

（2）鬲的形制特异，为中国古文化的特有之物，在中国的古文化中存在长久而普遍，形成作风多变化，故可视为中国古文化的一种代表化石。

（3）鬲不见于早期的彩陶文化。

（4）鬲不常见黑陶文化的主要成分。山东城子崖黑陶文化层有鬲或甗、鬻，属于黑陶文化系统的凤凰台、安上村（滕县）两遗址也都有鬲，河南后岗的黑陶文化层也有鬲。但侯家庄，大赍店的黑陶文化层就没有。与黑陶文化并非具有不可分的关系。

（5）鬲的分布与起源：大体以陕西、河南、山东三省，或者说黄河中下游为中心。往西波及甘肃，往北传到热河、辽宁。远自有史以前，下至周末，为此地带居民常用炊具。起源一定很早，但早到什么时候？源于什么地方？却是问题。从城子崖，后岗和不招寨，以至于陕西所发现的瓦鬲的形制看来，都已经相当成熟，不像原始的制作。西北和东北边地所见的标本又多出于更晚的遗址。由此推测它的起源当在上述的分布中心区域之内，年代当更早于城子崖和后岗（中层）等文化遗址。

由上述几点，瓦鬲不但可以视为中华古文化的代表化石，对于追溯中华古文化的始源和流变问题更具有特别的意义。因此，瓦鬲的研究可以成为中国考古学上的单独课题。这是考古学家、中科院院士苏秉琦先生对古代炊具"鬲"研究总结。

苏秉琦先生早年曾对陕西宝鸡斗鸡台墓地所出瓦鬲进行过研究。从 1933 年至 1935 年，总计在斗鸡台墓地遗址共得瓦鬲五十九个。苏先生认为："起源：所见几种标本都已经相当的定型化和特殊化，并没有具有真正原始意味的古种，所以它们的起源仍甚渺茫。假如它们的起源是相同的，这个共祖也许就是鬲的最老形制。斗鸡台墓地遗址共得瓦鬲五十九个，应皆是随葬品——礼器，俗称冥器，或明器，其体形做得都很小，为象征性质的。而人生活所用炊具'鬲'，能下煮、上蒸，其体积或称为容积，自然无形之中，就要大得多了。用餐人员多，就要选用更大的炊具。"唐代大诗人杜甫《秋日阮隐居对薤三十束》诗："隐者柴门内，畦蔬绕舍秋。盈筐承露薤，不待致求书。东比青刍色，圆齐玉箸头。衰年关鬲冷，味暖并无忧。"由此可知，"鬲"这种古老炊器，在唐代下层社会生活中仍有人在应用。

由此可知，苏秉琦先生还未找到瓦鬲形制之源，即瓦鬲共祖是何物？可见，我们先祖仿生创造智慧之高妙，而且被火面积最大，传热最快，作为蒸饭、煮食物，蒸汽上来既快而热气又多且集中，食物熟得迅速。在世界上唯有东方文化见到这种独特造型炊具。作为炊具"鬲"的发明和使用，古人开始用它煮水、煮粥、做饭、蒸馒头熬药等，从而为远古人类采收的如稻、粟等小粒谷物类加工成熟食有一个基本保证。以往人们对"鬲"研究偏重于炊具，如产生年代、工艺、造型、利用价值等钻研者居多，但成书的人亦少。而对"鬲"的缘来，鬲图腾、鬲汉字母体系统、鬲国家、鬲氏族、鬲姓氏等文化层面研究极少，更未考虑是水仙花古名。这也是古人在长期从事水仙鳞茎球"鬲"收晒过程中所发现秘密所在，并开发运用到炊具制造上。现今之人不知这种稀奇古怪形状为何物？古人为什么突发奇想而制造这种怪状炊具？《现代汉语词典》取消了以"鬲"为部首之文字系统，仅保留具有"鬲"旁的十几个文字，又分别列入其他部首拼音文字中，更无法使现代人了解"鬲部"统领的80多个文字系统之来龙去脉了。

第四节　水仙与琴艺文化

历史悠久中国古琴艺术，不仅留下我国古代最为重要乐器——古琴，还保存与流传下来许多古琴乐曲，同时又有着丰富琴理论著述。在中国古代传统文化"琴、棋、书、画"四者之中，琴之所以为首，是因为琴与人类生命根本关系。琴者，情也，传情以达志，借情以言性。琴不仅可以观风教，也是以正人论，调心志，谐伦理，平阴阳，诸般个体生命感念都可以借琴来抒发。因此，"琴"也就成为人生艺术化，生活有诗意一种必须，展示出一种高级人生境界，一种高于物质利益生活情感世界。

中国古琴文化源远流长，其内涵博大精深。若从"琴器"——"琴艺"——"琴学"——"琴道"历史演进轨迹看，早在先秦时期，就已成为中华民族行为方式一个重要组成部分，"琴、棋、书、画"成为人们生活内容，成为中国传统文人一种生活状态，一种将生活方式艺术化，艺术行为生活场景化真实写照。于是，华夏先民就自觉不自觉于无形之中走上由"六艺"和"琴、棋、书、画"而开始"修身"之途，继而去勉力实现主流文化"齐家"——"治国"——"平天下"人生宏伟抱负，成为人们生活方式行为准则。晋·嵇康总结出"众器之中，琴德最优"，与中华文化中"君子以玉比德"早期审美观念达到高度和谐一致，体现出更为深刻文化内涵。由此，"琴"由丰富情感，精神领域出发，将个体生命感受与人类直观生活世界相互交融。"琴"就由"器"走向"艺"，继而走向"学"路程。"琴学"的发生、发展轨迹是以激发与舒张情感脉动走进人们生活，以一种生活文化性超越来印证人类生存诗性特征。正因为如此，作为中华审美文化之精髓"古琴"才有如此之久生命力。

琴是我国历史久远的一种乐器。关于其创制者，在古籍记载中有伏羲、神农、黄帝、尧、舜等，记载舜与琴之事最为详细。如《礼记·乐记》："昔者舜作五弦之琴，以歌南风。"战国·鲁尸佼《尸子》、《孔子家语》并记载《南风歌》歌辞。辞曰："南风之薰兮，可以解吾民之愠兮。南风之时兮，可以阜吾民之财兮。"《尚书·尧典》帝曰："夔！命汝典乐，教胄子，直而温，宽而栗，刚而无虐，简而无傲。诗言志，歌咏言，声依永，律和声。八音克谐，无相奇伦，神人以和。"夔曰："於！予击石拊石，百兽率舞。"《吕氏春秋·慎行论·察传》鲁哀公（前494～前447年在位）问孔子曰："乐正夔一足，信乎？"孔子曰："昔者，舜欲以乐传教于天下，乃令重黎举夔于草莽之中而进之，舜以为乐正。夔于是正六律，和五声，以通八风，而天下大服。重黎又欲益求人。"舜曰："夫乐，天地之精也，得失之节也，故惟圣人为能和乐之本也。夔能和之以平天下，若夔者，一而足矣。"故曰："夔一足。非'一足'也。"湖北随州楚曾侯乙墓出土"七弦琴"、"十弦琴"各一具，皆为"无徽，一足"；湖南长沙马王堆出土另一"七弦琴"说明，亦是"一个琴足"。可见"一足"独脚琴，史载与出土文物相证，古琴必定与虞舜时代乐正夔有着必然联系。

"舜弹五弦之琴，歌南风之诗，而天下治"，就使"琴"一开始就同中华文明达到高度同构地步。自周王朝普施"乐教"以来，"琴"披上意识形态性袈裟，从而打上浓烈象征意义。

关于古琴曲欣赏，历史上留下许多记载。周代之"礼"立意高远，内涵深刻，仪式繁杂而精致，包括了礼"义"、礼"仪"、礼"容"一整套制度，同时又是一种寓意深远，内涵丰富文化。从春秋以降，是我国奴隶社会向封建社会转化时期，社会生产力和生产关系发生划时代变化。周平王（前770～前720年在位）年间即失去对诸侯国控制，出现"礼崩乐坏，诸侯称雄，大夫乱政"局面，原先起着实际政治约束力"礼"，逐渐从真实典章制度领域退出，此时因无益各诸侯国竞相称霸强兵紧迫需要，"礼"变得不合时宜。然而形成"士无不彻琴瑟"繁盛局面，虽然面对"礼崩乐坏"无奈场景，可古琴音乐早已深入人心。公元前517年，孔子率众弟子离开鲁国来到齐国，通过高阳子见到齐景公，阐述了自己政治理想，即"克己复礼为仁"，恢复先王礼乐制度等一系列政治主张。但没有得到齐国君主重视，却反遭齐国名相晏婴强烈反对而告失败。然而在齐国，却欣赏到保存完好舜时期《韶乐》。《论语·述而》："三个月不知肉味。"这是孔子在齐国闻《韶乐》后一句赞美之语。从这时起，以孔子为代表儒家便试图挽救周"礼"，除做了整理典籍、传承礼乐等大量工作外，醉心于"克己复礼"的孔子，于是向卫国乐官师襄学《文王操》，自作《龟山操》、《将归操》、《猗兰操》，至于"伯牙鼓琴，六马仰秣"，"伯牙摔琴谢知音"故事更是千古佳话，后世诗文中因以引喻。唐·薛涛《寄张元夫》诗："借问人间愁寂意，伯牙弦绝已无声。"白居易亦曾写了一首诗描述听琴后感受，如《听幽兰》曲诗："琴中古曲是《幽兰》，为我殷勤更弄看。欲得身心俱静好，自弹不及听人弹。"崔珏《席间咏琴客》诗："七条弦上五音寒，此艺知音自古难。"

时至汉代，古琴形制逐渐走向定型，由五弦、七弦基本定为七弦，出现并完善共鸣箱和标志音位之琴徽。文人雅士纷纷参与创制古琴，创作琴曲，写下大量琴赋、琴赞、琴论等，如杨雄《琴清英》、桓谭《琴道》、马融《琴赋》、傅毅《琴赋》、蔡邕《弹琴赋》、《琴操》等。尤其蔡邕、蔡琰（文姬）父女更是给琴坛留下光彩照人重笔文采。史传蔡邕用从火中救出桐材制成"焦尾"与周代名器"号钟"，创作"蔡氏五弄"，即《游春》、《渌水》、《幽思》、《坐愁》、《秋思》琴曲，流芳后世，经久不衰；其女蔡琰以其亲身经历谱写《胡笳十八拍》亦成为千古绝唱。蔡邕（132～192）琴学专著《琴操》叙各种琴曲之作者及缘由，分上下两卷。上卷收录上古琴曲有诗歌五曲及十二操，其中十一操曰《水仙操》。

高雅文化都有特定品位，需要咀嚼品味才能从中体悟出韵味和意境。中华古琴文化尤其如此，激发人们将全部身心投入其中，与自然融为一体。"天籁"、"地籁"会通于"人籁"，于是获得一种心灵沟通，知会宇宙间浩然苍茫长空之博大深沉，倾心感会人世间境遇沧桑。由然从内心深处升腾一种精神净化感情洗礼，从而获得一种审美移情效果。其中十二操中第十一操为《水仙操》，相传在周定王（公元前649～前586）时楚人伯牙成名之作。"伯牙学琴于成连，三年而成。至于精神寂寞，情之专一，未能得也。成连曰：'吾之学不能移人之情，吾师有方子春在东海中。'乃赍粮从之。至蓬莱山，留伯牙曰：'吾将迎吾师。'刺船而去，旬时不返。伯牙心悲，延颈四望，但闻海水汩没，山林窅冥，群鸟悲号。仰天叹曰：'先生将移我情。'乃援琴而作此歌：'繄洞渭兮流澌濩，舟楫逝兮仙不还。移形素兮蓬莱山，歍钦伤宫仙石还。'"就这样，由于受到自然之陶染，心中不时激起波澜，心境豁然开朗，感情尤其充沛，心中渐觉冲融。琴弦已化为新生，琴曲中亦饱含自然之节操，优美之旋律，既像跌宕山泉奔流而下，又像明月之流光缓缓泻下。所弹琴曲多了一种迥然不同艺术境界。因而伯牙遂成功弹出著名琴曲，并题名为《水仙操》。从此伯牙在其师傅成连教诲下，提高领悟音乐、表达琴曲内涵能力，琴声能使正在吃草之马群也仰起头来竖耳倾听。成为一名千古流芳天下皆知鼓琴妙手。

《水仙操》古琴乐曲内容与乐曲本身有着密切关系，实质是中国传统文化体现，是水仙花人格化、神化，人与花融为一体。表达形式常常依主题弹出流水、舟楫、蓬莱山、移形等题名故事中情景要素。体式上句句用韵，具有便于入乐歌唱声律结构，并且用到琴曲"操"一类歌辞常见骚体句式，属于典型骚体琴歌。这表明依据《水仙操》曲辞题名创作诗歌有着一定体制规范。

题名所包含社会道德内容因素：梁元帝《纂要》曰："自伏羲制作之后，有瓠巴、师文、师襄、成连、伯牙、方子春、钟子期，皆善鼓琴。而其曲有畅、有操、有引、有弄。和乐而作，命之曰畅，言达则兼济天下而美畅其道也。忧愁而作，命之曰操，言穷则独善其身而不失其操也。引者，进德修业，申达之名也。弄者，性情和畅，宽泰之名也。"

这种观点认为以"操"为名,其主题抒发内心穷苦忧愁,独善其身而不失其操。操这种解释主要运用文字训诂方式,从上古时代琴歌中所表现人文精神、音乐理想等层面上归纳琴乐主要类别、内容风格。

中国水仙生来娟秀素雅,独殿众芳,花开在严寒冬季,敢于傲风霜,斗冰雪。而一般植物离开土壤即不能生根、发芽、生长,唯有中国水仙不需立足于丝毫土壤之中汲取土壤中养分,仅需一池清水,或漂浮于河水、江水、海水之上,就能在酷寒环境之水中生根、发芽、展叶、抽葶、含蕾怒放。迎着水面上吹来刺骨寒风,绿裙、青带,高挺素洁碧玉般花簇,泛影弄香,一身冰肌玉骨,仪态万千,婷婷缥缈浮沉于清流水波上。那种超尘脱俗,姿态飘逸清雅,宛如天地灵秀之所钟,美的化身,凌波仙子之神态风韵,不是处困屈志,不惜牺牲生命,舍生取义,保全心志操守,这是人格修养最高境界。因而,先民以洛神为水仙花神祭祀她,一再而受到无比厚爱和尊崇。至于水仙鳞茎球在取胶被肢解而遭受苦难更是令古人伤心,使人联想到如同"辜磔"(古代一种酷刑,把人的躯体肢解后并弃于市)。《庄子·杂篇·则阳》:"(柏矩)至齐,见辜人焉,推而强之,解朝服而幕之,号天而哭之……。"即指庄子弟子柏矩至齐国都城,看见刽子手肢解犯人并暴于市中心,推开围观众人,脱去自己身上长袍覆盖其躯体上,伤心号天大哭之。《书·大禹谟》载:"与其杀不辜,宁失不经。"《周礼·秋官·掌戮》:"杀王之亲者辜之。"郑玄注:"辜之,言枯也,谓磔之。"段玉裁注:"按辜,本非常重罪,引申之凡有罪皆曰辜。"《韩非子·内储说上·七术》:"荆南之地,丽水之中生金,人多窃采金,采金之禁,得而辄辜磔于市。"又转注引申为固定、必定。《夏小正》:"其不辜之时也。"为固定之义。《汉书·律历志上》:"言阳气洗物辜洁之也。"《尔雅·释天》:"十一月为辜。"郭璞注:"皆月之别名,自岁阳至此,其事义皆所未详,通者故阙而不论音义。"水仙开花在农历十一月,大概古人对此不幸表示悼念之情。而伯牙用"水仙"之名,作为琴曲之题名,正是对水仙之深情厚爱,将水仙花之操行移情升为人格化,熔铸在所创作《水仙操》歌辞之中,名传千古。唐·元稹(779~831)在《乐府古题序》论述乐府古题创作还提到伯牙作《水仙操》、《流波操》等操;唐·吴兢在《乐府古题要解》中亦讲到琴曲《水仙操》创作过程"传说伯牙入海移情,从而臻至艺术的最高境界"。清·吴葆晋(1793~1860)《疏影·水仙花》词:"明珰翠羽移情久,待写、伯牙琴曲。……"张友书(1803~1875)《国香慢·咏水仙》词:"问甚时,写入瑶琴,待倩伯牙重谱。"后世一直怀念伯牙及其所作古琴曲《水仙操》。

总之,华夏文化传统中一直盛传"琴、棋、书、画"为修身正行之器,"琴"乃众器之首而不仅为"器",因其承"载道"历史重任。琴境幽深,深不可测;琴韵悠扬,飘飘欲仙,琴这种艺术魅力和我国传统诗画一脉相承,反映我国古代文人对高雅情趣追求。"大乐与天地同和"艺术境界,实则是华夏艺术在真、善、美旗帜下,以"至乐"审美境界作为人生最高境界,终极追索本源所在。

第五节　水仙与道教

人类在远古时代都曾走过一个生命自然发展丰富图腾崇拜时期，而从奠天、敬祖、祭鬼神等多种仪式化表演中，不乏带有宗教形成因素。至于在中国土生土长"宗教"——道教，内蕴丰富，发展过程几经曲折，最终形成一种亦哲学亦宗教特色。

老子哲学、庄子哲学、黄老之学和玄学都是学术，而不是宗教。道教思想来源是先秦道家学说。在先秦老子、庄子之哲学里，宇宙万物起源被归结于"道"，看不见，摸不着，无中生有，分化阴阳，产生天地与万物。《道德经》："道可道，非常道；名可名，非常名；无名天地之始，有名万物之母。"这是宇宙自然和人类社会规律。奥妙无比，深邃莫测，玄之又玄。古人在自然界定位上，有一个非常重要说法："人法地，地法天，天法道，道法自然。"道教以"道"为其最高信仰而得名。后来有些信士相信人经过一定修炼可以长生不死，得道成仙。道教以这种修道成仙思想为核心，神化老子及其关于"道"的学说，尊老子为教主，奉为神明，并以《道德经》为主要经典，对其中文词作出宗教性阐释。因此，道家思想便成为其思想渊源之一。与此同时，还吸收了阴阳家、墨家、儒家以及谶纬学一些思想。在庄子哲学中还塑造出真人、至人、圣人、贤人理想境界，也是道教一种重要精神资源。《庄子》则描述诱人"神仙"境界。提到"养形之人，彭祖寿考者"。传说颛顼帝玄孙陆终氏第三子，姓篯名铿，尧封之于彭城，又因其道可祖，故谓之彭祖。篯铿在商为守藏史，在周为柱下史。传说他善养生导引之术，而年寿达八百岁高龄。屈原（约前340~前278）在《楚辞·天问》："彭铿斟雉，帝何飨？受寿永多，夫何久长？"《楚辞·远游》："闻赤松子之清尘兮，愿乘风乎遗则。贵真人之休德兮，美往世之登仙。""神仙"理想吸引大批信徒，其中亦包括当代帝王。

道教从汉朝及以前神仙家那里吸取不少思想和方术技法，相信天地之间有长生不老神仙存在。后来有人幻想经过某种方术修炼或服食某种金丹妙药能够不死成仙登天。为此目的，历代道士还大力构筑天庭仙境，作为"神仙"所居，亦是修道者自己向往理想仙境。

道教所宣扬信仰之神仙境界，给那时人们提供一种自由自在，适性逍遥之神仙生活幻想。同佛教、基督教相比，道教不把希望寄托于天国或上帝，来世或救世主之类神明，而是直接否定人自身之死亡，追求肉身成仙升天。试图通过人力，借助自然中之超自然力量夺天地造化之功，把得道成仙当为人生之事业。一边修道行道，一边习医行医，防病治病，寻仙药，延年益寿。可见，后来道教以"道"为最高教理，以得道成仙为最高目标。道教一切理论和实践都是围绕"道"与"得道"展开论述。庄周（约前369~前286）《庄子·逍遥游》则对神人作具体描述："藐姑射之山，有神人居焉。

肌肤若冰雪，绰约如子；不食五谷，吹风饮露，乘云气，御飞龙，而游乎四海之外。"
这也许是庄子有意将华夏族图腾共主标志"鬲"神仙化。晋·葛洪（284～364）在《神仙传》："神仙在春秋战国时代，广泛流传于北方燕齐和南方之荆楚地区。秦汉之际，经方士大力宣扬，在宫廷和民间影响益大。秦始皇、汉武帝曾数次派使者专门遍寻长生不老之仙药。"仅战国中后期（公元前275～前221年）到汉武帝刘彻（公元前140～前87年）这段时期，在方士们"鼓动"下，秦始皇、汉武帝等都曾派过方士到海上去寻求神仙和"不死药"，且规模越来越大。当时著名方士有邹衍、徐福、卢生、李少君等人。神仙信仰到东汉晚期为道教继承，成为道教信仰核心内容。《汉书·艺文志》中《方术略》收录神仙书凡有十家之多，如有《列仙传》、《神仙传》、《洞仙传》等。鲁迅先生曾说："中国本信巫，秦汉以来，神仙之说盛行，汉末有大倡巫风，而鬼道愈炽；会小乘佛教亦入中土，渐见流传。凡此，皆张皇鬼神，称道灵异。"又说："历来三角之争，都无解决互相容爱，乃曰'同源'，此谓义利邪正善恶是非真妄诸端，皆混而又析之，统于二元。虽无专名，谓之神魔，盖可概括矣。"早在魏晋南北朝，志怪小说曾盛行一时。这是当时文人为适应皇帝追求长生不老，得道登仙，在古代神话基础上，造神之道，说怪述异由此结出文学之果。

《水仙操》是我国最早，亦是第一首以"水仙"命名作为歌辞性题名，也是琴乐曲调体制与声情标志，成为上古琴曲十二操中第十一操《水仙操》体裁规范，而流传千古。相传在公元前600年春秋时楚人伯牙成名之作，以此伯牙名传天下。南朝齐·桂阳王萧铄命名颁号之《水仙赋》是先秦以来以"水仙"为命题第一篇文学作品，最初所指应是具体之实物水仙花。道教上清派茅山宗创始人陶弘景，当年二十七岁任宜都王侍读，一次被邀参与桂王举行诸王宴会，当时抓到《水仙赋》命题，所作之内容乃水中之神，并非水仙花之谓。因此，在宴会上陶弘景凭《水仙赋》而震惊四座，令沈约（441～513）、任昉（460～502）等人为之激赏。据唐末贾嵩《华阳陶隐居内传》记载："桂阳王登双霞台置酒，招宗室、侯王兼客，先生从宜都豫焉。桂阳采名颁号，各令为赋，置十题于器中，先生探获《水仙》，大惬意。沈约、任昉读之，叹曰：'如清秋观海，第见澶漫，宁测其深！'其心伏如此。"推此文当做于齐高帝萧道成建元四年（482），其实当时作品，多是应制文章，当然很难融入作者真实情感，而《寻山志》则不同，当时作者年仅十五岁时，感情充沛而真挚。史传言陶弘景年少时便有养生之志，还有出世之想，恰好完整体现在《寻山志》中。

陶弘景（456～536），字通明，丹阳秣陵（今属江苏江宁县）人，年十岁得葛洪《神仙传》便有养生之志。少年服膺儒学，热衷仕进，对世俗功名充满热望。偏重名教，在侍读任上时曾于南朝齐武帝永明（483～493）年间，跟随孙游岳咨禀道家符图经法得到真传，并访求散失的杨曦等道家上清经诀手迹。儒、释、道三家在思想、教义、礼俗等方面不同，使之间常有激烈辩论和斗争。同时又作为鼎足互补思想意识和人生道路，三者也可以互相调和，称谓"三教圆融"为士大夫一并接受讲究。人与自然统一合一，人与人平衡关系以及人心和平状态。陶弘景正是一位兼修三教代表人物，兼具儒、道、佛三重身份。早年服膺儒学，政治理想破灭后，与南齐永明十年（492）三十六岁时在建康（今江苏南京市）正式辞去太子侍读兼奉朝清文官职。归隐山林，自号陶隐居，成为名副其实道教徒，将生命与信仰融为一体。中年后广开道馆，招纳门徒，苦练仙丹，整理道经，与其说是一名盲目宗教信徒，不如说是一位清醒宗教学者，成为道教上清派重要传人。知命之年，又皈依佛门，佛道双修。陶弘景还是一位医学家，在每种身份背后，执著"一事不知，深以为耻"求真科学精神，实已超越了宗教藩篱。陶尚好奇异，珍惜光阴，勤奋著述，老而弥笃，在宗教、科技、医药、文学、艺术、琴乐等多个领域均有卓越贡献。作为南朝著名作家及科技史上重要人物，陶弘景虽然在生命前后半段分别投身于政治和宗教，而对政治和宗教态度却是异常复杂，即亲近，又疏远，而文学和科技则自始至终追求，为其立名垂范，心有所依。

茅山在江苏南部，古称句曲山，西接金陵，东望太湖，山峦起伏，景色优美，自古号称"养生之福地；成神之灵墟"。按道教传说："此山是第八洞宫，名金坛华阳之天，周回一百五十里，昔汉代有咸阳三茅君得道，来掌此山，故又谓之茅山。"

陶弘景到茅山后，建新道馆，广纳道徒，自号"华阳陶隐居"。成了道教上清派重要传人。着手整理道教理论系统等系列道教著作，主要有《真诰》、《登真隐诀》、《真灵位业图》。其中《登真隐诀》是一部向道徒传授修炼真人得道升仙秘绝经典。《真灵位业图》是道教神谱体系。该谱系将元始天尊设为最高神，置于老子之上。由此，道教在南北朝时期道教教规、仪范经过寇谦之和陆静修修订后，便逐步定型。在此基础上，陶弘景继续吸收儒、释两家思想，充实道教内容，构造道教神仙谱系，叙述道教传授历史，使其教理教义，斋戒仪范等都大大充实、健全，并由民间宗教转化为上层化，为封建统治服务之宗教。

《水仙赋》一文是陶弘景参加桂王宴会，十个命题中自摸之一命题。陶弘景所写非咏水仙花之作，而乃是赞颂水中之水神。这也是他早年偏重名教之真实反映。唐·司马承祯《天隐子·神解》："在天曰天仙，在地曰地仙，在水曰水仙。"我国最早典籍中称水仙，出处有三：（一）指河伯冯夷。唐·欧阳询（557～641）撰《艺文类聚》卷七八郭璞《冯夷赞》："秉华之精，食性八石，乘龙隐沦，往来海客，若是水仙，号曰河伯。""秉华之精"，"秉"，执也，"执"，持。"华"与古"花"字古时通用。即指冯夷手中高举水仙花之光辉，服食道家用八种石料练就仙丹，才成为水仙。也是先有水仙花，才有冯夷。河伯实为殷商时期北方一个氏族首领之名字，后被神化，至陶弘景时又加上"水仙"称号。史传黄河河神之人神化较早，其代表为河伯。上古的河伯叫冯夷。河伯冯夷在传说中是这样一位既受人崇拜又受人奚落水神。一方面他行善事，造福于人类，大禹治水之时，河伯神与洛水水神联合献出治水方略，洛水水神献出"洛图"，河伯献出"河书"，为大禹治水成功助了一臂之力。所以历代王朝莫不举行盛大河伯祭祀。周代天子祭河伯时，将贵重玉璧投入河中，还要沉入牛马豕羊。秦汉、晋等朝君主承袭周代传统，屡屡不绝提玉沉牲祭祀河伯水神。河伯所做好事载于史籍并不多，更多记载则是关于河伯劣迹方面。传说中这位河伯冯夷既贪色又贪财，每年向人间索取美女，于是在战国时代就有河伯娶妇之习俗。魏国邺郡每年都要把一位民间美女投入河中，送给河伯做新娘。这种凶残习俗不知糟蹋了多少民间少女，可见冯夷罪恶不小。后来，西门豹制止了这种陋俗。《史记·滑稽列传》记载了西门豹这一功绩。然而，后来秦国国君秦灵公还是把公主嫁给河伯冯夷，不知又葬送了多少青春女子性命。《初学记》载，冯夷变一条龙在水中游来荡去。后羿看见，就拉弓一箭射瞎他一只眼睛。河伯就跑到天帝那里去告状。而天帝也不同情他，反而奚落他说：一个大神应该生活严谨，变条龙随随便便去游荡成什么体统，挨了一箭是自讨苦吃。《博物志·异闻》还记载了河伯冯夷贪财传说。由此可知，河伯冯夷在历史上根本不具备"水仙"称号之节操。（二）指屈原。东晋·王嘉《拾遗记》卷十："屈原以忠见斥，隐于沅湘，披蓁茹草，混同禽兽，不交世务，采柏实以合桂膏，用养心神；被王逼逐，乃赴清冷之水。楚人思慕，谓之水仙。"（三）指伍子胥。《越绝书·卷十四》："胥死之后，吴王闻，以为妖言，甚咎子胥。王使人损于大江口。勇士执之，乃有遗响，发愤驰腾，气若奔马；威陵万物，归神大海；仿佛之间，音兆常在。后世称述，蓋子胥水仙也。"在此之前典籍中，对水神之称有水君、水伯、水帝、水瑞等名称而未见称有水仙。而陶弘景在《水仙赋》中则把：娥皇、女英、琴高、冯夷、鲛人、安期、夏禹等传说与水有关众多人物，以及黄帝、西王母、八老、四童、若士、吕梁、务光、龙威、九玄、三素等与水无关联之众多神话传说人物，一概纳入其本人所写《水仙赋》之水仙范围。也许陶弘景深知"不言温室树"之经典，水仙是皇家战略物资，也是皇室祭祀先祖供品，有意跑题妙作，可见赋学水平之深。令当场在座著名文学家沈约、任昉等激赏。

陶弘景上茅山后，在其所撰《真灵位业图》中又将《水仙赋》中所罗列为水仙之众人物，一概尽纳入道教神仙谱体系之中，设牌位为道教徒供祭。从他在其《水仙赋》中可知："金自安于蜉蝀，缅无羡于鹄年。皆松下之一物，又奚足以语仙。"陶认为众小生物应像蜉蝣一样自安于朝生夕死之现实，皆是松下小草小虫之类，有什么值得说成什么仙呢!？"嗟乎！循有生之造物，固莫灵于在人；宁不踆武象帝，入妙门而自宾；……更天地而弥固，终逍遥以长生。"我陶弘景，不踆武象帝，诚隐山林，与蝼蚁为尘，自入道门就要顺其自然，遵从道家五戒、十戒、一百八十戒之戒律。"迎九玄于金阙，谒三素于玉清"。在道教神仙谱系中没有位置，小草则暗指"蒚"，是山蒜，怎么能升天成仙呢？绝不可能由"蒚"之名改为"水仙"之称号。唐·皮日休（832～913）在《弧国寺》诗："可怜陶侍读，身列丹台位；雅号曰胜力，亦闻师佛氏。"陶侍读，即指陶弘景。"弘景尝梦自己之神号为胜力大士。"从此以后，再没有文人雅士冒犯道教之道规与戒律歌咏水仙之事，就是连道教内部也没有歌咏陶弘景所标榜水仙神之事，或作琴曲歌辞《水仙操》。"水仙"之名被道教列为社会"公讳"。就如同"鲤鱼"被列在"公讳"之内，唐代禁止人们养鲤鱼。

道家学派创始人老子，发扬光大于庄周，在中国是唯一能与儒家相并论思想流派。陶弘景出身于江东名门陶氏家族，受皇帝恩宠，朝端声望，山中宰相幕后之权势，以及他在道教中威望，其著作对道教理论系统化奠定坚实基础，被尊称为上清派茅山宗之创始人，而茅山成为道教上清派中心，招纳众多弟子，以至许多王公贵族争相作弟子，这在道教史上也是不多见。

陶弘景弟子众多，后继有人，如潘师正（595～684）为茅山第二代宗师；司马承祯（647～735）为茅山宗第三代传人，在其撰著《天隐子·神解篇》论述："神之为义，不行而至，不疾而速，阴阳变通，天地长久。"，"在天曰天仙，在地曰地仙，在水曰水仙"，无论是天上、地上、水中之人与事都纳入道教管辖范围，进入其神仙谱系之中。被称为帝师李含光（682～769）为茅山宗第五代宗师。以至在整个唐代，茅山宗始终是道教主流派，其香火之盛至宋元不衰。当时常受到当朝皇帝亲自召见，成皇上贵客，恩宠犹嘉。

唐代皇帝把道教尊崇为国教，奉老子为李家先祖，立庙加以祭祀。开国之君唐高祖李渊于武德八年（625）下诏排三教先后序次：老先，孔次，释后；贞观十一年（637）唐太宗李世民再次下诏，确认道教为三教之首国策不变，告报天下立者施行。高宗李治乾封元年（666）封老子太上老君为"太上玄元皇帝"。至玄宗李隆基天宝十三载（754）再次对老子上尊号为"大圣祖高上大道金阙玄元天皇大帝"，并令天下诸州普建"玄元皇帝庙"。在提高道教地位同时，诏令王公百官学习老子《道德经》，增设"道举科"制度，《老子》、《庄子》、《列子》等道家之书，定为"真经"并作为"明经"科内容进行考试，并在其他诸科增加考道家之书内容，且加大分量，规定士庶均须家藏《道德经》一本。又置重玄学和玄学博士，并配置生员，定期宣讲道经，令郡官百僚观礼，不断派人收集和整理道书加以缮写，刊印成册，颁布天下，以广流布，便于学者研习。皇上还亲自召开和主持道教与儒、释讨论会，又亲试"四子"举人和带头为道经作注。以及对道士学业进行培训和考核，不才者勒令还俗，如此等等，可谓力度之大之重，前所未有。在道教三清殿中，道德天尊供奉在元始天尊之右，手持阴阳扇，象征万物化生之"太初混沌之世纪"。

在唐代初期，竟有六位道家相继出任太史令，执掌皇家天文学大印，可敬可畏，唐代皇帝尊老子为先祖，对道教尊敬之极。从魏晋南北朝以来，水仙花在民间虽有种植，甚至在帝之宫室栽培作为观赏，但无文人骚客贸然去歌咏水仙，唯恐惨遭不测，但也有极个别对水仙爱之有嘉。正如陶弘景在《水仙赋》所云"亦有先觉之秀，独往之英"，敢冒犯道教之戒律以及唐代皇上之讳禁。汉·贾谊《过秦论》论述："然所以不敢尽忠拂过者，秦俗多忌讳之禁也。"唐初漳州别驾丁儒(647～710)，祖籍河南固始，于唐睿宗景云元年(710)辞官后落户漳州，写了五言二十韵叙事长诗《归闲诗》，以表示自己能以落户漳郡这样环境优美，气候宜人，物产丰富好地方，心里特感高兴。他在其中四韵"锦苑来丹荔，清波出素鳞。芭蕉金剖润，龙眼玉生津"指明荔枝、水仙、香蕉、桂圆是漳郡地区锦苑中人工栽培四种地方特产。为了避免带来不必要麻烦，丁儒用"清波出素鳞"来暗喻水仙之名。但就他写诗当年秋天，却与世长辞，似乎有其突然。

　　唐·杜甫(712～770)在763年秋天去梓州拜访梓州刺史章留后。章留后赠送两根桃竹杖，杜甫回赠一首诗《桃竹杖引赠章留后》，其中有："斩根削皮如紫玉，江妃水仙惜不得"一句诗。章留后即章彝(？～764)，吴兴(今属浙江湖州市)人，肃宗末年(762)为剑南两川节度严武判官，广德元年(763)为梓州刺史，剑南东川留后。杜甫写赠诗第二年(764)三月章即被罢官，将入朝，严武召之成都，杖杀之。因与赠诗未有避讳有关，据《唐诗纪事》记载杜甫曾有几次险被严武杀害。

　　时至唐代后期，又有豫章(今江西南昌市)来氏，即来鹏，写两首《水仙花》诗："瑶池来宴老金家，醉倒风流萼绿华。白玉断笄金晕顶，幻成痴绝女儿花。""花盟平日不曾寒，六月曝根高处安。待得秋残亲手种，万姬围绕雪中看。"第一首写水仙花由来：是天上仙女萼绿华在西王母瑶池宴醉酒后，眼晕目眩之中头上玉簪坠地，而幻化为水仙花。瑶池：指古代神话中神仙所居。《穆天子传三》："乙丑天子觞西王母于瑶池之上，西王母为天子瑶。"唐·李商隐《瑶池》诗："瑶池阿母绮窗开，黄竹歌声动地哀。"老金家：即指金天氏传说中古帝少皞之称号。《左传昭元年》："昔金天氏，有裔子曰昧，为玄冥师。"郭璞注："天金氏，帝少皞。"皞，也作"昊"。汉·张衡《思玄赋》："顾金天而叹息兮，吾欲往乎西嬉。"自注："金天，少昊位也。"少皞为东夷集团首领，其族图腾图徽为水仙鳞茎球造型，该集团对水仙崇拜。诗中因指老金家。萼绿华：传说天上仙女之名。自言是九嶷山中得道女罗郁，晋穆帝时，夜降羊权家，赠权诗一篇，火瀚手巾一方，金玉条脱各一枚。唐·白居易《霓裳羽衣歌》诗："上元点鬟招绿萼，王母挥袂别飞琼。"第二首写水仙花栽培过程与技术：如种球收、晒、贮藏、下种时间及花期。表明在唐代时期中国水仙栽培技术已相当精湛，现今漳州地区水仙花种植技术仍与诗中描绘完全一样。来氏兄弟这下可触犯当朝皇帝之讳禁以及道教之戒规。来鹏、来鹄兄弟俩屡试不第，遭权臣所忌。这样一来没有人敢于录用来氏兄弟俩人。来鹏、来鹄有国难投，有家亦不能归，到处流浪，为避免被追杀，其弟向东流浪，于883年客死于扬州；其兄来鹏向西流浪，最后于唐末五代初死于蜀。唐·李白就因"言温室树"之疑被迫辞去翰林待诏而出宫。

　　对来鹏、来鹄兄弟遭遇深表同情，家住江西袁州(今属江西宜春)李咸用写一首琴曲歌辞《水仙操》："大波相拍流水鸣，蓬山鸟兽多奇形。琴心不喜亦不惊，安弦缓瓜何泠泠？水仙缥缈来相迎，伯牙从此留嘉名。峰阳散木虚且轻，重华斧下知其声。㩝丝相纠成凄凄，调和引得熏风生。指底先王长养情，曲终天下称太平。后人好事传其曲，有时声足意不足。始峨峨兮复洋洋，但见山青兼水绿。成连入海移人情，岂是本来无嗜欲。琴兮琴兮在自然，不在徽金将轸玉。"以此慰藉苦难中来鹏、来鹄兄弟俩之心灵。李咸用举进士不第，寓居湘中、庐山等地，后官浙西推官，约后梁（907～923）时卒，所作多述乱世失意之情。

唐诗人温庭筠亦作一首《水仙谣》："水客夜骑红鲤鱼，赤鸾双鹤蓬瀛书。轻尘不起雨新霁，万里孤光含碧虚。露魄冠轻见云发，寒丝七柱香泉咽。夜深天碧乱山姿，光碎平波满船月。"温庭筠（812～870）原名岐，字飞卿，太原（今山西）人寄家江东。仕途不得意，官止国子助教。

唐代人士吴兢《乐府古题要解》，郗昂《乐府古今题解》，刘餗《乐府古题解》均转载有伯牙所作《水仙操》。但在唐代官方文献中无此三人之名记载。唯有唐宗室李勉（717～788），官至宰相，能制琴作《水仙操》，仍青云直上。

唐文学家、哲学家韩愈（768～824）对传世古琴曲十二操取十操。宋·郑樵（1104～1160）在《通志》卷四十九："琴操五十七曲……右'十二操'，韩愈取十操，以为文王、周公、孔子、曾子、伯奇、犊牧子所作，则圣贤之事也，故取之；《水仙操》、《怀陵操》二操，皆伯牙所作，则工技之为也，故削之。呜呼！寻声徇迹，不识其所由者如此！九流之学皆有义，所述者，无非圣贤之事，然而君子不取焉者，为多诬言餙事，以实其意。所贵乎儒者，能通古今，审是非，胸中了然，异端邪说无得而惑也。退之平日所以自待为如何？所以作十操以贻训后世者为如何？臣有以知其为邪说异端所袭，愚师瞽史所移也。……今观琴曲之言，正兔国之流也，但其遗声流雅，不与他乐并肩，故君子所肖焉。或曰：退之之意，不为其事而作也，为时事而作也。曰如此所言，则白乐天之讽喻是矣！若惩古事以为言，则'隋堤柳'可以戒亡国；若指今事以为言，则'井底引银瓶'可以止淫奔，何必取异端邪说，街谈巷语以寓其意乎？同是诞言，同是餙说，伯牙何诛焉？臣今论此，非好攻古人也，正欲凭此开学者见识之门，使是非不糅其间，故所得则精，所见则明。无古无今，无愚无智，无是无非，无彼无己，无异无同；概之以正道，烁烁乎如太阳正照，妖氛邪气不可干也。"郑樵批评韩愈以政治行事，削去伯牙所作《水仙操》、《怀陵操》，实为道家不准言"水仙花"之事，把"水仙"一词纳为道教专有"讳忌"，予以抨击。

被韩愈删去《怀陵操》，即是最著名之琴曲《高山流水》别称，后人把它分为《高山》、《流水》两部分。琴曲气势磅礴，形象鲜明生动，受到后人喜爱。1977年美国向太空发射"航行者"号太空船中有一张唱片上录有《流水》琴曲音乐，代表我们地球人到宇宙去寻找"知音"。

时至五代，道教门出了一位"活神仙"人物陈抟（871～989），被道教徒尊称老祖、睡仙。在中国道教史上获此尊称者屈指可数，只有道教创始人李老君，即老子，纯阳老祖吕洞宾（798～?）以及陈抟老祖，就这么有限三位。可见，陈抟在道教史上影响和地位之分量。

　　诗题名为《咏水仙花》诗，是陈抟隐居武当山时所作。"湘君遗恨付云来，虽坠尘埃不染埃。疑是汉家涵德殿，金芝相伴玉芝开。"就这么简单四句诗，便把陶弘景在道教神仙谱系所供水仙神位谱所定之戒规，长达五百多年对水仙花囚禁，顺理成章而解除。这四句咏水仙花诗是针对陶弘景在《水仙赋》中云"包山洞台，娥英之所游往，琴冯是焉去来"几位传说中之水神，陶弘景在《水仙赋》中称为水仙，并纳入其神仙谱体系之中。陈抟明确指出水仙花亦是湘水之神湘君遗恨幻化而乘云来到水面之上，亦如同天上仙草金芝和玉芝，或称为银芝。都是仙草，虽下到人间，幻化成水仙花但不染埃尘。《汉书·宣帝纪》："神爵元年（公元前61年）三月诏：'金芝九茎产于涵德殿铜池中。'"郭璞注："服虔曰：'金芝，色像金也。'"《抱朴子·任命》："金芝须商风而激耀，鸧俟氤氲而修鸣。"明指是天上仙草下到汉家涵德殿铜池中幻化成为水仙花，且是湘君遗恨付云送来。湘君即指舜帝正妃娥皇，尧之长女，次女女英为舜之次妃，两人因溺死于湘水之中而成为湘水之神，娥皇称为湘君，女英称为湘夫人。铜池，今称为水仙盆，为专用名词。"金芝九茎"则是指盆中水仙一个鳞茎球抽出九枝花葶。三国魏·曹植《九游诗》："感汉广兮羡游女，扬激楚兮咏湘娥。"陈抟用《咏水仙花》诗巧妙解除道教学者陶弘景所增设道教戒律，不准松下小草——蒿，称为水仙花之教规"讳禁"。水仙花也是一种仙草，"虽坠尘埃不染埃，得水能仙天与奇。谁将六出天花种？移向人间妙夺胎。"从而顺应了广大民意之民族感情，对水仙厚爱与崇敬。

　　从宋初开始，文人墨客纵情放歌水仙诗词数量突然猛增，水仙各种雅称也喷涌而来。这些赞咏水仙诗词，描绘水仙画卷，如宋代大诗人黄庭坚一生写八首赞美水仙诗，其中一首："凌波仙子生尘袜，水上盈盈步微月。是谁招此断肠魂，种作寒花寄愁绝。含香体素欲倾城，山矾是弟梅是兄。坐对真成被花恼，出门一笑大江横。"宋·杨万里《水仙花》诗："韵绝香仍绝，花清月未清。天仙不行地，且借水为名。"元·姚文奂在《题虞瑞岩白描水仙花》画诗："离思如云赋洛神，花容婀娜玉生春。凌波袜冷香魂远，环佩珊珊月色新。"……这些诗词或写水仙神韵，或赞美其品格，或称颂其芳馨，都可谓雅韵欲流，足为水仙增色添辉。

第四章　中国水仙与图腾及"鬲部"

第一节　水仙与图腾

图腾文化是人类历史上最古老最奇特文化现象之一，也是与现代文化渊源关系较为密切一种文化，同时还是最复杂文化体系。世界上大多数民族都曾存在过图腾文化。对图腾文化研究始于 1791 年，迄今仅有两百多年历史。

图腾(totem)一名，源出北美印第安人阿尔衮琴部落奥吉布瓦地方方言译音。意指"我的家族标志"。其他地方民族也有与"图腾"含义相同之名称，如在澳大利亚，有部落称之为"科邦"，有称"穆尔杜"，有谓"恩盖蒂"，有叫"克南礼"；在托雷斯海峡马布伊亚格岛上居民称为"奥古德"(augud)；我国鄂温克族则称为"噶布尔"，克木族人称为"达"等等。由于印第安人"图腾"一词最早在欧洲学术文献中出现，因此，学术界把后来发现所有这种物象均皆称之为"图腾"，其他名称均被"图腾"一名取代。

图腾实体是某种动物、植物、无机物或自然现象。人与图腾是什么关系？图腾代表什么或象征什么？目前学术界尚无一致意见。保留至今图腾文化这一现象各民族"图腾"涵义各不相同，不少学者仅仅根据自己所调查或研究民族"图腾"含意，便给"图腾"下普遍性定义，致使世界上"图腾"定义繁多。如摩尔根："图腾意指一个氏族的标志或图徽。"最早介绍图腾文化英国人丁·朗格以为："图腾是个人保护神。"我国著名民族学家杨堃说："图腾是一种动物，植物或无生物，是部落内各群体把图腾作为自己祖先。"根据岑家格见解，通常所说之图腾，就是人们相信某种动植物为"集团之祖先，或与其有血缘关系。"以上种种诠释表明，学术界尚无一致公认图腾定义。其原因是因为图腾文化产生遥远远古时代，随着人类社会发展，图腾文化也随之不断变换演化。图腾崇拜，更是人类脑力思维活跃之产物。

综观世界各民族历史上图腾现象，可谓种类繁多，被奉为图腾者多半为动物，其次是植物，无生物或自然现象较为少见，甚至还有以人为图腾对象。

图腾标志物选择在很大程度是依据本地区自然环境，取决于本地区之动物群或者是植物群体与人类本身生存和发展之间关系密切程度，所有图腾物像是氏族首领和成员所熟悉的、公认的，人们从未见过图腾物像，一般是不会选择。从最原始图腾物像看，多是人类对自然物感恩。欧洲德国日耳曼族以"橡树"作为图腾标志，即橡树木材坚硬，用途多之原因。

在地球上，人类无疑是最高贵，也因此而自命不凡。可是早期人类社会力量很单薄，为了应对各种挑战，拯救自身，自然而然在思想观念中就产生对有关动物、植物崇拜、厚爱或者畏惧感。可以说，图腾物自然属性与生物功能进入到人类生活圈子里，特别是那些能够维持人类生计，影响到人类生死存亡自然物最早受到关注。在万物有灵之思想观念作用下，自然界那些与人类密切相关事物都会变得具有灵性，进而受到部族首领及成员顶礼膜拜，成为施惠于人类生命之恩物，而视为本氏族之祖先或者神。主要有三类：

一类是与人类衣、食、住、行、医等有关图腾物，人类最早图腾是动物，之后是植物，图腾这种发展与人类社会发展变化相吻合。

二类图腾物是与人类生活紧密相关或极为有利事物，如太阳能给人类带来光明、温暖，雨水能滋润万物、解除旱情；火能驱走寒冷与猛兽，烧烤食物；石头可以打制各种各样工具，如石刀、石斧，还有弓箭等。人类依靠这些工具，得以在险恶环境中站稳脚跟，拓宽活动领地，如水仙鳞茎球胶汁液之开发使用，可以提弓箭命中率与远射功能，可安全获得大量肉类食物，也最终被作为图腾物供奉在祭坛之上，从而受到东夷集团至尊崇拜。

二类是与人类繁衍生殖相关图腾物。在原始社会时期，氏族部落成员多寡直接影响到氏族存亡，每个部落或氏族都希望自己兴旺，成员众多，具有足以与大自然抗衡，或者与其他部落氏族争夺领地，争夺食物力量。因此，"多子多福"、"无后为大"的思想由来悠久，多把具有生殖繁衍旺盛、众多之物性器官及认为对本族人数繁衍有帮助之物视为图腾崇拜，以及一些能寓含生殖意义之物也成为图腾物。水仙鳞茎球能进行无性繁殖，大鳞茎球繁衍小鳞茎球，大小鳞茎球相连，数十个、几百个上千个形成一大片，在地面上随处可见。还有竹等植物被选择作为图腾物就很自然。

文化是由人类在求生存与发展过程中所创造。每一种文化元素，产生都是为满足人类生存、发展需要。今天任何一种文化元素都是在经济社会可持续发展中，具有一定功能作用，否则它就不会存在，如生态文化是21世纪生态文明进程中成为一种主流文化。广义而言图腾传承着人类文明之基因和信息，亦是人类文明载体之一。

图腾文化在原始时代起着重要作用。图腾意识是氏族成员集体共同意识，是维系氏族成员精神支柱，联结氏族成员之间心灵纽带。原始时代，恶虫猛兽，自然灾害随时都威胁着人类生命，采集狩猎等都要集体成员力量，才能捕获到野兽等动物。在这种情况下，巩固团结集体或集团，实质含有血统，犹如现今国旗因素。既是氏族生存前提，也是社会发展条件。否则当时人类生存就无法得到保障，社会也难以发展。

图腾文化还具有区分各个部落以及氏族群体功能，随着生产力发展，人口增加，各个部落之间，氏族之间交往，也越来越频繁，这样容易引起部落之间氏族之间成员相互混杂，在远处难以分辨。图腾标识和图腾名称存在，在空中飞扬，可以使每一个氏族成员或部落成员，在远处就可以准确无误区分此群体与彼群体。信奉同一图腾旗帜下之人们皆认为是亲属，不论是哪一个氏族或部落，只要是图腾标志相同，便认为是出自同一祖先，有血缘关系便是兄弟姐妹，都彼此友爱帮助。

图腾文化起源于远古时代。在旧石器时代，自然灾害和猛兽、毒虫时刻威胁人类生命安全，某些动物、植物能解决人类饥饿，或者某些植物甚至解救人生命。如《尔雅·释草》："蒚，山蒜。"汉·孙炎注："帝登蒚山，遭莸芋草毒，将死，得蒜乃啮之解毒，乃收植之，能杀虫鱼之毒，摄诸腥膻。"因此，植物崇拜是最早图腾崇拜现象。

由此可知，图腾是中国各氏族最早群体社会组织形式。在图腾物象产生之前，人类各群体既无名称，亦无标志，因此这种群体还不是真正社会组织。图腾物像产生之后，图腾标识在所居地上空飘扬之时，人类群体便有了最早社会组织名称——图腾。如"🉐"称为"重鬲"，后音转为"重黎"。以及最早的社会组织标志，即完善了人类群体的社会组织，图腾群体或图腾氏族便形成了。

中国远古时代太暤伏羲氏、神农氏以及黄帝少暤氏等部落集团，每一氏族或胞族都有其图腾物象，新石器时代陶器、青铜器上动植物花纹图案，大多是当时各氏族或家族图腾标记。古代和近代许多民族也都保留有图腾名称和图腾标志。图腾名称和图腾标志具有各氏族成员相互区分重要功能，这在人类社会群体生产、生活、婚姻以至战争中起着重要作用。为了使各氏族之间不致混淆分辨不清，规定同一部落内各氏族或集团内图腾物象或图腾标志不得重复，这是约定俗成规则。随着人类社会发展，以及图腾文化演变，图腾名称演变为姓氏、人名、地名、官名、国名等等。复合图腾标志出现后，图腾标志演变为民族和国家之象征，成为一个国家之国旗，并在图腾物象标志基础上有的形成象形文字。

首先，图腾意识是中国远古氏族共同意识。意识是文化中深层结构，也是核心结构，是各种图腾观念和信仰。

郭郛教授，在其《山海经注证》后记中，有关中国科学技术文化发展源流史综述认为："中国大地上图腾制经历时间较长，约有七八千年历史，但由于无文字记录，地下文物出土不多，至今还有一连串的谜团无法破解。我们设想，人类由无图腾崇拜进入有图腾崇拜，大致经历几十万年；从有图腾崇拜到各个图腾族联合起来，大约又经历了几万年。《山海经》是一部中国图腾制氏族的专著，列举了中国各地的图腾氏族，图腾族之间关系，图腾族联合成大的图腾族联盟已有不同等级称号，如帝—鬼—神—氏—人。帝是许多氏族联合体的共同领导，鬼是两个以上图腾族的头人，神是本氏族的头人，氏是本图腾一家的集体，人是最基本的家族成员。这些氏族都是迁移的群体，随采集狩猎而迁移无固定场所。国是相对固定地区的族群"。而"中国是世界上图腾制起源最早的国家之一，距今约有一万年左右"。并在自序中说："现经多方考证，证实中国古籍《山海经》是中国图腾类书，实乃中国科学技术文化的典籍。"动物学家钱燕文在序中说："《山海经》起始于我国约4000年前，文字初创之际，又加上国土辽阔，各地方言多种多样，故《山海经》所记令人难以考证，且大多认为这部专著荒诞不经，其实不然。"颛顼帝族系选择水仙鳞茎球形态特征作为本族系图腾物象，可见对水仙植物图腾崇拜和敬仰！

由此可知，图腾文化是中国最古老文化体系。中国许多文化现象都渊源于图腾文化，就时间文化层而言，是中国最基底文化层，即中国最早文化层次。

了解与研究中国图腾文化，可使我们明了这一奇特文化现象面貌，从而使我们理解熟悉今天许多文化现象之来龙去脉，提高中华民族凝聚力与团结力量。

据传在黄河第一大支流渭河流域古华山之下，有一支远古部落对花情有独钟，用花卉图案来装饰彩陶，以花为图腾和族徽。古"华（華）"同"花"，又有日光之意，正符合远古部族崇拜太阳，向往光明普遍心理，因此"华"就成为这支部落族称。另外，在距华族不远汾河流域有一片宽广肥沃冲积平原，一支由南而来另一支远古部落迁徙至此，不禁感叹这片土地宽广壮美，因其方言中"夏"正含有此意，于是称这片土地为"大夏"。因此，部族也就成为夏人。

相传华人与夏人两大部落早就有通婚血缘关系，两者地理位置又十分靠近，文化特征趋同，于是逐步融合形成华夏族，并创造出辉煌华夏文化，仰韶文化就是其具体体现（见图4-1）。

《尔雅·释草》："蒚，山蒜。"汉·孙炎注："帝登鬲山，遭菇芋草毒，得蒜乃啮之解毒，乃收植之，能杀虫鱼之毒，摄诸腥膻"。帝是指传说中古帝——炎帝，姜性，因以火德王，故称炎帝。相传以火名官，作耒耜，教人耕种，与兴修农业，并"尝百草，为医药以治疾病"，故号神农氏。炎帝又名厉山氏，或称烈山氏。厉读lì，厉山，山名，在今湖北随州。相传厉山有石穴，神农生于此，世谓神农穴（《国语·鲁上》）。《太平环宇记——四四·随县》："厉山，今之随之厉乡也"。另外湖北今称利川县，古名实为"鬲川县"，"利"与"鬲"均读作lì。其二，蒚山，山名，蒚，读lì。在今江苏镇江西南，其上多蒜。由上述表明是炎帝神农氏发现水仙花以及能解虫鱼之毒地方。

传说中夏族人为姒姓，"以"在古文字中便是"龙"（蛇）的象形，而"虫"字为部首的字在《说文解字》中多达一百九十余个，其属"龙族"主要动物也多由"虫"部而出，即由"蛇"之象形而转义的"它"、"也"亦源于此。甲骨文中关于"龙"字之写法有三十余种，但其共同形态特征在于：都是具有蠕动之虫形身躯。《说文解字》："龙，鳞虫之长，能幽能明，能细能巨，能短能长。春分而登天，秋分而潜渊。"清·段玉裁注："《毛诗·蓼萧传》曰：'龙，宠也。'谓龙即宠之叚借也。《勺传》：曰'龙，和也。长发同。'谓龙为邕和之叚借字也。"从这种描述与注释中，可以知道"龙"至少不迟于原始农业文化初期即已经在古人观念中诞生。其出现与农耕气候节令或者与气候现象

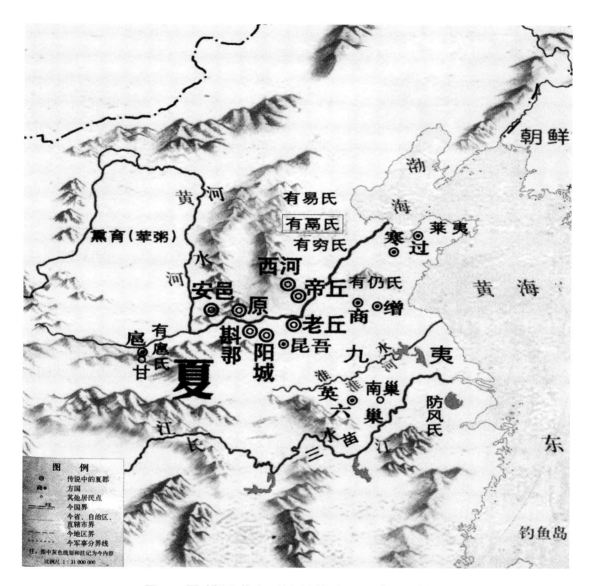

图 4-1　夏时期图（摘选）（见《地图的见证——中国疆域变迁
与地图发展》，中国地图出版社出版）

"龙卷风"息息相关，古代民以食为天，不论是在渔猎采集或农耕时代，人类生活好
坏都与风雨和干旱有关。显然，"龙"地位在古人思想观念中是至高无上的，由此略
窥一二。"龙"可以说是以各种水族为主体而辅之以动物、植物等物象复合而形成各
个氏族图腾徽志。

　　《左传·昭公二十九年》："颛顼氏有子曰黎，为祝融。"《史记·楚世家》："楚之
先祖出自帝颛顼高阳，……高阳生称，称生卷章，卷章生重黎。重黎为帝喾高辛氏，
居火正，甚有功，能光融天下，帝喾命曰祝融"。表明水仙鳞茎球图案是史称五帝之
一颛顼系统之族徽标志。由此可见东夷集团对水仙厚爱与崇敬。

　　"龙"之形态无穷，大体可以断明之形象有：牛头（或其他如马头、扬子鳄头、鱼
象混合头、鳄虎混合头、蛇头等）、象鼻、鹿角、马鬃、蛇干、鳞身、鳄棘、鱼尾、

鹰爪、龟足等。因此，无所不能，既能路上行、云中飞、水中游，又能呼风唤雨、行云布雾、电闪雷震，还能司掌旱涝。在"龙"的家族中，有鳞曰蛟龙，有翼曰应龙，有角曰虬龙，无角曰螭龙，一足为夔龙，龙头鱼身曰鱼龙，首尾各一头者称为并逢龙，无翅而飞者为螣龙，一头双身为肥遗龙，尚有窃曲龙、枳首龙、象鼻龙、饕餮龙、玄武龙、天鼋龙、虫虫龙、马龙、凤尾龙、返祖龙、草龙等。约公元前 5000 年在仰韶文化时期庙底沟类型陶瓷残片上发现有鳄龙之组合图案，如出土的商周青铜器上更可以清晰地发现各种龙形组合图腾标志。

《竹书纪年·前编》，晋代皇甫谧(215～282)《帝王世纪》，以及宋代曾志、李德昌等重新修订编撰的《元丰九域志》中均提及"太昊伏羲都宛阳，作网罟，兴渔猎"，促进早期文明之发展。伏羲族兴盛壮大，吸引中原诸多部族靠近并与之联姻融合，莫不臣服。作为精神信仰，反映图腾观念之思想意识，自然产生复合图腾现象。特别在淮阳西华一带，突出表现为与以蛇为图腾标志女娲族之融合，这或许就是华夏始祖龙图腾形象来源。而建都宛丘(淮阳)以后，伏羲氏便将中原各部落图腾如龟、蛇、鱼、牛、马、鹿等动物形象与植物形象如鬲等，复合成以龙组成复合图腾形象作为华夏族徽，世代相传。伏羲氏还"以龙纪官"，"为龙师而龙名"，此后龙图腾氏族不断发展壮大。神龙在中华大地腾空飞翔历史久远。中国有文字记载或传说的祖先盘古、伏羲、女娲、炎帝、黄帝、尧、舜、大禹等都是龙。至黄帝时期，基本统一和稳定下来，并由此进入新时期，龙图腾于是成为华夏族之族徽。

由此可知，龙是中华民族远古时图腾，后来又成为皇权之象征。北京故宫太和殿里就有各种龙之形象一万多条。辛亥革命以后，皇权灰飞烟灭，于是华夏儿女炎黄子孙又都成了"龙的传人"。

闻一多(1899～1946)在《伏羲考》中详细考证龙形成过程。他以历史文献，考古和民族学调查资料，证明龙和蛇关系密切，龙之基干就是大蛇，本是蛇氏族图腾，后来兼并中又吸取牛氏族与鹿氏族之角，马氏族之头，虎氏族与犬氏族之腿，鹰氏族与熊氏族之爪，鱼氏族之鳞、尾，从而成为一种集合图腾标识。这种观点后来为考古发现和文献研究不断证实。宋·刘恕(1032～1078)《通鉴外记》中有：太暤部落官号有飞龙、潜龙、居龙、降龙、水龙、青龙、赤龙、白龙、黑龙、黄龙等记载。伏羲、女娲史载是兄妹又是夫妻，他们二人交尾之人首蛇身形象，在山东画像石以及吐鲁番、长沙马王堆汉墓出土帛画中均有实物印证。《左传·昭公十七年》载："秋，郯子来朝，公与之宴。昭子问焉，曰：'少暤氏鸟名官，何故也?'郯子曰：'吾祖也，我知之。昔者黄帝氏以云纪，故为云师而云名；炎帝氏以火纪，故为火师而火名；共工氏以水纪，故为水师而水名；太暤氏以龙纪，故为龙师而龙名；我祖少暤挚之立也，凤鸟适至，故纪于鸟，为鸟师而鸟名；凤鸟氏，历正也；玄鸟氏，司分者也；伯赵氏，司至者也；青鸟氏，司启者也；丹鸟氏，司闭者也。……自颛顼以来，不能纪远，乃纪于近，为民师而命以民事，则不能故也．'仲尼闻之，见于郯子而学之。既而告人曰：'吾闻之，'天子失官，官学在四夷'，犹信．'"

一般图腾标志仅由一种动物或植物形象组成单一之图腾标识。强大氏族在兼并过程中，吞并弱小氏族，同时也"吃掉"其图腾，因此总是单个图腾标志，这是世界历史上一般情形。而在中国东方氏族集团之间所具有悠久历史文化背景下则不同，在兼并过程中比较注意团结尊重被吞并氏族，并不"吃掉"他们的图腾，而是取其一端，加在自己氏族图腾标志之上，成为组合图腾。这也更显出自己氏族、部落之强大宽容，这就是龙之形成心理机制与深层次原因，这也就是龙之精神。由此可以看出，龙之精神首先是"和而不同"、"和合精神"、"和谐精神"。这是与世界上一般图腾不同之处，也更体现龙图腾优越性所在。这种精神与某些殖民者大肆采用武力消灭印第安人、澳洲土著人、非洲黑人，甚至在河水中下毒施行惨无人道之"同而不和"同化政策是大相径庭的，而有利于华夏集团民族大团结与凝聚力。

约公元前 5000 年炎帝族系仰韶文化前期，"鬲"已是常见陶制炊具仿生造型，稍后黄帝族系庙底沟类型亦出现模制"鬲"形炊具造型，炎帝族系与黄帝族系共同构成华夏集团；后岗类型可能属于蚩尤族系，或者苗蛮集团，至庙底沟类型阶段则部分南迁江汉；北辛文化——大汶口文化早期属于少昊族系，太昊族系，总之为颛顼帝族系，其祝融之族徽，从鬲从虫，或从龙，从虫当释为"融"字，族徽中两"鬲"上下相对重叠，释为"重鬲"，又音转"重黎"。而据《山海经》、《左传》、《史记》等古籍记载，祝融正是"重鬲"，或又音转称"重黎"，出于颛顼帝族系统。重黎，九黎都属于东夷集团。《山海经·大荒北经》"苗民釐姓"，釐、黎与鬲一音之转，说明苗民与重黎、九黎确有渊源关系。汉字上古音"鬲"、"黎"、"釐"在音韵学上是来纽字，而其谐声字则入见纽，上古汉字来纽与见纽通转完全可以用音韵学一般规律讲明白。

《左传·昭公十七年》载："郑，祝融之虚也。"郑，即今新郑，表明祝融势力曾一度达到豫中一带。《国语·郑语》："祝融其后八姓。"三国吴·韦昭（204～273）注："为己、董、彭、秃、妘、曹、斟、芈。"在《中国古史的传说时代》考证其分布地域："南达洞庭湖沿岸，北至河南、河北、山东交界处。"这正与史籍记载水仙产地较为符合。作为东夷集团首领颛顼被华夏族尊为五帝之一，除其与华夏族确有密切关系这一原因外，从另一侧面也表明此时东夷发展水平很高，势力极其强大。强大常常伴随着对外扩张，祝融族系分化南迁正是东夷对外扩张最大一次行动。东夷集团不仅保全原"重鬲"全图形族徽，并在族徽两旁各增加一条龙，即为"双龙，双鬲"图徽，更显得气势磅礴、力量强大。

由此可见，地处东亚三大族系集团为水仙定名，开发利用都作出各自贡献。中国水仙原始文化丰富多彩，灿烂辉煌，见于先秦两汉众多典籍当中，留下很多动人传说。

祝融族一支北上建立国家名叫"鬲国"，其族人以"有鬲氏"为姓。《左传·襄四年》言："靡奔有鬲氏。"即指夏时鬲国，也称有鬲氏。有穷国君寒浞灭夏帝相，夏臣靡奔有鬲氏，收集遗民，灭浞，立少康，恢复夏国。其地后属齐，为鬲邑，汉置鬲县，属平原郡。东汉五姓共逐守长，据鬲城而反，即此。北齐废鬲城入安德县（今在山东平原县西北）。

祝融族另一支南迁。湖南衡山，古称"五岳"中的"南岳"，山势雄伟，盘行百里，有大小山峰七十二座，以祝融、天柱、芙蓉、紫盖、石廪五峰著名。主峰祝融峰，海拔1290m，可俯瞰群山，观赏日出，文物古迹、历代碑刻甚多，有"五岳独秀"之称。据宋·罗泌《路史》："祝融葬于衡山之阳，是以名之。"唐·韩愈《谒衡岳庙》诗："石廪腾掷准祝融。"唐·崔兴宗《同王右丞送瑗公南归》诗："铜瓶与竹枝，来自祝融峰。"宋·朱熹《醉下祝融峰作》诗："浊酒三杯豪气发，朗吟飞下祝融峰。"均指于此便是佐证。

图腾标志之主体，是由两个水仙鳞茎球外部形态"鬲"之象形，与两条蛇或龙之象形组成的华夏集团民族复合共主图腾标识。该系列图腾标志，是山东省文物考古研究所考古工作者于1986年，在山东青州苏埠屯墓地七、八号墓中出土青铜器上托印下来的。七号墓、八号墓共出土青铜礼器20余件，其中有15件铸刻有铭文。根据器物组合，器形和纹饰分析，为晚商祝融后裔家族遗存（图4-2至图4-8）。

在铸刻有铭文之6件中，如融方鼎与融簋青铜礼器内底，融罍口内侧，融卣、融觯盖器上，以及在融尊、融瓤圈足内分别铸刻以上图腾标志。另外在册融扁足方鼎和册融扁足圆鼎内壁分别铸刻有"册融"铭文。

融殷　　　　　　　融觯　　　　　　　融罍

图4-2　　　　　　图4-3　　　　　　图4-4

融卣　　　　　　　融尊

图4-5　　　　　　　图4-6

图 4-7　　　　　　　　　　　　　　　　图 4-8

注：图 4-2 至图 4-8 为山东青州苏埠屯墓出土青铜器上图腾标志

"作册"系官职名称，始于夏代而盛行于商代、西周早期，不仅王室有，诸侯国也设有此官职，负责搜集典籍与文献资料，整理造册备藏。

考古工作者认为铭文中部分裆款足为"鬲"字之象形，两侧为"虫"字象形，全图从鬲从虫，应隶为"融"字。8 号墓出土有铭文青铜礼器皆铸刻有"融"字。当是融氏族族徽。

这些出土青铜礼器上铸刻之图腾标志图案组成，中间部分实则为两只水仙鳞茎球"鬲"外部形态之象形，上下倒置相叠，两旁分别为"龙"（蛇）字之象形，组成复合图腾标志。表明"重鬲"氏族图腾标志发生衍变，已与中原华夏族龙图腾族融合为更大社会组织集团。

另外，亦发现在殷盘庚时期（公元前 1402～前 1374 年在位）青铜器"父已爵"铭文中出现水仙鳞茎球形态单音节"鬲"字与"龙"字，即为华夏集团，"鬲"为共主"龙"图腾标识，以及西周初期青铜器"大保力鼎"示意由"鬲"字、"皿"字、"水"字组成复合文字图案""，代表图腾氏族在礼器中水养水仙"鬲"，作为祭祀时，献给先祖。（见图 4-9）

"鬲"形体作为图腾标志或者是水养标识还见有以下几种：

1. "鬲"读作歷，（锡来 lì）双声叠韵。金文有鬲字，多与鼎、瑚、毁等器名连用。《文物》1966 年四期，现藏湖南省博物馆，束仲口父毁："束仲口父乍鬲。"

曾者子鼎："曾者子口用乍鬲鼎，用享于祖。"

上都府鬲："上都府择其吉金，铸其鬲匜。"

蔡侯申毁："蔡侯鬣（申）之鬲毁。"

殷盘庚时期父已爵　　　　　　　西周初期大保方鼎

图 4-9　殷盘庚时期及西周初期青铜器铭文

2. 邐：王子午鼎器："王子午择其吉金，自乍𩰿遴（彝）邐蓋鼎毀。"王子午鼎蓋："侗之邐鼎。"

3. 近似文例还有瘰鼎、蔡公子鼎、蔡侯申鼒，蔡侯申方壶。字多作𩰿（来仲口父毀）

𩰿（王子午鼎器）

王辉编著，2008 年中华书局出版《古文字通假字典·锡部·定来纽》："鬲·瀝·鬲。"吴振武《释𩰿》以为："'字从乁，𩰿声，而《说文》：'乁，流也。从反厂，读若移。'乁训流，可指流水，故𩰿即瀝字异构。'《说文》：'瀝，漉也。从水，歷声。一曰水下滴瀝也。'瀝、歷二字古通，《周礼·夏官·量人》：'凡宰祭，与鬱人受斝歷而皆饮之。'前人多谓'斝歷'即斝之余瀝。歷训陈列。……，礼书称行礼器物每日陈设，或多少列。王子午器，蔡侯器多为成组器物。这种行礼时按一定次序陈列的成组器物，自可称歷器。"

清·段玉裁注："移，从多声。在十七部。亦用于十六部。乁与厂古音同在十六部也。弋，支切。按小徐有乁声二字，无从乁二字。依例当云从乁。故又补三字：从乁者，流也。乁亦声，故其字在十六部、十七部之间也。余者切，《玉篇》：'余尔切。'瀝，铉本有：'一曰水下滴瀝'六字，锴本无。今按《文选·鲁灵光殿赋》李注：'引水下滴瀝之也。'则铉本是。许意瀝，漉皆训自下而上之。滴瀝则为自上而下之。故殊其义。"

以上应是图腾标识或图腾族徽，均与祝融图腾集团重鬲或音转重黎族图腾有关系，或为集团分支之家族图腾标识。表示与水有关，意指在专用水仙礼器进行水养，作为祭品。蔡侯：周初（公元前 1115 年时）武王大封诸侯国时之封君，其中一封地在今河南汝南县。王子午即楚庄王（公元前 613～前 591）之子。楚国亦是周初大封诸侯国楚之祖鬻熊的封地。公元前 634 年，楚成王三十八年时，夔国（湖北秭归）不祭祀祖先祝融与芈鬻，楚国予以谴责，不服，楚令尹成得臣遂攻夔，夔国亡，亦可佐证。由多种水仙鳞茎球象形文字组成之图腾标识，可能代表各诸侯国之水军船只在长江及洞庭湖等水面活动所树立之大旗。

中国著名学者严复（1854～1921）于 1904 年译英国人甄克斯（E. Jenks）著《社会通诠·蛮夷社会篇》："蛮夷之所以自别也，不以族姓，不以国种，亦不以部落，而以图腾。聚数十数百之众，谓之曰图腾，建虫鱼鸟兽百物之形，揭橥之以为族帜。"

王迅在《东夷文化与淮夷文化研究》一书指出："铭记铭于青铜礼器，表明其为族徽。而这些青铜礼器又出于周代有祝融后裔分布的今山东境内，说明此族徽应为祝融族徽。祝融的世系，在文献中多属于颛顼系统。"《左传·昭公二十九年》："颛顼氏有子曰黎，为祝融。"祝融为东方民族。

南方地区祝融族属于苗蛮，但由于与东方地区祝融族有共同祖先，所以在观念和风俗方面有某些共同点，如楚人也崇拜太阳。《楚辞》中东君即日神。《说文》："丙，南方之位也，南方属火，而丙丁适当其处，故有文明之象。"《史记·楚世家》："楚之先祖出自颛顼高阳……高阳生称，称生卷章，卷章生重黎。重黎为帝喾高辛氏火正，甚有功，能光融天下，帝喾命曰祝融。共工氏作乱，帝喾使重黎诛之不尽，帝乃以庚演日课重黎，而以其弟吴回为重黎后，复居火正，为祝融。"

祝 ——炎帝乃命祝融。（帛甲六·六）

![字]（帝）炎——乃命祝融。（帛甲六·二）

祝（融）楚先祖名。（包二·二一七）

以上从楚墓出土用毛笔书写于简帛上的文字记载中可以看出炎帝与祝融是领导与被领导之间关系，而祝融则是楚先祖之名。又"![字]（帝）夋"为日月之行。（帛甲六·三三），帝俊即为帝喾。《国语·周语下》："星与日辰之位，皆在北维。颛顼之所建也，帝喾受之。"据此可知，祝融即为重甭，被音转为重黎。吴回等人职务名称，由"吴回重黎后，复居火正。"据此推测，这一职位可能为世袭。

东夷集团、苗蛮集团是中国古代两个主要族团，其在历史上虽然未曾建立强大国家，但在文化方面曾独树一帜，大放异彩，为创造灿烂辉煌中华古代文明做出重大贡献。

楚国在春秋战国时期是"五霸"、"七雄"之一。"吞五湖三江"，据有南方广袤疆土。到战国时"威王末年和怀王初年，楚国已是东方第一大国，世界第二大国，版图仅次于西方亚历山大帝国"。在这样一个广大文化圈内，其文字不仅包括楚人书写，铸刻楚国文字，而且也包括被楚所灭之国统治辖区书写铸刻之文字。甚至受楚文化影响较深南方诸国如曾、蔡、宋、吴、越、都、黄等国文字亦属于此。后来出土楚系文字分析研究，其文字形体结构和书写风格都较为接近。

从20世纪50年代以来，随着文物考古事业迅速发展，被湮没千年古代文字资料不断涌现，其中简牍文字已在楚国故地湖北（荆州、荆门、随州、黄州、老河口）、湖南（长沙、临沣、常德、慈利）、河南（信阳、新蔡）三省先后出土二十七批竹简上发现，总字数达58077个，儒家和道家著作就有十六种。从内容而言，反映了楚国当时社会方方面面，既有当时物质文化，亦有思想文化。难能可贵还有楚国历史人物和历史地名记载，其中楚祖先有"老僮"、"祝融"、"蚩尤"、"熊绎"、"武王"等，都先后与"水仙与龙"结成复合图腾标识有千丝万缕密切联系。"鬲"位于华夏图腾集团图腾共主中心位置。承袭神农氏为共主首领。

可见，龙之变化，无有穷尽。中华炎黄子孙数千年来图腾文化，将龙图腾标志装饰在一切庄严、肃穆、庄重、庄敬之处，诸如华表殿柱、龙旗、龙墩、九龙照壁、金銮宝殿上。并且，更深入到民俗生活中，每逢喜庆佳节、隆重纪念活动，都要舞龙灯、赛龙舟、赶龙马、抬龙轿，更见其浑宏博大，忠纯厚朴之历史文化底蕴。

从龙之历史发展可以清楚看到，龙早已不是图腾，已成为帝王之象征，皇子皇孙之象征。如今，民主代替了专制，龙又成了中华炎黄子孙象征，成了中华民族凝聚力象征，全世界各地华人都以我们是"龙的传人"而自豪，都要发扬龙的精神，和合、进取、乐观、向上，都来继承中华优秀文化传统，为创造新的美好幸福和谐社会，为世界和平而共同努力奋斗。

第二节　水仙与"鬲部"文字系统

远古人类之初用图腾标识象形符号与口语相互交流，在一定时空条件下，由于文明内涵之积累，人类开始认识到用图腾象形符号可以与语音结合，从而创造发明了文字。文字是人类最重要发明之一，借籍文字承载传物，才有文明诞生与成长。

人类史上一共仅出现过数个氏族集团独立创造起源文字。如中东两河流域苏美尔楔形文字（SumerianCuneiform System）、北非尼罗河流域埃及圣体文字（Egyptian Hieroglyphic System）、中美洲玛雅圣体文字（Maya Hieroglyphic System），以及东亚黄河及长江流域汉字系统。现今苏美尔文字与埃及文化是世界上拼音文字之先河，方块象形汉字则东亚文明奠基石。

文字形体可以分为形符文字（Logographic writing）和音符文字（Phonographic writing）。形符文字以形声二元造字表意；音符文字则以字母（alphabet）或音节（Syllable）拼音造字表意，上述四种独立起源文字俱属形符文字。除汉字外，其他三种形符文字早已成为死文字。目前世界上使用文字除汉字以形声相结合汉字外，均属拼音文字。

古埃及由公元前 3500 ~ 前 343 年共经历 31 个王朝。埃及圣体文字在第一王朝（Dynasty）时已确知存在，经历三千多年到公元 394 年之后成为死文字。至 19 世纪才被法国人宣博良（F. Champollion）将之解码破译。有 24 个单子音符、70 多个双子音符及三子音符等组成。

苏美尔文明起源于今伊拉克两河流域南部乌鲁克地区（Uruk）。其楔形文字产生始于乌鲁克四期，约公元前 3300 年，至公元前 2600 年时已使用 940 个字符，到公元前 2200 ~前 2150 年精简至 500 个字符。公元纪年前后亦成为死文字。

玛雅文明分布于中美洲，包括墨西哥东半部、危地马拉及洪都拉斯西部等地区。玛雅圣体文字可溯源至公元前 900 年之奥梅克文字。玛雅字符约有 1500 种，一个字符往往有数种读音，而一个音节又可由多种字符表示，再者一个字块又可以由不同符号按不同方式组成，有许多写法，相当繁杂。

当今世界上，正在使用文字以中国汉字最为古老，生命力最强，信息含量最为丰富，是被持续使用最久及唯一进入电脑信息时代而存活起源古老文字，也是世界上唯一不需要解谜破译起源文字。其他文明古国民族原始象形文字早已随之异化，甚至湮没。汉字之所以历尽沧桑犹青春依旧，其一在于汉字内涵百万年悠久语言精华；二是系统复合思维创造结果，从线条组织，部首成旁，单字组合以及部首领属文字完全是系统论精神体现，充分显示系统论整体性、动态性、结构性、层次性、相关性五大创造原则；其三，汉字是远古人类一切文明成果之"活化石"，生动、准确、全面地从各个不同角度、不同侧面、不同层次上积淀文明丰富信息。

目前，现存最早汉字考古学证据商代甲骨文以及商周时代青铜器铭文，其使用地域至少涵盖今日北至辽河，南至珠江流域，西至青海、甘肃，东到海岱地带，地域面积之大远远超过其他三个起源文字所涵盖范围，其使用文字人口数更为众多。中国汉字之源远在商代之前，发掘出土商代甲骨文已发展为成熟文字体系，是特殊行业使用术语用字，但并非是当时社会上通用主流文字。考古学方面，中国境内从东至西，从北至南，遍及各地，带有刻符器物新石器时代文化遗址，如贾湖、双墩、仰韶、姜寨、齐家、龙山，而至商代中期其年代涵盖六千多年没有间断。其中河南舞阳贾湖村刻符，在时间上远早于苏美尔与埃及，而且这些各个文化遗址都紧邻江河湖泊，均分布于黄河、淮河、长江三大流域，可见当时不同文化地区，可以借江河许多水系，北连黄河南通长江进行文化交流。

甲骨文、金文中都有"册"字、"典"字，正说明这种"俗文"、"时文"存在文明演进过程中，竹简书、木牍文这种"有典有册"竹简书先于甲骨文甚至在夏代就已存在。因此，"简册"、"典籍"书写文字，才是当时社会上通用之主流文字。春秋时期伟大思想家、教育家孔子，他首办私学，广招弟子，收徒三千，并分门别类，因材施教。孔子之"大学"分"德行"、"言语"、"政事"、"文学"四科，除了系统、全面专业必修课，还有"六艺"为各专业公共基础技能课。"书法"是其中专门课程。孔子教材有两类：一类是经典教材，主要有《诗》、《书》、《礼》、《乐》、《易》、《数》及其史学著作；二是自编教材，主要有《春秋》、《易传》等等，其中《诗》或《诗三百》本来是经典教材，但孔子对其进行整理为"乐正"并"思无邪"，故"皆弦歌之"。《春秋》是孔子史学著作，《易传》据说是对《易》之解析。孔子为全国各地培养各种人才，还造就了七十二贤人。可以肯定孔子是以当时主流文字施教。

孔子自己是十五而志于学，曾到周天子国家图书馆进修学习，而老子当时曾是国家图书馆管理员。可知，孔子以前已经有大量文化典籍，作为"少也贱"之孔子能自学成为圣人，可见当时社会文化教育已经有平民世俗化基础。《礼·学记》："古之教育，家有塾，党有庠，术有序，国有学。"《孟子·滕文公上》："设为庠、序、学、校以教之。庠者，养也。校者，教也。序者，射也。夏曰校，殷曰序，周曰庠，学则三代共之。"学校之称本于此。

汉字以其独特个性区别于世界上其他文字系统。从总的特征，其个性是"象形"。但这种独特个性之形成，经历了人类漫长之"时空进化"过程。

汉字萌芽于采集狩猎时代，当时纯粹是基于辅助语言交际之需要，而创造原始绘画或指称描摹事物符号，但与原始绘画在手法技巧上没有差别。当然，其形态具有鲜明之象形性，是如实摹画对象特征之"象形字"，是"线条"与"块"的组合。描写对象与生产、生活有密切关系之客观事物。主要是为了"名物"、多属"草木鸟兽之名"。因此汉字创造就是古人认识世界、创造世界之直接反映，首先是古人对客观物质世界感性认识，进而升华为理性认识之能动反映。汉字就是这种认识过程之形象描绘，是人类主观世界对客观世界能动创造。所以，汉字创造不是人类对已有之各种文化现象再描绘或模仿，而是对本来之客观世界直接再现。刘勰思在〈文心雕龙原道〉称文化诞生："文之为德也大矣""惟人参之性灵所钟"，"心生而言立，言立而文明，自然之道也"、"傍及万品，动植皆之"、"形之则憼成矣，声发则文生矣。"通过汉字起源动因探讨，推断汉字为克服语言交流之"时空障碍"而产生，并且具备时效性、象形性。

天文、地理、动物、植物、人类社会、物质世界和精神世界，其表象特征和本质规律正是远古先民们创造汉字之参照系。以"天"、"地"、"人"三才，物质世界和精神世界为系统之参照系创造汉字，就能"以通神明之德"，来表现精神世界；"以类万物之情"，表现物质世界。所以汉字系统具有全息学意义之多维文化价值。因而，汉字信息含量极高，越是原始之汉字，其信息负载能力越大，压缩性越强，经解压后释放出来之信息量就越多。汉字与时俱进之自我进化能力强。在人类文明进程中，在与异族异质文化交流碰撞中，积淀了充分之能量，产生了自我净化、抵抗、免疫基因。由老祖宗创造方块象形字系统我们自己使用至今最少已有五千年。所以，在血雨腥风激烈文化斗争中生机盎然，永葆其活力。汉字表达能力在已知全球文字中最为简洁。

联合国多种法律文本中，中文永远最薄。一本外文小说译成中文，其页码往往少了一半；而《红楼梦》翻译成外文时，仅诗词部分就占了很大篇幅。汉文字以其优美、简洁、概括能力强而著称世界。

正如《中国可持续发展林业战略研究总论》中论述："文明的起源，文明的延续以至文明的衰亡，都与支撑文明的环境有着密不可分的关系……许多历史学家把古文明衰亡的原因归咎于战争和统治者的荒淫，而很少注意到支撑文明的生态环境。文明的生态史观认为，战争不可能把一个辉煌的文明全部毁灭，真正使一个辉煌的古文明彻底消亡的原因，是支撑这个文明的自然资源的彻底破坏。当然，战争和其他方面的诸多因素，可以加速支撑文明的自然资源耗尽。……古巴比伦文明、地中海的米诺斯文明、腓尼基文明、玛雅文明、撒哈拉文明等，一个个随着人类早期农业对土地的不合理利用，以及各种各样的生态学的原因最终消亡。那里原来充满绿色的土地变成黄色的沙漠。古文明的兴衰证明，文明靠环境来养育和支撑，当支撑某一文明的环境发生变迁，人类必须通过文化的进步和更新来适应新的环境。"

一、中国独特汉字体系——"薔部"

汉·许慎《说文解字》首创 540 个部首编排法，是中国文字学奠基之作。自东汉问世以来，一直为历代语言文字研究者所推崇，为后代研究文字之重要依据，是中国乃至全世界之第一部大典。《说文解字》对古文字基本单元归类成 540 个部首。这些字元复构成与世界一样缤纷多彩汉字系统，具有 9353 字。从汉字字元之部首，如植物类部首有 31 个，动物类部首 61 个，人类身体部首 197 个，人类行为部首 180 个，自然界类部首 37 个，数目类部首 12 个，天干地支类部首 34 个。整个汉字系统由 540 个不同性质"属"来领系，从中清晰理解古人思维流程、认识方法以及时代面貌。

许慎析为部首 540 个字元，多数是最原始独体、单音节象形字，是采集与渔猎时代所创造原始初级系统象形字，同时也是对世界直接反映和再现结果，是以客观物质世界为主要参照对象如实描绘。后世可以从这个系统中理解古人认识世界和改造世界文明程度。因偏旁部首作为共性而存在，具有领属各个汉字子系统共有特性；共性寓于个性之中，无个性则无共性。如中国水仙古名"薔"，音 lí，是古人依据鳞茎球体内部结构而创建，"一"示意鳞茎盘，"口"示意茎，茎很短。"门"示意一层层相抱鳞片之意，"丫"示意花葶之意，总共由十个笔画构成单音独体象形字古"薔"。在《汉字大字典》"薔部"中领属 88 个字，其共性是"薔"，从形体上、组合特征上，"薔"旁是作为共性而存在于 88 个汉字个体之中，也表明这 88 个汉字个体都带有"薔"这样或那样信息。作为个性存在于 88 个含义不同个体汉字中，是从不同角度、不同侧面、不同层次反映出"薔"字共性，从而在整体构成一个庞大而复杂与"薔"字有关联系统。同时，这一系统中各个个体功能又是多维、开放，但又相互联系，其部首"薔"又可以与其他部首系统字元共同构成产生新个体汉字或者新系统。如"蒚"与"弓部"的字元"弓"字组成"弸"、"彁"、"彍"等个体汉字与系统；与"月部"字元"月"组成"膈"字；与"虫部"字元"虫"组成"融"等有关汉字系统就达32个部首。在文字初创之时，因可用字数少，古人因而依声托事，或因形近相借，除以单音节象形独体"蒚"字为部首创造出88个汉字子系统外，又依据"蒚"字鳞茎球内部结构，内质鳞片层层包裹，相互抱合，而叶芽、花芽又被鳞相分离之原理，又由本义推延他义。

第一，音转，读作gé。阻塞之意，通"隔"、"堨"、"槅"。《管子·明法解》："乱主则不然，法令不得至于民，疏远蒚闭而不得闻。"又"人臣之力，能蒚君臣之间，而使美恶之情不扬。"《史记卷一〇五〈扁鹊仓公列传〉》："气蒚病，病使人烦懑，食不下，时呕沫。"《隶释》卷四《司隶校尉杨君石门颂》："凡此四道，垓蒚尤艰。"垓蒚，即阂隔，阻塞。

通"槅"，gé，①大车的轭。②放置物品之隔板，《红楼梦》三十回："却见槅子上碟子槽儿空着。"③槅扇，槅窗。

槅又通"核"，读作hé，晋·左思《蜀都赋》："金罍中坐，肴槅四陈。"

通"堨"，城墙上土墩。《墨子·备梯》："三十步一杀，杀有一蒚，蒚厚十尺。"岑仲勉简注："粤俗呼为'隔头'，北方或称'城瓜子'，或称'墩'。"方言又指石质上壤、沙地之意。

第二，通"膈"，gè。人与动物胸腔与腹腔之间肌膜。《黄帝内经素问·五藏生成论》："心烦头痛，病在蒚中。"汉·王充《论衡·效力》："勉自什伯，蒚中呕血。"

第三，通"搹"，读作è。①双手相围量物。《仪礼·士丧礼》："苴绖大蒚。下本在左，要绖小焉。"注："蒚，搹也，中人之手搹围九寸。"贾公彦疏："蒚是蒚物之称。"②困窘之意。《全上古三代秦汉三国六朝文·全后汉文》卷九十八《祀三公山碑》："遭离羌寇，蝗旱蒚我，民流道荒。"蒚，读作"厄"，叠韵通借。厄，困苦。言蝗灾、旱灾加困厄于我。……

《易·系辞上》："引而申之，触类而长之，天下之能事毕矣。"清·江沅《说文解字注后叙》："本义明而后余义明，引申之义亦明。"

由此可知，许多最初汉字象形，是以对象特征形象如实描绘，以高度典型线条造"形"而直指其"义"，也是汉字象形本质特征。"神似"则是其最高也是最基本艺术境界和方法，因此，其造字法含有极其丰富信息量，其生命力极其强大所在。所以，可以从"蒚"→"蕮"演变与发展历程，追溯水仙史之源流。

二、中国水仙古名"蒚"字起源及演化发展

中国水仙远古之名，独体单音节字元"蒚"，读作lì，系列象形字体形在甲骨文陆续被发现释读，如：甲骨文中水仙之上古象形字元，读作lì，音立、力、厉。汉语是

语素文字，"与汉字单音成义的特点相适应"。它凝结概念，孕育范围，反映丰富文化内涵。中国古来原生植物，又称单音节，一物一名，一名一字，一字一音，这是中国古汉语之特色与传统，如稻、黍、稷、麦、菽、草、木等，随语言发展演化，出现双音节词语，蒜——山蒜——水仙，稻——水稻。

在古汉语中，"鬲"通"秝"、"厤"、"歷"、"曆"，可以音转、通借，又可依声托物，假借等，孳乳演化系列汉字如甲骨文 （京津四八二五）、（甲二三六九），今作"厤"字，读作lì。

《说文·厂部》："厤，治也。从厂，秝声。"清·段玉裁注："甘部，曆下云：'从甘厤者。厤，调也。'按调和，即治之义也。厤，从秝。秝者，稀疏，适秝也。"

"厂"象形字，今作"厂"字，《说文·厂部》："厂，山石之厓岩。人可尻象形。"《说文》又曰："厓，山边也。"厓：水边、山边都叫厓。《诗经·魏风·伐檀》："寘之河之干兮。"傅注："干，厓也。"即指水边。水边之厓，后加"氵"旁作"涯"。

《说文·秝部》："秝，稀疏，适秝也。从秝，凡秝之属皆从秝，读若歷。"段注："各本无秝字。今依江氏声，王氏念孙说补。上音的，下音歷，叠韵字也。《玉篇》曰：'稀疏，秝秝然。'盖凡言秝秝可数。歷録：束文皆作秝。歷行而秝废矣。《周礼》遂师，及窆抱磨。郑云：'磨者，适歷。'执綍者名也。……稀疏得所，名为适歷也。……。"

周代青铜器铭文中""（小臣邀簋）、""（友簋）今写作"曆"字，读作lì，古作"厤"字与甲骨文""象形字一脉相承，通"厤"字。指推算日月星辰之运行以定岁时节气之方法。《易·革》："君子以治曆日月时。"《大戴礼·曾子无圆》："圣人慎守日月之数，以察星辰之行，以序四时之顺逆，谓厤。"

引申有：历历、历然，清晰貌；历历在目，清晰出现在眼前；历乱，纷乱、杂乱、灿熳。南朝梁·简文帝《采桑》诗："细萍重叠长，新花历乱开。"历渗，谓器物受潮发霉；历澜，水气蒸腾貌；历物，谓究析事物之理。《庄子·天下》："历物之意曰：'至大无外，谓之大一；至小无内，谓之小一。'"历观、历览，遍览，逐一观看，等等。都可隐约显现"蒜"象形字之身影，考释者众多，但均未涉及"蒜"字之原意。

（京津四八二五），示意生长于石崖下丛生状水仙苗之形态。

（甲二三六九），示意生长于石崖下或山边水仙已开花之形态。

（小臣邀簋）、（友簋），考释为古人原意表示水仙叶与花葶经冰霜冻软后，日出后即恢复其生机。后引申转为他义。如：

《说文·厂部》："厤，治也。从厂，秝声。"

《玉篇·日部》："曆，古本作厤。"《易·革》："君子以治明时。"孔颖达疏："天时变改，故须厤数，所以君子观兹《革》象，脩治厤数，以明天时也。"引申为日历之古"曆"字。

甲骨文中："𦥑"示意水仙地下鳞茎球外部倒立形态象形字形体。水仙开花不结子，实行无融合生殖，从鳞茎盘基部伴生出小鳞茎球，俗称"脚芽"、"边芽"，与母体鳞茎球连生呈"莲花座"型，随着大小不等小鳞茎球长大，相继脱离母体独立生根长成大鳞茎球，就这样一代一代延续下去，形成一大片一大片群体植被。

"𦥑"这种倒着放置，倒立状鳞茎球表示根茎盘朝天放在阳光下曝晒后进行收藏前干燥过程之取像表意。若将鳞茎球从土里挖出后"𦥑"这种正立状日晒干燥，因受热面积大，升温快，鳞茎球表面易被灼伤起泡，因此需要根盘朝上倒立状在阳光下曝晒。所以古人所创造之"鬲"古文字也呈倒立形态。现今水仙花产地漳州地区花农仍然采用此法"收、晒、贮藏"。后衍生出其控制脚芽生长方向之阉割栽培技术和雕刻造型以及水培技术。

𦥑、𦥑、𦥑、𦥑（引《甲骨文字典》），这是甲骨文出现将鳞茎球垂直状或纵切一刀之取像水仙鳞茎球内部结构表意象形字体。

𦥑、𦥑、𦥑、𦥑、𦥑、𦥑、𦥑、𦥑（引《金文字典》），这是西周金文中出现水仙古名——"鬲"字系列形体。与甲骨文示意水仙鳞茎球内部结构一脉相承，体现了水仙花之鳞茎球内部结构本质特征。

从《汉语大字典》鬲部还可查到"䰛"，读作lì，音立、力、厉，与古"鬲"、"鬲"同。在甲骨文中已简化为"鬲"，之后演变为"蒿"，上部"厤"表示水仙苗示意简写改为"艹"（艸）形体。

𦥑部·窮·二　　　　　　　舜耕于一（歷）山

𦥑上（二）·容·四〇　　　　傑（桀）乃逃之——（鬲）山是（氏）

这是战国时期楚国用毛笔在竹简上使用水仙古文字"蒿"象形文形体，其形仍然处于较原始象形阶段。上半部示意水仙鳞茎球由变态叶组成一层层互相抱合肉质鳞片；下半字形示意鳞茎球内部有叶芽与花芽组成一个复合花葶表义。

甲骨文中古"華"（花）象形字如：

𦥑（甲骨文合集一〇〇五八），　像一株盛开之华（華）树之形。

𦥑（甲骨文合集七三〇）。

𦥑（甲骨文合集三一一一），示意盆栽花木盛开之状。《说文解字》："𦥑，艸木華。""華, 榮也。"

卜辞："〔甲骨文字形〕。"（甲骨文合集一七〇七一）　贞, 盆栽花幼苗不会死。

卜辞："〔甲骨文字形〕……〔甲骨文字形〕雨……。"（甲骨文合集一〇〇五八）"丙寅卜……华尔……。"华尔为华繁盛之义, 即花茂盛之意。

卜辞："〔甲骨文字形〕。"（前二·三七·八）贞, 弗其〔字〕, 十月, 在盘中水养花卉之义。在农历十月水养花卉非水仙莫属。在甲骨文中, "〔字〕"字为简化之复合词, 表示在盆或碟中水养水仙花之意象。

又如卜辞："〔甲骨文字形〕田〔字〕。"（前二·三七·八）意为"开垦圣田"栽培水仙之义。"〔字〕"当释为在土中培育、栽培之"培"字之象形取义。

在甲骨文中"華（花）"原始古"〔字〕"（花）字已演化为"〔字〕", 这也高度简化之象形字, 突出花是生长在山上之意, "〔字〕"、"〔字〕"表示花苗或种球是经人工种植在土地上之意, 楚国郭店墓出土之水仙花古名"蒿"字表示花形体"〔字〕"、"〔字〕"与西周金文中"華"（花）字"〔字〕、〔字〕、〔字〕、〔字〕、〔字〕"之形体, 似乎是一脉相承更近。

由此可知, 水仙远古之名——蒿, 在上古时古人创造系列象形文字演变、发展过程中, 从表示地上部花苗形态到地下鳞茎球外部形态至表示其内部结构造字过程中, 看出古人对其认识之逐步提高, 得到深化。以及引申为他义, 转借, 音转他义扩展面之广。由此可探知古人对水仙这个多年生草本植物开发利用水平之深度和广度, 与古人生活、生产发生何等密切关系。

1986年, 山东文物考古研究所考古工作者, 在山东青州苏埠屯商代墓葬遗址中发掘出众多青铜鼎礼器上, 发现八件铸有祝融族东夷集团图腾标志。这是由两个水仙古"蒿"象形独体字上下对叠, 两旁外两条龙（蛇）组成之复合图腾标志图。这亦表明为东夷集团与中原华夏集团联合后之图腾旗帜标志。华夏先民颛顼族东夷集团之前应仅是水仙鳞茎球形态古"蒿"字形体上下重叠"〔字〕"之图腾标志。由此, 可探知中国水仙之名, 古"蒿"字, 象形独体字形体之滥觞了。表明中国水仙经长期开发利用, 在东夷集团生产、生活中占有重要地位, 在全集团已达共识, 并作为保护神而受到祭祀, 至尊崇拜。

中国水仙远古之名, 象形独体单音节字元"蒿", 读作li。其系列象形独体字形体在甲骨文, 金文陆续发现释读, 均读作li, 音立, 力、厉。这可能是先民们为了纪念神农炎帝发现"蒿"药效之功。在史传神农历山氏，为民医药遍寻百草滋味，登蒿山，首次发现这多年生似蒜之小草，对蛇虫等毒有迅速化解之神效，并收之种之，人们为了纪念神农历山氏，故而因命名读作lí之音。

在甲骨文中表现水仙地下部鳞茎球形态象形字形体有由外部形态象形字""演化至表意鳞茎内部结构象形体而成"蒿"字，最终表达出其本质特质。

中国水仙鳞茎呈现卵球形，由鳞茎皮、鳞茎片、叶芽、花芽及盘状茎（鳞茎盘）等组成。白色肉质鳞茎片着生地鳞茎盘上，层层包裹，互相紧密抱合组成球状，称为鳞茎球，花农俗称为花球或花头。鳞茎最外层还包有黄色或深褐色膜质外皮，不裂，称为"有皮鳞茎"，以保护内部鳞茎片以及肉质鳞片内水分不至散发而干枯。鳞茎内含有丰富黏液。黏液中含有毒素，如果误食会引起头晕、呕吐、严重时昏迷不醒。水仙叶为基生叶，无叶柄，扁平带状，一球有 5～9 片，多数 5～6 片；花葶从基生叶丛中抽出，无托叶，一般高约 20～45cm，在福建宁德县青山岛鸟岩下发现自然野生水仙花葶高达 89cm。通常每个鳞茎球抽生 1～10 枝花葶，栽培品种最多达 26 枝花葶。每枝花葶有小花 3～7 朵，最多达 16 朵。花序成扇形着生于花序葶轴顶端。

中国水仙在鳞茎基部可伴生出小鳞茎从 1～2，至 4～5 个不等，呈"莲花座"状小鳞茎则更多，随着大小不等小鳞茎每年相继长大，陆续脱离母体鳞独立生根长成大鳞茎球，就这样一代又一代延续下去，年复又年复进行，在自然界就形成一大片一大片群体植被。

沿海一带花农把小鳞茎称为"脚芽"、"边芽"。繁殖时将掰下来另行栽种。将繁殖用小鳞称为"芽仔"、"边仔"。"芽仔"种后收获即是一年生鳞茎，无花枝，俗称"钻仔"或"钻仔头"；"钻仔"下种后收获，即是二年鳞茎，俗称为"种仔"；"种仔"再下种后经年收获，即是三年鳞茎，三年生鳞茎100%之主芽以及两侧脚芽都能孕育分化为花芽，作为商品鳞茎上市销售，俗称为"花头"。由此可知，水仙鳞茎"花头"，需经过连续三个年头的秋种，翌年五月挖收贮藏、再种植、管理之栽培工艺程序。始能培育出可以上市销售之"花头"。

甲骨文中这种""呈倒置放立水仙鳞茎独体字之象形，这是鳞茎根盘朝天放在阳光曝晒干燥方法之取像表意。若将从土里挖出鳞茎呈""正立着状态，放在阳光下曝晒，据漳州地区花农介绍，这样因球体连着小鳞茎球受热面积很大，表面升温快，保护层鳞茎皮被灼破、脱落、肉质鳞片被灼伤鼓泡，失水溃烂而鳞茎干枯。挖鳞茎球时一定要选择好天气，经挖出就立刻在田地里倒立放在阳光下曝晒一两天，不仅可以达到在较短时间快速干燥茎球之目的，亦可勉遭受雨水淋湿发生霉烂。鳞茎球挖出一经淋雨就无法避免霉烂之灾。这种倒立快速干燥方法，漳州地区花农至今仍在沿用。

由此，古人依据这种快速传热原理，仿制水仙鳞茎形状，发明创造出陶制炊具造型，其炊具之名依声托事于水仙古名"蒿"字。从而使原始之烧、烤熟食方法进入蒸煮饮食方式，形成独特东方饮食文化。以致使后世之人只知"鬲"为古代炊具之名，但不知这种古怪形状炊具，古人根据什么物体及原理仿制出来的。

古人在开发利用解剖水仙鳞茎球作为医药，制取胶液过程中，进一步认识了鳞茎球体内部构造，而创造之象形文字也与时俱进，其象形表意达到了惟妙惟肖最高艺术境界。

在甲骨文中"它"或"虫"、"蛇"之象形如"〔图〕"或写作"〔图〕"，象长虫之形，即后世称谓"蛇"，本与虫、龙同源。后来才分别虫、它(蛇)、龙分为之。卜辞用〔图〕为动词，有损害、祸患之意，如"〔图〕 〔图〕 〔图〕"，表示河、它、禾，即河〔图〕禾——意指黄河水神损害庄稼之义，这大概从蛇对人类有损害而为祸患引申而来。

"融"字在楚国文字中之象形：

〔图〕　包二·二一七　祝融，楚先祖名

〔图〕　包二·二三七　祝——融——

〔图〕帛甲六·六　炎帝乃命祝——融——

这是出自楚墓出土之竹简、锦帛上书写文字内容。表明炎帝乃是祝融族之图腾共主先祖。

甲骨文〔图〕、〔图〕、〔图〕、〔图〕、〔图〕、〔图〕，考释者多释为"盖"字，或释为"蒿"字，认为原形上从羊，下从皿字，亦认为是盖之本体，归入此字中，是"鹘"字之古字。

释为地名者：武丁时期卜辞有："丙申卜，争贞；命出致商臣于盖。"又："戊辰卜，宾贞：命泳垦田於蒿。"又贞："贞，非其擒，十月，在蒿。"

释为祭名：《说文解字·鬲部》："蒿，煮也。从鬲，羊声。"段玉裁注："谓煮而献之上帝鬼神也。"武丁后期卜辞有："戊寅卜，盖牛于姒庚。戊寅卜，燎白犬，卯牛于姒庚。戊寅卜，盟三羊。"

以上释义都离其本义太远，非其本义所引申也，或为其借音字。

首先，"〔图〕"与"〔图〕"、"〔图〕"是明显两个不同象形字，"〔图〕"在甲骨文应是"穴"字之义，予土坑表意；而"〔图〕"则器皿之"皿"字表义，即盘、碟之类器皿。"〔图〕"字加一横，表示"血"字之义。

"盖三百射 〔图〕〔图〕〔图〕"释为：教练三百弓箭手，或称为培养射箭手。武丁时期卜辞有："癸巳卜，〔图〕贞：命〔图〕鬲三百射手。贞：惟〔图〕命三百射手。贞：禽盖三百射。"

（《合集》5771 甲乙，参见"盖射"）

"盖射 　"教练射手。（《合集》甲 5772）

这两条释字应"培育"、"栽培"、"栽植"、"种植"之本义引申义，是依声托事之意，假借。

甲骨文是用刀在龟甲刻画之文字，只能走直线刻字，刻弯曲形线条难，因此，甲骨文中"屮"字与"羊"往往不易辨晰清楚。如表示"羊"字有各种形体。"丫"、"丫"、"丫"、"丫"、"丫"、"丫"等形体；"艸"字中有：如"萑"字形体"丫"、"丫"、"丫"、"丫"等。又如"蓬"字有"丫"、"丫"、"丫"、"丫"、"丫"等。

在西周金文中"華"、"花"之象形字表示形式有多种：是先用毛笔写在模板上，再刻成字，其线条圆润生动。

 盂鼎　　 南姬鬲　　 南姬鬲　　 南姬鬲

 鬲叔盨　　 伯噂父鬲　　 伯姜鬲　　 同姜鬲

 令簋　　 江小仲鼎　　 衡姒鬲　　 鄭登伯鬲

战国文字中"鬲"字用毛笔在竹简写之形体：上半部分形体为"鬲"字，表义水仙鳞茎内部结构形态，下半部形体则表义水仙鳞茎球花之意。如：

　部·窮·二　舜耕於一（歷）山

　上（二）·容·四〇　傑（桀）乃逃之——（鬲）山是（氏）

由此可见""、""、""、""、""等形体可释为"蒿"字，为人工在土地上开穴种植多年生草本植物水仙鳞茎球之本义，可引申栽植、培育、培养、孕育之意。

""字，示意"蒿"，即水仙鳞茎放置盘中用水培养之义。《说文解字》："中、艸木初生也。象丨出形，有枝茎也。古文或以为艸字，读若彻。"殷盘庚时期青铜器铭文""，在甲古文中""字，为便于在龟甲上刻写，已高度简化成""字象形表义，以及西周初期大保力鼎""出现的复合文字图形，加上""表示"水"之义，应是更明白无误表示在盆中水培水仙鳞茎球"鬲"之意。这也是图腾标识之一。

商周时期青铜器铭文中出现""、""有关水仙鳞茎球象形文字"鬲"字图案或"鬲"字与"龙"字组成之复合图案，专家释读为"重鬲"，并音转读若"重黎"，认为是炎帝祝融集团图腾标识。在之后周代出土青铜器铭文中相继发现有变更多样式图腾标识。如下：

"鬲"字，为曾者子鼎，上都府匜，蔡侯申毁等青铜器上铭文。

"鬲"字，为束仲□父毁青铜器上铭文。

"鬲"字，为王子午鼎青铜器及鼎盖上铭文。

"鬲"字，为王子午青铜器铭文。

"乁"：《说文乁部》："乁，流也，从反厂，读若移。"段注："移，从多声。在十七部，亦用于十六部。乁与厂古音同在十六部也。弋支切。"又《说文·水部》："水，准也。象众水立流，中有微阳之气也。"段注："准，古音追，上声。此以叠韵为训。如、户、濩、尾、微之例。释名曰：水，准也。准，平也。天下莫平于水。故匠人建国必水地。月令曰：'大史谒天子曰：某日立冬。盛德在水。'火，外阳内阴；水，外阴内阳，中画像其阳。云：'微阳者，阳在内也。微，犹隐也。水之文与☵卦略同。'"

"辵、辶"：《说文·辵部》："辵，乍行乍止。从彳，止。凡辵之属皆从辵。"段注："公食大夫礼注曰：'不拾级而下曰：辵。郑意不拾级而上曰：栗阶。亦曰：歷阶。不拾级下曰：辵，阶也。'《广雅》：'辵，奔也。'彳者乍行，止者乍止。丑略切。古音蓋，在二部，读若超。"

"彳"字，《说文·彳部》："彳，小步也。像人胫三属相连也。"段注："三属者，上为股，中为胫，下为足也。单举胫者，中举以该上下也。胫动而股与足随动之。丑亦切。"

"止"字，《说文·止部》："止，下基也。象草木出有阯。故以止为足。"

总之，从商代起以上由中国水仙鳞茎球象形古文字"鬲"与"鬲"、"鬲"、"鬲"、"乁"、"辵"、"彳"、"止"部首形旁组成复合象形文字图案标志，无论表意在流水中，还是在静水中，或者在盆中水养，均含有极为丰富文化内涵。这可以从伯牙所作《水仙操》之高远意境以及三国魏·曹植《洛神赋》赞颂洛神体态："翩若惊鸿，宛若游龙。……体迅飞凫，飘忽若神。凌波微步，罗袜生尘。动无常则，若危若安。进止难期，若往若还。转眄流精，光润玉颜。含辞未吐，气若幽兰。华容婀娜，……"飘然行于水上之轻盈神姿雅韵。宋·赵瞻称水仙为"花仙凌波子"，黄庭坚在诗中："凌波仙子生尘袜，水上盈盈步微月。"惟妙惟肖地反映以上图腾标识这深奥水仙花文化信息。这一系列"鬲"象形文字演化与发展，一再证实中国水仙为中国原产地之铁证。中国水仙"特适合水养冬花，在水仙属植物种与品种中独树一帜，超越群芳，成为中华传统名花之一"，其历史久远，应早在殷商时代象形文字出现之前早已有之。由此可知水仙之名由来亦已久。远古时人们在长期提取胶汁作为黏结箭羽、浸泡弓体实践过程中，发现水仙鳞茎球漂在水面上不沾染一点尘埃，虽被粉身碎骨却依然能在水上发芽抽葶开花，并由此发明中国水仙水养技术与雕刻造型艺术。

　　神农、炎帝族系，颛顼定颛顼历，崇拜太阳——高阳氏，帝喾"序三辰（日月星）以固民"——高辛氏，为天文学、气象学、物候时令学、原始历法制定奠定基础，同时由水仙鳞茎球外部形态作为"图腾标志"，后又成为华夏"图腾共主标志"形成汉字古"鬲"字，演化孳乳形成《汉字大字典》中以"鬲部"为部首统领88个汉字系统，为汉字创造作出巨大贡献。

　　古人在开发利用中国水仙过程中，逐步认清水仙地上部花、叶形态特征，生态习性以及地下鳞茎球内部结构，创造出一系列象形文字，反映水仙其本质特性，其形象达到惟妙惟肖最高艺术境界，蕴涵着极其丰富信息量，以及博大精深中华传统历史花卉文化。

第五章　凌波仙子流韵

人类来自于大自然，与自然万物同源同根，追求真善美意识与心态，是其本性。充满形态美，又洋溢生命华彩与具灵性花草，似乎更能唤起人类美与爱。

当春去夏逝，水瘦山寒，千里冰封，万里雪飘，已是悬崖百丈冰深冬，百花俱寂，万物萧疏，破雪层傲严霜，铺就雪原之上，唯有凌波仙子。冰肌玉骨，铮铮风骨傲天涯，衔霜映雪，风采从容踏冰履雪，便悄然绽放。岁晚芳菲，丹心唤春，好一个秉志凌霄，奇美凌波仙子之气度，使冰封雪锁东亚大地透出盎然生机，溢出洋洋之活力。开时与万里雪原同舞，谢时落素冰池，大江大湖。开得风流，落得壮美，生也独秀，死也凛然，相伴生死悲欢，相守岁暮朝夕，如此深情，何等眷恋，怎样回归啊！伯牙所创作《水仙操》古琴曲啊！正如宋代高似孙《水仙花前赋》有序所云："水仙花非花也，幽楚窈眇，脱去埃滓，全如近湘君湘夫人，离骚丈夫与宋玉诸人。世无能道花之清明者，辄见乎辞。"

山川、草木、花卉、鸟兽、虫鱼与人类自身，均是文心所至皆可入乐、入诗、入画。诗以言志，画以写心。则诗画非娱乐人之品，而为心志之所托，心声之所咏，心像之所见，而流韵于乐声与卷帙之间者。水仙最早被古人选为图腾标识，后被称为"凌波仙子"，受到至尊崇拜，这样称谓与厚爱对水仙来说，无疑是最美好、最浪漫，也是恰如其分。为什么离开土壤滋养，在清水中水仙也能开出如此芳香迷人花簇，色、香、味、韵四绝，而香味更是浓、清、远、久俱全，芬芳漫漫，逾月不减具于一身呢？在大自然中，绝大多数植物都离不开土壤，要依靠根系从土壤中吸取水分和养料来满足生长发育之需要。水仙却是个异类，个中奥妙就在于它那像洋葱状硕大之鳞茎，贮藏丰富之营养物质、胶汁黏液以及治疗蛇虫咬伤、痈肿疮毒之多种生物碱成分，对古人类生存与发展提供资源保证。

人类皆爱花，但爱得如此痴狂，当数中国；水仙文化之深厚，历史之悠久，名目之广，故事之奇，诗画之多，流韵之风采，也数中国；作为图腾共主形象标志，唯数中国。

第一节　历代歌咏水仙诗赋

在中国古代文学之中，诗、词、曲、赋是具有并称地位四种主要韵文体裁。然而，在四种文体中以赋的研究较为薄弱。但从 1990 年以来，国际汉学界对赋学研究日益重视，迄今已召开过 5 次国际赋学会议。辞赋研究获得越来越多学者关注。

赋文体作为赋象所创出来一个特殊语言结构。其特殊性，源自于赋文学体裁规定性，赋家是按赋体规定性而从事赋文本话语建构。具体赋文本话语可以千变万化，但赋文体所要求，永只是一定之规，此规定在文本创作活动中，高悬为赋文本形式方面最高尺度，惟符合此尺度文学文本，方可以称为赋文学文本。

辞赋可分为骚体赋、文体赋、骈体赋、律赋四种。骚体赋从先秦到清代源流不断，只是有屈原楚辞体和后世拟骚体的区别；文体赋从先秦到清代也是源流不断；骈体赋，从六朝诞生，从唐代至元明清；律体赋予科举考试制度内容变化相关联，出现于唐、宋金、清三个时段。

至于《水仙赋》，则见于清代汪灏撰著并与 1708 年刻印于世《广群芳谱》卷五十二中载：宋杨仲囷自萧山致水仙一二百本极盛，仍以两古铜洗萪之，学《洛神赋》体，作《水仙花赋》。以洛神喻水仙，亦花亦仙，妙趣横生，对后来吟咏水仙作品影响甚大。杨仲囷（渊），字舜明，为北宋初郑州管城（今属河南郑州市）人，进士第，调宛丘主簿，知沁水、郾乡二县，不附宰相张士逊（964～1049），官终中散大夫。但遗憾的是这篇赋作未能传于世，不能览其貌。

高似孙　（1158～1231）字续古，号疏寮，宋代绍兴馀姚（今浙江）人。著名词人，高观国之子。淳熙十一年（1184）进士，官终处州守。

水仙花前赋 有序

水仙花非花也，幽楚窈眇，脱去埃溘，全如近湘君湘夫人，离骚大夫与宋玉诸人。世无能道花之清明者，辄见予辞。

天以一而生神，坎以习而成玄，渫冲奥以致润，抱孤贞以成妍，禹何智以能海，羲何神而开乾，际壑焉之无畔，壮英心之自仙，悲莫悲乎巫咸之乡，哀莫哀乎原胥之渊。迅英挺以如濯，肯徘徊而自怜。至若鲛馆截绡而凝霜，具庭含玑而媚川。苍茫乎三岛之接雾，杳眇乎十洲之汇天。云雨阗霁，水空澄鲜，一色如磨，万波不颠，亦有帝女兮泣竹，湘君兮鼓绒，神妃兮解佩，冰夷兮扣舷。是皆凝姿约素，挺粹含娟。以婉自将，以淑相宣，芳以气属，妙以辞传。指北渚以将下，薄西津而骤旋。或搴芳若，或采佳荃，有兰可餐，有蘋可褰，于是乐极忘归，尘空失躅，万虑俱泯，余情独荃。扣冰娥以勺斟，访瑶母而洁娓，把水星以请命，托神祇而垂甄。已矣乎超万劫以自蜕，丽一葦而独涓，怀琬琰以成洁，抱雪霜以为坚，参至道以不死，秉至精而长年，是盖苞水德之灵长，合五行之自然者乎。

水仙花后赋　有序

余既作前水仙赋，疑不足以渫余之情者，乃依稀洛神赋为后辞，尚庶几乎。

余从太史游览山川，讯潇汨，下澧元，摩巇云，息梧烟，岁莫天寒，仆痛车颠，尔乃释镳乎苴涯，进秣乎芝蘽。周旋乎荆浒，骋望乎湘渊，於是神疑目骇，心离意恻，即之懔悦，适焉仿佛，觌一美人，於水二侧，乃拊从者而讯之曰：汝有识於彼者乎？彼何人者？甚闲且洁也。从者进曰：仆闻兹水之灵，曰湘夫人，然则太史公之所遇，其或是乎，其形维何，仆愿知之。余告之曰：其状也皓如鸥轻，朗如鹄停，莹浸玉洁，秀含兰馨。清明兮如阆风之翦雪，皎净兮如瑶池之宿月，其始来也，炯然层冰出蛟壑，其徐进也，粲然清霜宿琼枝，沈详弗矜，燕婉中度，不秾不纤，非怨非诉，美色含光，轻姿约素，瑰容雅态，芳泽不污，素质窈袅，流晖嬿娟，抱德贞亮，吐心芳蠋，婉娩幽静，志泰神闲，柔於修辞，即丰且鲜，饬躬被眼，稽图含章，峨五采之英珥兮，销九芝之明珰，舞碧霓之修带兮，妥英云之轻装，颜有炼而如灼，体非薰而弥香，沐姱容之练练，乘清气之徜徉，于是舒怀肆逸，且娱且颦，羽盖翳映，翠旄缤纷，骣金摇之欲堕兮，玩晴洲之青萃，余哀耽其静变兮，黯淡荡而驰神，媒不灵於缔欢兮，托湘波以通勤，畅中灵之胥悟兮，捐余珰於水滨，懿玉仪之静庄，允约矩而应规，轻瑶华而不御兮，指二南而扬诗，谓皎日之可鉴兮，非暗室之自欺，数解佩之凤遇兮，风嫋嫋而凝思，志贞介而言妙兮，誓守礼以将之，於是灵修竦然，嬛婉徘徊，拊孤影以欲翥，心将飞而仍回，褰苏恧之芳烈，燕芷房之玫瑰，感幽志之凄激兮，喟扬音而弥哀，尔乃众真缥缈，并游啸侣，或济西，或临北渚，或采幽衡，或茹芳杜，约洛川之神妃，会巫阴之奇女，清莫清乎姮栖。愁莫乎牛渚，媶轻裾之裔裔，冷清飚而云举，体迅飞鸿，倣若轻云，流睇横波，余芳氤氲，其度有则，不颠不危，优柔靡忒，必兢必祇，温乎如玉，晔兮陆离，精采相授，羌余其悲，于是川后敛飚，冰夷却涛，龙伯献珠，鲛人贡绡。跃三虬以指涂，蓫苍芝而夹御，双螭帖其驯乘，俨花游之布濩，鸳鸯啸而先驱，翡翠翼而齐鹜，於是趋彭蠡。过洞庭，洗月毂，飞星轫，流清声而吐奇，诵坤乾之大经，画三灵而不汨，潜一意而长醒，恍扬袂以如失，雪微汍而露缨，拊佳期之不来，日冉冉而西征，琼微素之孰奇，谁其将余英琼，扬清波而微注，指潜渊而自惊，恍精采之相授，迄难陈其余情，於是游倦思归，路异神留，遗思杳渺，寤寐好述，蹇悠悠而何之，指寒川而薄憩，兰菲菲而袭余，睇碧云而摇曳，信心会而神交，岂绸缪之未契。竦仆夫之徼余，命速驾乎兰枻，其毋惑於所悦，当陈古而为之制。

注：南宋著名词人高似孙《水仙花前赋》《水仙花后赋》连写两首水仙花赋作，均是仿照曹植《洛神赋》文本赋体以及黄庭坚"凌波仙子生尘袜，水上轻盈步微月"用洛神之形象描写方法。无论赋本或诗词一般均借用湘水之神和洛神之形象赞美水仙花。而水神中以美最著称的，当首推洛神宓妃。家住洛河之畔的宓妃，原是伏羲氏最小的女儿，因渡洛河不幸被溺死，后人为纪念她，奉为洛水之神。她生前以美丽、善鼓琴而闻于世。因此，蒙得后世文学家之极好赞誉。曹植在《洛神赋》赞颂洛神体态："翩若惊鸿，宛若游龙。……体迅飞凫，飘忽若神。陵波微步，罗袜生尘。动则常则，若危若安，进止难期，若往若还，……"写洛神飘然行于水上之轻盈神韵。宋·赵瞻最早称水仙为"花仙凌波子"，而黄庭坚（1045～1105）进一步在《王充道送水仙花五十枝，欣然会心，为之作咏》上半阙写到："凌波

仙子生尘袜，水上轻盈步微月。"用洛神之形象，直呼凌波仙子，虽然未写到花却把直立于盆中水上不动的花枝，写成"轻盈"慢步的仙子，化静为动，化物为人，凌空取神，把水仙之姿态神韵写得非常动人，打动人之情感。下半阙"是谁招此断肠魂，种作寒花寄愁绝。"是写心灵，进一步把花人格化，"断肠魂"洛神的断肠是由于对爱情之伤感，曹植的《洛神赋》写宓妃"抗罗袂以掩涕兮，泪流襟之浪浪。"是写传说中洛神与河伯之间不幸婚姻之伤痛。黄庭坚用"断肠魂"三字，无论说水仙或洛神，都是很感动人的。因为诗人把其整体概括成为一种"灵魂"是具有极大的引起人们联想和同情之力量的。诗人黄庭坚从此时把爱花之狂，吟咏水仙之风气推向高峰。

释居简　（1164～1246）字敬叟，号北磵，俗姓王，潼川（今四川三台）人，为僧后遍参名师，嘉泰间居台州般若寺，嘉熙中敕住杭州净慈光孝寺，杭州飞来峰北磵十余年，晚居天台，擅作诗文，南宋文学家。（四库本《北磵集》卷一）

水仙十客赋

子墨①遇毛颖②於玄泓③，谓凌波仙子曰："颖也，情与幻俱，思与化侔，尔能坏色衣乎？瑶丛琼畦，意象偲奇。玉臺金瓯，精爽发辉。既写真以宠，而乃触类而友之。丹分焉加，铅分焉施。山黛弗埻，额黄奚为。妙众态于一缁，革殊辙而同归。感意足于色尽，叹朝荣而夕萎。"

仙曰："既闻命矣。凡物之生，凯不曰友。有杕之杜，亦孔之醜。梅兄在前，攀弟居后。蠟英腾馥，兄党之秀。寄林处群，无人自芳。并驱争先，瑞香国香。是皆臭味之偶较，等夷于两忘。我有横榻，县之北窗，楚英不来，余乌足当？"起而些之曰："花中隐者分与秋澄霁，故家东篱分剪金繁碎。宿莽分苾芬，群空分拔乎萃。虽卧楼百尺可也，岂特上下床之间哉？"

英避席而作，曰："走不佞，请言志。簸之扬之，秕穗是懲。为天下先，囊书诸绅。海棠艳春，山茶驻春。桃源霞蒸，李溪夜明。族大众富，草木知名。其可为吾下乎？"

仙忱然曰："吾非不愿交也，以色媚人，寡德也。"英曰："子何见之晚也！可以攻玉，他山之石也。不贤则人将拒我，若之何而拒人也？"

仙乃曰："唯。莫敢不承。"延之上座，死毋败盟。相索于形骸之外分，相忘于寂寞之滨。

注：①子墨：汉·杨雄《长杨赋》假借子墨客卿与翰林主人二人的问答为文，寓讽　之意。后来省"子墨客卿"作"子墨"，为文士的代称。

②毛颖：唐·韩愈《毛颖传》以笔拟人，为毛笔作传。后来遂以毛颖为毛笔的代称。

③玄泓：即指水仙。

陈　著　（1214～1297）字子微，号本堂，庆元鄞县（今属浙江宁波）人，宝祐四年（1256）进士，后知嵊县宋亡，隐居四明山。（四库本《本堂集》卷三六）

赋贾养晦所藏王庭吉迪束墨水仙花

岁云暮分阴凝，若有人分亭亭。玉质分黄中，淡无言分含馨。雪霜贸贸分弱植自矜，宇宙纳纳分谁与为情？敛而全其素分，何有乎丹青！

彭九万 字好古，崇安(今属福建)人。工词赋。宋德祐初年(1275)上书，言贾似道误国，不报。宋亡不仕，至元(1335～1340)间黄华叛，九万被胁不从，遇害。

凌波辞

岁芳兮婉冉悲，江空兮兰枻归。人婵媛兮胡来迟，憺风魂兮珮护思。素衣兮俔黄里，玉襦兮蒙翠被。明波渟渟兮渺愁予，含香怀春兮中心苦。昔遗褋兮契阔，伫佳期兮窅修绝。幻尘缘兮謇中忱，时既晏兮不可留。风云軿兮水裔。纠予瑟兮难理。人奚归兮终苍茫，湘有皋兮春绿起。

任士林 (1253～1309)字叔实，号松了，庆元鄞县(今浙江)人，讲道会稽，授徒钱塘(今杭州市)，武宗至大(1308)年初，荐授湖州安定书院山长。

水仙花赋

眇伊人之蝉蜕兮，宅清冷以为扉。越蓬隔弱窅不知其几千里兮，跂跆余望之。忽轩窗之翠碧兮，见此绰约之芳姿。曳青葱之华裾兮，倚玉蕤之披披。逍遥清霜之夕，徘徊明月之辰。佩乞碧霞，衣纫绿云。金杯盥雨，玉盘承津。斠和注淳，斟酌天均。於时庭空人静，万窍不作。声步虚之歌，奏杳钧天之乐。江妃具俎以进羞，海若充宾而酬酢。捋杜觯而来扬，想堂中之欢乐。余亦洗盏更酌，接芳蕤而为客。纵歌颓然，不知天河之既落。

徐有贞 (1407～1472)初名珵，字元玉，江苏吴县人，宣德八年(1433)进士，选翰林院庶吉士，授编修，华盖殿大学士，兵部尚书，掌内阁事。

水仙花赋

百花之中，此花独仙。孕形秋水，发采霜天，极纤秾而不妖，合素华而自妍。骨则清而容腴，外若脆而中坚。匪凡工之雕刻，伊玄造之自然。敻独出乎风尘表兮，憺幽贞以忘言。尔其族生琼州，分植琪树、华宫、琳馆，靡所不舍。先春而开，后春而谢。妆不假于粉黛，香何藉乎兰麝。时从变乎炎凉，景无殊于昼夜。若乃芳敷南泽，翠发中坻，俨如王母宴于瑶池。秀挺芳田，英翘蕙畹，又如上元游于阆苑。至于微云细雨，乍伏乍起，仿佛巫灵，梦彼楚子。轻阴薄阳，半露半藏，恍惚宓妃，见彼陈王。或倚修竹，露华朝湿、一似湘娥，掩袂以泣。或傍寒梅，月影宵浮，复如汉女，弄珠而游。或侣幽兰碧霞之坛，有若文箫之遇彩鸾。或依蕉绿层台之曲，有若箫史之偕弄玉。皎皎乎其若飞琼，粲粲乎其若双成，绰约乎其若神人之处姑射，淡泊乎其若素娥之居广庭。或疏或密，或信或屈，丛者如隐，擢者如出，千姿万态，状莫能悉，然此特举其形似之末，而未究其理趣之实也。是故冰玉其质，水月其神。挟梅兄与矾弟，接兰桂之芳邻，宜纫佩于君子，亦法禴于幽人。臭不夺于莸，香不染于薰，操靡摧于霜雪，气超轶乎埃氛。怀清芬而弗眩兮，乃独全其天真。非夫至德之世，上器之人，孰为比拟而与伦哉。乱日清兮直兮，贞以白兮，发采扬馨，含芳泽兮，仙人之姿，君子之德兮。

姚　绶　(1423～1495)字公绶，号谷庵，晚号云东逸史，嘉善(今浙江)人。明天顺八年(1464)进士，授监察御史，成化初(1465)为永宁知州，解官归。筑室名：丹丘。工诗画，吟咏其间，人称丹丘先生。

水仙花赋

伊昔涪翁，凤雁谪逐。行迈阻修，浮水奔陆。方归与以息驾，乃燕坐於蔀屋。惟是屋也，依高山，临大江。影薄高云，声飞怒泷，敞宇衡门，洞乎八窗。式遣怀於吟啸。忽有睹乎神媛，尔乃乍近乍遥。水面微步，罗袜生尘，绡裳沾露。腰纤弱兰，唇冶樊素。匪杨桂旗，匪蹑神鱼。遽引遽却，或疾或徐。袖翩翩兮婉娩，带缭绕兮纡舒。怅数年之独往，鄙良夜以鳏居。矫望延伫，拣盼踌躇。汎若断梗，浮犹冯虚。乃若贴金，莲於玉趾。眷兹乐胥，於焉迄止。玛瑙坡荒，仙王祠圮。睇梅兄於岭头，怀矾弟於涧涘。进左右而谂之曰：水上步月，彼其仙邪，惟炫素质，不御铅华，中有金蕤，轻蒙臂纱，衡斥暮雨，挥霍朝霞，尔或见之而岂吾之过夸邪。左右屏息对曰：彼之来斯，诚类仙子，馨香芬芳，容光旖旎，其绰约也，俨藐姑之神，其联娟也，齐洛川之子，初虽瞻驰，终莫摹拟，是则主人之所见，仆辈之所跂者也。於是之时，涪翁哑然而作声；彼人泯然而无迹。江风惟清，江月自白，伥伥何之，翳翳寝息，晨星向明，踯躅於庭。忽幽花之托根，依后土以降灵，胡然生之大瘦，岁晏流形。宋玉招魂之赋，庄周梦蝶之经。翁遄作诗，调同金石，有顷比夕，载验厥迹。无被花之懊恼，出门一笑，而横大江之空碧。

龚自珍　(1792～1841年)字尔玉，又字璱人，号定庵，仁和(今浙江杭州)人。道光进士，官礼部主事，告归不出。其学自成一家，诗文奇深，以奇才名天下。有《定庵集》。

水仙花赋

有一仙子兮其居何处？是幻非真兮降於水涯。鞸翠为裙，天然妆束；将黄染额，不事铅华。时则艳雪铺峦，懿芳兰其未蕊；玄冰荐月，感雅蒜而先花。花态珑松，花心旖旎。一枝出沐，俊拔无双；半面凝妆，容华第几？弄明艳其欲仙，写澹情於流水。鼃盆露泻，文石苔皴。休疑湘客，禁道洛神。端然如有恨，翩若自超尘。姑射肌肤，多逢小劫；玉清名氏，合是前身。尔乃月到无痕，烟笼小晕。未同汀蓼，去摹秋水之神；先比海棠，来占春风之分。香霏暮渚，水云何限清愁；冰泮晨洲，环珮一声幽韵。别见盈盈簾际，盎盎座隅。璧白琮黄，色应中西之位；鬓红梅素，吟成兄弟之呼。雾幨低徊而欲步，冰绡掩映以疑无。水国偏多，仙台谁是？姿既嫣乎美人，品又齐乎高士。妍佳冷迈，故宜涤笔冰瓯者对之。

建德宋　(璠)先生命此赋。[甲子]自记。

张之洞　(1837～1909)字香涛，号壶公，学者称南皮公，直隶南皮(今河北南皮)人。同治二年(1863)进士，授编修，光绪末(1908)累官至体仁阁大学士。有《广雅堂集》。

水仙花说

世人率爱水仙，然尝问其蓄养之法矣。及其磊落如拳时，朝旦辄盥以頮水，曝于南。荣叶既出矣，岐既分矣。视其不能为花者削去之。叶欲齐，欲不过二寸；花欲一向，欲出于叶表；未欲平出，欲疏密均如栉齿、如列戟、如掌。非是者弗善也。余偶从市中得一本，漫以湖泉，陶器拙质，又无文石拥沙坲根，无向背暄凉洗沐之节，恣其苗长，不为节度。既花，或阴或阳，或倨或俛，或相骈俪，或相参伍；苞抑于叶，鄂承于跗，盖为歧有六而不荣者二焉。叶长带然助其披拂，似欹侧媚，不可名状。余对之而喜，自以为周人之璞也。过者靡不忻然，余喻之曰："物以自然者为极，戕贼者辱。且夫先施夷光之美，而必传珍髢，画眉妩，整襟而危坐焉，其足以移人者鲜矣。"以谂于人，未有是其说者。京师人蓄盆梅者，蟠屈其枝干，使之干旋固抱，团团如车盖，而截去其杰出者，尤可憎恶。盖所谓"疏影横斜"者之趣，亡失尽矣！

杨昌光　清朝人士。

水仙花赋①

迺歌曰：花光水色两相荣兮，出泥不染我独清兮。花开花谢时遞更兮，春来春去与谁争兮。卓然大雅本天成兮，微波可托快登瀛兮。

注：①选自王冠辑《赋话广聚》中"水仙花赋"残留之结尾段。

水仙对远古人类在多方面之贡献巨大，且付出特多。在水仙原产地东亚大陆上居住的颛顼族集团视水仙为保护神，作为族徽标识而加以厚爱崇敬加以祭祀。公元前600年时，伯牙最早把水仙人格化，创作了上古琴曲《水仙操》，深表怀念之情。伯牙由此而成为天下之妙手，此曲也由此流传千古！

中国在上古时，有许多关于女神之传说。如道教老祖陈抟(871~989)在武当山九室岩时所作《咏水仙花》诗："湘君遗恨付云来，虽坠尘埃不染埃。疑是汉家涵德殿，金芝相伴玉芝开。"意思是说人间水仙之花色，是集天上金芝、玉芝两种仙草于一身，是湘水之神湘君娥皇、女英幻化而来之妙影。虽然下到人间，冰肌玉骨在水上开花，不食人间烟火，丝毫不染一点埃尘。从而解除道教上清派茅山宗创始人陶弘景对水仙之名所设长达五百多年不准人们歌咏《水仙花》之教规"讳忌"。

楚辞·屈原《离骚》、《九歌》既有湘君、湘夫人之称。但一般指湘君为舜之正妃即尧之长女，湘夫人为舜之次妃即尧之次女女英。秦博士对始皇帝云："湘君者，尧之二女，舜之二妃者也。"汉代刘向、邓元亦皆以二妃为湘君。

由于花卉之娇美，勾魂摄魄。几千年来，中国古代优秀文学篇章中，以自然界花卉、草木、鸟兽、日月山川为理想化身，塑造出一个个活生生理想化人格化形象。这些艺术形象凝聚着作者审美理想，蕴含着作者审美情感，自然物象变化为传达作者思想情感之媒体。自然物像是客观的，其自身不会因人们喜怒哀乐而发生变化。但是，自然景物一旦进入人们构思，就倾注了作者主观感情色彩以及人格和思想情操，其物化意象几乎在人们心中构成了较为稳定之符号，犹如一支竹笛，只要指法准确，就会鸣奏起一曲曲美妙动人音律，给予欣赏者以无尽联想，扩大了审美思维空间。因此，诗歌能感动读者，安慰读者，陶冶人情操。

一言以概之，华夏文明以诗为盛，风骚启其源流，李杜展其大纛。数千年诗渊词海，浩浩乎浸润九州，亿万人激吭高吟，袅袅兮金声玉振。古典咏水仙诗词、歌赋是极其珍贵文化遗产，是历代先民们智慧之结晶。中华民族精神文明之瑰宝，当与天下共知之。本书水仙文化部分收集以清代及以前吟咏水仙诗词、歌赋、琴曲，计有五百余篇，是所有说汉语、写汉字人们共同财富，精神食粮。大家千万不要放弃对这份珍贵遗产之继承权啊！

我国历代咏水仙诗词、歌赋详见附录。

第二节　水仙历史传说与故事

作为世界著名花卉，自古以来，水仙就受到国内外各界人士的广泛喜爱，并有着许多深入人心的传说、典故和节庆日。尤其是中国水仙，相关神话传说和典故代代相传，形成了独特的水仙文化。

一、国内典故

(一)水仙花别名及雅号由来

宋代《南阳诗注》："水仙花，外白中黄，茎干虚通如葱，本生武当山谷间，土人谓之天葱。"因叶似葱而名之。宋代《洛阳花木记》以其花被六裂而紧合似酒杯，副冠金黄如盏，花朵轻巧玲珑，于是单瓣者名为"金盏银台"，复瓣者名为"玉玲珑"。宋朝黄庭坚有"凌波仙子生尘袜，水上盈盈步微月"咏水仙诗句，故后人又称水仙为"凌波仙子"。元代《三柳轩杂识》则以为水仙在花史上列为风雅之客而推崇为"雅客"。人们又因水仙在严寒大雪中，尤能开花叶艳，浓香四袭，故又名为"雪中花"。此外，关于"水仙"这一本名来历也有一番讲究。《百花藏谱》："因花性好水，故名水仙。"《本草纲目》记载："水仙宜卑湿处，不可缺水，故名水仙。"王世懋在《花疏》中说："水仙宜置瓶中，其物得水则不枯，故曰水仙，称其名矣。"《水仙花志》："此花得水则新鲜，失水则枯萎。"所以，水仙在我国有蒿、俪兰、雅蒜、配玄、天葱、金盏银台、玉玲珑、雅客、凌波仙子、雪中花等多个高雅的名字。

(二)漳州水仙洞庭来

据《蔡坂乡张氏谱记》记载，明朝景泰年间(1450～1456)，漳州龙海九湖蔡坂村有个在京做官的族人张光惠。某年，张光惠告老返乡乘船过洞庭湖时，在碧水连天的湖上，忽然见到一片殿宇巍峨、亭阁错落、云霞缭绕的仙景，并伴随着仙乐阵阵。两位身着白色、金黄色和素白淡黄色霓裳羽衣的仙女走出金碧辉煌的宫殿，翩翩向他们飞来。张光惠一家人见此美景，怀疑自己是否花了眼。待定眼细看时，仙境已烟消云散，前面湖上漂浮着两茎鲜花。张光惠急忙让人从水中捞起这两茎美丽的鲜花放在船上，顿觉芬芳扑鼻。于是张光惠就将这两支带回老家精心培植，并起名水仙。于是漳州一带便到处可见水仙花了。这正是把道家老祖陈抟《咏水仙》诗中湘君、湘夫人幻化成"水仙"转化为神话故事与传说。诗与神话互为影响，升华至最高审美境界。

（三）崇明水仙福建来

上海崇明也是中国水仙的重要产地之一。传说崇明水仙则来自福建。一说是唐代则天女皇要百花在冬天同时开放于她的御花园，天上司花神不敢违旨，福建的水仙花六姐妹也被迫奉命前往。其中的小妹不愿独为女皇一人开花，当行经长江口时，见江心有块净土，便悄悄留在崇明岛，于是崇明一带就有水仙。另一说则是一艘装满了漳州水仙球的帆船沿海岸北上到北方去卖，途经长江口时遇到暗沙，不幸翻船，球根落入沙滩。几年后，暗沙与崇明东沙连接成一片，露出了水面，其上长满了漂亮的黄白相间的花卉。一到冬天，鲜花怒放，香气淡雅，令人喜爱。那一带花农将其挖起后移植在花圃中精心培育，不断改进，于是育成了崇明水仙。

（四）女史花（姚女花）的由来

《内观日疏》记载："姚姥住长离桥，十一月半大寒，梦观星坠于地，化为水仙花，甚香美，摘食之，觉而产一女，长而令淑有文，因以名焉，观星即女史，《晋书·天文志上》：'柱史北一星曰女史。'在天柱下。故迄今水仙花名女史花，又名姚女花。"古星名。

（五）金盏和百叶的传说

漳州当地有一个优美而悲凉的传说。青年男子金盏为解除家乡父老干旱的苦难，毅然上山去开渠引水。当即将凿通隧洞之时，终因身疲力竭而死去。同村的百叶姑娘接过他的开山斧，继续开山不止，临死前最后拼力一劈，终于打通了隧洞，把泉水引到了家乡。而这对恋人的灵魂化成了两朵美丽的水仙花，一朵"金盏"，一朵"百叶"。乡民们从水中把花捞起，放在地里种植繁衍，这就是漳州闻名的水仙花。

（六）水仙护水的传说

美丽善良的司泉女神水仙用自己的法宝涌泉宝珠护祐着漳州平原芗江两岸的花果之乡，并和当地勤劳勇敢的青年陈龙结为伉俪，生下一儿一女，分别取名为"金银盏"和"玉玲珑"。东海龙王则对涌泉宝珠垂涎三尺，屡次来犯，搅得当地百姓不得安宁。为造福百姓，女神水仙和她的亲人们与龙王展开了不屈不挠的斗争，最后舍身取义，打败龙王，一家人也化作了人间奇葩水仙花，植根于芗江两岸，世代守护和造福着当地的父老乡亲和美丽家园。

（七）舍饭换得水仙花

宋朝时福建漳州有一对贫苦的母女俩相依为命。女儿名叫水仙，得了重病，老母亲好不容易弄来一碗鸡蛋汤喂她。这时，门外恰有一乞丐饿昏在地，善良的水仙姑娘让出鸡蛋汤给乞丐吃。乞丐得救后，深为感动，就从衣袋里掏出一个像葱头样的东西说："把它栽在水里，用它开的花煎汤给姑娘喝，姑娘就会药到病除的。"后来，姑娘喝了用那花煎的汤，果然病好了。人们为了记住水仙救人又被人救这件事，就把这种花叫做"水仙花"。

(八) 善举得养水仙花

古时一位心地善良、勤劳的少年，孤苦一生，在河边贫瘠砂地上日夜耕作，可总也满足不了温饱。有一天他救了一位老人，老人感激他送他几粒葱头样的东西，嘱咐他种在河边的沙地里，好好养护，长大开花后可以用来卖钱。在少年精心呵护下，这葱头样的东西竟抽出翠绿的叶片，绽放出纷芳雅致的花朵，吸引了附近的人们纷纷前来购买，少年的日子也就越来越好了。大家都认为少年遇到的老人是神仙，而花又开于水边，所以就将其命名"水仙花"。

(九) 娥皇、女英化水仙

也有传说称水仙花是尧帝的女儿娥皇、女英的化身。她们二人同嫁给舜，姐姐为后，妹妹为妃，三人感情甚好。舜在南巡崩驾，娥皇与女英双双殉情于湘江。上天怜悯二人的至情至爱，便将二人的魂魄化为江边水仙，二人便成为腊月花神水仙。

(十) 七宝金玉盘中红水仙

我国关于水仙花的最早记载见于唐代段成式所著的《酉阳杂俎》中，其中记载，奈祗产佛林国(即意大利)。据《花史》记载："唐玄宗赐虢国夫人红水仙十二盆，盆皆金玉七宝所造。虢国夫人得之后倍加爱惜，以衣裳覆盖水仙取其幽香。""红水仙十二盆"，这"红"字十分显目。

(十一) 名人与水仙

作为中国十大传统名花之一的水仙花，每逢百花凋零的冬尾岁首傲然挺放，亭亭玉立，沁人心脾，受到我国人民的普遍喜爱，被视为辞旧迎新、吉祥如意的象征。古往今来，许多文人画家与水仙结下了不解之缘，留下了不少趣闻轶事。

　　<u>黄庭坚</u>　北宋诗人、书法家黄庭坚偏喜水仙。宋元以来吟咏水仙的诗词歌赋中写得最早、最多、最精彩的首推此君。公元1101年，即宋徽宗建中靖国元年冬，黄庭坚被诏回京候官荆州时，在荆州马中玉府中见到开放着的水仙，高兴异常，随即题诗两首，其中，"暗香已压荼蘼倒，只比寒梅无好枝"成为水仙花吟咏诗中的绝句。后来他的文朋诗友刘邦直、王充道等都曾纷纷以水仙赠之。黄庭坚喜爱水仙的原因由张帮基撰著《墨庄漫录》的卷十："山谷(黄庭坚的号)在荆州时，邻居一女子闲静妍美，绰有姿态，年方及笄也。山谷因为荆南太守马中玉《水仙花》诗……盖有感而作。后女子嫁与里巷贫民，数年此女……憔悴困顿，无复故态，然犹有余妍，乃以国香名之。"由此而知，黄庭坚明写水仙，暗在歌咏那位"闲静妍美"、"绰有姿态"的邻女。

但黄庭坚在感叹邻女与水仙的境遇时，更寄寓着自己的仕途坎坷和落寞失意感伤之情。

朱　熹　南宋绍熙元年（1190），著名理学家朱熹出知漳州府，他对当地盛产的水仙花非常喜欢，写下《赋水仙花》一诗加以赞美："隆冬凋百卉，江梅历孤芳"，"黄冠表独立，淡然水仙装"，"卓然有遗烈，千载不可忘。"其笔下的水仙花，凌冬傲然，媲美江梅，一副傲骨，却又不失妩媚。中国水仙为华夏集团共主图腾标志，其先祖遗烈，千载不能忘。

徐文长　即徐渭，明代江南才子徐文长也十分喜爱水仙花，写了许多水仙诗，将其或比作仙姑"略有风情陈妙常，绝无烟火杜兰香"；或比作嫦娥和龙女："兔房秋杵药，鲛色夜珠梭"；或比作洛神宓妃和湘夫人："若非酒竹束湘甫，定是凌波出洛川"；甚至认为水仙简直可以放在王母娘娘的头上："若将栽向瑶池上，正好添妆女道冠"。

文徵明　明代姑苏文人徵明赞叹水仙花"罗带无风翠自流，晓风微弹玉搔头。九疑不见苍梧远，怜取湘女一片愁"。他在八十多岁高龄之际，面对"翠衿缟袂玉娉婷"的水仙，兴奋得"一笑相看老眼明"。

李　渔　清代著名戏剧家李渔特爱水仙。他说："水仙一花，予之命也。予有四命，名司一时，春以水仙、兰花为命，夏以莲为命，秋以海棠为命，冬以蜡梅为命。无此四花，是无命也。一节缺予一花，是夺予一季之命也。"把花比作"命"，可见爱之情深。他55岁那年穷困潦倒地返还故乡南京，正值水仙花"岁朝清供"之际，他身无分文，欲买无钱，家里人劝他作罢，他却固执地说："宁短一岁之寿，勿减一年之花。"多亏妻子贤惠体恤，把头上珠钗典当后买回几株水仙花，全家方得欣然过年。

秋　瑾　近代革命女侠秋瑾在学习、工作之余，于居室周围亲手种植了许多花草，并写下了许多赞美花草的诗篇。在众多的花卉当中，她尤其酷爱水仙花。碧绿的叶子，洁白的花朵，清香不让梅的芳香，使秋瑾诗兴勃发："洛浦凌波女，临风倦眼开。瓣疑呈平盏，根是谪瑶台。嫩白应欺雪，清香不让梅。余生为花癖，对此日徘徊。"以"临风倦眼"写水仙的清秀神态；以雪喻其白，以梅赞其香，高洁、素雅的气质一笔点出，读后不由得使人如见其形、如闻其香。

二、国外典故

（一）孤芳自赏的纳斯索斯

古希腊有个少年名叫纳斯索斯（Narcissus），因其长相俊美而使见过他的少女们都会情不自禁地爱上他。可是孤傲的纳斯索斯对所有的少女都无动于衷。女神 Echo 也爱上了纳斯索斯，但她不能正常讲话而只能重复别人的讲话，因此也被纳斯索斯拒绝，只好伤感离开后把自己永远藏进一个山洞，从此只留下自己的声音。复仇女神（Maiden）得知后非常生气，于是她诅咒纳斯索斯只能爱上自己。她的祈求应验了。从此，他每天都到湖边顾影自怜，后来终于憔悴而死。在他死去的湖边长出了一丛孤傲挺拔的花。少女们为了纪念纳斯索斯，便将这种花也称为纳斯索斯，从此，纳斯索斯就成了自恋症的代名词，花语则是只爱自己。翻译成中文即水仙花之意。

（二）英国诗人与黄水仙

1. 罗伯特·赫里克咏黄水仙花

TO DAFFODILS

Robert Herrick[①]

Fair Daffodils, we weep to see

You haste away so soon;

As yet the early-rising sun

Has not attain'd his noon.

Stay, stay,

Until the hasting day

Has run

But to the even-song;

And, having pray'd together, we

Will go with you along.

We have short time to stay, as you;

We have as short a Spring;

As quick a growth to meet decay,

As you, or anything.

We die,

As your hours do, and dry

Away

Like to the Summer's rain,

Or as the pearls of morning's dew,

Ne'er to be found again.

咏黄水仙花[②]

罗伯特·赫里克　郭沫若　译

美的黄水仙，凋谢得太快，

我们感觉着悲哀；

连早晨出来的太阳

都还没有上升到天盖。

停下来，停下来，

等匆忙的日脚

跑进

黄昏的暮霭；

在那时共同祈祷着，

在回家的路上徘徊。

我们也只有短暂的停留，

青春的易逝堪忧；

我们方生也就方死，

和你们一样，

一切都要罢休。

你们谢了，

我们也要去了，

如同夏雨之骤，

或如早晨的露珠，

永无痕迹可求。

---

① 罗伯特·赫里克（Robert Herrick）　1591年生于伦敦，曾在英国德文郡教区做过牧师，1671年去世。他的思想自由奔放，诗多以自然风光、田园生活和花卉树木为题材，擅长于抒情写景，受拉丁古典诗人影响颇深。

② 郭沫若对罗伯特·赫里克及威廉·瓦慈渥斯诗文翻译，明确为"咏黄水仙花"无误，是指"黄水仙"，而非其他。

2. 威廉·瓦慈渥斯咏黄水仙花①

THE DAFFODILS

William Wordsworth

I wander'd lonely as a cloud
That floats on high o'er vales and hills,
When all at once I saw a crowd,
A host, of golden daffodils,
Beside the lake, beneath the trees,
Fluttering and dancing in the breeze.

Continuous as the stars that shine
And twinkle on the milky way,
They stretch'd in never-ending line
Along the margin of a bay:
Ten thousand saw I at a glance
Tossing their heads in sprightly dance.

The waves beside them danced, but they
Out-did the sparkling waves in glee: —
A poet could not but be gay
In such a jocund company!
I gazed—and gazed—but little thought
What wealth the show to me had brought;
For oft, when on my couch I lie
In vacant or in pensive mood,
They flash upon that inward eye
Which is the bliss of solitude;
And then my heart with pleasure fills,
And dances with the daffodils.

黄水仙花

威廉·瓦慈渥斯 郭沫若 译

独行徐徐如浮云，横绝太空渡山谷，
忽然在我一瞥中，金色水仙花成簇，
开在湖边乔木下，微风之中频摇曳。

有如群星在银河，形影绵绵光灼灼，
湖畔蜿蜒花径长，连成一线无断续。
一瞥之中万朵花，起舞蹁跹头点啄。

湖中碧水起涟漪，湖波踊跃无花乐——
诗人对此殊激昂，独在花中事幽躅！
凝眼看花又看花，当时未解伊何福。

晚来枕上意悠然，无虑无忧殊恍惚。
情景闪烁心眼中，黄水仙花赋禅悦；
我心乃得溢欢愉，同花共舞天上曲。

① 威廉·瓦慈渥斯(1770~1850) 通译为华兹华斯，英国诗人。幼年即失去父母，成为孤儿。他毕业于剑桥大学，早年同情法国资产阶级革命，后转向封建立场，反对资本主义文明，主张回到自然。他长年隐居于风光明媚的英格兰湖区，常和农民攀谈，在冥想和吟诗中度过了一生大部分时间，成为消极浪漫主义的"湖畔派"诗人的代表。他主张诗应更多地描绘大自然，用自然的美来陶冶人们精神；他还十分重视发展民间艺术的精华，打破了英国古典主义诗学的束缚。1843 年被英国王室封为"桂冠诗人"，随后渐渐失去艺术创造力。代表作有长诗《序曲》，组诗《不朽颂》、《露茜》，抒情诗《孤独的割麦女》等。这首咏黄水仙花诗，据华兹华斯妹妹日记所载，诗人 1802 年徜徉于英格兰湖区时，为优美的黄水仙所陶醉，两年后回忆当年情景，成诗而志。

（三）黄水仙花日（DAFFODIL DAY）

水仙花象征着希望和信心。20 世纪 80 年代初期，加拿大癌症协会为帮助癌症患者重新树立生活的信心，将每年八月的最后一个星期五定为"黄水仙花日"。实际上"黄水仙花日"不仅仅限于星期五这一天，而是贯穿整个八月。之后，该活动又传播到美国、澳大利亚、新西兰、冰岛等国家。大批义工和癌症协会的会员们在"水仙花日"走上大街，呼吁全国的民众关注癌症患者，为其献上自己的一份爱心。他们在街上出售新鲜或绢制的黄水仙花、黄水仙花胸章和其他一些小饰物募集捐款，所得全部款项用于癌症研究和治疗。

（四）水仙花节盛会

中国水仙深受我国华侨喜爱。

美国檀香山中山华侨就将其带到檀香山繁殖观赏。早在 20 世纪 20 年代，旅檀中山华侨还写诗描绘水仙花形状惟妙惟肖，诗情画意，韵味隽永，由此而引发了"水仙花节盛会"。1950 年春节前，檀香山中华总商会主办了"水仙花节盛会"。之后每年春节举行一次。水仙花被檀香山华人当做是幸福美好的象征。春天正是水仙花盛开的季节，举办盛会，寓意和平幸福和如意吉祥。盛会上，除表演中国传统的舞狮、舞蹈和音乐等节目外，还选出一位水仙花皇后和四位水仙花公主，任期一年，将中国水仙的传统文化继续在国外加以发扬。

第三节　凌波仙子之画卷

中国花鸟画随着中国绘画艺术之发展而发展着。新石器时代陶器上纹饰、商周时代青铜器上、玉器上等动植物纹饰，春秋战国时期更扩大到漆器、壁画、刺绣等方面实用品装饰艺术，都大量运用花卉草木、鸟禽等题材。以水仙为题材传世绘画作品极为少见。迄今所见较早有：五代刁光胤（约 873～953 之后）《写生花卉册》中有《雪景水仙图》作带雪文石，下写水仙花数本，并有宣和御押及方玺，飞白"光胤"字在石间。

> 黄冠翠帔玉为姿，何处春风一见之。
> 未到湘江清绝地，试看山谷老谷诗。
>
> ——御题

与宋代赵孟坚《水仙》、《墨水仙图卷》两件和《水仙》、《水仙图》（无款）两件，共计五件。

宋徽宗赵佶（1082～1135）的《水仙鹌鹑图》，形神俱佳，可谓花鸟画之上品。赵佶是一位精于花鸟画艺术家之皇帝。

赵昌，剑南（今为城都）人，善画，初师滕昌祐，后过其艺，自号"写生赵昌"。大中祥符（1008～1016）中，丁朱崖奉白舍五百两为寿，昌咸其竟，观往谢之。画有

《岁朝图》(图 5-1)，故宫博物院收藏，绢本 103.8cm×51.2cm。设色画梅茶水仙，长春立石，花朵繁密，结构特殊，精工之笔，画幅左下方有"臣昌"款。乾隆御题行书："满幅轻绡荟众芳，岁朝首祚报韶光。朱红石绿出画院，写态传情惟赵昌。祇以丽称弗論格，稡于多处若闻香。宣和好画非真好，迹涉竽吹热闹场。江少虞谓：赵昌画若染成，不为采色所隐，是帧写生工妙，信非昌不能办，第玩其结构，下截步置分明，水仙已居其半，而湖石以上仅五寸许。花朵繁密，略无余地，枝干俱未能展拓尽势。名人章法，殊不如此。盖画幅本大。或有破损处，为庸贾割去。别署伪款，所存已非全璧。然昌画不多觏。吉光片羽，亦自可珍。既题以什。并识所见如右。丙申岁朝御笔。"钤宝二。乾隆。

图 5-1　《岁朝图》

　　苏汉臣《靓妆仕女图》(图 5-2)，空间布置，背景铺陈，人物描绘，也同样有杰出表现。《靓妆仕女图》在空间分配上，以一道曲折栏杆划分出前后景，后景空无一物，有南宋马、夏半边空灵感觉。前景则丰富多物，有盆栽、水仙、太湖石、枯树、几榻、屏风和对镜化妆仕女。画家将梳妆女子置于画幅中间，镜里反照出仕女专注容颜，左后方有一丫鬟侍立，状甚恭谨，显然这是富裕人家规范，所以才能在美丽庭园里闲适打理妆容。

　　赵孟坚(1199~1264)字子固，浙江海盐人，其《水仙卷》长卷(图 5-3)，更是众多绘画作品中的逸品，现藏天津市博物馆。《水仙卷》为水墨纸本世纪长卷，纵 31.2cm，横 674.2cm。画中水仙不是家中盆养清供之品，而是种植在野外一大长方形土坡上的地块中，叶壮花茂，生机盎然，诚然是幅写实性绝品。本幅左下角钤有赵子固朱文方印，后幅有元代郑元祐、吴靖、陈鹏年、裴景福诸家题记，并钤有《御府法书》及明清名家监藏印记三十余方。可谓流传有绪。本幅画水仙四十余株，花苞花蕊百八十余朵。全卷结构严谨，花叶繁简得宜，繁而不乱，疏密有致，或花蕊盛开，或含苞待放；花叶组合，穿插映带，阴阳向背，抵昂顾盼，层次分明，画面处理得有条不紊而生意盎然，墨色的浓淡深浅都掌握得恰到好处，既合于水仙的自然生长状态，又高于自然，清雅绝俗。可以看出此图作者扎实非凡的写实功力。此图土坡采取《飞白石》

图5-2　《靓妆仕女图》

图5-3　《水仙卷》局部

画法，用笔轻拂，笔墨十分虚灵，与他的两幅墨兰卷土坡画法极为相近；其丛丛小草
采用中锋浓墨写出，笔法劲利，沉稳而富于变化，凡此种种颇有宋元人淡雅蕴藉、气
韵淳古的风致，诚为一幅难得的佳作，绝非一般庸工俗史所能及。此卷比起以前所见
诸卷赵款水仙画都要精彩得多，故陈鹏年在后幅题记中写道："此卷'长寻丈有奇，
花凡数十百本，姿态百出，生动变化，自非功力精到不能有此，几案间足令寒香袭人
衣袂也。'"（《国家文物鉴定委员会委员故宫博物院研究员杨臣彬2007年11月28日于
北京市花枣院》），赵子固另一幅水仙画卷，宋代周密（1231～1298）曾题过字的，今藏
于美国纽约大都艺术博物馆。

　　宋代无款《水仙图页》（图5-4），绢本设色，24.6cm×26cm，北京故宫博物院藏。
图绘水仙一簇，由左下向上出叶，布满画面。数朵水仙花，有盛开状，有含苞欲放
状。花叶用花青，汁绿一笔点画，花瓣用细笔勾轮廓后染白粉，花蕊用橘红色晕染。

图5-4 《水仙图页》

叶之正侧翻卷、明暗、花之层次、形态刻画细致。全画设色淡雅，画无款印，就题签赵孟坚作，不知何据。赵孟坚画风清秀淡雅，而此图画法甚工，且设色，与记载不符，实为南宋中晚期之作，未必出于子固之手，故改题无名氏作。

钱选（1239～1299）花鸟画成就最高，是元代继承宋代设色工笔花鸟画一派中代表人物。钱选《八花图卷》（图5-5），纸本设色，29.4cm×333.9cm，故宫博物院藏。此图画海棠、杏花、梅花、栀子、桂花、水仙等八种花卉。花叶花瓣用细笔勾描后填色，花萼用浓墨点醒。笔法精工细密，敷染明净秀媚，且富文人画古雅的气质。卷末赵孟𫖯题跋云："风格似近体，而敷色姿媚，殊不可得。尔来此公日酣于酒，手指颤掉，难复作此，而乡里后生多仿效之，有东家捧心之弊，则此图诚可珍也。"赵氏所谓"近体"即指南宋院体画。此图为钱选早期花鸟画师法南宋院体风格的佳例。此图

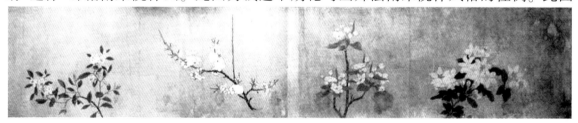

图5-5 《八花图卷》

无款，但在画右下方钤"舜举"印。钱选的《水仙花图》诗："帝子不沉湘，亭亭绝世妆。晓烟横薄袂，秋濑韵明珰。洛浦应求友，姚家合让王。殷勤归水部，雅意在分香。"比附"帝高阳之苗裔"，投湘水而去的爱国诗人屈原。

由此可见，中国画特点是人与自然之融合，个人修养和对人生与自然之感悟，是源于自然、出自胸意，以书入画，抒情写意的"意象"艺术。把它挂在墙上，同室入住，人花相依，随时观赏。可见爱花已到痴绝之程度。据植物学家调查统计，地球上的花卉草木多达三十万种以上，除了生长在苏门答腊的阿诺尔特热带雨林中巨花——大王花，会发散出腐尸恶臭以外，其余的花大多是赏心悦目的，香飘四季，把人类家园装扮得分外妖娆。但唯有中国水仙在冬季最寒冷季节含苞怒放，把春之信息送给千家万户，受到中国先民们厚爱，视为保护神而崇拜画作族徽标志加以祭祀。

中国水仙画卷还有：元王迪简，越州人，字庭吉，号戴隐。画有《双勾水仙图卷》(图5-6)，纸本、墨笔，纵31.4cm，横第一段80.2cm，第二段146cm。构图繁密，花与叶交织穿插，偃仰生动。以双勾填墨绘制，笔法、墨色符合阴阳，俯仰之光色变化与自然生态。图尾钤"王庭吉氏"、"戴隐"两印，拖尾有署名"自悦"者行书诗跋，又有明代"永嘉赵新"题诗一首。现藏故宫博物院(《中国文物大辞典》，中国文物学会专家委员会编，2008.5.429页)。

(局部)

图5-6　《双勾水仙图卷》

图5-7　《梅花水仙图卷》

元代无款《梅花水仙图卷》(图5-7),纸本墨笔,29cm×401.5cm,上海博物馆藏。卷首土坡上屹立一块造型奇特怪石,石质坚硬,背后一枝寒梅斜出,枝干秀长,又有椒花一枝做伴。后写水仙,花含罄口,叶垂钿带,繁而不乱,以劲挺线条勾勒花叶,再用淡墨渲染出阴阳向背,姿态如生,风格近似赵子固。

号称海派画坛艺首吴昌硕,常作清供图迎岁、赠友。1915年,72岁高龄时作《岁朝清供》(图5-8),纸本设色,151.6cm×80.7cm。自题:"岁朝清供。岁朝写案头花

图5-8　《岁朝清供图》

果，古人所作岁时之迁流也，兹拟其意。乙卯岁寒，吴昌硕。"乙卯为 1915 年，吴昌硕时年七十二岁。此为节令风俗画。此图画蒜头高瓶，内插盘曲古梅一枝，瓶左侧湖石、花盆，盆内栽水仙和兰花，瓶下画柿子、慈姑等物，所画各物都寓有"吉庆有余、平安富贵"之意。

刺绣即以针引彩线，在织物上绣出字画。《书·益稷》："予欲观古人之象，日月星辰，山龙华（花）虫，……黼黻絺绣，以五彩彰施于五色，作服。"绣，通称刺绣，在中国历史悠久，自汉代时刺绣工艺已达到很高艺术水平。晋·王嘉《拾遗记》："赵逵之妹能列万国於方帛之上。"唐·苏鹗《杜阳杂编》："南海卢眉娘能于一尺绢上绣《法华经》七卷，字大小不逾粟粒，点画分明，细于毛发。"

中国刺绣以产地命名。有四大名绣，即苏绣、粤绣、湘绣、蜀绣。其构图、用色、针法各有特点与风韵。传统苏绣构图简练，主题突出，形象生动，意境深邃，颇得宋代画院体工笔花鸟画意。针法多变，有九大类近五十种之多，讲求"应物施针"，其中又以套针和水路为其特点。技法精巧、细腻，劈绒细如游丝，于细致上见功夫，形成了"精、细、雅、洁"独特风格。

中国吉祥图案始于距今 3000 多年前周代。传统"百寿"吉祥图案，一般多采用一百种不同字体的寿字组成字幅或图案，表示长寿之吉祥意义。

这件短袖女上衣（图 5-9），正面绣上十二个盛放水仙花球，其图案设计与构图具有新颖性、独创性、主题突出、寓意深邃。

图 5-9   水仙寿字绣衣

第六章　水仙属种质资源与中国水仙开发利用

水仙属（*Narcissus*）是多年生具有地下鳞茎的草本植物，属天门冬目石蒜科植物。地下部分的鳞茎肥大，卵形至广卵状球形，外被棕褐色皮膜。基生叶线形或圆筒形，与花茎同时抽出。花茎中空。伞形花序有花数朵，有时仅 1 朵；佛焰苞状总苞膜质，下部管状；花直立或下垂；花被高脚碟状；花被管较短，圆筒状或漏斗状，花被裂片 6，几相等，直立或反卷；副花冠长管状，似花被，或短缩成浅杯状；雄蕊着生于花被管内，花药基着；子房每室具胚珠多数，花柱丝状，柱头小，3 裂。蒴果室背开裂；种子近球形。细胞染色体基数 x = 7、10、11。水仙花姿、花色丰富，部分种类花朵具有宜人的香气，是世界各国广泛种植的著名观赏兼药用植物。

第一节　水仙属种质资源的多样性

一、水仙属植物资源及分布

（一）分布及其开发利用

水仙属植物野生种和栽培种以地中海沿岸为分布中心，西班牙、葡萄牙最为集中，摩洛哥、捷克共和国分布较多，法国南部、意大利、小亚细亚、西班牙以东至亚洲一带均有分布。现代水仙品种是最早起源于西班牙和葡萄牙的野生种水仙。野生种水仙是伊比利亚半岛的地方性种类，人们通过何种方式将其引种到英国、法国、荷兰以及世界各地还不是十分清楚。中国水仙分布于我国福建、浙江等东南沿海一带，经过上千年的栽培驯化，已成为重要的主栽花卉之一。目前在中国福建、浙江和上海等地有大面积栽培。日本水仙是中国水仙的变种，起源于中国漳州不同地区，只是在日本不同地区栽培时发生了较小程度的变异。

水仙属植物是世界性著名球根花卉，其消费市场遍及世界各地。除作为观赏外，水仙属植物的其他用途被不断开发出来。现在水仙已经是世界著名的香精植物，花瓣提取物中含有几十种化学成分。尤其是中国水仙，其花香浓郁，鲜花芳香油含量达 0.20% ~ 0.45%，可提取香精，也有采用水仙鲜花窨茶，制成高档水仙花茶、水仙乌龙茶等。水仙鳞茎浆汁含生物碱类物质，可用作外科镇痛剂，中医将中国水仙鳞茎捣烂敷治痈肿。现代药理学研究表明，水仙鳞茎内含有具有药理学活性的生物碱类物质——多种凝集素，可用来抑制乙酰胆碱酯酶和 HIV－1 病毒活性，被用来治疗阿兹海默氏症病(Alzheimer's)和艾滋病(AIDS)。水仙凝聚素还具有杀虫特性和增强转基因植物抗虫特性，在农业生产上具有极大的应用潜力。此外，喇叭水仙中的八氢番茄红素合成酶基因被转入稻米中，用于治疗维生素 A 缺乏症。目前，人们不仅仅将其作观赏植物栽培，更关注于其中的凝集素、特殊香精油的研究和开发应用。利用生物反应器大量生产医用凝集素、研究水仙凝集素在医学上的药理作用、探索水仙香精油提取与人工合成方法等已经成为国内外关注的重要课题，水仙研究的领域空前广阔。

(二) 资源及其多样性

水仙属植物的栽培及应用一直以来就受到国内外的重视，早在 2000 多年前古希腊人就利用多花水仙(*N. tazetta*)制成花圈作为葬仪品以及寺庙内的装饰品。公元前 800 年左右在希腊的文学作品中就提到过水仙。到 1548 年已被发现的水仙就有 24 种，后来又陆续发现新种，16 世纪最具影响力的植物学家 Carolus Clusius (Charles de L'Escluse，1526～1609) 分别于 1576 年和 1601 年进行了水仙的分类工作。由于水仙属植物在原产地彼此很靠近，经过千百年来的自然杂交、多倍化以及长期的人工栽培选育，形成了许多新的种类和品种，至 1629 年，据 Parkinson. J 记载和分类，当时水仙已经有 90 余个种和品种。进入 19 世纪 30 年代，水仙属植物更引起各国的关注，尤其是荷兰、比利时和英国的一些学者开始进行水仙的分类和品种改良工作，随后澳大利亚、新西兰和美国等对水仙的育种和品种改良做了大量工作，相继培育出许多新品种，目前栽培品种已达 26000 余个，每年还有新品种诞生。但对水仙的起源、分类及系统进化研究非常困难，种间界限和种的数量至今未能得到明确，其亲缘关系更是知之甚少。

水仙属植物在形态学、细胞学及分子水平表现出广泛的遗传多样性。水仙属植物的株高、叶片、花朵着生方式、花序着花数、花被、雄蕊着生方式和长短等均因种类而异，尤其以花器官多样性表现最为突出(Vesileva M. Y. 1991，赵莺莺 2003)。其中，花的雌雄异位现象是遗传学、生态学、进化生物学和传粉生物学所共同关注的焦点。作为雌雄异位程度变异较大且自交不亲和的植物，水仙属植物成为研究该现象的典型代表。水仙属植物的花柱在长度变化上表现出单态、二态和三态性，这种多态性导致了种间在传粉生物学上的显著区别(Angela M. 等 2004)。由于水仙的自交不亲和性，花形态在控制异型杂交方式上起着关键的作用(Cesaro A. C. 等 2004，Barrett S. C. H. 等 2005)，但也有研究认为，在一些水仙种类中，如 *N. longispathus*，异型杂交率与雌雄异位间不存在正相关，而是由于传粉者的不规律活动造成(Medrano M. 等 2005)。

水仙属植物遗传多样性在染色体和 DNA 变化水平也明显地表现出来。染色体荧光技术、AFLP 技术以及 RAPD 技术的应用，分别在细胞、染色体及 DNA 等水平揭示了水仙属植物不同群体及个体的亲缘关系及遗传多样性。Darlinton C. D. 1955 在

《Chromosome analysis of flowering plant》一书中曾指出，水仙属植物的染色体基数有 $x = 7$、10和11三类。Brandham P. E. 1992通过对731个水仙品种进行染色体数核型分析，发现水仙属的染色体数目变化极大，$2n$ 从14到46均有存在，如：围裙水仙 $2n = 14$、21、26、28、35、39、42、49、56不等，约有6个亚种、12个变种，其染色体数目在变种及亚种间有很大差异，大部分是基数为7的二倍，也有三倍体、四倍体等整倍体及非整倍体；中国水仙 $2n = 30$；法国水仙的染色体数 $2n = 20$；喇叭水仙 $2n = 14$、15、20、22、30；明星水仙 $2n = 21$；丁香水仙 $2n = 14$、28；红口水仙 $2n = 14$、21、28；三蕊水仙 $2n = 14$；仙客来水仙 $2n = 14$。此外还有三倍体和非整倍体等的存在。所以有的种类高度可育，有的种类育性降低甚至全部不育。不育主要由以下因素引起：减数分裂行为异常、多倍性存在以及由于不同倍性水平上不同染色体基数种的杂交引起的可育配子减少等。由此可见水仙属植物在细胞学水平上遗传变异复杂，加上千百年来的自然杂交、多倍化以及人工栽培选育，从而使得该属植物资源丰富，遗传变异大，至今，水仙的栽培品种有26000多个，且每年都有新品种诞生，平均每年推出160个左右的新品种。

二、水仙属植物的国际分类系统

(一)水仙属植物在石蒜科中的系统地位

石蒜科起源于古南大陆(又称冈瓦纳大陆)，是一个分化显著的中等科，全世界分布，约有13(～15)族，60～65属，725～850属。在植物系统发育的排列位置上，与具单沟远极花粉的木兰类植物的亲缘关系远比具三沟萌发孔花粉的真双子叶植物近，尤其是与草本木兰类植物关系更加密切。由此可见，石蒜科植物起源古老，其演化、辐射扩散关系复杂，涉及泛大陆(pangaea)几次分离——漂移——在聚集系列过程的地球地质历史时期。

水仙族为石蒜科第8族，仅有2属，其中水仙属约300种，主要分布在地中海沿岸地带、北非、中欧，向东至高加索与中亚、伊朗和巴基斯坦。在我国东南沿海及岛屿上等，日本九州、本州沿海地带亦有野生分布。另一属全能花属(Pancratium)植物有15种，分布中心亦在地中海沿岸地带，以及西欧、南欧至西亚。

2006年吴征镒院士在《种子植物分布区类型及其起源和分化》一书中提出"石蒜科为古南大陆居民"，由此也可以看出，石蒜科水仙族植物起源、辐射分化、扩散迁移的地址历史途径。

(二)水仙属植物国际园艺分类

水仙属植物的分类目前主要还是以花的大小与数目、花被和副冠的形状、长短、大小及色泽等形态差异作为分类依据，但随着改良品种和种间杂种的不断育成，现有的种和品种的分类比较复杂，因此，要清楚地鉴定水仙属植物种间界限及亲缘关系比较困难。虽然一直以来，不断地对水仙属的系统分类进行修正，然而对于水仙属植物的系统发生至今了解甚少，许多种的界定和分类地位还未曾弄清。目前，根据它们的形态、习性和染色体等进行分类，形成了不同的水仙分类系统。比较有影响力的分类，如德国分为6大类；日本最新园艺辞典中将水仙分为16类；英国皇家园艺学会分为11类，分述如下。

1. 德国分类系统

德国 Wehrhahn 的分类系统是将水仙分为6大类。

喇叭水仙类（Trumpet）：花的副冠筒比较长，喇叭状，副冠筒与花被等长或稍长。共有8种12变种，其中主要的种是黄水仙（*N. pseudo-narcissus* L.），又称喇叭水仙，是最耐寒和最常见的种，原产瑞典、英国、葡萄牙、西班牙、法国和罗马尼亚。叶4~6片，花单生，花被硫黄色，副冠橙黄色。花期3~4月。此外，还有两色水仙（*N. bicolor* L.）、仙客来水仙（*N. cyclamineus* DC.）、麝香水仙（*N. moscAatus* L.）等。品种众多。

明星水仙类（Incomparahilis）：花单朵，副冠长约为花被的1/3~1/2。其中的明星水仙（*N. incomparabilis* Mill.）有叶4片。花被伸展，长2.5~3cm，淡黄色；副冠倒三角形，橘黄色。原产西班牙至法国西南部，花期3月。有许多变种及品种。

红口水仙类（Poeticus）：副冠长不及花被的1/3，大多数为单朵，花被白色，副冠黄色，边缘红色。有3种，其中主要的种是红口水仙（*N. poeticus* L.），原产法国至希腊地中海区域，花期4~5月。

多花水仙类（Polyanthus）：每葶上有花4~15朵，花冠与副冠通常为两种颜色，有8种，其中最重要的是多花水仙（*N. tazetta* L.）。产南欧，花期2~5月，有花4~8朵，花被纯白色，副冠橙黄色，有香气。

长寿花类（Jonquil）：有两种，即长寿花（*N. jonquilla* L.）和灯芯草叶水仙（*N. juncifolius* Lagasca）。以长寿花更为常见，有花2~6朵，副冠长不及花被的1/2，花被与副冠均为黄色，产南欧，花期2~3月。

其他水仙：有7种，其中以三蕊水仙（*N. triandrus* L.）为主，产西班牙、葡萄牙，有花1~6朵，花期4~5月，花冠白色，副冠乳白色，有许多变种和品种。有三个秋天开花的种：美丽水仙（*N. elegans* Spach.）产意大利、阿尔及利亚，花期9~10月，花被白色，副冠黄色；秋花水仙（*N. serotinus* L.）原产地中海区域，花期10~11月，有花1~2朵. 花冠纯白色，副冠橘黄色；绿花水仙（*N. viridiflorus* Schousb）花绿色，花期11月，有花2~4朵，原产直布罗陀至摩洛哥。

2. 日本分类系统

喇叭水仙（*N. asturiensis* Pugsley.）：又名漏斗水仙、黄水仙，原产西班牙、葡萄牙。高7.5~17cm，叶2~3枚，花茎长5~10cm，着生1花，花长约2.5cm，花朵稍倾斜开放，花色淡黄。有微香，花被片长椭圆形或披针形，副冠喇叭状，雌蕊密生于花筒的基部，花期 3 月。此类中最小的是 *N. minmus* Hort。副冠中间狭，着生雄蕊。变种有 var. *brevicoronatus*、var. *lagol*。

浅色水仙(*N. biflorus* Cuvt.)：原产法国南部。叶 4 枚，线形，宽约 1.2cm，花茎 30~45cm，花乳白色，一般着生 2 朵花，花直径 3~4cm，花被片倒卵形，相互重叠，副冠黄色。花期 5 月。为 *N. poeticus* 和 *N. pseudo-narcissus* 的天然杂交种。

N. broussonetii Lagasca：原产摩洛哥的摩加岛。叶 4 枚线形，长约 30cm，花茎同叶等长，花白色，4~8 朵花，花筒长约 1.8cm，花被片披针状椭圆形，长 1.2cm，副冠不发达，雄蕊自花筒突出，花期 5 月，在原产地 10 月开花。

围裙水仙(*N. bulbocodium* L.)：原产葡萄牙、西班牙、法国西南部、摩洛哥及阿尔及利亚。其特征为鳞茎小，径 1~2cm，具大型漏斗状的副冠和弯曲的雄蕊，叶通常为 3~4 枚，鲜绿色，长 10~20cm，花斜向上方，一茎一花，花色有黄、淡黄、白色，花被披针形。长 12~16mm，基部宽约 3mm，副冠倒圆锥形，深 12~16mm，边缘波状，花筒与副冠等长，花期 2~5 月。是本属中最原始的种类。约有 5 个亚种和 12 个变种(图 6-1)。

N. cantabricus DC. (*N. bulbocodium* var. *monophyllus*)；该种名为西班牙的科迪勒拉坎培布连山脉之意。该种与 *N. bulbocodium* var. *monophyllus* 很相近，该种鳞茎外侧鳞片深褐近黑色，花白色，几乎看不到小花梗，有香味，副冠基部较大。而 *N. bulbocodium* 鳞茎外侧鳞片颜色变异很大，由白色到深褐色，花黄色，有小花梗，香味微弱，副冠基部不大。两者均高度不育。该种从鳞茎上可长出 1 片以上叶片。

仙客来水仙(*N. cyclamineus* DC.)：原产葡萄牙、西班牙西北部。鳞茎小，圆形，径约 1cm。叶线形，背隆起星龙骨状，长约 20cm，宽 5mm。花茎直立长约 12cm。花向下开放，黄色无香味，花被片长约 1.8cm。线状，长椭圆形，反卷 180°。柠檬色。副冠与花被片等长，边缘有不规则的锯齿，橙黄色，花筒短，花期 2~3 月(图 6-2)。

图 6-1　围裙水仙　　　　　　　　　　　图 6-2　仙客来水仙

长寿花(*N. jonquilla* L.)：原产葡萄牙、西班牙、阿尔及利亚及达尔马提亚(南斯拉夫)，欧洲有野生种。叶圆形，深绿色，长 30～45cm，2～4 枚。花茎几乎与叶同长，花 2～6 朵。直径 3～4cm，鲜黄色，香味浓。花筒圆形，长约 2.5cm。花被片倒卵形，大而平。副冠杯状与花被片等长。花期 4 月(图 6-3)。

　　灯心草叶水仙(*N. juncifotius* Lag)：原产西班牙、葡萄牙、法国南部及欧洲牛斯山脉。叶 3～4 枚，近圆形。非常纤细，呈草状，直立。花茎长 15～20cm，着生 1～6 朵花，花鲜黄色，花朝向侧面，斜上方开放，小花梗长 1.2～3.7cm，花筒长约 1.2cm。花被片卵形，大而平，长约 1.2cm。副冠杯状，深黄色，长约 0.6cm。花期 4 月。

　　小型喇叭水仙(*N. minor* Lag)：叶大而直立，长 7.6～10cm，宽约 0.6cm。花茎直立，长 15～20cm，花黄色，长约 3.1cm。花朵横向或斜下方开放。有微香，花筒长约 1.2cm，花被片卵形、披针形，边缘呈波浪状。副冠喇叭形，边缘有大褶，6 浅裂。花期 3 月，原产地不详。同 *N. asturienis* 和 *N. pscudo-narcissus* 有亲缘关系。

图 6-3　长寿花

图 6-4　黄水仙

图 6-5　红口水仙

图 6-6　喇叭水仙

黄房水仙(*N. odorus* L.，*N. campernelli* Hort)：别名橄榄水仙，是 *N. pscudonar-cissics* 和 *N. jonquilla* 的杂交种，有香味。叶 3~4 枚，线形，有沟。花茎长 30~45cm，着生 2~4 朵花。花被片长椭圆形，鲜黄色，幅冠边缘变宽，6 浅裂。原产地中海沿岸(图 6-4)。

红口水仙(*N. poeticus* L.)：原产西班牙，通过欧洲中部到希腊，至地中海沿岸。叶约 4 枚，长 30~40cm，宽 0.6~0.8cm。花茎 30cm 以上。着生 1~2 朵花，花直径 4.3~6.8cm，有香味，花筒圆形绿白色，花被片大，纯白色，基部略带黄色。副冠平，圆盘状，宽约 1.5cm，边缘有大波纹，鲜红色。花期 4 月(图 6-5)。

喇叭水仙(*N. pseudo-narcissus* L.)：又称黄水仙，是喇叭水仙类中主要品种。原产法国、葡萄牙、西班牙和英国。鳞茎近圆形，长 2.5~3cm。叶直立，长约 35cm。宽 0.6~1.2cm，绿带自粉色。花茎在开花时与叶等长，花后伸长。花有大小之分。英国及欧洲西部有重瓣品种(图 6-6)。

秋花水仙(*N. serotinus* L.)：该种原产葡萄牙、北非、意大利、希腊、黎巴嫩及以色列的地中海沿岸。为晚花种，叶 1 枚，长 15~22cm，有深沟，花茎同叶几乎等长，或无叶。花 1~3 朵，直径约 1.8cm，有香味。花被相互重叠，白色，副冠浅杯形，长约 0.2cm，浅裂，黄色。花筒几乎圆形，长约 1.5cm，花期 9~10 月。该种分布最为广泛，在地中海沿岸，夏季干燥和岩石倾斜地带生长(图 6-7)。

多花水仙(*N. tazetta* L.)：原产欧洲伊比利亚半岛、太西洋加那利群岛、北非利比亚、法国南部、意大利及科西嘉岛等地。叶 4~6 枚，平直，线形，内侧稍有龙骨，花茎长 30~45cm，花直径 2.5~5cm，着生 4~6 朵花。有香味，花筒圆形，长约 1.8cm，花被片倒卵形白色，副冠口小腹大葡萄酒杯状，长约 0.4cm，柠檬黄色，花期与产地有关，如晚秋或初冬栽培，花期为 12 月末至 2 月。野生变种花色和花的大小差异很大(图 6-8)。

三蕊水仙(*N. triandurs* L.)：又名樱草水仙、西班牙水仙。原产葡萄牙、西班牙。叶 2~4 枚，长 15~20cm，宽约 0.5cm，平直、圆形有沟。花茎 15~30cm。花淡黄色略带白色，花 1~5 朵，开时朝下。花被片披针形，反卷。副冠酒杯状。雄蕊 3 枚突出，另 3 枚隐藏在花筒中。花期 3~4 月，有 5 月开花的变种(图 6-9)。

绿花水仙(*N. viridiflorus* Schousb)：原产西班牙、直布罗陀及摩洛哥。鳞茎球状，直径约 2.5cm。叶 1 枚或数枚，花后抽生，长约 60cm。花茎纤细，长 30~45cm，花 2~3 朵，暗绿色，有香味。花被披针形，反卷。花筒纤细，长约 1.2cm。副冠非常短，绿色，6 浅裂，花期 11 月。

3. 英国皇家园艺学会分类系统

1908 年英国皇家园艺学会提出了水仙的栽培品种分类系统，并在 1915、1923 年进行了修正。1950 年依据花被裂片与冠幅长度的比以及色泽异同进行分类，将水仙分成11栽培品种群（ultivas），并作为国际通用的栽培品种分类标准。在英国皇家园艺学会的允许下2005年开始国际水仙登录（the Intemational Daffodil Register）采用新的水仙花园艺分类系统（New Horticulture Classification），将水仙分为13群，分述如下：

（1）喇叭水仙群（Trumpet Daffodil Cultivars）：主要特征是，一莛一花；副冠与花被裂片等长或长于裂片。花被片有色，副冠的色彩与它相同或者较浓；花被片白色，副冠有色；花被片白色，副冠白色或乳白色；不属以上范围，而有其他特征的。

（2）大杯群（Large-cupped Daffodil Cultivars）：主要特征是，一莛一花；副冠长于花被片的1/3。花被片有色，副冠与它同色或较浓；花被片白色，副冠有色；花被片白色，副冠白色或乳白色；不属以上范围。（图6-10）

图6-7　秋花水仙

图6-8　多花水仙

图6-9　三蕊水仙

图6-10　大杯水仙

（3）小杯群（Small-cupped Daffodil Cultivars）：主要特征是，一莛一花，副冠长度是花被裂片长度的1/3或短于1/3。花被片有色，副冠与它同色或较深；花被片白色，

副冠有色；花被片白色，副冠白色或乳白色；不属于以上范围。（图6-11）

（4）重瓣水仙群（Double Daffodil Cultivars）：主要特征是，一葶多花，花重瓣，花白色、黄色或复色，芳香。（图6-12）

图 6-11 小杯水仙　　　　　　　　　　　图 6-12 重瓣水仙

（5）三蕊水仙群（Triandrus Daffodil Cultivars）：主要特征是，副冠长度是花被片长度的 2/3 或更长；副冠长度不足花被片长度的 2/3。

（6）仙客来水仙群（Cyclamineus Daffodil Cultivars）：主要特征是，一葶一花，副冠长度是花被片长度的 2/3 或更长；副冠长度不足花被片长度的 2/3。

（7）黄水仙群（Jonquilla Daffodil Cultivars）：主要特征是，一葶 1～5（罕见 8）朵花；花被伸展或反卷；副冠杯状、漏斗状或外展成裙状，通常宽度大于长度；花芳香。

（8）多花水仙群（Tazetta Daffodil Cultivars）：主要特征是，一葶聚生 3～20 朵花；花被片伸展不反卷；花芳香。

（9）红口水仙群（Poeticus Daffodil Cultivars）：主要特征是，一葶 1 花；花被片纯白色；副冠很短或形状不明显，通常边缘红色，中心绿色或黄色，但有时副冠为一色；花通常芳香。

（10）围裙水仙群（Bulboccodium Daffodil Cultivar）：主要特征是，一挺 1 花；与占绝对优势的副冠相比，花被片无关紧要。

（11）裂冠水仙（Split Corona Daffodil Cultivars）：主要特征是，副冠呈倒三角形状裂开，通常深度超过副冠长度的一半以上。主要包括 2 种类型。

①双裂冠水仙（Collar Daffodils）　副冠与花被片反向，通常副冠 2 轮，花被片 1 轮。

②单裂冠水仙（Papillon Daffodils）　副冠与花被片交替，通常为 6 轮中的 1 轮。

（12）其他类水仙群（Other Daffodil Cultivars）：不适合归类于以上分类的品种。

（13）自然种类：野生种、野生型和自然杂种（Daffodils Distinguished Solely by Botanical Name）。

①*Tafeinanthus* 组（Section *Tafeinanthus*）

秋花；葶圆，一葶 1～4 朵花；叶狭长、灰绿色，通常不表现在开花球茎上；花朵向上，黄色；副冠缺失或中裂；花粉囊普遍从花筒伸出，短于花丝，反卷。

②秋花水仙组（Section *Serotini*）

秋花；葶圆，一葶 1～2 朵花；叶狭长、灰绿色，通常不表现在开花球茎上；花被片通常很短，纯白色、黄色、橙色或绿色；花粉囊在花筒内或稍伸出，并长于花丝，反卷；花芳香。

③ *Aurelia* 水仙组（Section *Aurelia*）

秋花；葶扁平，一葶 3～12 朵花；叶宽，灰绿色；花白色；副冠狭小或缺失；花丝不等长；花粉囊从花筒伸出，反卷；花芳香。

④多花水仙组（Section *Tazetrae*）

春花；葶扁平，一葶 3（罕 2）～20 朵花；叶宽或成矩形，灰绿色；花白色或双色；花粉囊在花筒内或稍伸出，长于花丝，反卷；花芳香。

⑤水仙组（Section *Narcissus*）

春花；葶扁平，一葶 1（罕 2～4）朵花；叶宽，但不成矩形状，灰绿色；花被片纯白色；副冠非杯状或浅杯状；花粉囊部分伸出花筒，长于花丝，反卷；花芳香。包含 *N. peeficlls*。

⑥长寿花组（Section *Jonquilla*）

春花；葶圆，一葶 5（罕 8）多花；叶窄或半圆柱状，绿色；花黄色，无白色；花被片伸展或反卷；副冠通常杯状，并宽度大于长度；花粉囊在花筒内或稍伸出，长于花丝，反卷；花芳香。秋季开绿色花的 *N. viridlflorlls* 是非典型的种类。

⑦*Apodanthi* 组（Section *Apodanthi*）

春花；葶扁平，一葶 1～2（～5）朵花；叶狭、矩形，灰绿色；花白色或黄色，无双色；花被片伸张或稍反射状；副冠杯状或漏斗状或裙状外展，宽度大于长度；花粉囊在花筒内，或 3 个花粉囊在内 3 个伸出，长于花丝，反卷。

⑧*Ganymedes* 组（Section *Ganymedes*）

春花；葶椭圆，一葶 1～2（～6）朵花；花下垂，白色、黄色或略带双色；叶平直，半椭圆状；花被片反射状；副冠杯状；3 个花粉囊在花筒中，另外 3 个高出副冠，反卷，与花丝等长或短于花丝。包括 *N. friandrlls*。

⑨围裙水仙组（Section *Bulbocodium*）

秋季到春季开花；葶圆，一葶一花；叶狭，半椭圆形；花白色或黄色；副冠显著，花萼与副冠相比无关紧要。花粉囊高于副冠，短于花丝。

⑩喇叭水仙组(Section *Pseudo-Narcissus*)

春花；通常葶扁平或圆，一葶 1 花；叶扁平；花白色、黄色或双色；花被片伸展；副冠边缘褶皱，黄色或白色（无橙色或红色）；花粉囊从花筒射出，与花丝等长或略短。以 *N. njclanlineus*、*N. lengispafhlls* 和 *N. nevadensis* 为典型。

第二节　中国水仙分布与资源

世界水仙属分布中心是地中海沿岸，多花水仙类(*Pohyanthus*)法国水仙(*N. tazetta*)是水仙属中栽培最广、类型最多的一个种。"tazeta"拉丁文指副冠形状为腹大口小瓦器之形。

多花水仙可分为真多花水仙和杂种多花水仙两个类群。

真多花水仙类群又分为三个组：

（1）中国水仙组(*N. chinensis*)，花瓣白色，副冠金黄色，浅酒杯状；

（2）纸白水仙(*N. tazetta* var. *paperaceus*)组，花瓣与副冠均为白色；

（3）法国水仙(*N. tazetta* var *polyanthos*)组，花瓣和副冠均为黄色，副冠为口小腹大瓦罐状，也即欧洲型高脚酒杯状。

杂种多花水仙类群是多花水仙与红口水仙的自然杂交后代，其花瓣为白色，副冠为橙黄色。

一、中国水仙在中国的分布

目前，我国福建漳州、浙江沿海岛屿及上海崇明地区均发现有自然生长的中国水仙（陈晓静等 2006，陈林娇等 2002）。按产地不同，中国水仙分为漳州水仙、平潭水仙、普陀水仙和崇明水仙等，其中以漳州水仙最具盛名。

（一）漳州水仙资源与生境自然概况

中国水仙在漳州栽培历史十分悠久，早在公元 960 ~ 1270 年间（宋代）就有水仙栽培的记载，1368 ~ 1644 年间（明代）漳州就已成为全国有名的水仙花栽培基地。20世纪初，漳州水仙花球就已远销英、美以及东南亚等 10 多个国家和地区。漳州水仙以鳞茎球大、花枝多、形美芬芳而驰名中外。现有单瓣水仙'金盏银台'、重瓣水仙'玉玲珑'和'金三角'三个栽培品种，以单瓣居多，新选育的'金三角'较两个传统品种抗病力强，同样规格的花球的花枝较两个传统品种多 1 ~ 2 枝，小花数目多 2 ~ 3朵。漳州盛产水仙得益于良好的自然环境。漳州位于福建省东南，九龙江下游，东经116°53′ ~ 118°09′，北纬 23°32′ ~ 25°13′之间。主要区域为南亚热带海洋性季风气候，年平均气温 21℃，全年无霜期为 318 ~ 349 天，年平均日照在 2000 小时以上，年平均降雨量在 1500mm 左右，土壤沙质而松软。总之，漳州冬无严寒、夏无酷暑，无霜期、日照较长，光能充足，雨量充沛，特别有利于喜温、喜湿植物的生长发育。

(二) 平潭水仙资源与生境自然概况

平潭水仙原生长于平潭县君山北坡，经历数百年的天然生长，于1978年开始进行人工驯化栽培，1987年平潭水仙种植面积达到549亩，生产花球300万粒。自20世纪80年代以来，有关科研人员就对平潭水仙的资源保护与开发进行研究，设立了平潭水仙自然繁衍保护小区，选育出抗逆性强，生长健壮、鳞茎大、株矮、花葶多、花期长的平潭水仙新品种。目前，栽培水仙有2000多亩，野生水仙资源多被采挖，仅在君山有少量自然生长的水仙。平潭地处福建省沿海中部，位于东经119°32′～120°10′、北纬25°15′～25°45′。属于亚热带海洋性季风气候，冬暖夏凉，霜雪罕见，平均气温19.6℃；平均日照1869.5小时，平均降雨量1180mm，气候温暖湿润，十分有利于水仙花的生长发育。

(三) 崇明水仙资源与生境自然概况

崇明水仙的种植已有四五百年的历史。早在明万历十二年(1553年)刊印的《崇明县志》中已经有关于种植水仙花的记载。19世纪20年代，就开始大规模种植水仙花，面积达300多亩；30年代发展到600多亩，进入鼎盛时期。后来由于历史原因，崇明水仙种植经历了三起三落的兴衰演变；20世纪80年代后，水仙的栽培又开始发展起来，但由于栽培技术的原因，发展速度缓慢。1997年开始，在港沿镇开辟保护地试种水仙。现崇明水仙的种植量约100多亩，大多集中在港沿镇，堡镇镇和合兴镇也有少量的栽培。崇明地处北亚热带，位于东经121°09′～121°54′，北纬31°27′～31°51′。气候温和湿润，四季分明，夏季温热，盛行东南风，冬季干冷，盛行偏北风，属典型的季风气候。年平均气温15.2℃，无霜期为229天，年平均降雨量1026.5mm，平均日照时数为2104小时。

(四) 普陀水仙资源与生境概况

据有关历史资料考察，普陀水仙至今已有800多年的历史，早在南宋就有文字记载。普陀水仙原产于舟山群岛，长期以来呈野生状态生长。1979年，当地的科研人员对舟山的水仙资源及分布情况进行了详细调查，发现野生资源丰富，达170万只左右，尤以普陀区最为集中。1979年开始对野生水仙人工栽培，1981年普陀水仙通过鉴定而被正式命名。20世纪80年代中期，普陀水仙曾与福建漳州水仙齐名，其后由于在水仙生产上科技和资金的投入力度不足，商品球比例(大球率)下降，栽培面积逐年缩小。野生水仙资源曾在大力发展水仙生产中被掠夺性采挖，野生状态的水仙已很稀少。普陀位于浙江省东北部，舟山群岛东南部，东经121°56′～123°14′，北纬29°32′～30°28′。气候四季分明，年平均气温16.3℃，降水量1320.7mm，光照充足，具有夏无酷暑、冬无严寒、温暖湿润的亚热带海洋性季风气候特征。

二、中国水仙资源多样性

中国水仙目前栽培的品种则主要有两个，其一是单瓣水仙，花单瓣，花被6裂、呈盘状、白色，副花冠黄色、浅杯状，又名'金盏银台'，清香浓郁，其二是重瓣水仙，花重瓣，副花冠和雄蕊花瓣状，瓣形扭转呈簇，黄白相间，又名'玉玲珑'，香气较淡雅（陈燕贤，2005）。

20世纪80年代，漳州农校对水仙花进行化学和物理诱变，开展了中国水仙新品种的选育研究，并进行了田间群体筛选。经过多年努力，终于从几十万粒水仙群体中筛选出新的品种——'金三角'，其与'金盏银台'的主要不同在于副冠三裂倒三角形，基部有联合（陈燕贤，2002）。

2000年，中国林业科学研究院彭镇华等辐射选育的浓香矮化型水仙获得了发明专利，2003年，施德勇发现了花型和花色发生自然突变的'状元水仙'，花箭上长有8朵淡绿色小花。每朵小花又是密集型的簇状花，小花小巧、密集、柄短、无花筒、花被、副冠；原来的白色花变成了淡绿色的花。

目前，中国水仙资源正日益缩减。20世纪80年代，中国水仙在闽浙沿海诸岛分布广阔，有成片自然生长的水仙花，资源蕴含量丰富。但到21世纪初，平潭、霞浦、莆田、崇明、普陀等原主要分布区水仙资源丧失严重，不再有成片自然生长的水仙花，仅有零星散布（吕柳新等2005，1989）。其次，不科学的人工选育也可造成种质资源的丧失。例如，目前，重瓣水仙品种只占中国水仙花总量的5%，而且每年以1%左右的幅度递减，濒临灭绝，可能是由于重瓣水仙球茎比单瓣水仙密实，茎围较小，被很多花农当成劣种，在选种时淘汰了。由此可见，野生资源的过分利用、生境的破坏以及不科学的人工选育等人为因素导致中国水仙遗传多样性的减少。

三、中国水仙在世界的影响

中国水仙采用三年栽培和人工阉割等独特的处理方法，以促进水仙花头增大、成熟，因而产出的水仙花形似蟹爪，茎大花多，每个鳞茎一般都能长出3~7支花箭，最多可达11支，每支花箭可开出5~7朵花，最多可达十余朵花，在水仙属的植物中是十分罕见的，这对其水仙属其他种类的种植提供了宝贵的栽培经验，目前，在福建漳州已经开始采用三年栽种和人工阉割"洋水仙"的处理方法，取得了较好的效果，侧球和花茎变多。中国水仙的雕刻造型艺术，将水仙培养塑造成千姿百态、趣味盎然、神形兼备的各式水仙盆景，成为一种独具特色的水仙文化，具有很高的艺术欣赏和经济价值，被人们誉为"有生命的艺术珍品"，雕刻水仙所具有的中国特色被世界各地所认同。另外，中国水仙丰富的种质资源也为世界上的水仙花育种做出了重要贡献。

（一）海外华人的故乡情结

中国水仙"得水能仙"，茎叶挺秀，在岁暮天寒、花事阑珊之际，开出冰肌玉质的花朵，飘逸着芬芳淡雅的清香，令人心旷神怡，其绿衣白裙，显得清韵淡雅，素有"凌波仙子"之称，通过清水碎石点缀更富有诗情画意，其丰富的文化内涵，其构筑出那雅、静、仙、名、佳、艳、清、殊、禅等意境，是"洋水仙"所不能比的。在中国，水仙花代表着纯洁、吉祥，每逢元旦、春节送水仙，有辟邪除秽、好运一年之说，亦有代表思念、团圆之说。所以水仙花一直是中国人十分喜爱的名花，尤其是海外华人喜爱的年花，每逢新春华侨都用水仙来寄托对祖国的思念之情，港澳台同胞视以水仙为幸福如意的象征。

(二) 国际上对中国水仙花文化的认同

中国水仙栽培历史悠久，历经几十代人的不懈努力，培育出球大、花多、花壮、花期长、花开清香的优质产品。随着世界华人的身影，中国水仙也遍布世界各地，水仙花丰富的文化内涵更驰名于海内外，水仙代表着纯洁、淡雅、吉祥被世界各地的人们所认同，各种有关中国水仙的活动也纷纷展开，其中最负盛名的当属夏威夷中华总商会每年在农历中国新年主办的中国水仙节以及水仙花皇后、水仙花公主竞选活动。

第三节　中国水仙的形态、生态习性及生长发育

一、中国水仙的形态特征

(一) 根

中国水仙根为肉质须根，从鳞茎盘上长出，乳白色，肉质，圆柱形，无侧根，根质脆弱易断，折断后不能再生。一般根长 5～50cm 不等，水养时较短，地栽时较长。水仙根表皮层由单层细胞组成，横切面呈长方形，皮层占根绝大部分，皮层由薄壁细胞构成，椭圆形，皮层中幼根无气道，老根具气道。根系沿鳞茎盘呈环状排列，一般 3～7 层。

(二) 鳞茎

中国水仙的鳞茎为圆锥形或卵圆形，俗称花头。鳞茎外被黄褐色的纸质薄膜，称鳞茎皮。内有肉质、白色、抱合状鳞片，鳞片层层包裹，互相抱合组成球状，各层间均具腋芽，中央部位具花芽(小球一般无花芽)，基部与鳞茎盘相连。中国水仙在鳞茎的基部两侧可伴生出小鳞茎，可有 1～5 个不等，小鳞茎也称脚芽、边芽，繁殖时可掰下栽植。鳞茎内含有黏液，黏液含有毒素"那可丁"(Nacortin)。如误食会引起头晕、呕吐，严重时昏迷不醒。

传统上，按照鳞茎大小进行商品分级，种植者以特制大小一致的竹篓筐装水仙花头，1 篓筐装满 20 粒，称为 20 庄水仙花头，其鳞茎在分级上最大，质量最好；依次是 1 篓装 30 粒称为 30 庄，1 篓装满 40 粒称为 40 庄，装满 50 粒称为 50 庄。再小的

鳞茎一般花葶稀少，不列等级。由于传统分级的沿用，虽然现在改为纸箱包装，也仍按20庄、30庄等分级，并产生特级包装，8庄。按水仙鳞茎主鳞茎围径大小的周长（cm）数为分级标准，其分级规格见表6-1。

表6-1　主鳞茎围径周长分级标准

主鳞茎围径(cm)	级数(庄)	外观及侧鳞茎要求
≥25.0	20	侧鳞茎两对齐全，鳞茎(花头)饱满度优，形美，端正
≥23.00	30	侧鳞茎一对以上，鳞茎优，形美端正
≥21.00	40	侧鳞茎独脚的主鳞茎应≥21.5cm，鳞茎尚优，端正
≥19.00	50	侧鳞茎独脚的主鳞茎应≥20.0cm，较端正、形良

目前，国家质量技术监督局公布的中华人民共和国国家主要花卉产品等级标准（GB/T18247.6—2000）见表6-2。

表6-2　花卉产品等级标准(cm)

种名	一级			二级			三级			四级		
	围径	饱满度	病虫害	围径	饱满度	病虫害	围径	饱满度	病虫害	围径	饱满度	病虫害
中国水仙(石蒜科，水仙属)	≥28	优	无	≥23	优	无	≥21	优	无	≥19	优	无

(三)叶

中国水仙的叶片是由鳞茎芽萌发生长而成，呈扁平带状，叶色葱绿，叶面有霜状粉，先端钝，叶脉平行。基部为乳白色的鞘状鳞片(也称低出叶)。无叶柄。叶片横切面，维管束呈三排等距离排列。中间棱形，左右近圆形。表皮由单层的表皮细胞组成。栽培的中国水仙，一般每株有叶5～9片，最多可达11片。成熟叶片长30～50cm，宽为1.5～5cm。水仙经雕刻后，其叶片改变了自然现象生长的方向和自然形态，叶片变得弯曲，弯曲程度和叶的边缘被削切的多少有关，有的叶片可弯曲360°。

(四)花

中国水仙的花为伞房花序，花序轴由叶丛抽出，中空呈绿色圆筒形，又称花葶、花茎、花枝、花箭。花序轴外表具明显的凹凸菱形，表皮具蜡粉；长20～45cm，直径2～3mm。花梗雕刻后，可变矮、变弯曲，有时可以弯曲360°。小花呈扇形着生于花序轴的顶端，外有苞膜，也称"佛焰苞"。苞膜内有小花3～9朵，最多可达15朵。中国水仙花有单瓣和重瓣(又称复瓣)之分，单瓣花被基部合生，筒状，花瓣乳白色，由6瓣组成，副冠呈杯状，黄色，所以有'金盏银台'之称(尚有'金盏金台'——花瓣副冠均为黄色；'银盏银台'——花瓣副冠均为白色)。重瓣型花被12裂，白色，卷成一簇，称为'百叶水仙'或'玉玲珑'，花形不如单瓣的美，香气亦较弱。花为两性花，雄蕊6枚，雌蕊1枚，柱头3裂，子房下位。花具清香，花期15天左右。

（五）果实

中国水仙果实为小蒴果，由子房膨大发育而成的，不论是单瓣还是重瓣，花后都没有种子，一般认为由于中国水仙是三倍体而导致不育。李懋学等在中国水仙花粉母细胞减数分裂过程中观察到染色体明显不规则分离现象以及大部分小孢子最后败育，由此而导致不育。武剑等认为中国水仙仅约 4.5% 的胚珠中能形成 7 细胞 8 核的蓼型胚囊，而大多数胚珠中大孢子的产生和发育显示出各种异常现象。小孢子母细胞减数分裂也十分异常，形成的小孢子在随后的发育过程中逐渐丧失生活力，只有约 25.7% 的花粉能继续存活。但最终只有 3.4% 的花粉能萌发，且仅 1.3% 的花粉管形态显示正常。由此可见，绝大多数的雌、雄配子体不能正常发育是中国水仙只开花不结实的一个重要原因。此外，自花和异花授粉试验表明，花粉在柱头上不能萌发是中国水仙有性生殖的另一个障碍。

二、中国水仙的生态习性

中国水仙喜光，喜温暖湿润气候。具有秋季生长，冬季开花，春季贮藏营养，夏季休眠的特点。所以对环境条件的要求冬季无严寒，夏天无酷暑，春秋雨量充沛（或灌溉方便）。

（一）光照

中国水仙是秋植球根类花卉。喜阳光充足，生长阶段每天需要约 10 小时的光照，充足的光照能抑制叶片生长，有助花葶伸长，高出叶片。若光照不足，会出现叶子徒长，也不能滋生侧鳞茎，开花少或不开花现象。即使开花，花朵也瘦弱，姿态欠佳。

（二）水分和水质

李时珍在《本草纲目》中说："此物宜卑湿处，不可缺水，故名水仙。"中国水仙的整个生命周期都需要大量的水分，水分的需求与其生命活动正相关，生长发育初期需水较少，生长发育期需水量大，成熟期新陈代谢减弱，对水的需求量也相应减少，此时需要逐渐干燥，否则影响芽分化。在生长的后期，遇到洪水淹田，时间超过 3 天，水仙鳞茎便开始受害，1997 年漳州主产区的水仙春季部分水田受淹，造成鳞茎腐烂率超过 10%，严重的超过 20%。水仙水培时，要保持盆水清洁、新鲜，否则会造成烂根，引起生长不良。

（三）温度

中国水仙生长发育各阶段需要不同的环境条件，水仙秋季开始生长，冬季开花，春季储存养分，夏季休眠，所以需要冬季暖和地区才能适合生长，但也有一定的耐寒能力，可耐 0℃ 低温。鳞茎在春天膨大，翌年 5 月温度高于 25℃ 后，叶子枯黄进入休眠，休眠期间鳞茎球内呼吸代谢活动以及花芽分化仍在进行。经过休眠的球根，在温度高时可以长根，但不发叶，所以生长发育期要求凉爽气候，随温度下降才发叶，温度以 12～20℃ 为宜，温度过高容易造成叶子的徒长，既消耗养料，也影响观赏效果。生长后期喜温暖，气温以 20～24℃ 为宜，相对湿度 70%～80% 时有利于成熟，也最宜鳞茎生长膨大。气温超过 25℃ 会使叶片过早枯萎，造成早衰。中国水仙的花期有 20 多天，在开花期间，如温度过高，开花不良或萎蔫不开花。

(四) 施肥

中国水仙露地栽培时，对母鳞茎施肥不必过勤，每月施用稀薄的人畜粪尿 1～2 次，以促进鳞茎贮备更多的养分。但是，如果氮肥太多，苗叶徒长，可能引起鳞茎分裂，影响当年开花。水仙水培时，一般不需施肥，但在开花期若有条件，可稍施速效磷、钾肥，这样可使花开得更艳丽。

(五) 土壤

中国水仙露地栽培时，对土壤要求不甚严，除重黏土及沙砾地外均可生长，但以疏松、肥沃、保水力强、上层深厚的沙壤土为宜，pH 值要求 5～7.5，在水仙花主产区多栽培于肥沃水稻田。如水仙盆栽，培养土可用砂质壤土 2 份、腐叶土 1 份和河沙 1 份混合而成，最好用基肥垫底。栽植后浇水，放阳光充足处。施肥不必过勤。

三、中国水仙的生长发育

中国水仙要经过 3 年的培育才能长成商品鳞茎。其中种球选择与分级栽时要求选无病虫害、无损伤、外鳞片明亮光滑、脉纹清晰的作种球，并按球的大小、年龄分三级栽培。其过程为"芽仔"的栽培、"钻仔"的栽培、"种仔"的栽培，掘出后即为上市的商品进行出售。

(一) 一年生鳞茎

此龄栽培年限适中，营养积累丰富，个体大小合适，最适于作为常规的繁殖材料进行繁殖。此繁殖材料是从 2 年生鳞茎的侧茎("芽仔"或"也仔")经一年的种植而得，或从不能作二年生栽培的小鳞茎中选出球体坚实、宽厚、直径约 3cm 的鳞茎作种球。种植时间为每年 11 月上中旬，"芽仔"种植后，只进行营养生长，没有花芽形成，鳞茎横切面呈以叶芽为中心的数层中心圆，在生长过程中，可长出叶片 4～6 枚，鳞茎的围径一般为 7～10cm，重 20～30g，有的鳞茎带有 1～2 个小仔球，因仔球体积太小应去除。"芽仔"在在田间生长约 220 天后，原来扁平的侧芽转变为圆锥形，种植者根据其形状，俗称"钻仔"。

(二) 二年生鳞茎

此龄鳞茎是以一年生的鳞茎即"钻仔"为开始。"钻仔"栽培后仍以营养生长为主，长出叶片 5～6 枚，经过 1 年生栽培后，鳞茎外形丰满，呈圆球状，围径一般可达 19～20cm，最大可达 24cm。芒种节前后收获，此时的鳞茎即为"种仔"，所产生的仔球即为"芽仔"，用于繁殖。作为"种仔"的鳞茎内一般有 3～4 个芽，每芽外各自包围 2～4

层鳞片，整个鳞茎芽外层又有 3 ~ 5 层鳞片包裹。所有的此龄鳞茎已有一些生长强壮的个体开始向生殖发育转化，一般只有中心芽可分化成花芽，旁边副芽一般为叶芽，这一时期田间可以开花的比率为 5% 左右。

(三) 三年生鳞茎

三年生栽培也叫商品球栽培。是上市出售、供观赏前的最后一年栽培，其栽培管理极为精细，至为重要。它是从经过 2 年生栽培的鳞茎中，选出球形阔、矮，主芽单一，茎盘宽厚、顶端粗大、直径在 5cm 以上的"种仔"，种前剥掉外侧球，并用阄割法除去内侧芽，使每球只留一个中心芽。"种仔"在霜降节气栽种后，即开始进行营养生长和生殖发育，经过约 230 天精心的种植培养，芒种节收获的鳞茎即为商品球，可进行水养观赏，具有多花枝。此时鳞茎外形呈扁球或椭圆形球状，腹部丰满肥大，外皮深褐色，常有 2 ~ 4 个脚芽，围径一般为 20 ~ 25cm，最大可达 30cm 以上。鳞茎花芽 4 ~ 7 个，最多可达 10 个以上。主芽外包有 12 ~ 15 层鳞片，副芽包有 4 片鳞片。

(四) 中国水仙的开花生理

中国水仙在鳞茎进入休眠之前茎尖开始肥大，进入花芽创始期，接着分化出包叶将生长点包住，之后再分化出 3 枚外花被和内花被。当顶芽分化出花冠以后，其上面腋芽形成新的生长点，变成假轴分枝。进入高温季节后，花芽的发育停止，以后再快速分化出内、外两层雄蕊，并且在中心分化出雌蕊。最后分化出水仙特有的位于雄蕊和花被之间的副冠。

不同地区的水仙花种或品种，其花芽分化开始的时期和进程也略有差别，地中海水仙大体在收获球根之前开始分化花芽，在储藏过程中完成花芽分化。

中国水仙属于多花水仙，即指一茎多花的水仙，花芽创始时间非常晚，在收获鳞茎以后，大约经过 1 个半月，也就是 7 月中旬才开始花芽创始。之后，在夏季高温季节分化形成花芽，大体于 9 月中旬形成副冠。中国水仙的开花期较早，一般在 1 ~ 2 月，而欧洲等其他品种的水仙要经过冬季低温春化阶段，于翌年 4 月左右开花。

6 月中旬收获中国水仙的鳞茎以后，分别在 20℃、25℃、30℃ 以及室温下干燥贮藏，在 20℃ 温度下完全不能分化花芽，25℃ 处理只有一部分鳞茎分化花芽，而在 30℃ 高温和室温(30℃ 左右)条件下贮藏的鳞茎几乎全部形成花芽。但是在 7 月中旬将鳞茎移送到与以上相同的温度条件下贮藏时，20℃ 区的大部分鳞茎也能够分化花芽。还有，在 30℃ 高温下贮藏 3 周后，移到 20℃ 下贮藏时，仍可以正常形成花芽，表明刚收获的鳞茎花式创始至少需要经过 3 周以上的高温处理。烟熏处理或者直接使用乙烯处理，均更有利于促进花芽分化和发育。另外，采用烟熏处理后，即使小鳞茎的开花率也能够大幅度提高。但是，如果乙烯的处理时间过长，其处理效果会消失。一般每天处理 3 ~ 5 小时为好，可以反复处理 2 ~ 4 天。

采用烟熏处理后到副冠形成期间，需要在 25℃ 条件下贮藏，以后可以降到 20℃

左右，这样能够有效地促进花芽分化与发育，并且可以获得小花数较多的高品质切花。经过烟熏处理后，若继续在高温或者中午室温超过35℃的条件下贮藏，花芽分化将受到抑制；如果将贮藏气温降到15℃以下，花芽分化的个体数量减少；在13℃以下时花芽不能分化。因此，在高温或烟熏处理后，鳞茎的贮藏温度宜在15～25℃，其花芽分化速度最快的温度范围为15～20℃。虽然在这个温度范围内花芽可以快速分化并能提早开花，但是，其分化的小花数量减少。因此，副冠形成以前置于25℃，副冠形成以后降低至20℃贮藏最有利于中国水仙的花芽分化与发育。

当鳞茎定植以后，在昼温/夜温为20℃/17℃条件下，开花期较早，在15℃/12℃条件下次之，在25℃定温下不开花。在20℃定温条件下也能够开花，所以证明与喇叭水仙不同，其花芽成熟、花茎伸长和开花不需要低温春化阶段。

中国水仙先要经过高温诱导花芽创始，其后在昼/夜温度15℃/12℃条件下促进花芽发育，在12～15℃条件下开花。从开始进行花芽分化至开花过程中，其温度要求表现出从高逐渐降低的趋势。

秋季定植鳞茎以后，中国水仙首先发根，展叶抽葶，生长发育可以持续到初夏。中国水仙的叶片为根茎出叶，剑形或带状，最初的2～3枚叶片没有叶身，也就是鞘叶，在鞘叶中间再伸出真叶，这些真叶的基部肥厚并发生鳞片化，因此构成有皮鳞茎。在田间，自然花期一般为11月下旬至12月上旬。中国水仙鳞茎生产过程中抽出的花序，对鳞茎生长不利，应及时摘除，可将花葶摘下收集起来做切花应用，或选用高密度聚乙烯薄膜袋包装，放在5～8℃的冷库里，可以保存至翌年1～2月，供应节日市场。

第四节　水仙开发潜力

一、中国水仙发展潜力和趋势

我国是世界上人口最多的国家。新中国成立以来，特别是改革开放30多年来，中国经济快速发展。2010年的GDP是1980年的87倍，人均购买力极大提高，人民逐步实现小康富裕。随着物质生活的提高，人们对精神文化生活需求也日益高涨。中国水仙，以其特有的气质，丰富人们的审美情趣，被百姓所钟爱。

辽阔的地域造就了气候的多样性，使我国江南大部地区都能适合水仙花生长，因此加大水仙产业的投入、增强水仙生产科研力量、开发适应不同需求的新品种，发展资源丰富、具有中国特色的水仙产业，对推进我国花卉业的长远发展具有极其重要的现实和历史意义。

我国水仙花生产主要集中在养球，然后用于雕刻造型；但水仙花还有许许多多如切花、药用、园林应用等还未进行系统开发的领域。由于中国水仙主要进行种球的培育，大量的花枝被浪费，因此应加强水仙花切花育种及水仙花切花保鲜技术的资金投入，使水仙花切花也成为农民增收的一个主要来源。

水仙花在中国园林中应用还是比较少见，但南方冬季温和湿润，较适宜水仙花的生长发育，可于节日布置花坛、花境，使节日的气氛透露出馥郁的芬芳，淡雅的色彩。

水仙花鳞茎中含有生物碱，其开发用于治疗阿尔茨海默病。

把新的研究成果直接应用于生产，能够检验成果所产生的观赏价值、经济效益。在水仙花的观赏栽培方面，其花色、花香、花型的新颖独特是未来发展的一个趋势。

中国水仙未来的发展应更加注重：

（一）水仙在年宵花市场的开发

春节是我国民间最古老最隆重的传统节日，家家张灯结彩，喜办年货，家庭充满喜庆。如果房间里能摆上一盆花，绝对能起到画龙点睛效果，这种春节时用的花也称作年宵花。但是我国属于北半球，广大地区冬季鲜有鲜花盛开，因此人民习惯用春节前后 1~2 月开放的蕙兰、蜡梅、水仙来点缀房间。而中国水仙独具优势在于：其一，中国水仙香味浓郁，其独特香味正迎合了春节喜气热闹的场景；其二，中国水仙气质高雅，"借水开花自一奇，水沉为骨玉为肌"，只需一勺清水，便能生根发芽，亭亭玉立，简洁朴素，洁身自爱，带给人间一份绿意，一份温馨；另外，水仙具有价格优势，是年宵花中最便宜的花卉，而且易养护，后期成本低。因此，开发水仙销售市场还是有相当大潜力。

（二）水仙花种质资源搜集与保存

中国水仙以其芬芳的花香，洁白的色彩，婀娜多姿的形态深受消费者喜爱。但中国水仙品种非常单一，仅有'金盏银台'、'玉玲珑'及新近培育出的'金三角'。可是市场销售的主要是'金盏银台'，而'玉玲珑'和'金三角'基本上处于濒危之际，只有少数存在于专家苗圃。因此我们要进一步加强水仙花种质资源的搜集与保存，尤其是要引进一批国外的优良品种，为培育中国水仙新品种作资源上贮备，同时还能丰富中国的水仙花品种。

（三）育种研究工作

在目前中国水仙生物工程技术所取得成果的基础上，加强诱变技术与生物工程技术的运用，加快中国水仙基因遗传转化体系的建立，为中国水仙的基因改良与育种奠定理论基础。加强中国水仙抗病性、耐寒性等抗性方面的研究工作；为丰富中国水仙花的种类，延长水仙花的花期，可以培育秋季开花的品种；同时还加强对水仙开花率方面的育种研究。

（四）无病毒品系的繁育

由于中国水仙长期栽培，使其遭受水仙病毒侵染和危害比较严重，造成品种退化，严重影响我国水仙花的产量和质量。为了改良品种，提高中国水仙的品质，增加农民收入，采用组织培养技术加速中国水仙无病毒品系的培育与研究，为水仙花"无毒种源"工厂化生产奠定基础。

（五）开发水仙花药用价值

水仙花朵馥郁的花香可提炼作香精成分，水仙鳞茎球内含有多种具有药理作用的活性物质——水仙凝集素，水仙碱会刺激人的神经系统，使人出现恶心、呕吐现象，可开发催吐药（Wu et al.，1967）；还具有抗病毒（Furusawa et al.，1973）和镇痛（Cakici et al）功效，因此可用于治疗阿尔茨海默病（Alzheimer's disease，AD）和艾滋病（AIDS），同时还可用于农业生产作植物生长调节剂（Bi et al.，1998；Ceriotti，1967；Chiu et al.，1992；Van Doorn，1998），但有关其相应的结构与理化性质还不清楚（Chiu et al），水仙碱的药理作用目前还需不断探索。

二、国际水仙贸易量及发展趋势

（一）国际水仙贸易量

自 19 世纪以来，水仙花以其独特的花色、花香、花型、花姿深受西方消费者喜爱，栽培面积在园艺作物栽培中占据主导地位，尤其是水仙花切花栽培。水仙花栽培分布于世界各地，但其主要产区为英国与荷兰，分别达到 4200hm^2 和 1800hm^2，其栽培面积占到了世界的 76%，其他重要产区还有美国、澳大利亚、加拿大等；而以色列是多花水仙种球的主要生产国。水仙花贸易主要集中在种球和切花这两个方面，而种球贸易主要集中在商品种球生产，以及园林造景、植物公园等地栽应用。荷兰水仙种球主要出口到德国、北美、英国和法国等国家。其出口量大约 29400 万粒/年，进口量为 7300 万粒/年。以色列作为世界多花水仙的生产中心，其在 2003 的出口量达到了 3000 万粒，创造外汇收入达 1200 万美元；切花创汇 5000 万美元。近些年来，我国的水仙花种植面积与产量均达历史最好水平，现有生产面积约 200hm^2，年产种球约 2000 万粒，出口约 350 万粒，出口额 100 万美元左右。

（二）国际水仙发展趋势

随着人们生态环境意识的增强及对有机园艺产品需求的提高，水仙种球在生产的过程中要尽量减少农药的使用，甚至不使用。因此，培育抗病虫害较强的水仙新品种将是一大趋势。

近些年来，由于水仙种球价格的剧烈波动及切花市场的大发展，使水仙生产向切花方向转化的趋势日益显现。大杯水仙是在生产栽培中的主流品种，但是仙客来水仙、多花水仙、丁香水仙、三蕊水仙等发展迅速；喇叭水仙、大杯水仙、小杯水仙栽培面积则呈下降趋势。

向抗性较强的品种发展，如'金色收获'、'查尔顿'等虽是很受欢迎的品种，但因其易感染基腐病，栽培面积近年来有不断下降趋势。

由于人们欣赏水仙水平的不断提高，坚挺的花茎与叶片，较长的花期，芬芳馥郁的花香，较多的花枝数是消费者对水仙市场发展趋势的一种诠释。

为了防止品种的退化，造成水仙质量与产量的下降，缩短生产周期，增加收益，利用组织培养技术对水仙种球快速扩繁，并直接应用于生产实践。

第七章　中国水仙育种

中国水仙栽培历史悠久，但目前的主栽品种仅有两个，其一是单瓣水仙，花单瓣，花被 6 裂、呈盘状、白色，副花冠黄色、浅杯状，又名'金盏银台'，清香浓郁；其二是重瓣水仙，花重瓣，副花冠和雄蕊花瓣状，瓣形扭转呈簇，黄白相间，又名'玉玲珑'，香气较淡雅。此外还有少量栽培的'金三角'和'状元水仙'等。鉴于中国水仙资源极度匮乏现状，开展中国水仙的育种工作迫在眉睫。

第一节　概　述

一、育种目标

作为世界性著名球根花卉，园艺工作者极其重视水仙属花卉的育种工作，根据中国水仙的品种特点及生产应用中存在的问题，其育种目标主要集中于：

(一) 新颖花色品种

千百年来，中国水仙的花色一直为黄冠白瓣。而在欧洲水仙中，其花色则较为丰富，但特殊花色品种的选育一直是各国水仙育种工作者的研究目标，所以，充分挖掘水仙属植物资源，通过现代育种手段选育出花色变异的中国水仙品种无疑具有重要的现实意义。

(二) 抗逆性品种

中国水仙真菌性及病毒性病害发生严重，其中，镰刀菌等引起的基腐病常给种植者带来致命性打击，所以抗基腐病品种的选育是生产中的当务之急。此外，水仙大褐斑病等多种病害已成为影响中国水仙花品质和产量的主要原因之一，尤其是病毒种类多达 20 余种，抗逆性品种的选育迫在眉睫。

(三) 切花品种

中国水仙切花品种的选育是其育种的又一目标。小花数多、花蕾大、花色鲜艳、花期长、能承受采切后预冷刺激和产量高等，是切花水仙质量要求的重要指标。此外，培育不同季节开花的种类，填补切花生产时间的空白，实现切花周年供应，也是切花品种选育的重要指标。

(四) 微型品种以及适于盆栽的短茎品种

盆栽水养一直是中国水仙主要的栽培形式，但培育适于小型或微型盆栽品种可使中国水仙更适合于室内观赏，从而丰富中国水仙资源种类。

二、育种手段及成果

由于中国水仙是同源三倍体植物，极少产生种子，且发生自然突变的频率极低，这在很大程度上限制了实生选种和杂交育种的应用，从而导致中国水仙品种的极度匮乏。但我国的水仙育种工作者积极开展了育种新方法的探索和相关的基础研究，取得了突出的成果。

（一）辐射育种

彭镇华等利用⁶⁰Co γ射线辐射中国水仙种球，选育出了株型矮化、花期延长、花香馥郁的中国水仙新品种（图 7-1 至图 7-3）；高健等对中国水仙种球进行⁶⁰Co γ射线辐射，使花瓣和副冠形状均发生改变（图 7-4）。庄晓英等对接种在 MS 培养基上 7 天的带鳞叶的鳞茎盘外植体进行⁶⁰Co γ射线辐射处理，得到了叶片数增多的矮化突变体和小球茎膨大速度加快的突变体；漳州农校科研人员利用辐射诱变结合化学诱变，得到了副冠三裂、基部联合、呈三角形排列的'金三角'（图 7-5）。

图 7-1　⁶⁰Coγ 射线辐射得到的矮化品种

图 7-2　辐照矮化浓香型水仙花

图 7-3 矮化水仙与传统水仙对比

图 7-4 ^{60}Coγ 射线辐射得到的花形改变的品种

图 7-5 '金三角'水仙

(二)多倍体育种

利用秋水仙素等化学药剂可以使植物染色体加倍，从而得到多倍体品种。已有研究报道，用秋水仙素处理中国水仙的愈伤组织，得到了六倍体的水仙鳞茎。

(三)分子育种

近年来，中国水仙分子育种的基础工作取得了良好的进展。目前已成功克隆出调控中国水仙花色合成的查尔酮合酶基因（CHS）、八氢番茄红素合成酶基因（PSY）、八氢番茄红素去饱和酶基因（PDS）、ζ–胡萝卜素脱氢酶基因（ZDS）；调控花型发育的 AGMOUS 基因、NTMADS1 基因和 NTMADS3 基因；调控花期的 LEAFY 基因；与抗逆相关的 LECTIN 基因等。其中一些基因的功能验证工作取得了重要进展。同时，中国水仙遗传转化体系已经初步建立，并已开展通过农杆菌介导法将部分基因转化中国水仙的工作。上述研究为改良中国水仙的花形、花色、抗逆性以及调控其花期等研究工作奠定了理论基础，提供了可行的手段与参考方法，也给通过基因工程创造中国水仙新品种带来了希望。

（四）自然突变选种

虽然中国水仙发生自然突变的几率很低，但人们还是发现了花型和花色发生自然突变的'状元水仙'，该品种小花变为淡绿色，呈密集型簇生；小花花柄较短，无花筒、花被、副冠，因这种变异水仙较少见到，故称'状元水仙'。

三、育种展望

消费者对新品种的需求是中国水仙育种的源泉和动力；中国水仙优良的种质资源及已有的研究基础为优良品种的选育奠定了良好的基础；现代生物技术的迅猛发展为中国水仙现代育种注入了新的活力。随着传统育种技术与现代生物工程技术的结合，中国水仙品种会越来越丰富。鉴于此，对中国水仙育种领域的前景作如下展望：

（1）继续加强现代育种技术在中国水仙上的应用。如克隆分析控制花发育的相关基因；搞清其调控功能；优化其高效遗传转化体系；除传统的农杆菌介导法、基因枪法等，积极探索新的介导方法，在此基础上利用基因工程技术创造出花型、花色、抗性等有所改变或提高的新品种。尤其是充分利用现代原生质体融合技术，将不同种质水仙的优良性状，如鲜艳花色、抗基腐病等相互融合，实现种间性状互补，创造出新的种质。

（2）继续发挥辐射育种、化学诱变育种在花卉育种方面的优势利用。利用 ^{60}Co γ 射线等强辐射源，烷化剂、核酸碱基类似物等化学诱变剂处理中国水仙，筛选出有益的突变植株。

（3）不可忽视传统育种。充分发挥已有的技术优势，利用部分水仙结实能力强和自然突变率高等特点，继续进行传统育种手段的普及推广，从而得到更多有价值的新品种，尤其是把红口水仙等西方种类的花大、色艳和中国水仙花多、芳香等优点相融合，将会创造更具观赏价值的全新品种。

（4）利用现代分子标记等技术，继续加强种质资源遗传多样性分析，摸清不同种质间亲缘关系，为优良品种选育奠定扎实的基础。

第二节　诱变育种

自 1927 年 Muller 发现 X 射线能诱发果蝇产生大量多种类型的突变，20 世纪 40年代初德国 Fresjeben 和 Lein 利用诱变剂在植物上获得有益突变体以来，至 60 年代前辐射诱变研究进展并不快，但仍在不断实践中，至 60 年代末由于《突变育种手册》的发表及诱变规律的进一步了解，完成了从初期基础研究向实际应用的转折。70 年代，诱变育种的注意力逐渐转至抗病育种、品质育种和突变体的杂交利用上，80 年代后分子遗传学和分子生物学的广泛应用为诱变育种注入了新的活力，特别是 90 年代分子标记方法的运用，使实现品种的定向诱变有了可能。

我国自 20 世纪 50 年代后期开始辐射育种工作，70 年代后期 80 年代以来才真正进入快速发展阶段，已在 22 种植物上育成 243 个突变品种，但观赏植物仅 6 种，品种不过 63 个左右。进入 90 年代诱变机理研究进一步深入，育成的品种数也大大提高，花卉上的应用进一步扩大，但相对于我国农作物的应用、相对于世界发达国家水平而言，我国在花卉上诱变育种的步伐太慢，应用范围狭窄，无论在基础理论研究上还是生产实践上都有较大差距。

一、诱变育种的方法

诱变育种就是利用物理和化学因素诱导生物发生变异，通过选择培育出新品种。诱变育种的突出特点是：可以提高突变率，扩大突变谱；能够有效地改良个别单一性状；能够缩短育种年限；诱变的方向和性质难以控制，因而在一个突变体中，很难出现多个理想性状的变异。但诱变育种可以丰富和拓宽了变异类型，尤其是自然界很少有的性状变异，从而增加可利用基因资源。

（一）物理诱变育种

物理诱变就是用不同种类的射线处理，引起基因突变或染色体变异。

1. 物理诱变剂的种类

物理诱变剂主要是各种射线（如 X 射线、γ 射线、β 射线、中子、紫外线等）、微波、激光等。育种工作者常用的是 X 射线、γ 射线、β 射线、中子。

2. 辐射处理的剂量单位

（1）吸收剂量（D）：在受照射物体某一点上单位质量中吸收的能量。吸收剂量的国际专用单位为戈瑞（Gy）。

（2）辐射剂量（X）：X 或 γ 射线在标准条件下单位质量的干燥空气中所产生的电荷（同一符号的）。辐射剂量的国际专用单位是库仑/公斤（C/kg）。

（3）剂量率：有吸收剂量率（D）和照射剂量率（X）之分：

吸收剂量率是指单位时间内受照射物体所吸收的剂量，单位有戈/小时、戈/分和戈/秒。

照射剂量率是指单位时间内所测干燥空气受照射的剂量，单位是库仑/千克·秒等。

（4）放射性强度：指放射性同位素单位时间内的核衰变次数，现国际制专用单位为贝可（Bg），原单位为居里（Ci）。

（5）积分通量：又称中子通量，指整个作用时间内，照射到单位面积上高能粒子每平方厘米的中子数(中子数/cm²)。

3. 植物对辐射的敏感性

植物对辐射的敏感性是指生物体、组织、细胞或细胞内含物在一定剂量的射线照射下，在形态和机能上发生相应变化的大小。

目前常用来测定辐照敏感性的指标有：

(1)生长受抑制的程度。辐照后植株生长受到抑制，苗高降低，根长缩短。常以苗高降低到对照的一半所需的剂量，即半致矮剂量(D50)表示，这是目前广泛应用的可靠指标之一。

(2)植株成活率。辐照后能达到开花结实完成生命周期植株的百分数，以植株存活一半的剂量，即半致死剂量(LD50)表示。

(3)植株不育程度。一般以花粉败育或结实率的高低和不育株所占百分率表示。

(4)幼苗根尖和幼芽细胞分裂时染色体畸变率，常用微核细胞率作指标。

(5)以细胞分裂期间细胞核体积、染色体体积作指标。

植物对辐射的敏感性差异：

(1)不同科、属、种和品种的辐射敏感性差异很大。

(2)植物的不同器官、组织以及发育时间和生理状况，其敏感性也不同。

(3)处理前后的环境条件影响诱变效果。包括：种子含水量是影响诱变效果的主要因素之一；辐射处理时的外界条件(如氧气、温度、光照)以及处理后的贮存时间条件对诱变效应均有影响；照射后种子贮存时间的长短会影响种子的生活力，所以一般都在处理后尽早播种；在照射处理时所应用的照射剂量因植物种类、处理材料(种子、植株或花粉)均有所不同。

4. 诱变处理的材料

诱变处理的材料通常选用本地区大面积推广应用的适应性和综合性状良好，而某些性状需要改良的品种。但是为了同时改良多种性状则以杂交后代为材料的效果好，用诱变处理杂种，不仅可以提高突变频率，扩大其后代的变异幅度，而且能够打破不利的基因连锁，促进基因重组。

诱变处理的对象一般为种子，但突变率较低，为了提高诱变频率还可处理萌动的种子、幼苗、孕穗期植株、雌雄配子和合子等。其中以处理配子和合子的效果较好，特别是配子处理最有采用价值。

5. 物理诱变处理的方法

物理诱变处理的方法分外照射和内照射两种：外照射指种子等所受的辐射来自外部的辐射源；内照射是利用放射性同位素^{32}P、^{35}S、^{14}C 的化合物，配成溶液浸渍种子或使植物吸收，或注射茎部。

6. 诱变处理的剂量

各种诱变处理以采用中等到低的剂量为好，以使处理后代中有更多的单一位点突变体。

(二) 化学诱变育种

1. 化学诱变剂的类别

(1) 烷化剂：指具有烷化功能的化合物。

(2) 叠氮化物：是一种动植物的呼吸抑制剂，它可使复制中的 DNA 碱基发生替换，是目前诱变率高而安全的一种诱变剂。

(3) 碱基类似物：是与 DNA 碱基的化学结构相类似的一种物质，且能与 DNA 结合，又不妨碍 DNA 的复制。

2. 化学诱变剂的特点

(1) 诱发突变率较高，而染色体畸变较少。

(2) 对处理材料损伤轻，有的化学诱变剂只限于 DNA 的某些特定部位。

(3) 大部分有效的化学诱变剂较物理诱变剂的生物损伤大，容易引起生活力和可育性下降。

3. 化学诱变剂处理方法

处理种子时：浸泡种子→处理的种子→冲洗种子→播种

处理花粉(以小麦为例)可采用在开花前将穗头剪下，投入诱变剂溶液中，使其吸收一定量的诱变剂，待其开花时收集花粉，供授粉用。

化学诱变的效应与其浓度、温度、处理的持续时间有关。通常用低温度、低浓度、长时间处理，药物对细胞的伤害轻，可以提高存活率和突变率，且低温可以使药物保持稳定性。

4. 诱变处理后代选育(以小麦为例)

M1 经诱变处理后的种子长成的植株或直接处理的植株等称诱变一代，用 M1 表示。M1 可按处理剂量分别播种(密播)。精心培育和管理以提高存活率。M1 代的变异除了可遗传的基因突变和染色体畸变外，主要为生理损伤，因此一般不加选择。单株或单穗收获。

M2 按照 M1 代收获种子的方式(单株、单穗)以及处理材料和剂量的不同顺序种成株行或穗行。M2 代是诱变处理后分离最大、变异类型最多的一个世代，为使突变体得到充分表现，应有一定的行距和株距，并要求地力均匀、精细管理。M2 代应具有较大的群体。M2 代是选择的关键世代，这一世代即可出现大突变(如早熟性、矮杆性)，又可出现微突变(如产量、品质等)。但以对大突变的选择为主，大突变表现明显，可在单株水平上察觉。对大突变在 M2 代要进行严格的单株选择。小突变一般在单株水平上不易识别，因此 M2 代不特别选择，只注意选留那些与原品种性状差异小，长势旺的单株或群体，以后世代再决定取舍。

M3 及以后世代，M3 仍按材料、处理剂量等顺序排列种植株行。M3 代分离以微突变为主，是选择微突变的关键世代。M3 的选择转向以群体选择为主，凡表现稳定突变系可混收留种，而仍有分离的系统则可选留单株，下代继续选择和鉴定。M3 以后的选育方法以及试验程序与杂交育种相同。

（三）航天育种

利用太空微重力、高能粒子、高真空、缺氧和交变磁场等综合物理诱变因子进行诱变和选择育种研究。

我国于 1987 年开始进行航天搭载育种，由此育成了大田作物、蔬菜和花卉作物共 50 多个物种的 300 多个优良新品种。

特点：诱变作用强、变异幅度大、微突变类型多和有益变异多等优点。因此对于产量和品质等经济性状改良作用大。

二、水仙花诱变育种的成就

中国水仙是我国传统十大名花之一。她淡妆素雅、品性高洁，虽无妮紫嫣红，也无流光溢彩，更显得端庄美丽，秀逸潇洒。在碧绿挺秀叶绿丛中点缀着玉白莹韵的花朵，黄金般的副冠着生在洁白的花瓣上，花又由绿萼扶持，构成一副和谐的黄、白、绿色图案，因此水仙叶片与花器有着同样重要的观赏价值。

然而水仙花鳞茎球存在着两个重要缺陷。一是室内水样或盆栽时，植株易徒长，叶与花葶生长细弱，枝叶发黄柔软易垂折；同时浸养水仙花的营养全靠鳞茎球的鳞片所储存的养分来供给生根、长叶与开花。由于前期徒长消耗养分过多，后期供给开花用的营养匮乏，花期最长也只有半个月。如调理不适当或气温偏高，花期则更短。虽可用人工雕刻造型来控制株型，但鳞茎球被剜去一半甚至过半，同时从创口处又流出大量营养黏液，使球体鳞片内储存的营养更加不足，花期更短。二是品种太少。中国水仙为同源三倍体，具有高度不孕性。虽然子房膨大，但种子空瘪，用常规杂交育种方法无法繁殖，更无法获得新的品种。所以在 1200 多年的栽培历史中只有单瓣的"金盏银台"和复瓣的"玉玲珑"。

中国林业科学研究院花卉中心从 1982 年开始到 1997 年经过 15 年时间，通过辐射育种技术进行水仙株型育种，已获得水仙花矮化生产技术。矮化株型减少鳞茎球内贮存的营养消耗，提高了水仙花商品鳞茎球的质量与观赏价值，使之更适于家庭水养达到开花观赏的目的。

三、矮化水仙花的特点

植株姿态：株型矮壮挺拔，一般株高为原高度的 1/2 左右。箭多花团锦簇，姿态优美绰约，品性素雅。

叶片姿态：叶片短宽扁平，坚挺厚实；叶片由浅绿变为浓绿如翠，且有光泽。

花葶：苗壮，亭亭玉立，高 15 ~20cm。花开飞舞葶端笼罩于翠叶之间。

花香：花香增浓，清香悠远，在 8 ~15℃之间，花期延长 10 ~15 天。

根系：肉质须根粗短，长 5 ~10cm 左右。

"水仙花矮化技术"获 1992 年安徽省科技进步奖，1997 年中国第四届中国花卉博览会科研成果二等奖。并于 1996 年 10 月 28 日取得中华人民共和国国家专利。

四、花卉辐射诱变育种展望

纵观花卉辐射诱变研究现状，我国花卉业品种培育工作仍很滞后，尽管花卉辐射诱变在选育品种方面取得了一些进展，但辐射诱变的突变率还不够高，突变谱还不够广，突变没有方向性。围绕拓宽突变谱、提高突变率、定向诱变及缩短育种周期，今后花卉辐射诱变育种的发展方向，在适应世界花卉业抗性育种（抗病、抗寒、耐低光照、抗热等）和质量育种（包括花色、花形和香味，控制植株高度、改变花期等）的前提下应注意以下几个方面：选择适当的诱变源和开发新的诱变源。

不同诱变源对不同花卉育种目标各有适宜，而从 X 射线到 γ 射线的应用，突变率大大提高，诱变源是保证花卉育种的有效物质基础。目前的辐射一般都是单独使用一种诱变源，今后应利用空间搭载技术，进行多种诱变的综合。

诱变材料的选择。由于花卉材料不同组织、器官、不同发育阶段的辐射敏感性差异甚大，合适的材料选择有益于突变率的提高和突变谱的拓宽。如结合现代组培技术的发展，利用组培的愈伤或其他材料作为诱变材料。Broertjes（1976）及一些学者在菊花、郁金香、美人蕉等花卉上的应用已取得了进展。

定向诱变是人类育种的美好愿望和目标。以诱变提供的突变体为基础运用分子生物学的分子标记，筛选与目标基因连锁的分子标记，构建遗传图谱，进行目标基因定位和性状连锁分析，开展定向培育新品种；反之控制各种诱变因素，分析已知基因的变化，诱变处理材料使育种目标趋于有利，并提高目标变异性状在总变异中的相对频率。

组织培养又称快速繁殖，组培技术与辐射育种的结合，为显现体细胞突变开辟了广阔前景，克服了辐射诱发突变的随机性、嵌合性和单细胞突变缺陷，育种效率高，周期短，组培与诱变结合的复合育种技术已在我国被提出并加以应用，但此方法缺乏定向性，如能与分子标记相结合，在育种效率高、周期短、突变率高的基础上，增加定向性。故本文提出诱变、组培和分子标记相结合的新复合育种思路，则无论在花卉育种实践上还是诱变机理研究上将开创新局面。

五、⁶⁰Coγ 射线辐射中国水仙的诱变效应

（一）⁶⁰Coγ 射线辐射中国水仙鳞茎 M1 代的形态诱变效应

研究中采用⁶⁰Coγ 射线，分别在中国水仙副冠分化期和花芽分化完成后辐射处理，

成功地获得了当代性状变化较大的植株。整个植株高度变矮，由于 ^{60}Coγ 射线抑制水仙花的居间生长，使其根、叶及花序的伸长明显受阻，对根、花序粗度影响较小。叶片变短，叶色浓绿，叶片长宽比减小，叶片挺拔，花葶高度下降，植株茁壮挺拔、生机勃勃，水仙株型矮化、紧凑，不倒伏、叶色翠绿。同时由于叶片和花葶高度下降而花朵大小基本不变，加之副冠金黄颜色加深，更显得花大色艳，增加了观赏价值。

中国水仙花芽分化期辐射较之花芽分化完成后再辐射处理，表现出当代的损伤率高，获得的水仙植株材料观赏价值更高，前者比后者花期更长，叶片的长宽比加大，副冠颜色加深，金盏银台的对比加大，单花寿命延长，花期推迟。其可能原因研究者认为主要有三方面：①由于根系和叶生长受阻，从而导致水分代谢和光合作用降低相关联；②维管细胞的辐射损伤，使细胞体积缩小，分裂活动及运输功能减弱；③花期推迟则可能与植株因辐射而减缓生长进程有关，单花寿命延长，是因为叶生长量减少，而使花朵从鳞茎中获得了更多营养供给。

研究中发现剂量范围内辐射处理后各性状指标的绝对数量与剂量间存在幂函数关系，而各性状损伤率与剂量间呈线性关系，故可用剂量效应方程在已知剂量下预测辐射处理后植株的各形态指标大小，为辐射育种的定向诱变提供技术依据。

还发现在营养器官上的诱变效应明显高于花器，而花器的诱变效应早期处理的变异高于后期处理的变异，可以设想若要获得在花器中有较大变异的材料，则辐射处理时期应提前至花芽原基分化期进行。同时由于辐射使花期推迟，生产上用 ^{60}Coγ 辐射水仙鳞茎后，开始水养时间应比不辐射至少提早 10 天左右，才能确保其在预定时间开花。

(二) ^{60}Coγ 射线辐射中国水仙诱变的细胞学效应和细胞学基础

辐射的细胞学效应主要体现在辐照后植物材料细胞核异常及核内染色体的变化上。众所周知染色体有其特殊的化学、物理结构，是细胞和有机体繁殖的基础，作为细胞生命的控制器官是控制生物生长发育的基础，作为基因载体、遗传性负荷者（使者）是控制生物遗传的基础。即染色体从生殖、遗传和发育三方面来控制生命，这种控制必须经历四种过程，通过染色体的作用来实现：①有丝分裂和基因的繁殖；②减数分裂和它们的重组；③受精作用和多倍性；④基因群的突变作用、断裂和再接合。而辐射正是影响四种过程中染色体变化的有效手段，正是通过染色体的变化来实现变异的一种有效途径。

1. 根尖细胞染色体畸变类型

副冠原基分化期 ^{60}Coγ 射线辐射后（分 8 个剂量 A－5Gy、B－10Gy、C－15Gy、D－20Gy、E－25Gy、F－30Gy、G－35Gy、H－40Gy），细胞分裂的中、后期根尖细胞中出现染色体单桥、多桥、落后、断片、游离、散碎、团状染色体及染色体粘连等畸变类型（图7-6）。低剂量辐射时未出现中、后期落后染色体团或游离染色体团，也

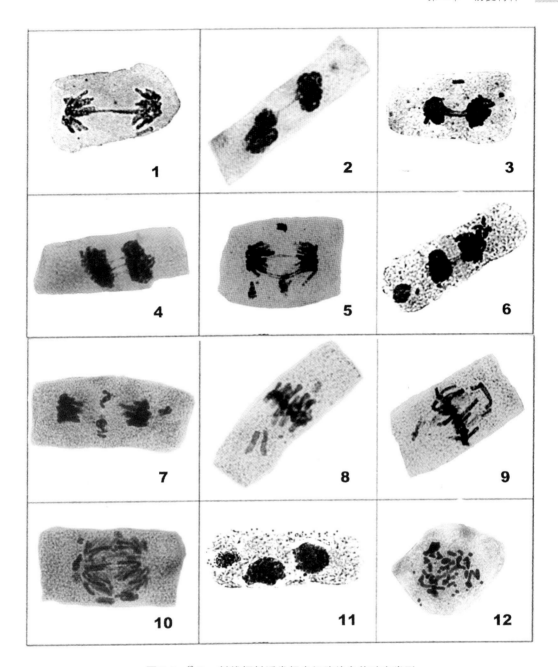

图 7-6 ⁶⁰Coγ 射线辐射诱发根尖细胞染色体畸变类型

1. 染色体单桥；2. 染色体单桥＋染色体断片；3. 染色体双桥＋染色体落后；4. 染色体多桥；5. 染色体多重畸变（侧桥＋落后＋游离染色体）；6. 染色体桥＋落后；7. 游离染色体＋落后；8、9、10. 游离染色体＋染色体断片；11. 落后染色体团；12. 核裂（放大倍数 200 倍）

无染色体散碎现象，但当剂量高于 G 组时在中、后期细胞中染色体开始出现散碎现象，而当辐射剂量处于 F、G 时，在中、后期细胞中染色体畸变类型中开始出现落后染色体团或游离染色体团，但无散碎现象。值得注意的是高剂量处理下中、后及末期细胞中往往出现复合畸变类型即一个细胞中同时有二种甚至三种以上畸变类型出现，复合结构、团状染色体的出现说明损伤程度加重，而染色体散碎的发生则预示着损伤达到相当严重的程度。

2. 染色体畸变的剂量效应

^{60}Coγ 射线辐射中国水仙鳞茎后从 M1 代根尖细胞各类型的染色体畸变率可以看出所有辐射处理的染色体畸变率均高于对照，在 50Gy 剂量下，畸变率为对照的 128.7 倍。随辐射剂量的增加，染色体总畸变率呈正相关，与各畸变类型间也有存在类似的线性关系，在染色体畸变率中高剂量下(≥35Gy)以桥和断片的贡献最大，二者几乎各占总畸变率的 1/3 多，低剂量下(≤15 Gy)，以染色体桥频率最高，约占总畸变率的 45%，说明^{60}Coγ 辐射引发的变异以结构变异为主(表 7-1)。

表 7-1　^{60}Coγ 射线辐射对中国水仙鳞茎根尖细胞染色体的影响

染色体畸变类型	剂量 Dose(Gy)						
	0	A	B	C	E	G	H
观察细胞总数	1059	1144	1125	1218	1237	924	938
落后率	0.06	1.42	2.81	2.93	5.58	8.31	14.69
单桥率	0.20	1.68	3.94	5.24	10.63	12.84	15.17
多桥率	0.02	0.52	2.58	2.77	11.25	15.32	18.57
断片率	0	0.28	3.76	4.38	16.90	20.65	26.90
游离率	0	0.61	1.31	1.60	9.38	18.34	21.50
复合畸变率	0	1.52	7.56	14.60	46.30	54.12	67.26
微核率	0.28	4.52	14.18	17.43	54.56	75.60	96.83
染色体有无散碎	–	–	–	–	–	+	+
团状染色体	–	–	–	–	–	+	+
染色体总畸变率	0.28	4.48	7.78	23.96	23.74	75.46	96.83

3. 对根尖细胞间期细胞核的影响

(1)^{60}Coγ 射线辐射后根尖细胞间期细胞核畸变类型：

^{60}Coγ 射线辐射处理后，中国水仙根尖细胞核畸变类型有：微核、小核、核出芽、核耳、核凹陷、核裂、双核、多核(图 7-7)，而微核、小核、核出芽最为普遍，微核又有小微核和大微核之分，其出现频率在各剂量下均极显著高于其他类型。在实验中观察到微核数目不等，从一个到六个，微核大小不等，剂量增加到 25 Gy 以上时，60% 的具微核细胞含有两个以上的微核(微核中又有单微核、双微核、三微核、四微核、多微核等多种类型)。这显然是由于辐射作用的强弱不同所致。核裂仅在高剂量下出现，说明了此种核畸变类型是细胞核严重损伤的标志，高剂量下核畸变也出现了复合类型即在间期细胞中也同时存在两种以上的核畸变类型。

(2)对根尖细胞核分裂和核畸变效应的影响：

^{60}Coγ 射线辐射后，中国水仙根尖细胞分裂表现为强烈的抑制效应，且随着剂量增大抑制效应增强。剂量效应曲线可用方程：$Y = 10.9887 - 0.1723X$，$R = 0.901658$，

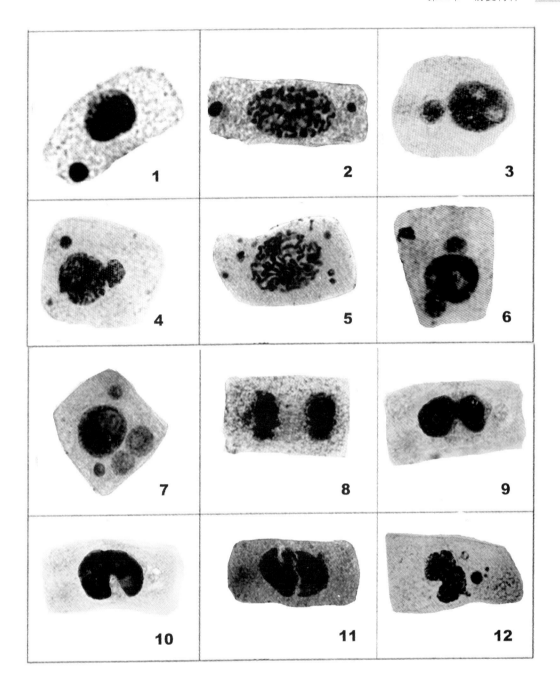

图 7-7　^{60}Co γ射线辐射诱发根尖细胞核畸变类型

1、3. 单微核；2. 双微核；4、6. 微核 + 核出芽；5. 多微核、7. 微核 + 小核；8. 双微核；9. 核耳；10. 核凹
陷；11. 核裂；12. 核耳 + 核出芽 + 微核

$F = 36.6745 > F_{0.05}$ 或 $Y = 12.8373 - 0.3777X + 0.00376X^2$，$R = 0.933438$，$F = 54.9718 > F_{0.05}$ 来描述，在各剂量处理下微核率极显著高于其他类型核畸变率，均占总畸变率的 50% 以上，见表 7-2。

　　H 组辐射后分裂指数仅为对照的 30%，而 C 组以下的辐照，其分裂指数与对照相差无几，降低不明显，但 C 组辐射与对照相比分裂指数显著降低。这从细胞学水平上揭示了叶片高度及花葶高度等形态学指标在 C 组辐照时显著降低的原因。考察分裂指数与叶片高度之间关系，得出如下方程：$Y = 5.959 + 1.92263X$，$R = 0.974683$，$F = 231.9963 > F_{0.05}$，分裂指数与花葶高度间相关方程为：$Y = 0.66735 + 2.7073X$，$R = 0.985783$，$F = 417.0207$，极显著相关。因此根尖细胞分裂指数指标很可能成为早期预测中国水仙叶片高度、花葶高度等重要观赏指标和农艺性状的准确、快速的方法。

表7-2　辐射中国水仙鳞茎 M1 代对根尖细胞核的影响

核畸变类型	剂量 Dose(Gy)						
	0	A	B	C	E	G	H
总细胞数	10353	10677	10472	10810	10014	12877	12980
分裂总数	11.39	10.71	10.21	7.43	6.09	3.95	3.42
核畸变率	0.20	5.32	7.18	11.57	12.6	16.28	19.31
微核率	0.032	4.02	6.82	10.35	12.42	24.87	31.05
小核率	0	0.09	1.26	2.91	3.23	7.21	10.28
核出芽率	0.17	1.13	10.96	2.52	4.33	5.78	8.46
核裂出现否	–	–	–	–	–	+	+
核总畸变率	0.21	5.38	10.12	16.27	23.04	38.84	51.23

通过 $^{60}Co\gamma$ 射线辐射中国水仙鳞茎后，染色体畸变类型丰富，几乎包含了所有的畸变类型。引起辐射损伤初发过程的典型表征即染色体畸变，在数量、结构、行为上都表现出了变异。在染色体畸变中以数量变化的诱发频率桥的频率最高，这意味着 γ 射线能诱发染色体整个表面性质的全面变化，而随着剂量增加，染色体结构畸变即断片的发生频率显著提高。

4. 副冠原基分化期 $^{60}Co\gamma$ 射线辐射与花芽分化完成后 $^{60}Co\gamma$ 射线辐射比较

研究显示对中国水仙根尖细胞分裂表现在指数的变化趋势不同，副冠原基分化期辐照后表现为单纯的下降，而后者是先升后降，在低剂量 5Gy 下表现出对细胞分裂有一定的促进作用。不同分化发育时期 $^{60}Co\gamma$ 射线辐射中国水仙鳞茎染色体畸变频率上有所不同，表现为早期的畸变频率总体上高于后期，无论在染色体数量变化，还是结构行为的变异频率上都是如此。当 50Gy 辐射时，早期的畸变频率比后期的高 30%。早期辐射比后期辐射对细胞分裂指数影响很大。在 50Gy 辐射时前者仅为后者的 1/2。这些证据都说明中国水仙在副冠原基分化期的辐射敏感性比花芽分化完成后的辐射敏感性强。

结合辐射后中国水仙的形态学变化，发现细胞分裂指数与高度指标间存在极为显著的相关性。因此可在水仙形态发育尚未完成的早期阶段，即当根系生长到 1.5 ~ 2.0cm 时，就可用根尖细胞分裂指数预测水仙未来发育完成后的植株高度。

（三）$^{60}Co\gamma$ 射线辐射中国水仙的生理生化诱变效应

通过研究发现辐射明显改变了叶绿素含量，尤其是叶绿素 a 的含量。表现为随辐射剂量加大，叶绿素 a 的含量显著提高。但 15Gy 辐射剂量与 10Gy 间差距不显著，大于 50Gy 的高剂量组之间差距不显著。叶绿素 b 含量与对照之间也有显著差异，其含量在辐射后显著降低，但并不随剂量的增加而下降。辐射引起的叶绿素含量的改变可能是由于辐射影响了叶绿素合成途径所致，由于叶片长度变短。在合成叶绿素量不变的前提下，叶片总重量减少的情况下，使其单位体积单位质量下含量提高所致。

研究显示辐射明显改变了过氧化物同工酶酶谱条带数、颜色的深浅和条带的宽窄。应当看到 M1 代的酶谱变化包含了遗传和非遗传两方面，它所反映的是射线辐射在生化水平上所产生的影响。这种影响的大小与辐射剂量和性状的损伤存在相关性，所以利用同工酶谱带可以作为 $^{60}Co\gamma$ 射线辐照生物学效应检测的一项生化指标。

（四）$^{60}Co\gamma$ 射线辐射中国水仙鳞茎对 DNA 多态性的影响

利用 60 个随机引物，检测了不同辐射剂量和剂量率辐射后的中国水仙的 260 个位点，这些位点仅覆盖水仙基因组的极少位点，而多态性位点大 137 个；利用常规形态性状检测 M1 代诱变效应的方法，发现辐射和对照间仅十几个主要形态形状存在差异，由此说明，利用 RAPD 标记检测诱变效应要比以形态形状检测灵敏得多。RAPD 标记检测变异位点高于形态性状变异数目的原因是：①形态标记是检测表达基因控制的性状，而 RAPD 标记是检测基因组 DNA 水平上的差异。物理诱变既可以对表达基因进行诱变，也可以对不表达基因进行诱变，因不表达基因占植物基因组的绝大部分，形态性状上无法检测到这些基因的诱变。②形态性状的检测，受基因表达的时空限制，RAPD 则不受限制。这也说明了 $^{60}Co\gamma$ 射线辐射对 DNA 的实际诱变效应明显高于以形态性状检测出的诱变效应，分子标记是检测 M1 代诱变效应的一个有效方法。

第三节　分子育种

克隆中国水仙生长发育过程中的重要基因，或将其他物种的优良基因通过多种手段转入中国水仙中，不仅可以在分子水平研究其对中国水仙的生长发育的影响，还能创造出崭新的中国水仙品种，从而进一步丰富中国水仙资源，满足生产及市场需求。

一、基因克隆

（一）花发育基因 MADS – box

MADS – box 是编码 MCMI、AGAMOUS、DEFICIENS 和 SRF 四种具有共同保守序列的蛋白因子的基因总称，是一个广泛存在于动植物体中的调节基因家族。在植物的花分生组织、花器官及各种营养器官中均有不同形式的时空表达模式，起着各自不同的功能，尤其是在种子植物繁殖器官的进化中起着非常重要的作用。克隆中国水仙中与花器官发育相关的 MADS – box 对中国水仙的花形改良具有重要意义。

利用 RT－PCR 技术，通过同源克隆的方法得到了中国水仙的两个 MADS－box 基因——*NTMADS*1（GenBank 登记号为 EF421828）和 *NTMADS*3（GenBank 登记号为 EU081900）。

对 *NTMADS*1 序列分析发现，*NTMADS*1 包含一个完整的编码 230 个氨基酸的开放读码框，具有典型的植物 MADS－box 基因结构；其编码肽链具有两个保守结构域，即 MADS 区(1～61 位)和 K 区(第 74～173 位)（图 7-8）。预测 *NTMADS*1 编码的蛋白质等电点和分子量分别为 9.345 和 26 633.12Da。

```
  1   CCTCATAACCAAAAGCAACCTCATTCCTCCTATTGCACCTCTCTATCTCACAAGGGAA

 59   AGAAGGAGAGGACATCCTCCACCTTAACAAACCAACCCTTTTCTTCGTTTCTTCACAACG

119   GTCACCACGGAGTCGAGAAGGCTGGATCCCAAGGAGAAGATGGGTAGGGGGAAGATAGAG
                                              M  G  R  G  K  I  E

179   ATCAAAAGGATCGAAAACACGACTAATAGGCAAGTCACTTTTTGCAAGCGTCGAAATGGG
       I  K  R  I  E  N  T  T  N  R  Q  V  T  F  C  K  R  R  N  G

239   TTGCTCAAAAAGGCCTATGAATTGTCCGTGCTCTGCGATGCGGAGGTCGCCCTTATCGTC
       L  L  K  K  A  Y  E  L  S  V  L  C  D  A  E  V  A  L  I  V

299   TTCTCTACCCGTGGCCGCCTCTATGAATATGCAAACAACAGTGTGAAAGCGACCATTGAG
       F  S  T  R  G  R  L  Y  E  Y  A  N  N  S  V  K  A  T  I  E

359   AGATACAAGAAAGCATGCACTGATACATCCAACACTGCCACTGTCTCTGAGGCTAATTCT
       R  Y  K  K  A  C  T  D  T  S  N  T  A  T  V  S  E  A  N  S

419   CAGTACTACCAACAAGAAGCTTCCAAGTTGCGCCAGCAAATAACCAACTTACAGAATTCT
       Q  Y  Y  Q  Q  E  A  S  K  L  R  Q  Q  I  T  N  L  Q  N  S

479   AACAGGAATTTGATGGGGGAGTCTCTGAGCACAATGAGCCTTAGGGACCTGAAGCAGCTT
       N  R  N  L  M  G  E  S  L  S  T  M  S  L  R  D  L  K  Q  L

539   GAGAGCAGGCTAGAGAAAGGCATCAGCAAAATAAGAACTAAAAAGAATGAGTTATTGTTT
       E  S  R  L  E  K  G  I  S  K  I  R  T  K  K  N  E  L  L  F

599   GCTGAAATTGAATATATGCAAAAAAGGGAGATTGAGTTGCAAAACGATAACATGTACCTA
       A  E  I  E  Y  M  Q  K  R  E  I  E  L  Q  N  D  N  M  Y  L

659   CGCAATAAGATAACTGATAATGAGAGAGCACAACAGCAAATGAACATGCTGCCATCAGCT
       R  N  K  I  T  D  N  E  R  A  Q  Q  Q  M  N  M  L  P  S  A

719   GCTACAACTTCAACTCATGATCAGTACGAGGGGATACCCCAATTTGATTCAAGAAACTTC
       A  T  T  S  T  H  D  Q  Y  E  G  I  P  Q  F  D  S  R  N  F

779   CTCCAAGTGAGCTTGATGGATCCCGGTCACCACTACTCGCGCCAGCAGCAGACTACCCCT
       L  Q  V  S  L  M  D  P  G  H  H  Y  S  R  Q  Q  Q  T  T  P

839   CAACTGGGATGAGACGATGATAGATGGAATGACTGGAGGTG
       Q  L  G
```

图 7-8　*NTMADS*1 编码区核酸序列及其推导出的氨基酸序列

单下划线为 MADS－box 区，双下划线为 K 区为预测该基因的功能，选取拟南芥（*Arabidopsis thaliana*）中5个亚族中的一些典型基因对 *NTMADS*1 基因进行系统进化树分析（图7-9），结果表明，*NTMADS*1 基因属于AG 亚族，为 C 类功能基因。根据 1991 年 Coen 等人的"ABC"模式假说，C 类功能基因在花器官的第 3 和第 4 轮中发挥作用，当 C 类基因被突变后，A 类基因将在第 3 和第 4 轮表达，从而使植物的雄蕊和雌蕊变成花瓣，形成"花中花"的特殊花型。所以，*NTMADS*1 基因的克隆使中国水仙"花中花"特殊花型的创造成为可能。

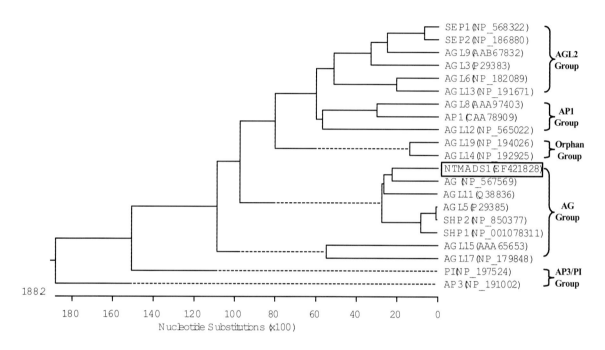

图 7-9　*NTMADS*1 基因编码蛋白的系统进化树分析

（二）花色调控基因 *NTPDS*1、*NTZDS*1 和 *PSY*

已有研究表明，水仙属植物的副冠颜色主要由类胡萝卜素类物质决定的，类胡萝卜素合成途径中的关键酶，如牻牛儿基牻牛儿基焦磷酸合酶（GGPS）、八氢番茄红素合酶（PSY）、八氢番茄红素脱氢酶（PDS）、ζ–胡萝卜素脱氢酶（ZDS）以及类胡萝卜素异构酶（CRTISO）等在胡萝卜素的合成中起着重要作用。从中国水仙中克隆上述基因，深入研究其在中国水仙花色调控过程的作用对中国水仙的花色育种具有重要意义。

利用 RT – PCR 方法，从中国水仙"金盏银台"幼嫩花蕾中分离得到一个八氢番茄红素去饱和酶基因（*NTPDS*1）（GenBank 登记号为 EU138883）和一个 ζ–胡萝卜素脱氢酶基因（*NTZDS*1）（GenBank 登记号为 EU138882）。

对 *NTPDS*1 的序列进行分析发现，该基因包含一个完整的编码 570 个氨基酸（图 7-10）的开放读码框，其编码肽链 N – 端具有一段含有 91 个氨基酸的导肽，且在近 N – 端存在着 1 个 NAD/FAD 结合单元；肽链包含 1 个吡啶二硫酸核苷酸氧化还原酶保守结构域（99～132）。以上均为类胡萝卜素脱氢酶的共同特征。该基因编码的蛋白质等电点和分子量分别为 7.29 和 63520.81Da。

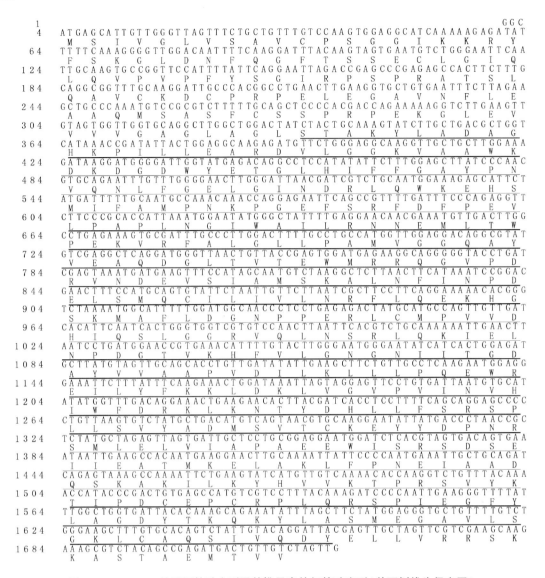

图 7-10　NTPDS1 编码区核酸序列及其推导出的氨基酸序列（单下划线为保守区）

对 *NTZDS*1 序列进行分析发现，该基因包含一个完整的编码 574 个氨基酸（图 7-11）的开放读码框；其编码肽链的第 66~538 位为一保守结构区域，肽链中具有番茄红素环化酶蛋白位点 1 个（67~83），吡啶二硫酸核苷酸氧化还原酶保守结构域 1 个（66~96），上述结构为类胡萝卜素脱氢酶的共同结构。该基因编码蛋白质等电点和分子量分别为 7.1 和 6 3606.96 Da。

除上述两个花色基因外，邹清成等从中国水仙花瓣中分离得到了八氢番茄红素合酶基因（*PSY*）的一个片段，并将该基因片段反向构建到 pCAMBIA1301 双元载体质粒上，并进行了遗传转化研究。黄胤怡等克隆了查尔酮合酶基因（CHS－A）并构建了植物表达载体，这对中国水仙花色创新提供了重要参考。

上述中国水仙花色调控基因的克隆为中国水仙的花色育种奠定了基础，目前已经成功构建了 *NTPDS*1 和 *NTZDS*1 基因的植物表达载体，正在进行其功能的进一步研究。

```
   1 GGCATGGCTTCTTCCACTTGTTTAATTCATTCTTCCTCTTTTGGGGTTGGAGGAAAGAAAGTGAAG
       M  A  S  S  T  C  L  I  H  S  S  S  F  G  V  G  G  K  K  V  K
  67 AAGAACAACGATGATTCAATCAGAAGTTTTTCGATTCGATCGGCTTTGGATCATAAGGTGTCTGAT
       K  N  R  M  I  Q  S  K  L  F  S  I  R  S  A  L  D  T  K  V  S  D
 133 ATGAGCGTCAATGCCCAAAAGGATTGTTTCCACCAGGATTCGAGTATTACAGGGGGCCAAAGCT
       M  S  V  N  A  P  K  G  L  F  P  P  E  P  E  Y  Y  R  G  P  K  L
 199 AAAGTGGCTATCATTGGAGCTGGCTCGCTGGCATGTCAACTGCAGTGGAGCTTTTGGATCAAGGG
       K  V  A  I  I  G  A  G  L  A  G  M  S  T  A  V  E  L  L  D  Q  G
 265 CATGAAGTTGACATATATGAGCTCAGACAATTTATTGGTGGAAAGTCGGTTCTTTTGTAGATAAG
       H  E  V  D  I  Y  E  S  R  Q  F  I  G  G  K  V  G  S  F  V  D  K
 331 CGTGGAAACCATATCGAAATGGGACTCCATGTGTTTTTTGGTTGTTATAACAATCTTTTCAGACTT
       R  G  N  H  I  E  M  G  L  H  V  F  F  G  C  Y  N  N  L  F  R  L
 397 ATGAAAAAGGTTGGAGCAGATGAAGATCTTCTTGTGAAGGATCATACTCACACCTTTGTAAACCGA
       M  K  K  V  G  A  D  E  D  L  L  V  K  D  H  T  H  T  F  V  N  R
 463 GGTGGAGAAATTGGTGGACTTGATTTCCGATTTCCTATGGGTGCACCATTACATGGTATTCGTGCA
       G  G  E  I  G  G  L  D  F  R  F  P  M  G  A  P  L  H  G  I  R  A
 529 TTTCTAACGACGAACCAGCTTAAACCATATGACAAGGCAAGAAATGCTGTCGCCCTAGC
       F  L  T  T  N  Q  L  K  P  Y  D  K  A  R  N  A  V  A  L  A  L  S
 595 CCAGTTGTACGGGCTCTTATTGATCCAAATGGTGCAATGGAGGATATAAGGAATTTAGATAATATT
       P  V  V  R  A  L  I  D  P  N  G  A  M  E  D  I  R  N  L  D  N  I
 661 AGCTTTAGCGACTGGTTCCTCAAAGGCGGTACCCGCACGAGCATACAGCGGATGTGGGATCCA
       S  F  S  D  W  F  L  S  K  G  G  T  R  T  S  I  Q  R  M  W  D  P
 727 GTTGCTTATGCCCTCGGATTTATTGACTGTGATAATATCAGTGCCCGTTGTATGCTTACTATATTT
       V  A  Y  A  L  G  F  I  D  C  D  N  I  S  A  R  C  M  L  T  I  F
 793 TCTCTATTCGCTACTAAGACAGAAGCTTCACTTCTTAGAATGCTGAAGGGTTCACCTGATGCTTAC
       S  L  F  A  T  K  T  E  A  S  L  L  R  M  L  K  G  S  P  D  A  Y
 859 TTAAGCGGCCCTATAAGAAAGTATATTACAGATAAAGGTGGAAGGTTTCACCTAAGGTGGGGGTGT
       L  S  G  P  I  R  K  Y  I  T  D  K  G  G  R  F  H  L  R  W  G  C
 925 AGAGAAATCTTATATGATGAGTCAAGTAATGGTGATACATATATCACAGGCATTGCAATGTCGAAG
       R  E  I  L  Y  D  E  S  S  N  G  D  T  Y  I  T  G  I  A  M  S  K
 991 GCTACCAATAAAAAACTTGTGAAAGCTGACGTGTATGTTGCAGCATGTGATGTTCCTGGAATAAAA
       A  T  N  K  K  L  V  K  A  D  V  Y  V  A  A  C  D  V  P  G  I  K
1057 AGACTTATTCCTTCAGAGTGGAGAGAGTGGGACTTGTTTGATAATATTTATAAGCTTGATGGTGTT
       R  L  I  P  S  E  W  R  E  W  D  L  F  D  N  I  Y  K  L  D  G  V
1123 CCAGTTGTCACTGTTCAGCTTAGGTACAATGGTTGGGTCACAGAGCTGCAAGATCTGGAAAGTCA
       P  V  V  T  V  Q  L  R  Y  N  G  W  V  T  E  L  Q  D  L  E  K  S
1189 AGGCAGTTGCGAAGAGCAGTTGGTCTGGATAATCTACTCTACACTCCAGATGCAGACTTTTCTTGT
       R  Q  L  R  R  A  V  G  L  D  N  L  L  Y  T  P  D  A  D  F  S  C
1255 TTTGCTGATCTTGCACTCTCGTCACCTGAAGATTATTATATTGAAGGACAAGGATCCCTAATACAG
       F  A  D  L  A  L  S  S  P  E  D  Y  Y  I  E  G  Q  G  S  L  I  Q
1321 GCTGTTCTGACACCTGGAGATCCTTATATGCCGCTTCCAAATGATGCAATTATAGAAAGGGTTCGG
       A  V  L  T  P  G  D  P  Y  M  P  L  P  N  D  A  I  I  E  R  V  R
1387 AAACAGGTTTTGGATTTATTCCCATCCTCTCAAGGACTGGAAGTTCTATGGTCTTCGGTGGTAAA
       K  Q  V  L  D  L  F  P  S  S  Q  G  L  E  V  L  W  S  S  V  V  K
1453 ATCGGACAGTCCCTGTATAGAGAGGGCCCTGGAAAGGACCCATTCAGACCTGATCAGAAGACACCA
       I  G  Q  S  L  Y  R  E  G  P  G  K  D  P  F  R  P  D  Q  K  T  P
1519 GTAAAAAATTTCTTCCTTGCAGGTTCATACACCAAACAGGATTACATTGACAGTATGGAAGGAGCG
       V  K  N  F  F  L  A  G  S  Y  T  K  Q  D  Y  I  D  S  M  E  G  A
1585 ACCCTTTCGGGACGACAAGCAGCATATATCTGCAGTGCCGGTGAAGAGCTGGCAGCACTTCGT
       T  L  S  G  R  Q  A  A  A  Y  I  C  S  A  G  E  E  L  A  A  L  R
1651 AAGAAGATCGCTGCTGATCATCCTGAGCAACTGATTAACGAAGATTCTAACATATCGGATGAGCTG
       K  K  I  A  A  D  H  P  E  Q  L  I  N  E  D  S  N  I  S  D  E  L
1717 AGCCTTGTGTAAGAAAGATTTCGTATATTGGTCAAGAGTTTATTTGGAGCTTATATCGAAGGCGAT
       S  L  V
1783 AACATCAATGAGTTGTAAATCTTTGTTATTCTACTCTGCTTCGAACGGCGCCCTCGTCTTCATGCA
1849 TGGCATACAGCATACATTCAGGCAACTGGAAATCGCAAGAAGCAAATGTAA
```

图 7-11　NTZDS1 编码区核酸序列及其推导出的氨基酸序列（单下划线为保守区）

（三）花期调控基因 LEAFY（LFY）

LFY 是花分生组织特征基因，LFY 同源基因是控制植物花分生组织的基因之一（王利琳等，2004；马月萍等，2004），是决定花分生组织形成的必需基因（Weigel and Nilsson，1995）。LFY 基因编码植物特异的转录因子，促进开花植物的成花转型和生殖生长，在花形成中发挥着接连许多花诱导途径的输出信号（Nilsson et al.，1998）和激活花器官决定基因 ABC 的关键。

LFY 基因的首要作用是协同其他成花相关基因抑制分生组织的营养性发育，LFY 参与促进花分生组织的形成和花分生组织属性的控制（Weigel et al.，1992；Yanofsky，1995），参与维持花分生组织的正常功能（Shannon et al.，1993）、花启动（Mandel and

Yanofsky，1995）和防止花分生组织的逆转（Mizukami and Ma，1997），参与花分生组织属性的决定及花分生组织的进一步发育（Sawa et al.，1996）。在成花中的作用不局限于调控开花时间和花转变，且贯穿于花序和花发育的各个阶段。研究表明，杨树、烟草、菊花和水稻等植物中，*LFY* 的超量表达均使花期提前（Weigel and Coupland，1995；邵寒露等，1999；Ahearn et al.，2001；He et al.，2000；Pena et al.，2001）。目前，对 *LFY* 基因的研究成为目前关于成花基因研究中的一个热点，并开展不同植物 *LFY* 基因研究（马月萍等，2005；白凌，2007）。

通过 RT－PCR 方法克隆得到中国水仙 *LEAFY* 基因——*NTLEAFY*，该基因全长为1340 bp，含有完整的编码框 1137 bp，编码 378 个氨基酸，编码的氨基酸序列 *pI* 和分子量分别为 8.00 和 42274.65 Da。通过 NCBI 网站 Blast 分析，*NTLEAFY* 基因与洋水仙、风信子等不同物种的 *LFY* 同源基因的一致性达 76% 以上；*NTLEAFY* 基因编码蛋白与洋水仙、风信子、拟南芥等 *LFY* 同源基因编码的蛋白一致性达 57% 以上。

对各物种的 *LEAFY* 基因编码的蛋白做聚类分析，可以看出中国水仙 *NTLEAFY* 蛋白与洋水仙的 *NLF* 蛋白亲缘关系最近，其次是风信子的 HLF 蛋白（图 7-12）。

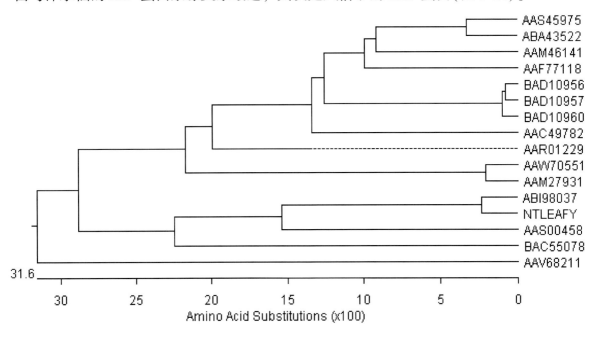

图7-12 *LFY* 同源基因编码的蛋白的系统进化分析

同源性分析显示，*NTLEAFY* 编码的氨基酸具有转录因子的基本结构，*NTLEAFY* 蛋白与其他物种中 *LFY* 蛋白都具有可变区和 C－端有较高的保守性。蛋白结构预测表明，中国水仙 *NTLEAFY* 蛋白与拟南芥 *LFY* 蛋白在结构上非常相似，根据已知的拟南芥的 *LFY* 蛋白 C－端的模型（Hames et al.，2008）可以模拟出 *NTLEAFY* 蛋白的 C－端的模型（图 7-13）。根据比对和模拟结果可以看出，中国水仙 *NTLEAFY* 编码的蛋白具有转录因子的典型结构，它与拟南芥的 *LFY* 转录因子一样也是通过 C－端氨基酸保守

区折叠形成螺旋 – 转角 – 螺旋结构与 DNA 分子结合而起调节作用的。

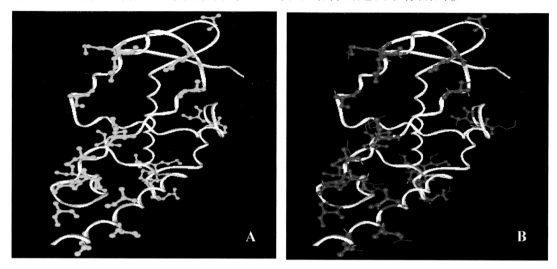

图 7-13　中国水仙 *NTLEAFY* 序列和拟南芥 *LFY* 序列形成的三维结构

A：中国水仙 *NTLEAFY* 三维结构；B：拟南芥 *LFY* 三维结构；

A 和 B：不同颜色表示两模型氨基酸残基的不同之处

　　NTLEAFY 基因转入拟南芥的研究发现，转基因拟南芥在苞叶腋下长出 2 ~ 3 片畸形叶片，其中有勺状叶片、卷曲像唇形花瓣状叶片、两片叶子连生在一起等形状。在靠近顶端处茎秆粗扁，形成的叶片、花序具备花的形状，并观察到 5 瓣花及花瓣着生位置出现变化的 4 瓣花（图 7-14）。

图 7-14　转基因拟南芥表型

据研究报道，促进 *LFY* 基因表达就有可能促进其他成花相关基因的表达，进而促进成花。且有研究表明，*LFY* 突变体使花分生组织不能形成正常的花，在应该长花的地方长出假次级花序，这些花序被叶状结构或苞叶所包裹，*LFY* 突变体常常表现为高度不育（Haughn and Somerville，1988；Huala and Sussex，1992）。而中国水仙的 *NTLEAFY* 基因转化拟南芥出现了 5 瓣花及花瓣着生位置出现变化的 4 瓣花，这些研究结果是否表明中国水仙 *NTLEAFY* 基因除了具有花期调控的功能，还具有调控花型的功能呢？若中国水仙 *NTLEAFY* 基因既可以调控花期，又可以调控花型，我们是否可以利用该基因，对中国水仙进行基因改造，得到花期提前且花型优美的水仙新品种呢？我们期待新品种的获得和培育。

二、基因功能分析与验证

通过构建所克隆基因的植物表达载体（图 7-15），并将其转化拟南芥和烟草等模式植物后，初步分析和验证了部分基因的功能。

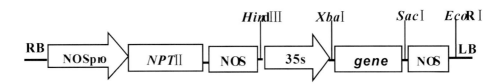

图 7-15   构建的植物表达载体

（一）*NTMADS*1 基因功能的初步鉴定

采用蘸花法将 *NTMADS*1 基因转化拟南芥，经卡那霉素筛选（图 7-16）和 PCR 鉴定（图 7-17）后得到了转 *NTMADS*1 基因的拟南芥。与同期播种的野生型对照相比，T1 代转基因拟南芥发生了明显的性状分离（图 7-18）。

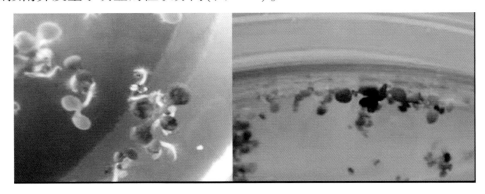

图 7-16   在卡那霉素抗性平板上筛选得到的 T1 代拟南芥幼苗

主要表现在：T1 代转基因植株长势普遍减弱，但衰弱程度差异明显不同。同时，植株大小、开花时间、叶型和花器官等相差很大。

图 7-18-A 为野生型幼苗，图 7-18-B 为同时期播种但已经提早进入开花期的转基

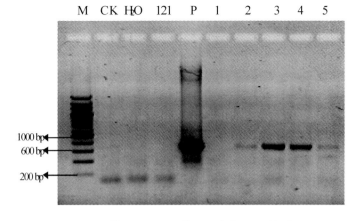

图 7-17 转 *NTMADS*1 基因拟南芥 PCR 检测

CK：未转基因的空白植株；H₂O：清水对照；121：转 pBI 121 载体对照；

P：*NTMADS*1 质粒对照；1：假阳性植株；2 ~ 5：阳性植株；M：200 bp DNA 分子量标记

因 T1 代幼苗。二者除花期不同外，叶型也存在显著差异。野生型植株基生莲座叶平展宽大，但转基因苗莲座叶两侧叶缘向上卷曲，且叶片明显变小。

与野生型花序（图 7-18-C）相比，转基因植株的花均有明显不同，主要可分归纳为三类，即强烈表达性、中度表达型和弱表达型。其中，强烈表达的植株表现为花瓣全部退化，雄蕊和雌蕊全部裸露，且雄蕊基部合生呈心皮状（图 7-18-D）；中度表达植株的雄蕊和雌蕊基本正常，花瓣略有保留或残缺不全（图 7-18-E）；弱表达的植株雄蕊和雌蕊基本正常，花瓣全部保留，但花瓣长度明显短于野生型（图 7-18-F）。

转基因植株花形态虽然变化较大，但花的育性未发现有明显改变。但结出的角果形态不同。野生型果实一般较大，且果皮表面平滑（图 7-18-G），而转基因的植株果实较短，果实表面凹凸不平（图 7-18-H）。

野生型植株正常的茎生叶一般扁平光滑（图 7-18-I），但在强烈表达 *NTMADS*1 基因的植株中，主花序下部的茎生叶大多变得卷曲皱褶，有的在叶尖可出现心皮状结构，心皮状结构上还着生花药状突起（图 7-18-J）。

由上述现象可知，中国水仙 *NTMADS*1 基因在拟南芥中异位表达导致了拟南芥花期提前，花形发生显著变异，这预示着该基因可能涉及中国水仙的花期和花器官发育调控。

采用叶盘侵染法把 *NTMADS*1 基因转入烟草中，得到了转基因植株（图 7-19 至图 7-24）。与未转化的空白对照和转 pBI121 植株相比，转基因烟草的花形发生了显著的变化。与野生型植株的花蕾相比，转基因植株的花蕾出现花筒裂片变短、畸形、开裂和花筒部出现花瓣状结构以及萼片变成花瓣状等变化。花开放时，发现有的花冠裂片显著变短，花冠边缘出现不规则卷曲缺刻；有的花冠筒明显开裂，雌蕊和雄蕊露出；萼片瓣化明显；有的花筒开裂成极不规则状。剥除花筒后，发现雄蕊长度明显低于雌蕊，且数量减少，或与花筒合生，或形成花瓣状（图 7-25）。

图 7-18 拟南芥转基因植株与野生型的表型比较

（A：野生型幼苗；B：同时期 T 1 代幼苗卷叶和早生花序；C：野生型花序；D：强表达后导致花瓣全部缺失，雄蕊呈心皮状；E：中度表达导致花瓣部分缺失；F：弱表达导致花瓣变短；G：野生型果实；H：T1 代果实；I：野生型花序下的正常茎生叶；J：强表达植株茎生叶顶端变为心皮。）

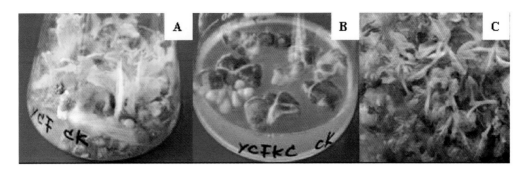

图 7-19 叶盘侵染法得到的烟草再生幼苗

（A：未加抗生素的分化培养基上空白外植体分化出苗；B：添加卡那霉素的分化培养基上空白
外植体不分化；C：在添加卡那霉素的分化培养基上共培养的外植体分化出苗）

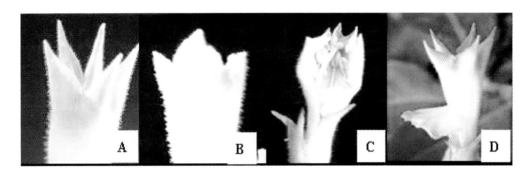

图 7-20 野生型烟草与转 *NTMADS*1 基因烟草花蕾形态比较

（A：野生型；B：转基因烟草花裂片变得短而畸形；
C：转基因烟草花筒开裂；D：转基因烟草花筒上长出花瓣状结构）

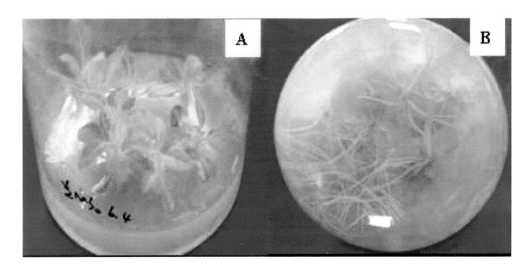

图 7-21 再生幼苗在含卡那霉素的 1/2MS 培养基中的生根情况

（A：移入 1/2MS 生根培养基的幼苗；B：幼苗生根情况）

图7-22　生根幼苗移栽后的生长情况
（A：移栽后的幼苗；B：长成的植株）

图7-23　野生型烟草与转NTMADS1基因烟草花朵形态比较
（A：野生型；B：转基因烟草花裂片边缘不规则卷曲；
C：转基因烟草花筒开裂，萼片瓣化；D：转基因烟草花筒的极不规则开裂）

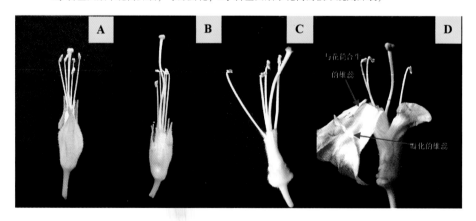

图7-24　野生型与转NTMADS1基因植株的雄蕊比较
（A：野生型；B：转基因植株雄蕊变短，但花丝均离生；C：雄蕊缺失1枚；
D：只保留3个正常雄蕊，其中，1个与花筒合生，1个瓣化）

转基因烟草除了花朵与野生型相比发生显著变化外，其开花期也明显早于野生型（图 7-25）。

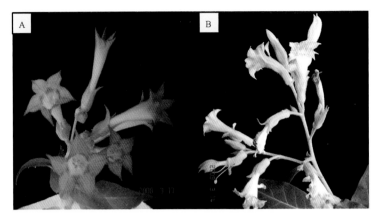

图 7-25　烟草野生型与转 *NTMADS*1 基因植株花序比较

（A：野生型；B：转基因植株）

转 *NTMADS*1 基因拟南芥和烟草的结果表明，*NTMADS*1 基因可能调控着中国水仙的花器官发育和花期等性状。该基因在中国水仙组织和器官中的表达结果（图 7-26，图 7-27）表明，其只在花器官中表达，且雄蕊和副冠中表达量最高，说明该基因与中国水仙的花发育有关，且符合 C 类功能基因的表达模式，由此可以确定 *NTMADS*1 基因对中国水仙的花形发育和花期调控有着重要意义。

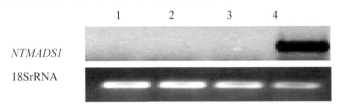

图 7-26　*NTMADS*1 基因在不同器官中的表达

1：叶片；2：鳞叶；3：根系；4：花.

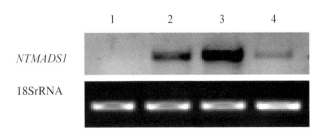

图 7-27　*NTMADS*1 基因在花中不同部位的表达

1：花瓣；2：副冠；3：雄蕊；4：雌蕊

（二）*NTMADS*3 基因功能的初步鉴定

对转 *NTMADS*3 基因拟南芥的生长发育情况进行调查发现，与野生型相比，转基因植株花期显著提前，但营养体和花器官无明显变化。

图 7-28 是同时播种的野生型拟南芥和转 *NTMADS*3 基因拟南芥不同株系的花期比较。由图可见，当野生型植株还处于莲座叶时期时，转基因植株已经进入了开花期。虽然转基因植株长势强弱不同，但花期均早于野生型。统计结果表明，转基因植株花期可比野生型植株提早 7~10 天开花。

图 7-28　不同株系转 *NTMADS*3 基因拟南芥与野生型的花期比较

（左为野生型，右为转基因植株）

除开花期差异显著外，转 *NTMADS*3 基因拟南芥营养体与野生型无明显变化，叶片均平展光滑，未出现转 *NTMADS*1 基因时的莲座叶卷曲等现象（图 7-29）。

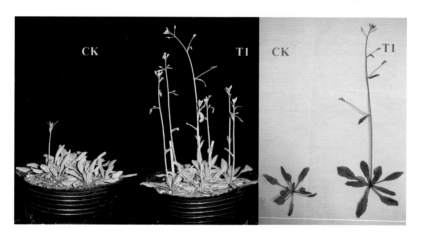

图 7-29　转基因拟南芥与野生型株型比较

（CK：野生型；T1：转基因植株）

转 *NTMADS*3 基因拟南芥的花序和小花与野生型比较，未发现有明显的形态变化。

与未转化的空白对照和转 pBI121 植株相比，转 *NTMADS*3 基因烟草的花形发生了显著的雌蕊外露、花冠开裂以及花筒外着生花瓣状结构等现象（图 7-30）。当花蕾开放后，上述特征表现明显，尤其是雌雄蕊的长度差异和花筒开裂的特征更为突出（图 7-31）。剥除花筒后，发现雄蕊长度明显低于雌蕊；并有雄蕊数量减少或瓣化等特殊

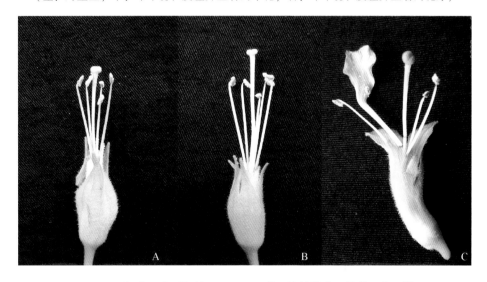

现象（图 7-32）。

图 7-30　烟草野生型与转 *NTMADS3* 基因转基因植株花蕾及花型比较

（A：野生型；B：雌蕊伸长的转基因烟草花蕾；

C：花筒开裂的转基因烟草花蕾；D：花筒外着生花瓣状结构）

图 7-31　烟草野生型与转 *NTMADS3* 基因植株盛开花朵形态比较

（左：野生型；中：雌雄蕊长度差异显著的单花；右：雌雄蕊长度差异显著的花序）

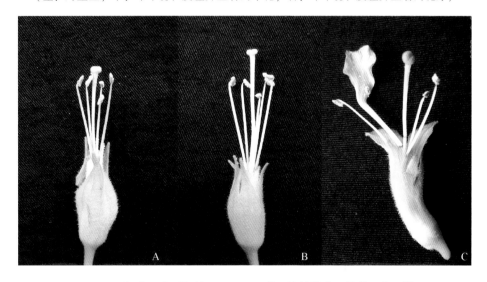

图 7-32　烟草野生型与转 *NTMADS3* 基因植株雌蕊和雄蕊形态比较

（A：野生型；B：雌蕊伸长，雄蕊正常；C：花药缺失和瓣化）

　　由上述转 *NTMADS*3 基因的拟南芥和烟草表型可以初步判断，该基因对两种模式植物的花期和花型产生了显著影响。结合该基因序列分析结果以及组织的组成型表达（图 7-33、图 7-34）特点，可以初步判断 *NTMADS*3 基因可能也参与了中国水仙的花期和花型调控。

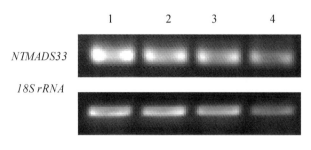

图 7-33　*NTMADS*3 基因在不同器官中的表达

1：叶片；2：鳞叶；3：根系；4：全花

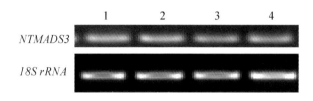

图 7-34　*NTMADS*3 基因在花中不同部位的表达

1：花瓣；2：副冠；3：雄蕊；4：雌蕊

(三) *NTPDS*1 和 *NTZDS*1 基因功能的初步预测

　　通过 RT – PCR 方法对 *NTPDS*1 和 *NTZDS*1 基因花蕾期的组织表达模式进行了研究。发现上述两个基因主要在花器官中大量表达，而在鳞片中不表达或极少表达（图 7-35、图 7-36），这说明二基因对中国水仙花蕾的某些性状起着重要的调控作用。二基因序列分析结果表明，其序列中均些含有一个吡啶二硫酸核苷酸氧化还原酶保守结构域和一个近 N – 端的 NAD/FAD 结合单元等胡萝卜脱氢酶的共同特征，所以初步预测 *NTPDS*1 和 *NTZDS*1 基因对中国水仙的花色调控具有重要意义。

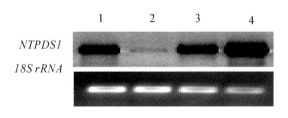

图 7-35　*NTPDS*1 基因在不同器官中的表达

1：叶片；2：鳞叶；3：根系；4：全花

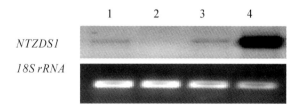

图 7-36　*NTZDS*1 基因在不同器官中的表达

1：叶片；2：鳞叶；3：根系；4：全花

三、转基因方法与转化体系

建立中国水仙遗传转化受体系统是成功实现基因转化的工作基础，其中包括高效再生体系的建立、抗生素种类和浓度的筛选以及农杆菌侵染的浓度、时间等。其中，中国水仙高效再生体系的研究取得了一定进展，初步建立了经由愈伤组织途径和不定芽直接再生途径的两种再生体系。抗生素种类及浓度等试验也得到了部分结果。

(一)高效再生体系的建立

1. 带鳞叶的鳞茎盘直接再生不定芽

中国水仙鳞叶腋间和鳞茎盘之间具有活跃的分生组织。在适当比例的激素刺激下，该组织可以直接分化出不定芽。

初始外植体常用0.1% ~ 0.2%的氯化汞或碘化汞进行消毒。但二者均属剧毒化合物，危险性极高，故而在世界范围内被广泛禁止使用。采用2%次氯酸钠作为消毒剂，与2%氯化汞消毒处理相比，无菌外植体成活率均达60%以上，故可以完全替代氯化汞使用。

不同类型的鳞茎盘外植体在培养基上直接再生出不定芽的能力具有巨大差异。将带鳞叶的鳞茎盘按完整鳞茎盘、双鳞片和单鳞片三种方式进行切割，接种在相同的分化培养基(MS 培养基 + 6 - BA 1.0 mg · L^{-1} + NAA 5.0 mg · L^{-1} + 蔗糖40 g + 琼脂7.5 g)上，三种外植体均可分化出不定芽。其中，完整鳞茎盘由于中心芽的存在而呈现出很强的顶芽生长优势，从而抑制了周边其他不定芽的萌发；双鳞片分出不定芽数量最多，可达到13 ~ 16 个/块外植体，是利用鳞茎盘获得大量不定芽的最佳外植体。但上述不定芽均发生在鳞叶的叶腋间，形成的不定芽在转化时较难被农杆菌侵染，而单鳞片基部虽然形成的不定芽数量较少(图 7-37)，但从鳞茎盘上剥离时在基部造成一定的创伤，而基部位置正是分生细胞群集中和活跃部位，所以此处再生不定芽的能力高低关系到转化效率高低，对有效实现基因转化具有重要意义。

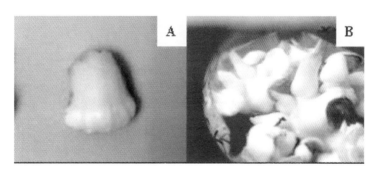

图 7-37　单鳞叶不定芽分化情况

(A：单鳞叶基部有芽点突起；B：芽点发育成的小鳞茎)

2. 通过愈伤组织的诱导分化途径再生不定芽

通过愈伤组织诱导获得再生不定芽是实现基因有效转化的基本方法之一。在前人关于中国水仙愈伤组织诱导与分化的报道中，无论是外植体的选择还是培养基配方的组成，结论不尽相同。笔者分别以中国水仙的鳞片、叶片、鳞茎盘、花序葶、花瓣、花药以及子房等为外植体进行了愈伤组织诱导研究，取得了较好的结果。

鳞片作为愈伤组织诱导的外植体具有取材容易、数量较大且受季节限制较小等优点。将消毒处理后的鳞片外植体分为内层鳞片和外层鳞片接种在不同愈伤诱导培养基上，然后分别放置在 2500 lx 光照和黑暗处遮光培养。20 天后统计发现，遮光处理的鳞片外植体愈伤诱导率显著高于光照处理；内层厚嫩鳞片的愈伤组织发生率显著高于外层薄鳞片；在 $MS_0 + 6 - BA\ 0.1mg \cdot ml^{-1} + 2,4 - D\ 1.0mg \cdot L^{-1}\ NAA\ 0.2mg \cdot ml^{-1}$ + 蔗糖 40g 的培养基上愈伤诱导效果最好，在遮光条件下可以达到 80%。图 7-35 为诱导出的不同质地的愈伤组织。

对不同处理形成的愈伤组织进行继代培养后发现，生成的愈伤组织有的逐渐褐化直至死亡，有的则可以逐步发育成致密的白色或浅黄色组织（图 7-38）。

图 7-38　鳞片诱导出的不同质地的愈伤组织

将质地致密的优良愈伤组织接种于不同的分化培养基中使其分化，分别于 60 天和 100 天后观察记录分化情况，发现 $MS_0 + 6 - BA\ 1.0\ mg \cdot L^{-1} + NAA\ 5.0\ mg \cdot L^{-1}$ 和 $MS_0 + 6 - BA\ 0.1\ mg \cdot L^{-1} + 2,4 - D\ 1.0\ mg \cdot L^{-1} + NAA\ 0.2\ mg \cdot L^{-1}$ 的培养基上有大量芽分化出来，数量达 15~20 个/块愈伤组织（图 7-39 之 A1~A2，B1~B2）；其他培养基上除有少量芽分化外，还伴随有大量根分化出来（图 7-39 之 C1~C2），或者无明显芽分化迹象（图 7-39 之 D1~D2）。

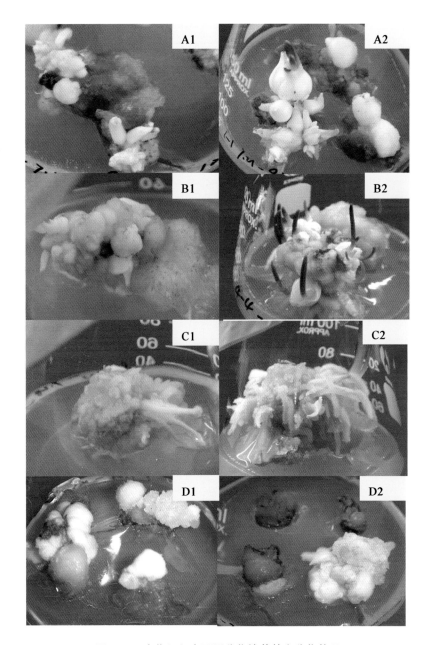

图7-39　愈伤组织在不同分化培养基上分化状况

(A1～D1：接种后70天形成的愈伤组织；A2～D2：接种后100天后分化出不定芽或不定根)

　　对不同位置的叶片进行愈伤组织诱导研究发现，伸出鳞茎的叶片很难进行脱分化，而深藏在鳞茎内部的幼叶则较容易脱分化并形成少量小鳞茎(图7-40)。

　　花序葶、花瓣、花药、子房在不同的愈伤诱导培养基上均可诱导出愈伤组织。其中，花药本身未能诱导出愈伤，但与之相连的花丝在合适的培养基上能诱导出大量良好的愈伤组织，诱导率高达90%(图7-41)。

　　获得的愈伤组织在分化培养基上继续培养30～50天后即可有不定芽分化出来(图7-42)。

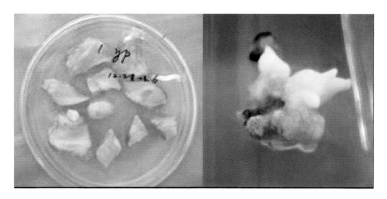

图 7-40　两类叶片在 4 号愈伤诱导培养基上的诱导与分化状况

（左：伸出鳞茎的叶片；右：鳞茎内的叶片）

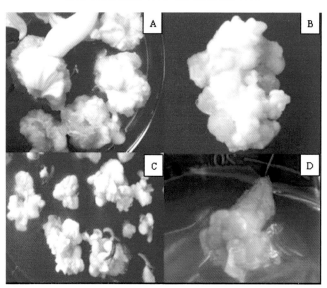

图 7-41　花器官不同部位诱导的愈伤组织

（A：花序莛；B：花瓣；C：花丝；D：子房）

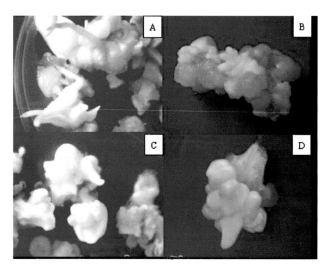

图 7-42　花器官不同部位愈伤组织分化出不定芽

（A：花序莛；B：花瓣；C：花丝；D：子房）

3. 再生小鳞茎在不同培养基上的生长及分化

再生得到的小鳞茎可以继续用作快繁材料或基因转化的受体材料，也可以使其迅速生长生根后移出组培瓶进行田间栽培。

研究表明，将再生芽丛上未生根的小鳞茎接种于 $MS_0 + 6 - BA\ 10.0\ mg \cdot L^{-1} +$ 蔗糖 $40\ g \cdot L^{-1}$ 配方中，可使不定芽快速大量地分生，且基部无根系生成，原有鳞茎直径增加缓慢；接种于 $MS_0 + NAA\ 1.0\ mg \cdot L^{-1} +$ 蔗糖 $40\ g \cdot L^{-1}$ 时，小鳞芽基部生根早，原有鳞茎直径增加且长势健壮，但球芽分生数量少；接种于 $MS_0 + NAA\ 0.1mg \cdot L^{-1} +$ 蔗糖 $60\ g \cdot L^{-1}$ 培养基时，可使根系发育良好且小鳞茎生长健壮（图 7-41）。因此，将再生得到的小鳞茎在 $MS_0 + NAA\ 0.1mg \cdot L^{-1} +$ 蔗糖 $60\ g \cdot L^{-1}$ 培养基上经过 1~2 个月培养后即可生根长成健壮鳞茎。待鳞茎直径达 0.5cm 或根系达 1~2cm 时可以出瓶移栽（图 7-43）。

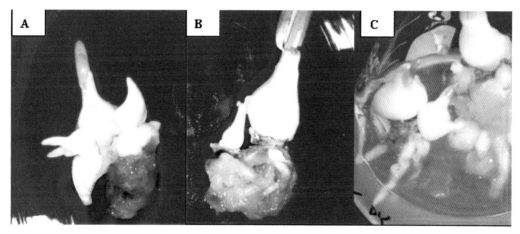

图 7-43　再生小鳞茎在不同培养基上分化和生长情况比较

（A：只分生不定芽；B：只分生不定根；C：不定根和芽均有分化）

图 7-44　生根的组培苗

(二)遗传转化中的抗生素筛选

中国水仙对不同种类的抗生素敏感程度不同，在抗性组织筛选时合适的抗生素浓度对转化子的筛选非常关键。据国内对中国水仙抗生素筛选的研究报道，常用的筛选性抗生素有潮霉素（Hyg）、卡那霉素（Kan）、G418 和新霉素（Nm）等。抑菌抗生素有头孢霉素（Cef）、羧苄青霉素（Carb）和氨苄青霉素（Amp）等。根据所选用的外植体不同，抗生素的种类及浓度也有所不同。

目前，对于中国水仙转化体系中抗生素的浓度有着不同的结论。有研究认为，头孢霉素、氨苄青霉素和羧苄青霉素等抗生素都可以抑制农杆菌繁殖，但抑制效果不同。以头孢霉素的抑菌效果最好，200 mg·L^{-1} 就可基本完全抑制农杆菌繁殖，羧苄青霉素次之，氨苄青霉素抑菌效果较差，浓度达到 550 mg·L^{-1} 尚有高于 40% 的农杆菌复发率。各种抗生素对鳞茎盘丛生芽的诱导发生均有不同程度的影响，在较低浓度下对分化的影响不大，都有接近 100% 的分化率，但仍表现为增殖系数的降低。其中，氨苄青霉素对增殖系数的影响最大。综合考虑抑菌效果和对外植体分化产生的负效应，在农杆菌介导的水仙遗传转化中，选用 200 mg·L^{-1} 头孢霉素较为适宜。但也有研究认为，羧苄可有效抑制农杆菌生长，对外植体无不良影响，使用浓度 400 ~ 500 mg·L^{-1}。为进一步确定中国水仙遗传转化中所需抗生素的浓度，对羧苄青霉素的抑菌浓度进行了试验，结果发现，在对花丝诱导的愈伤组织进行转化时，羧苄青霉素的浓度范围可在 250 ~ 300 mg·L^{-1}（图 7-45）。

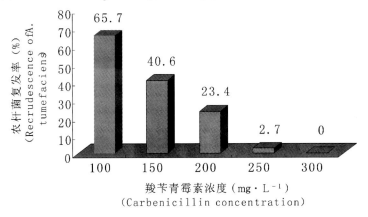

图 7-45 不同浓度羧苄青霉素处理对愈伤组织中农杆菌复发率的影响

潮霉素被普遍认为是筛选效果最好的抗生素之一。有研究认为水仙鳞茎盘组织、叶片及花梗的选择压为 35 ~ 40 mg·L^{-1}；愈伤组织的选择压为 20 mg·L^{-1}；而花丝产生的愈伤组织的筛选压为 15 ~ 20 mg·L^{-1}。

(三)农杆菌介导的遗传转化

曹荣华等利用 GUS 基因对中国水仙的农杆菌介导的转化体系进行研究后认为，带鳞片的鳞茎盘外植体在 OD$_{600}$ = 0.1 ~ 0.5 的菌液且乙酰丁香酮（AS）终浓度为 10 ~

100/moL·L⁻¹的侵染液中侵染 5~30 min，之后接种于含 50~60 μmol·L⁻¹ AS 的 MS 共培养基上（可不加激素）共培养 3 天后转入附加 300 mg·L⁻¹的 Cef 和 30 mg·L⁻¹ Hyg 的 MS_0 + 10 mg·L⁻¹ 6 – BA +0.2mg·L⁻¹ NAA 的筛选培养基中，组织酶化学反应法检测 GUS 基因的瞬时表达发现，90% 以上的组织块呈现深蓝色斑块。在将 IPT 基因转化中国水仙时，也得到了类似的结果。但叶祖云等在将 F3′, 5′H 酶基因转化中国水仙时研究发现，经转化的中国水仙外植体通过抗生素 G418 的选择分化培养，产生 G418 抗性水仙小鳞茎比例很低。对稍大鳞茎提取其总 DNA，经 PCR 扩增检测时未能发现 F3′, 5′H 酶基因预期条带，说明农杆菌对中国水仙的侵染还存在障碍，并预测可能与水仙是单子叶植物及其受伤细胞的分泌物效用有关。

笔者将携带 *NTMADS*1 质粒的农杆菌侵染液转染带有花药的花丝。侵染时间 10~15 min。用灭菌的滤纸吸干菌液，平铺于愈伤诱导培养基上，使花丝断面与培养基接触。置黑暗处避光放置。10 天后转接于含 15 mg·L⁻¹潮霉素和 150 mg·L⁻¹ Carb 的愈伤诱导培养基上。每 15~20 天继代一次，直至愈伤组织长出。图 7-46 为从潮霉素抗性培养基上获得的抗性愈伤组织。将获得的抗性愈伤转入分化培养基继续培养，每 15~20 天继代一次。大约经过 3 次继代后，仅有 1 块愈伤组织分化出了抗性不定芽（图 7-47）。

图 7-46 潮霉素抗性筛选培养基上得到的愈伤组织　　**图 7-47** 潮霉素抗性筛选培养基上得到的抗性不定芽

尽管农杆菌介导的中国水仙遗传转化体系研究取得了一定进展，但目前该体系仍不是十分完善，需要经过大量的试验来逐步探索。

第八章　中国水仙的繁殖和栽培

中国水仙属于鳞茎型球根花卉，其鳞茎在上市前需种养至少三年才能生长发育成商品球。高产优质的种球不仅是增加花农收益的重要保障，也是做强中国水仙花产业的前提基础，中国水仙种球数量和质量的提高则需要科学合理的繁殖栽培技术，而中国人民用他们勤劳的智慧和汗水，不断尝试探索，总结出了一套适宜中国水仙繁殖和栽培的独特技术。

第一节　中国水仙的繁殖

中国水仙为同源三倍体，不能产生种子，无法进行有性繁殖，一般采用无性繁殖法繁殖后代。

一、侧球繁殖

中国水仙属鳞茎类球根花卉，鳞茎具有自然增殖的特性。侧球着生在鳞茎球外的两侧，仅基部与母球相连，很容易自行脱离母体。秋季将其与母球分离，单独种植，次年产生新球(图8-1)。

图8-1　侧球繁殖　　　　　　　　　　图8-2　水仙侧芽

二、侧芽繁殖

侧芽是包在鳞茎球内部的芽。在进行球根阉割时，随挖出的碎鳞片一起脱离母体，拣出其中的白芽(图8-2)，秋季撒播在苗床上，翌年产生新球。

三、双鳞片繁殖

用带有两个鳞片的鳞茎盘作繁殖材料，称之双鳞片繁殖。其方法是：把鳞茎先放在 4 ~10℃处低温存放 4 ~8 周，然后在常温中把鳞茎盘切小，使每块带有 2 个鳞片，并将鳞片上端切除留下 2cm 作繁殖材料，然后用塑料袋盛含水 50%的河沙，把繁殖材料放入袋中，封闭袋口，置温度为 20 ~28℃的黑暗地方，经 2 ~3 月可长出小鳞茎。此法四季可以进行，但以 4 ~9 月为好。成球率 80% ~90%，生成的小鳞茎移栽后的成活率可达 80% ~100%。

四、组织培养法

中国水仙组织培养途径包括器官直接再生途径、愈伤组织诱导与再分化途径和胚状体发生途径。目前，中国水仙组织培养及植株再生主要是通过器官直接再生途径和愈伤组织诱导与再分化途径，有关胚状体发生途径还未见报道。

培养材料为中国水仙商品球的鳞茎盘、鳞片、叶片、花梗、子房、花药等组织，但以带部分鳞片的鳞茎盘的培养效果最佳，即双鳞法。

(一)组织培养培养条件

用于组织培养的水仙鳞茎球，需 4 ~ 10℃ 的低温预处理 4 ~ 10 周，以打破休眠，提高培养材料的活性及小鳞茎的诱导率。培养基主要是 MS 基本培养基，也可采用改良的 MS 培养基。

(二)组织培养影响因素

影响中国水仙培养的主要因素：激素、糖类、活性炭等，激素主要是 NAA、6 – BA、KT、2，4 – D 等。组织培养时常见的激素配比为高浓度 6 – BA 和低浓度的 NAA 或 2，4 – D 组合，所用 NAA 或 2，4 – D 浓度为 $0 ~ 1mg \cdot L^{-1}$，6 – BA 浓度为 $1 ~ 10$ $mg \cdot L^{-1}$。糖类作为主要的能源物质，其类别及添加量均对水仙组织培养的成功与否至关重要；糖类物质主要是添加 30 g/L 的蔗糖。活性炭主要添加于生根培养基中，促进水仙小鳞茎的生根培养(具体内容见第七章之高效再生体系部分)。

第二节　中国水仙的栽培

一、中国水仙栽培简史

(一)古代栽培(唐宋时期)

中国水仙古名称为"蒿"，其栽培历史和在盆中水养历史均久远，可以追溯到殷商时期，并适用于水稻田栽培。

到了宋代中国水仙花栽培逐渐风靡起来，据宋代赵湘（1006 年前后）《南阳诗注》载："此花外白中黄，茎干虚通如葱，本生武当山谷间，土人谓之天葱。"当时水仙分布于湖南、湖北一带，宋代高似孙的《水仙花后赋》涉及水仙花的地域有潇湘、澧源、荆许、湘渊等县，刘邦直诗曰："钱塘昔闻水仙庙，荆州今见水仙花"均是佐证。

其后水仙花逐渐扩展到浙江和福建，宋乾道年间（1165～1173 年），著名诗人许仲启赋诗云："定州红花瓷，块石艺灵苗。芳苞茁水仙，厥名为玉霄。适从闽越来，绿绶拥翠条。"可知水仙不仅已成了王公贵胄文人雅士的珍玩之物，列入七十二种名件贡物之一，且流播为民间珍贵的馈赠礼品和寺庙供奉佳品。南宋间，任过漳州知州的杨万里、朱熹、刘克庄、赵以夫等均有吟咏水仙花的诗词传世。可见，宋代水仙花的栽培几乎遍及我国湖南、湖北、浙江和福建各省。

此时中国水仙现有的两个主要栽培品种'金盏银台'、'玉玲珑'已经出现，宋周师厚《洛阳花木记》记载："水仙生下湿地，根似蒜头，外有薄赤皮，冬生叶如萱草，色绿如厚，春初于叶中抽一茎，茎头开花数朵，大如簪头，色白圆如酒杯，上有五尖，中承黄心，宛如盏样，故有金盏银台之名"；宋辛弃疾稼轩词《贺新郎·赋水仙》中有句"弦断招魂无人赋，但金杯的砾银台润"，此处也说明此时已经有'金盏银台'品种。宋吴文英《燕归梁·书水仙扇》词："白玉搔头坠鬓松，和春带出芳。为分弱水洗尘红，低回金叵罗，约略玉玲珑。"此'玉玲珑'指水仙。

（二）近代栽培（明清及民国时期）

明景泰年间（1368～1644 年），据龙海蔡坂《张氏族谱》载，其祖上张光惠告老还乡，就推广水仙阉割繁殖方法进行大面积栽培，水仙开始日益繁盛。明隆庆元年（1567 年）穆宗宣布取消漳州海澄月港海禁，水仙花开始成为我国对外贸易的输出商品。

到了清代水仙已经遍布江南，《广群芳谱》载："水仙花江南处处皆有之。"清康熙二十四年（1685 年），石码港设立海关，水仙花更是飘香五湖四海，成为大宗的出口商品，远销我国香港以及日本、东南亚、欧美等国家和地区，每年出口量均为二三百万粒，最高年份近四百万粒。康熙年间《定海县志》卷 24 特产篇中记载："水仙，本名雅蒜（六朝人呼为雅蒜），花有两种，单瓣者名水仙，又名金盏银台；重瓣者名玉玲珑。雅蒜悬山海涂有数十亩。"这是中国水仙自然生长的记载。清代末年，中国水仙花的种植面积已达千亩。

中华民国二十一年，陈润生、林主达在香港开办、经营水仙花头商号，依水仙花"宜色宜人、宜早报春"等特点，以"宜春"登记注册商标，此后"宜春水仙"信誉卓著、驰名中外，水仙球茎出口额不断增加，1925 年已达 138.216 银元。抗日战争时期，水仙花种植面积及产量锐减，最低年份仅种 46 亩，产量只有 22 万粒。

（三）当代及现代栽培（新中国成立以来）

新中国成立后，水仙花种植几经起落，从 1956～1976 年产量徘徊在 20 万～28 万粒。并逐渐形成了以福建漳州、上海崇明、浙江舟山等地为主的生产基地，其中以福建漳州水仙最负盛名。自 1959 年开始，漳州水仙花就登上中南海、人民大会堂、钓鱼台国宾馆的厅堂，成为我国大型庆典活动、国家领导人接见外宾的迎宾花。改革开放以来，水仙花事业取得很大进展，通过花展、花节、新闻传播等形式，使中国水仙更加四海驰名。

1979 年后漳州水仙种植面积直线上升，1979 年超 500 亩，1981 年超千亩，1986 年超 2000 亩，1999 年后达万亩，产花头 4000 万粒，创值达亿元。

2003 年福建省水仙种植面积达 9663 亩，销售量 3278 万粒(含种用球 50 万粒)，销售额 7784 万元(含种用球销售额 100 万元)，出口额 65 万美元，年产值 5040 多万元。国内市场占有率达 90% 以上。全国最大的水仙花生产基地福建漳州龙海市，花卉种植规模达到了 3.5 万亩。

漳州水仙 2004 年获国家工商局注册的原产地证明商标，2005 年被福建省工商局认定为福建省著名商标，2006 年被评为漳州十大城市名片(图 8-3)。

2008 年 5 月，"漳州水仙花文字和图案"注册商标荣膺"驰名商标"称号，成为全国花卉品种首枚驰名商标。2008 年仅漳州就有水仙花花农花商 1.3 万多户，水仙花种植面积达到 1.27 万亩，产量 5021 万粒年，占全国产量的 90%，产值为 9490 万元(图 8-4)。

图 8-3　漳州水仙商标

图 8-4　漳州水仙生产规模

二、中国水仙生产性的栽培技术

中国水仙鳞茎在上市前需在大田中种养至少三年才能生长发育成商品球。水仙花农经过千百年的尝试和探索，总结出了一套适宜中国水仙种植的独特技术。经过三年培育的中国水仙商品球，鳞茎健硕、箭多花繁、芬芳馥郁，经雕刻、水养、造型后，具有极高的艺术价值和商品价值。

（一）子球繁育技术

1. 土地选择

土地选择是一项非常关键的工作。选择一块地势开阔、地面平坦、水源充足、通风向阳、土质适合的地块，是种球生产取得效益的前提条件。若阳光不足，会使水仙的生长受到影响，植株徒长、花期缩短、花葶瘦弱及植株地下部分发育不良，导致种球退化。

中国水仙对土壤也有一定要求，宜选择疏松、肥沃、保水保肥力强，耕作层含深 30～35cm 的壤土。若土地为沙土，则可使入一定量有机肥，改善土壤肥力和土粒结构，从而保证中国水仙根系生长发育所需生理活动的正常进行。

中国水仙适宜生长在中性或微酸、微碱性的土壤。种球下种之前，应对土壤进行检测，调节 pH 值至 6.5～7.5，可溶性盐含量至 0.23～0.70 mS/cm。

2. 繁育时间

我国古人已知水仙"待得秋残亲手种"。但以现代的观点来看中国水仙种球的种植时间有一定的不确定性，必须根据当地当年的气候变化来确定种球下种日期。若入秋后，气温依然偏高或雨水不足时，种植期则要推迟。一般是入秋后，日均温稳定在 25℃以下时，为中国水仙繁育适宜播种期；一般是在"霜降"（10 月下旬）前后 1 周播种。若太早，温度（气温和地温）较高，易导致鳞茎霉烂；若太晚，温度偏低，影响花芽的萌发，易遭受寒流袭击，会推迟鳞茎成熟，影响鳞茎质量。

3. 子球分类及规格要求

（1）中国水仙子球分类：中国水仙子球依生长年限可分为侧芽、一年生子球和二年生子球。①侧芽，俗称芽仔，系着生于一、二年生的主球两侧的小鳞茎。②一年生子球，俗称钻仔，系侧芽撒播栽培一个生长季后的主鳞茎。③二年生子球，俗称种仔，系一年生去除两边侧芽栽培一个生长季发育而成的主鳞茎。

（2）中国水仙子球规格要求：不同年龄的中国水仙子球规格要求见表 8-1。

表 8-1　不同年龄的中国水仙子球规格要求

项目	要求			
	百粒重（kg）	周径（cm）	外观	病虫害
侧芽	1.4～1.6		鳞茎表皮棕褐色，有光泽，鳞茎盘发育良好，根点发达	无
一年生子球	2.5～4.5	≥9	鳞茎呈有规则圆锥形，表皮棕褐色，有光泽，鳞茎盘发育良好，根点发达，无漏底	无
二年生子球	4.6～10	≥15	鳞茎呈有规则圆锥形，表皮棕褐色，有光泽，鳞茎盘发育良好，根点发达，无漏底	无

4. 播种量

单位面积播种量见表 8-2。

表 8-2 每公顷播种量分类表

种植种球类别	侧芽(万粒)	一年生子球(万粒)	二年生子球(万粒)
每公顷播种量	54~60	23~32	6.3~13

5. 一年生子球繁育技术

选用饱满、充实、无病虫害的侧芽为繁育材料。

播种前，种球需进行消毒，不但可以杀死种球携带的病虫害，还可以预防病虫害的发生及传播。可用硫酸铜、生石灰、水之比 1:1:50 的波尔多液、代森锌 300 倍液或 70% 甲基托布津 1000 倍液，浸种 5min 进行消毒处理。消毒 1h 后，再用流水洗 5min。

于 9 月下旬进行深犁翻耙，犁前土壤需充分晒白，然后每公顷施入 1500kg 生石灰对土壤进行消毒，再用旋耕机翻耙 3~4 次，以使其成为细土粒，然后开沟整成畦。畦宽 140cm 左右，畦高 20cm 左右，沟宽 35~40cm。结合犁耙对土壤施入基肥，每公顷宜用钙镁磷或过磷酸钙 1500kg、有机肥 1500~2000kg。

播种宜采用撒播，每公顷约 54 万~60 万粒，株距 8cm 左右，深浅要一致。播种后及时将沟中碎土均匀地覆盖在畦面上，覆土深度以刚好盖住种球为宜。

播种之后及时向沟中引水，灌水深度保持畦深的 3/5 左右，畦面湿润后即可排干水。待畦面不粘脚时进行清沟覆土，覆土厚度 12cm 左右；清沟覆土盖种后畦沟深宜保持在 30~35cm。结合清沟覆土，每公顷追施氮、磷、钾各 15% 的复合肥 500kg。最后疏盖 3~5cm 厚稻草。然后再次向沟中引水至鳞茎根部(图 8-5，图 8-6)。

图 8-5 整 地

图 8-6 覆盖与灌水

生长期视畦面干燥情况，及时灌水(图 8-6)。当侧芽叶片长齐后，每半个月追一次肥，施入 500 倍液硫酸钾复合肥，或尿素每亩 0.5kg 加人粪尿 500~700kg。翌年 1~2 月间，每公顷再撒施草木灰 1000kg。

由于水仙的根脆易断，且伤根后无再生新根能力，田间杂草应及时用人工拔除，忌使用锄头中耕除草。拔草时脚尽量不要踩在畦面上，以防踩断根系，同时还利于保持疏松的土壤及促进鳞茎的增大。畦沟边缘可喷施除草剂。水仙嫩叶长出后，通常选用虫必克2000倍液，或水胺硫磷1000倍液喷施一次，一周后，选用铜高尚TM800倍液与广谱杀虫剂进行喷施。也可选用1%半量式波尔多液喷施。一个月后再喷施一次药。或视病虫危害情况，对症选药防治。

侧芽栽培后经6~7个月的营养生长，已发育成上尖下椭圆，有1~2个侧芽的一年生子球。进入5月后植株叶片相继枯萎，这尽可将畦沟水排干。于6月上旬叶片全部枯萎后，可细心地将鳞茎挖掘出来，晾晒后贮藏于阴凉通风处，即可作二年生子球繁育材料。

6. 二年生子球繁育技术

用于繁育的材料需选用饱满、充实、无病虫害的一年生子球，并去除两侧外露的侧芽。

播种前，种球仍需进行消毒，方法同一年生种球。

于9月下旬进行深犁翻耙，犁前土壤需充分晒白，然后每公顷施入1500kg生石灰对土壤进行消毒，再用旋耕机翻耙3~4次，以使其成为细土粒，然后开沟整成畦。畦宽140cm左右，畦高20cm左右，沟宽35~40cm。结合犁耙对土壤施入基肥，每公顷宜用钙镁磷或过磷酸钙1500kg、有机肥1500~2000kg。

于9月下旬进行深犁翻耙，整地做畦。但要适当加深畦沟，覆土盖种后沟深应达40cm（图8-7）。施入基肥，每公顷宜施用钙镁磷或过磷酸钙1500kg、有机肥2000~2500kg。

图8-7　加深的畦沟

图8-8　条　播

播种宜采用条播法，即在整好的畦面上，开浅沟（浅沟方向与畦向垂直），沟深10cm，沟距（行距）20cm，株距15cm左右，每公顷约23万~32万粒。放球时注意芽向，使其抽叶后叶片的扁平面与播种沟平行，以利于叶片的伸展（图8-8）。播种后及时将沟中土均匀地覆盖在畦上，覆土深度以刚好淹没种球为宜。

播种之后灌水、覆土同一年生种球。结合清沟覆土，每公顷追施氮、磷、钾各15%的复合肥700kg。最后疏盖3~5cm厚稻草。然后再次向沟中引水至鳞茎根部。

生长期视畦面干燥情况，及时灌水。芽仔的叶片长齐后，每半个月追一次肥，施用500倍液硫酸钾复合肥，或尿素每亩0.5kg加人粪尿700~900kg。翌年1~2月间，每公顷再撒施草木灰1500kg。在"春分"（3月中旬）至"清明"之间，追施磷钾肥一次，以促进鳞茎膨大。

一年生子球栽培后经6~7个月的营养生长，已发育成上尖下椭圆，有1~3个侧芽的鳞茎球。进入5月后植株叶片相继枯萎，这时可将畦沟水排干。于6月上旬植株叶片全部枯萎后便可细心地将鳞茎挖掘出来，晾晒后贮藏于阴凉通风处，剥除两侧小鳞茎后即可作种球生产栽培材料。

7. 种球生产技术

选择饱满、充实、无病虫害的二年生子球作繁育材料，并去除子球多余侧芽。

播种前，种球仍需进行消毒，方法同一年生子球。

进入9月上旬土地要多次深翻充分晒白，然后每公顷施入1500kg生石灰对土壤进行消毒，再用旋耕机旋耕碎土3~4次，花农有"四犁五耙"或"七犁八耙"的做法，以使下层土壤充分熟化、松软，以提高土壤肥力，减少病虫害和杂草，增加土壤透气性与排水性，以利水仙根系的生长，促进其优质、高产。

将土壤打碎、耙平后整成高畦。畦宽140cm左右，畦高35~40cm，沟宽35~40cm。畦大小要整齐，高度要一致，畦的方向摆布要有利于水的排灌。结合犁耙对土壤施入基肥，第一次旋耕时，每公顷撒施钙镁磷或过磷酸钙1500~2500kg；第二次旋耕时，每公顷施用有机肥（农家土杂肥）60000~70000kg。

阉割的二年生子球经消毒后1~2天便可下种。播种宜用条播种植，即在整好的畦面上，开浅沟（浅沟方向与畦向垂直），沟深10~20cm，沟距（行距）30~35cm，株距20~25cm，每公顷播种量为6.3万~13万粒。放球时注意芽向，要使种仔两侧阉割伤口对着条播沟，并用手稍微压下种仔，这样鳞茎抽叶后叶片的扁平面与播种沟平行，有利于叶片的伸展。播种后及时将沟中土均匀地覆盖在畦上，覆土深度以刚好淹没种球为宜。

下种覆土后即可引水灌溉，并蓄水至畦高的3/5，待畦面湿润时，再排水。待畦面不粘脚时进行清沟覆土，覆土厚度10~12cm；清沟覆土盖种后畦沟深宜保持在45~50cm。

第一次灌水后1周左右，结合清沟覆土，每公顷追施钙镁磷或过磷酸钙2000kg与有机肥3000kg的混合肥，再追施氮、磷、钾各15%的复合肥1000kg，于翻土盖种行距浅沟中间。

待畦底湿润不粘脚时，结合追肥重新修整畦边，同时加深畦沟，把余土覆盖于畦面行距间，并盖上约8cm厚度的干稻草或其他覆盖物，覆盖物应超出畦面两边各5~8cm（图8-9）。以保持畦沟壁土壤的湿度，并抑制其上杂草的生长。

为使更多的养分供给主球生长，一般于12月中旬至翌年1月期间摘花，当花枝管抽出地面 10cm 时即可摘花，摘除长度 5 ~ 7cm。若花枝要作为商品用途，应待花苞临破裂时摘花，摘取长度约 15cm。

摘花之后要进行二次追肥，每公顷施入有机肥 3000 ~ 4000kg，草木灰或钙镁磷 1500kg；施肥时有机肥条施于行距间，草木灰或钙镁磷撒施于畦面。

二年生子球经过一年的营养生长，即可作商品球。

图 8-9　覆盖保湿和抑制杂草

(二) 控水技术

中国水仙为喜水植物。其灌水深度与生长期、季节时令有关，花农有"北风多水，西南风少水，雨天排水，晴天保水"的原则。一般天寒时，水宜深，但最深也不宜淹过鳞茎盘；天暖时，水宜浅。因此，种植田的灌溉和排水，应掌握干湿适度，按需排灌的原则，保证植株生长发育良好。

1. 供水促根

水仙鳞茎球下种后，适逢秋季干旱时节，应及时向沟中引水灌溉。水深以畦高的 3/5 为宜，待畦面土壤出现润斑时，即可排水；待 1 周后畦面湿润不粘脚时，即可进行清沟覆土。

2. 足水促苗

清沟覆土后，畦面覆盖干稻草或其他覆盖物，然后灌水至畦高的 3/5，并经常保持此水位。这时，水仙已进入旺盛生长阶段，各器官不断扩大，对水分的需求量增大，应引水灌沟。"小雪"(11 月下旬)前后，根系能长至 14cm 以上，叶伸长至 20cm 左右，因此必须及时提供充足的水分。

3. 保水养株

自"小雪"至"立春"(2 月上旬)，水仙花的主芽在孕育花蕾，抽葶开花，须根增粗并长至 22cm 左右，叶长至 40cm 以上，叶宽 1.8 ~ 2.3cm，此时植株不但需要肥分，还需有足够的水分供应，正常水位为畦高的 3/5。

4. 调水壮球

自"雨水"(2 月中旬)至"清明"之间，随着温度的升高，空气湿度的增大，水仙根、茎、叶对水分需求不同。叶的生长要求空气湿度大；鳞茎球的膨大需要疏松湿润的土壤环境；根系周围土壤要保持水分饱和，但水位不得淹过鳞茎盘，否则易致使鳞茎球腐烂坏死。因此，要严格控制水位于畦高的 1/3 处。若遇雨水较多时，应及时排水；若水位不足时，应及时灌水。

5. 断水促熟

立夏前后，植株叶片开始枯黄，养分逐渐供给于地下部分，生理需水量日趋减少。水分的管理应以促熟为主，不宜过多，这时水位应控制在畦高的 1/4～1/5。"立夏"(5 月上旬)至"小满"是水仙的成熟中期，务必将田水排干，促其成熟，以利增产。同时也利于收成时挖掘操作。

(三) 阉割技术

中国水仙以其充实、饱满、健硕的鳞茎深受消费者欢迎，这归功于花农所创的独特的"阉割技术"。

1. 阉割原理

即保留鳞茎中央的主芽，挖去主芽两侧的侧芽，为其提供足够的生长空间和充足的营养。这样鳞茎长得特别肥大，这时与两侧重新长出的 4～6 个侧芽，一起构成"山"字形鳞茎。

2. 阉割工具

长 15cm、宽 2cm 的专用阉割刀。也可自制(图 8-10)。

3. 阉割时期

阉割通常选择在种植前 2～3 天进行，这时内侧芽已有瓜子大小，呈淡黄色。阉割要选择在宽敞且通风良好的场所进行，这样既便于操作，又可加速阉割伤口的愈合，减少叠积发热，防止腐烂。

图 8-10　花农用的自制水仙阉割刀

4. 阉割部位

由于侧芽居于主芽扁平叶的两侧，而阉割部位就在主芽下端近鳞茎盘处，因此阉割时先将小鳞茎去掉，再将鳞茎膜剥除，然后对准侧芽着生部位，左手拿着种仔，使茎盘朝外，用专用阉割刀从种仔鳞茎盘上约 1cm 处进刀，将刀口从上而下向茎盘方向斜切阉割，用力要均匀，切入一定深度后，将切入的鳞茎片带内侧芽一起掀出，分几次阉割，直到阉割完其中一侧，再阉割另一侧。图 8-11 显示了阉割后的水仙种球形态。

图 8-11　阉割后的水仙种球

(四) 催花技术

中国水仙主要用于艺术雕刻、盆景造型，其花枝数越多，单价越高，因此，增加水仙花花枝对提高花球品质，增加花农收益及中国水仙花的出口创汇均具有重要意义。

1. 主要原理

根据植物茎生长点在不同条件下可以分生出叶芽或花芽的原理，在一定物质积累基础上，调控外界条件可以影响水仙花鳞茎芽的分化方向。采用加温、熏烟、施用外源植物生长调节剂等方法，可以促进水仙花芽分化，从而提高水仙花的成花率，增加水仙花的花枝数，提高水仙花的观赏价值和商品价值。

2. 主要技术

水仙花鳞茎的花芽分化在 6~7 月间，在此之间，改变外界环境条件可以多开花，高温和乙烯处理可以增多花枝水仙花的花枝数。多年实践表明：6 月 20 日至 7 月 20 日是增多花枝处理比较适合的日期。

用密封良好的标准库房堆放水仙鳞茎。

（1）烟熏处理：在 20m² 左右的密封良好的标准库房，堆放水仙鳞茎 1.5 万~2 万粒（中间留 2m² 的空地放置火炉），保持 32℃ 恒温，用木炭引燃加湿的谷壳起烟，熏蒸 4h，隔 1 天重复 1 次，并保持密闭状态一周，然后通风换气。

（2）植物生长调节剂：在 20m² 左右的密封良好的标准库房，堆放水仙鳞茎 1.5 万~2 万粒，保持 32℃ 恒温，用木炭引燃谷壳起烟，待库房烟雾弥漫时，在谷壳上加 150ml 的乙烯利，这时乙烯利释放的乙烯气体随烟遣散，熏蒸水仙鳞茎，隔 1 天重复 1 次，后保持密闭状态一周。或者用 200ml 乙烯利加 200g 纯碱促放乙烯气体，然后密闭熏 4h，隔 1 天重复 1 次。

三、种球采收和贮藏

（一）采　收

1. 采收时间

6 月 5 日至 6 月 25 日，当水仙花大部分叶片枯萎成干物质状态，畦面呈现干裂时，便可采收水仙的鳞茎。过早，鳞茎球尚未充实，影响质量；过迟常遇上雷阵雨，使体内含水量过高，导致鳞茎皮容易腐烂。选择晴天收获，便于鳞茎球及根盘下带的土容易晒干。

2. 采收方法

中国水仙花的生产质量和产量虽与种球质量和栽培技术密切相关，但采收技术也会对种球的质量产生很大的影响。若处理不好，机械损伤过多，种球易发生霉烂，将会造成种球质量和收益的严重下降。

为避免伤及鳞茎，要逐个挖取。在距植株 12cm、深度 20~23cm 处挖取（图 8-12），去除鳞茎表皮附土，割除基盘底老根，并以田泥直接封鳞茎盘，然后置于畦面晾晒。我

图 8-12　大田种球采收

国传统的晒晒方法正如唐朝诗人来鹏所述"六月曝根高处安"。以鳞茎顶部润干、鳞茎盘护泥干白为宜。晒晒期间要避免强光照射，并经常翻动花球，促使其均匀晒干。若遇阳光过强，中午 12 ~ 14h 应用遮阳网遮阴。

3. 采收时独特处理技术

采收的鳞茎用黏土封盖鳞茎盘后，分大、中、小级后于晒场倒置晒晒，待鳞茎盘下的护泥晒成灰白色且出现裂纹时，即可入库贮存，这样不仅可减少鳞茎损伤，还可减少因细菌侵袭而导致的鳞茎腐烂（图 8-13）。

但是在入库前应先置于通风处散热 1 ~ 2h 后再进仓，这样可以避免鳞茎球水分的过度蒸发，而影响种球的花芽分化。

图 8-13 种球护泥和倒置晒晒

（二）贮 藏

1. 贮存场所

选择宽敞阴凉、通风透气、不透阳光的房屋作为贮存场所，并在距地面 20cm 处铺上木板，防止潮湿。

2. 场所消毒灭菌

准备好贮存场所后，应在种球入库前对贮存场所进行消毒处理。贮存场所的消毒灭菌可选用：①每 20m² 用 15g 硫黄粉，燃烧熏蒸，密闭 1h；②用 5% 福尔马林室内喷洒；③用 1.5% 高锰酸钾室内喷洒。消毒灭菌后应通风 24h。

3. 贮存方法

贮存前先将种球摊放于木板上冷却 2 天，待退热冷却后堆放于木板上。堆放高度 60cm、宽度 80 ~ 100cm，波浪式堆放。堆放前认真检查，去掉病虫害种球。贮存期间应经常检查病虫害，如有发生，需及时进行消毒和通风。

4. 贮存条件

7 ~ 8 月份控制温度 30℃，其他时间可常温保存，但要注意防晒、防潮、防冻及通风，相对湿度宜控制在 70% ~ 80%。

四、种球的分级、包装和运输

（一）质量要求

种球必须以 3 年（3 种 3 收）栽培而成熟膨大，无检疫病虫，无损伤、霉烂、底盘（鳞茎盘）破裂、漏底等。

（二）等级要求

商品鳞茎传统按大小分级，花农以特制大小一致的竹篓筐装水仙花头，1 篓筐装满20粒，称为20庄水仙花头，其鳞茎在分级上最大，质量最好；依次是1篓装30粒称为30庄，1篓装满40粒称为40庄，装满50粒称为50庄（图8-14）。再小的鳞茎一般花葶稀少，故不列等级。由于传统分级的沿用，虽然现在改为纸箱包装，也仍按20庄、30庄等分级。

图8-14 水仙竹篓包装

按水仙鳞茎主鳞茎围径大小的周长（cm）数为分级标准，其分级规格见表8-3。

表8-3 主鳞茎围径周长分级标准

主鳞茎围径（cm）	级数（庄）	外观及侧鳞茎要求
≥25.00	20	侧鳞茎两对齐全，鳞茎（花头）饱满度优，形美，端正
≥23.00	30	侧鳞茎一对以上，鳞茎优，形美端正
≥21.00	40	侧鳞茎独脚的主鳞茎应≥21.5cm，鳞茎尚优，端正
≥19.00	50	侧鳞茎独脚的主鳞茎应≥20.0cm，较端正、形良

目前，国家质量技术监督局公布的中华人民共和国国家主要花卉产品等级标准（GB/T18247.6—2000）见表8-4。

表8-4 花卉产品等级标准（cm）

种名	一级			二级			三级			四级		
	围径	饱满度	病虫害	围径	饱满度	病虫害	围径	饱满度	病虫害	围径	饱满度	病虫害
中国水仙（石蒜科，水仙属）	≥28	优	无	≥23	优	无	≥21	优	无	≥19	优	无

中国水仙种球质量等级按其外观、周径、每粒花枝数、侧鳞茎情况及包装规格不同，分为5级（表8-5）。

表8-5 中国水仙种球质量等级

等级	要求				
	周径（cm）	饱满度	每粒花枝数（支）	病虫害	外观及侧鳞茎要求
1级	≥25	优	≥6	无	侧鳞茎一对齐全，种球形美、端正
2级	≥24	优	≥5	无	侧鳞茎一对齐全，种球形美、端正
3级	≥22	优	≥4	无	侧鳞茎独脚，周径应不小于22.5cm，种球形较美、较端正
4级	≥20	良	≥3	无	侧鳞茎独脚，周径应不小于20.5cm，种球形较美、较端正
5级	≥18	良	≥2	无	无损伤、无霉烂、无底盘破裂、无漏底

（三）包装和运输

长期以来，中国水仙一直采用种球基部包裹护根泥的方法来保护基盘和小鳞茎。这在出口检疫方面遇到了许多问题。2007 年 12 月，漳州水仙花协会配合有关科技部门，试验成功"环保型无土无虫水仙花头"，使之符合出口外销标准，即采用面巾纸及保鲜膜包裹特级花头，用环保材料制成袋、箱替代传统的水仙花包泥，有效解决护泥护托小侧鳞茎问题。为中国水仙运输、销售、携带带来更大的方便，对中国水仙花产业标准化发展起到巨大的推动作用。

水仙纸箱包装如图 8-15。

图 8-15 水仙纸箱包装

第九章　中国水仙的水养与雕刻造型技艺

国际上水仙的观赏栽培可广泛应用于园林、公园地栽或盆栽等，但中国水仙以其花香馥郁、身姿婀娜、体态优雅、种植简便、花期易控制等更适合于在盆中置水放在书案桌几等的水养欣赏。尤其是暮冬岁首，百花凋谢、群芳俱寂，而中国水仙却湘衣缥裙、冰肌玉骨、亭亭玉立、清香四溢、风姿婆娑，给人们带来一片春意。因此，更成为春节室内观赏首选的盆景花卉。在水养时，人们常常根据其形态特点及审美要求对水仙鳞茎球进行艺术加工即雕刻造型，把人们的情感、水仙的自然美和造型美融为一体。雕刻后的水仙犹如一幅幅动人的盆景画卷，婀娜多姿、飘香四溢，变成了生动的高品位艺术品，正映衬了"一盆玉蕊满堂春"的意境。桌几厅台摆上造型优雅别致的水仙盆景，配上色彩缤纷的盆具和玩石，丰富了人们的文化生活，更为喜庆佳节增添浓浓的春意。

第一节　中国水仙的水养技术

一、种球选择

水仙的鳞茎有规格大小之别，选择适宜与否，将直接影响开花数量及品质。花球的选择以硕大、充实、饱满、鳞膜褐色、无病虫害为依据。如果需要雕刻后水养，还要依据立意和造型来选择种球，如"笔架"或"蟹爪"水仙应选择带两个侧球的花头为佳，若是"拼景构图"，则可根据需要灵活选择规格不一的种球。

二、环境条件控制

中国水仙水养时一般不需营养液，只需一盆清水即可开花。但水培时要保证合适的下水时间、清洁的水质，足够的阳光以及适宜的温度等环境条件，才能把水仙塑造成株型匀称、花叶俱美的优良盆花。温度高、光照充足、环境湿润，生长发育快，"养育期"就短。

（一）控制下水时间

水仙花球开始浸水时间是水仙水培的一个主要技术。它通常依据观花时间来确定合适的下水时间，结合养护水仙场所的温度、光照情况来确定水养开始日。水仙浸水后至开花所需要的平均天数来确定浸水时间。南方从浸养至开花约需 22～28 天，北方因天气寒冷，约需 35～45 天。但不同环境条件差异较大，要注意根据实际情况适时调整。

(二) 确保水质

洁白根系的维护需要较高的水质，因此要不断地更换清水。种球刚下水时可以一天换一次，以后可以隔天，温度高时换水要勤，防止根系腐烂。

(三) 控制光照

水仙为喜光植物，若光照不足会引起植株营养生长旺盛，造成生殖生长迟缓甚至就不进行生殖生长，引起"哑花"现象。可根据不同生长阶段植株对光的需求，置于通风向阳位置以保证生长所需的光照。

(四) 控制温度

中国水仙适宜生长温度为 12～15℃，高于该温度常常会导致植株生长过快，引起植株倒伏和哑花等。

三、花期控制

花期控制即采取一定的措施使中国水仙按照预定花期开放。主要通过调节环境因素(温度、光照和水分等)、刻伤处理和施用生长调节剂等来控制水仙的开花期。

(一) 温度

水仙花种球在 2～4℃ 低温下可以处于休眠状态。升高温度则可打破休眠，促进种球萌发。所以可以通过延长水仙种球的休眠时间令其花期推迟；若使花期提前，则可提高环境温度。一般 5～12℃ 时，40 天开花；室温保持 15℃ 则 28～30 天开花；若室温 18～20℃ 时，23～25 天即可开花。

(二) 光照

中国水仙生长需充足阳光，若光照不足会使水仙徒长，营养消耗过多，进而使花期缩短或开花不良。

(三) 水分

自然解除休眠的水仙种球浸泡到水中即可进入生长阶段，所以通过调节种球下水浸泡时间可以控制花期。若要使水仙春节开花，一般应提前 1 个月开始浸养，同时要结合温度调控。

(四) 刻伤处理

通过刻伤处理令水仙的正常生长状态被打破，体内生长素运输受阻，致使内源激素在体内分布的不均匀，引起部分生长缓慢，从而达到控制花期的目的。

(五) 植物生长调节剂

利用植物生长调节剂，主要是赤霉素(GA_3)调控水仙花期，使用浓度为 50～1000 倍液，可根据花期要求选用合适的浓度。浓度高时，花期提前，反之，则延迟。

四、哑花预防

水仙花"哑花"，是指花蕾枯萎变黄，未开先衰的现象。水培若选用质量较差鳞茎球，且没有控制好环境条件时，水仙就可能会出现"哑花"现象，影响观赏价值与欣赏品质。因此，要防止水仙"哑花"，需采取一定的预防措施如：

(一) 精选花球

以饱满、充实、无病虫害为依据，饱满充实的花头不但能为植株生长提供足够的养分，其还含有较多的花芽。

(二) 温度调节

水仙正常生长所需温度为 10～15℃，若于室内温度高于 16℃，植株就会出现徒长，引起花苞干瘪，导致"哑花"。

(三) 水质调节

中国水仙主要是于室内水养观赏，正常生长需要清洁的水质；在生长过程中根系产生的水仙凝集素对植株生长有抑制作用，长期积累会出现根系腐烂，导致"哑花"甚至整株枯萎。

(四) 防止机械损伤

植株在换水时要特别留心，以防受到机械损伤，尤其是根系，一旦损伤就很难再生，将会影响植株正常生长；同时在雕刻处理时，也要防止刻伤花苞。

五、矮化栽培技术

中国水仙若不经雕刻处理直接于室内水培时，因温度、光照、湿度等环境条件的不适宜，常常导致水仙徒长，叶片发黄低垂，花葶细长柔软；花形变小，花期缩短等，严重影响水仙的欣赏价值。通过矮化栽培措施，能使水仙的观赏价值大为提高。

(一) 矮化原理

依据植物生长发育的碳氮比学说，C/N 比值增大时，可以抑制植物的营养生长，而有利于植物的生殖生长。此外，利用植物生长调节剂或采取人工措施也可使植物内源激素出现不平衡从而在一定程度上抑制植物生长。

(一) 矮化水仙的特点

(1) 水仙根系变得短粗健硕。

(2) 叶片变得宽厚短小、叶色深绿且有光泽。

(3) 花葶矮粗，但仍矮于叶片，藏匿于叶丛中更显水仙身姿的婀娜。

(4) 花形增大，花香更浓，花期更为持久。

(三) 矮化技术

1. 低温控制

主要是通过低温控制来影响水仙植株的生长。水仙的适宜生长温度为 5～15℃；

若低于10℃，水仙的生长在一定程度上受到抑制，也能达到矮化效果。

2. 刻伤处理

人为干预使水仙内源激素的平衡被打破，引起水仙植株生长缓慢，但生殖生长并未受到影响，仍能正常开花且植株更为紧凑健硕、花期更为持久、香气更为浓郁。

3. 植物生长调节剂

生长调节剂如多效唑（PP_{333}）、B_9、矮壮素（CCC）等，配制一定浓度喷洒于水仙叶片或采用灌根法，均可达到矮化效果。

4. 辐射处理

使用一定剂量的$^{60}Co\gamma$对水仙种球进行辐射处理，植物变得矮健，花期更长，花香更浓，可实现批量生产。

第二节　中国水仙的雕刻造型技艺

雕刻造型是中国水仙所独具的艺术特质，是集自然美与艺术美为一体的活的艺术。人们可以根据鳞茎的不同形状进行巧妙构思，运用娴熟的雕刻技法，经过精心培育和调整，雕琢出一件件姿态万千、生机盎然的艺术佳作。所以雕刻水仙被誉为"无声的诗，立体的画"。"水沉为骨玉为神，翠袖凌波不染尘"，则映衬着主人的高雅品格。

一、雕刻造型原理

根据水仙的叶片或花梗被刻伤后引起其生长失去平衡的原理，人为地用刻刀刻伤叶片或花梗处的目的部位，使叶片、花梗改变生长方向。不受伤的部分生长正常，受伤的部分由于产生愈伤组织，导致停止生长或生长缓慢，生长的不均匀致使叶片、花梗出现弯曲、歪斜、扭转等姿态。

在造型时所运用的另一原理即是植物生长位置效应，即通过不同的放置方式来调整水仙的造型，达到人们预期要求。

二、花球选择

选择大小、形状适宜的水仙花头是创作优美造型的先决条件和必备基础。培养前应选择鳞茎硕大、球体饱满、无病虫害的三年生商品鳞茎，并依雕刻造型选择花头。如"桃李争春"，花头就应选择双生的主鳞茎且要一大一小，以示"桃李"果实；"拼景构图"，则中下等的花头即可；若"蟹爪水仙"，选择中上等花头；特殊雕刻造型如螃蟹型、大象型，选择主鳞茎硕大的上等花头，更形象地体现"蟹身"和"象躯"的特征。

三、造型分类

我国人民在漫长的历史长河中，在继承中华民族传统艺术精髓的前提下，不断创新，创作出了许多优秀的水仙盆景造型。或高山流水、或气势磅礴、或节日喜庆、或端庄古朴等，以及许许多多姿态万千，栩栩如生的动物造型。

（一）动物造型

图9-1　啼　春

图9-2　金鸡报晓

（二）寓意造型

图9-3　满园春色

图9-4　春江水暖

图9-5　虎虎生威

四、造型手法

中国水仙的雕刻造型方法根据造型目的主要分为普通造型和雕刻造型。前者属基本雕刻法，适用于"蟹爪水仙"和一般造型的雕刻；多用于某些特定造型，如"茶壶"、"桃李"等。

（一）普通造型

特点是在培养前用小刀（图9-6）将鳞茎里面的叶片和花葶刻伤，使其产生愈伤组织，生长失去平衡，叶片与花葶朝创伤方向弯曲舒展，从而产生各式各样的水仙艺术造型盆景。

图 9-6　水仙雕刻刀具

若在水养前用刀刻伤鳞茎一侧叶片、花梗，而另侧不进行雕刻处理，使其自然生长，这样叶片与花梗两侧因生长失去平衡而朝创伤方向自然卷曲，酷似"蟹爪"，故称"蟹爪水仙"。

若雕刻时依据花头形态和创作者意图，巧妙构思施刀雕刻，精心水养，可培养出千姿百态，造型优美的"喜庆花篮"、"桃李争春"、"孔雀开屏"、"碧波玉鹤"、"螃蟹戏水"、"玉象驮花"、"寿比南山"等各式各样的水仙盆景。因水仙盆景具有较高的艺术性，富有诗情画意，趣味横生，因而观赏价值高，被誉为"有生命的艺术珍品"，最适装饰雅室书房。

（二）雕刻造型

雕刻造型是人们依据造型目的，雕刻成喜庆花篮、栩栩如生的动物造型抑或是诗情画意的自然山水造型。水仙雕刻造型包括剥鳞片、刻芽苞、削叶缘、雕花梗等四道程序。分述如下：

1. 剥鳞片

先将水仙鳞茎的干鳞片、皮膜、包泥（鳞茎盘下的泥块、枯根）及主芽端顶的干鳞片剥离干净，以除去污垢，便于迅速长根，避免腐烂。鳞茎处理干净后，以芽体弯势内侧为刻面，距鳞茎盘上1～1.5cm处，从左向右横切一刀，然后在鳞茎左右两侧各纵切一刀，用小刀逐层剥掉上部的鳞片至露出内中淡绿色芽体为止，还要将芽体之间的鳞片刻除，使芽体半裸露，便于对芽苞片、叶片和花梗进行雕刻（又称疏隙）。

2. 刻芽苞

鳞茎剥鳞片后，其各芽体已半裸露，可见各芽体外部所包裹的淡绿色的芽苞。此时用尖刀细心地将裸露在外面的芽体的外苞片划破，露出叶片及花芽，刻芽苞时须心要细、手要稳，切勿伤及叶芽内的花苞。

3. 削叶缘

用左手手指从芽苞后背向前稍加压力，使芽苞里面的叶片与花芽稍分离，从间隙反叶缘从上向下、从外向内削去叶片的一部分。叶缘削的宽度和长度依造型而定。若完全不让叶片往上生长，削侧的叶片应大于1/2，削删的深度直至叶芽基部，这样叶子在以后的生长中，使只在鳞茎上扭转弯曲，并不往上长高半寸；若只是让叶子有点弯曲变化，比如金鱼或公鸡的尾巴，那削削的部分不能大于1/2，且不能解削至叶芽基部，这样以后长出的叶片会像金鱼或公鸡的尾巴夸弯拱起。因叶片中间是花芽，在削叶片时要注意不要碰伤花苞，以免造成"哑花"而影响造型。

4. 雕花梗

这是水仙雕刻造型中的关键步骤，因为花梗在这时短小嫩脆，稍不留意就会影响花苞的发育和正常开花，导致雕刻造型的失败，雕花梗的目的是使梗部朝创伤方向卷曲，创伤重者，卷曲度亦较大。这样，能使花葶按人们的意向横生舒展。

5. 雕刻方法

一是纵刺法，即在花葶基部正中，用刀尖自上而下纵刺，深度约0.5cm，深约0.3~0.4cm。二是铲削法，用刀刃将花梗皮层由上往下削去厚0.1~0.2cm、长0.3~0.4cm的盾形皮层；铲削的深浅由造型目的而定，若不让花葶长高，铲削创面可深达基部，若只是让其弯曲，创面可长可短，依让其弯曲的程度而定。花梗被铲刻后，花苞便向被铲刻的一面弯曲，在水养的早期，由于叶芽和花梗均被铲刻向内弯曲生长。

纵刺法致花葶的弯曲度较小，但技术简单易行且安全。铲削法造型较卷曲，但伤及程度须掌握适当，伤重者水养过程花葶生长弯曲度厉害，容易折断，或花葶虽未折断，但基部受重伤，葶部横切过度，影响花葶水分的输送，花葶容易产生枯萎现象导致"哑花"。因此，初学雕刻者，用纵刺法为宜，经多次实践后，熟能生巧，再运用铲削法。

五、造型养护

水仙盆景造型的优美与否主要靠后期的养护，人们常说水仙盆景"三分雕，七分养"，即水仙盆景雕刻是基础，水仙才是关键，一盆景致的水仙盆景需要我们精心的呵护。

(一) 花头浸洗

将雕刻后的花头反置(刻面朝下)于清水中浸泡1~2天，令其充分吸水，促芽体及根眼萌动；加速鳞片创伤处黏液的分泌；浸洗花头外表污物和根盘处残泥。

盛水的容器宜用木材、陶瓷、塑料等制品，忌用铁制品，以防锈水造成创伤面霉烂。花头浸泡捞起，再用清水冲洗。如果发现部分花头的伤口处仍残留少量黏液，需用手指刮净；某些花头茎盘处仍残留枯根及护泥，也应顺手清除。

（二）茎盘盖棉

花头经浸泡洗净后，在鳞茎刻面的根盘处盖上脱脂棉，以助吸水保湿，促进新根生长，并可避免阳光直射根部而呈焦黄；忌棉片盖至鳞茎切口处，以免部分须根沿着湿棉向上生长，根尖难于落水至培养中后期时干枯，有损雅观；同时，伤口处棉花长期吸水保湿而处于高温状态，不利于鳞片、花葶和叶片等伤口的愈合，容易霉烂而致叶黄花枯。

特殊的造型，如"桃李争春"、"玉壶生津"等以鳞茎外形为造型的盆景，为保持鳞片外表洁白无瑕，需用薄棉片或纱布将鳞茎包裹（伤口处外露），避免在水养过程中日晒而焦黄。

（三）花头定植

花头浸洗盖棉后，即可入盆定植水养。花头定植方法有仰置定植、正置定植、横置定植、倒置定植和反置定植等5种。前两种较常用，后三种只用于个别造型。

仰置定植多用于"蟹爪水仙"和"企头水仙"的培养。方法是将花头未雕刻的鳞面朝下平放于盆上，鳞茎的雕刻面朝上，盖棉一端垂下入水，使须根朝下延伸生长，花葶及叶片朝上卷曲舒展。"企头水仙"鳞茎顶端只进行轻度纵切，鳞面无雕刻，定植时只需将芽体的弯势朝上，花头平放水养即可。

正置定植即花头竖立定植于盆中水养，常用于茶壶形、花篮形等水仙造型的培养。"企头水仙"也可正置定植水养，但株形较直立、高耸。

横置定植、倒置定植和反置定植均是为了造型的需要，置放的位置应根据造型需要不断变换，如大象型，一般先仰置水养5～7天，待芽体向上卷曲一段后，再转为倒置继续培养，方能显现大象的形态，使其更为生动逼真；如螃蟹"铁甲"，即用反置定植法将花头的雕刻面朝下，无雕刻的鳞茎面朝上进行水养，花葶和叶片向周围卷曲舒展，酷似蟹爪。定植时，花头需稍垫高离水面，根部下垂入水或靠棉花吸水保温，必要时花头雕刻后用药物消毒，以防花芽长期浸水霉烂。

（四）水养管理

初期应于荫蔽处浅水层水养，防止雕刻部位长期浸水霉烂。每天换清水一次，自来水经沉淀去氯（漂白粉）后使用，5～7天后叶片返青、根系长出约1～3cm时，及时移于阳光充足处继续养护。部分造型需将花头转体为正置（竖立）或倒置（根盘朝上）水养，每2～3天换清水一次，待花株临开花经整理后入室续养观赏。培养及观赏期间植株应经常喷水保湿，尤其北方干冷气候容易使花葶缺水而产生哑花。

（五）整理定型

水仙鳞茎经雕刻、水养至临近开花时，完美的艺术盆景只获得了成功的一半，最后的整理定型，就像赋予她生命，起到点石成金的作用。"象型"水仙盆景的制作，在绑扎、点级的同时，还应将花、叶尽量整理、塑造成所定主题形态，在整理、塑造的过程中，注意使花、叶的形态自然、流畅。

（六）造型实例

1. 喜庆花篮（图 9-7）

选择母鳞茎两侧脚芽对称且丰满的花头，留一对较丰满又对称的脚芽，其余的小脚芽摘除，雕刻方法有两种：

方法一是将母鳞茎按"蟹爪水仙"方法雕刻，但内中各芽体的叶片及花茎均创伤稍重，两脚芽不雕琢。花头经浸泡水 2 天后上盆仰置水养。花株生长过程，母鳞茎的各芽体的叶片及花茎盘曲舒展于花株中心位置，稍加整理则酷似"篮身"，两侧对称的两脚芽因无经雕刻处理，使自然生长或直立的两叶束，待花苞待放时，将两叶束顶端用细彩带或小铜丝束结成"篮提"，若脚芽中有花葶，将其合拢至中央即篮顶端，则效果更佳。再配上圆形或椭圆形中浅盆，使成"喜庆花篮"水仙盆景。

方法二是将母鳞茎从根盘上约 1cm 处雕刻，剥去上部及各芽体的鳞片，使各芽体全裸露，各芽体的叶片、花茎分别一前一后刮伤。两侧对称的脚芽仍不经雕琢，花头经泡水 2 天后上盆正置竖立水养，生长过程母鳞茎的叶片、花葶一前一后盘曲团簇于中央，始花时再将两侧芽直生的叶束顶端合拢束结成篮提，配上圆形盆具，扬花时花篮的形象更逼真，并可四周观赏，耐人寻味。若选用百叶品种造型，效果更佳。

2. 孔雀开屏（图 9-8）

选取母鳞茎较宽洞，并有 1～2 对侧脚芽且中间又增生一个较丰满的小鳞茎的花

图 9-7　喜庆花篮

图 9-8　孔雀开屏

头，中间的小鳞茎不经雕刻留作"鸟头"，外侧的一对脚芽按常规雕刻，母鳞茎及内侧脚芽由背面切剥去部分鳞片，各芽体均不雕琢，浸水1天后仰置水养10～15天后转体为正置续养。整株花株只两侧外脚芽经创伤，叶片与花葶卷曲舒展宛如孔雀翅膀；母鳞茎各芽体均不经创伤则自然直生成扇形尾民屏；中部的脚芽亦直生成束，始花期再将其扎成鸟头，并用纽扣或小珠点睛，冠部用羽毛或珠串点缀成雀冠，配上观赏用椭圆形浅盆，孔雀开屏的水仙造型便告完成。

3. 玉象驮花（图9-9）

选取母鳞茎硕大并着生一个较丰满的侧鳞茎的花头。母鳞茎当象的躯体，雕刻时应选择芽体弯势的反面为观赏面，为保持观赏鳞面的完整，故从背面施刀雕刻（俗称背刻法），技法类似基本雕刻法，只是开剖面稍小，以扩大无雕的鳞面，以增加"象躯"立体感；较丰满的侧鳞茎不经雕琢当"象头"。雕刻后花头浸泡水1～2天，洗净后根盘处盖上较厚的棉团，花头倒置水养（根盘朝上），水养过程，母鳞茎各芽体的叶片、花茎盘曲于根盘上，芽体的苞片呈象腿状。无经雕琢的并生小鳞茎当象头，微弯朝上的叶束当象的"长鼻"，束中有花葶，开花时似喷水效果更佳，临开花剥开一层外鳞片刻成象耳，头部用小珠点睛，配上长方形或椭圆形的宽体浅盆，一盆玉象驮花的水仙盆景便可告成。

图9-9　玉象驮花（蔡树木供图）

图9-10　寿比南山（蔡树木供图）

4. 寿比南山（图9-10）

顾名思义，此类造型是以观根为主体，培养雪白的长须根来表现老态龙钟，从中领略长寿的韵味，联想到"福如东海，寿比南山"的意境，造型特点是采用诱根培育方法，促使植株生长健壮，根系旺盛，须根盈盈，洁白无瑕。花头选择和雕刻方法同

"蟹爪水仙"。花头经雕刻浸泡水后，先仰置或正置水养4～5天，待根萌发1～2cm时，根系用脱脂棉花团包裹，正置于高筒盆上继续水养，随着须根的生长，每1～2天换水一次，保持水质良好，水层逐日减少，只使根尖1～2cm入水即可，离水的根部造棉团吸水保湿。如采用透明的玻璃杯筒培养，外部需用墨色纸包裹遮光，创造有利于根系生长的黑暗环境，观赏期去纸露根。另种培养法是采用高筒沙培，每天浇水保湿，方法简单且砂层通气及遮光良好，根系生长较长又稍粗，缺点是根有小曲状。观赏期将沙冲洗后入透明玻璃杯或筒水养，以充分显露盈盈银根，造型新颖，观赏别有情趣。培养长根型的水仙，也适宜创作"附石式"或"瀑布型"水仙盆景，以体现苍老之态及气势磅礴的神韵，观赏时富有自然气息。

（七）雕刻步骤

（1）剔除泥土，剥除外膜（图9-11）。

（2）剥除鳞片，露出芽苞（图9-12）。

图9-11　　　　　　　　　　　　　图9-12

（3）刻伤芽苞，露出花叶（图9-13）。

图9-13

（4）雕刻成的蟹爪水仙（图9-14）。

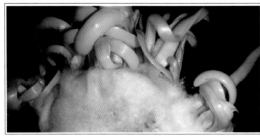

图9-14

第三节　水仙养护的要领与哑花的预防

一、雕刻水仙的养护

水仙鳞茎球的雕刻，只是水仙造型的开始，更重要和大量的工作还在水养期间继续进行。水仙盆景是"三分刻，七分养"。用同一种手法雕刻出来的鳞茎球，由于水养过程中采用的养护方法不同，可以培育出形态差别很大、花期长短不一的水仙盆景。

(一)浸泡与清洗

雕刻后的水仙鳞茎球切开向下，放入清洁水中浸泡 24 小时左右，盆中水深要达 10cm 以上，使被切伤的鳞茎片、花梗、叶片都浸入水中。如盆水较少，弯曲的主芽叶片尖端顶到盆底部，被切伤的鳞茎片、花梗、叶片就难以都浸入水中。把浸泡 1 天后的鳞茎球从水中取出，用清洁的纱布、脱脂棉等轻轻的洗掉刀伤处流出的黏液。同时检查鳞茎球底部泥土、枯根、枯鳞茎皮等是否去除彻底。注意不要把新生根弄伤、弄断。

(二)盖棉与上盆

为保护受刀伤的鳞茎片康复和保护新生根，常用脱脂棉盖在鳞茎切口和根部，通过鳞茎球左右或子球间缝隙伸入到盆水中，起到固定和吸水功能。

把鳞茎球后壁平放在盆内，让叶片和根部两头翘起，以便造型。有的因造型需要，可用绳子等把鳞茎球固定到盆面上。上盆时，根据个人喜好在盆内适当位置放置纹理美观的石块或贝壳等。盆的大小、深浅可根据鳞茎球的大小和造型需要确定。上盆时间根据造型的需要而定。

(三)换水

水养对水质要求较高，最理想的水是没有污染的泉水和雨水。但目前城镇中，大多用的是自来水。用自来水养水仙，最好先放置在与水仙相同的环境中 1~2 天，使自来水中的漂白剂等挥发或沉淀后再用。

刚浸泡盖棉后上盆的水仙，先放置在阴凉处 4~6 天，此时，盆内水不超过鳞茎球的切口，每天向叶片及脱脂棉上喷洒清水 2~3 次。待叶片转绿复壮后再放置在阳光充足处水养。一般要求 1~2 天换水 1 次，最好晚上盆内无水，翌日清晨再放清水，做到夜间干养，白天水养，可使水仙花梗矮而壮，叶片绿而亮。

换水过程中还要注意增加室内的空气湿度。花期，若空气过于干燥，花朵就会脱水，干瘪缩短观花期。

(四)温度和光照控制

水仙喜温暖湿润，忌高温，有一定的耐寒性。温度的高低影响着水仙生长的快慢和开花的早晚。一般要求夜间最低温不低于4℃，白天温度不高于20℃为宜。

水仙鳞茎球从雕刻水养到花朵开败整个过程中，其理想温度是两头低中间高，前期为复壮生根期，温度要适当低些，一般在8~10℃，中期温度适当高些，在13~16℃，开花期温度控制在5~8℃，可延长花期。

二、未雕刻水仙的养护

没有雕刻的水仙，比雕刻造型的水仙养护管理简单得多，只要掌握了养护要领，并运用到实践中，你莳养的水仙就能开出艳丽的花朵。

（一）上乘水仙鳞茎球的挑选

可根据水仙分级标准挑选。一些养水仙高手，之所以养的水仙棵棵开花，首先是挑选的水仙鳞茎球能保证质量。

（二）观花日的确定

在养护条件相同的情况下，从水养开始到开花日，没雕刻的比雕刻的鳞茎球要晚5天左右。所以在计算水养开始日时，应多加5天。

（三）水养前鳞茎球的处理

先把鳞茎球外面的褐色枯鳞茎皮、鳞茎球底部枯根及泥土出去；主鳞茎左右两侧留1~2对子球，多余的掰去；鳞茎球上部在水养前做十字切口；最后，摸摸鳞茎球，看有无斜形或弯曲形隆起，如有，要把外面的鳞茎片切开。因为鳞茎球上部开口较小，有的花箭伸不出鳞茎球上口，水养一段时间后，鳞茎球内所有的叶片、花箭都要从上口伸出，否则易形成"哑花"现象。十字切口的操作方法是：用利刀在鳞茎球上口左右、前后各切一刀，一般鳞茎球刀口长约3cm，深达3层鳞茎片。

（四）浸　泡

把经过上述处理后的鳞茎球放入盛放清水的容器中，在鳞茎球上放一有一定重量的重物，以确保把鳞茎球都浸入水中。24小时后，从水中捞出，去除其上黏液。

（五）定　植

根据盛放水仙容器的款式、深浅、大小的不同，采用不同的定植方法。如果容器较深，可把鳞茎球底部向下把水仙竖立定植于盆中，如果水仙立不稳，可用贝壳、卵石等固定。或把3~5个鳞茎球相互依偎直立定植于容器内。如果容器口较大，或为了独特的造型也可把水仙鳞茎球横放在容器内。盆内放清水后，即可在向阳处养护。

（六）换　水

容器内放清水，每晚将盆内水倒掉，把翌日晨要换的水提前一天放置在养水仙的同一场所，以免水温和水仙植株温度差别太大，对水仙生长不利。从水养第一天直到水仙花凋谢失去观赏价值为止，应坚持每天（最长2天）换一次水。为清除养水仙容器内的尘土和不洁之物，每7~10天应把容器清洗一次。

(七)控制温度及光照

当水分和局部小气候的湿度得到保证后，水仙生长好坏的主要因素就是温度和光照了。白天平均气温15℃左右，夜间最低温在2℃左右，每日光照在6小时以上。

(八)润湿水仙及其养护场所

从水仙的名称可以看出，该植物是非常喜爱水的。除每天换水，还要向水仙植株喷洒1~2次清水，另外，每天要向放置水仙场所的地面喷洒清水1~2次。北方冬季养护水仙时，切忌把水仙放置在火炉旁或暖气上，这些地方温度高，湿度小、水分蒸发快，非常不利于水仙生长。

三、哑花的预防

由于我国幅员辽阔，南北方冬季气温差别较大，在养水仙中遇到的问题也各不相同。但"哑花"现象是普遍存在的。

哑花的形成有多种原因：

(1)栽培年数不够。子球要经过3年大田栽培，具有发育成熟的花芽才能开花。市场上存在将栽培不足3年的鳞茎球用高温催花的冒充成熟的商品球出售。

(2)有些虽经过3年栽培的鳞茎球，在栽培过程中，受到较重的病虫害，根系少、营养不良，在水养过程中，花苞干瘪，易成为哑花。

(3)有些3年鳞茎球，由于储存、运输及保管不当，使鳞茎球受冻或脱水严重等，这种鳞茎球也难以开花。

(4)光照不足，家庭室内水养时要有4小时左右的光照时间。如光照不足，开始时花苞发育增大，但到开花时不开花，以后逐渐干瘪。

(5)温度过高或过低，温度过高，如北方家庭昼夜室温都在20℃以上，叶片和花梗徒长，营养消耗过多，花苞发育不良，小而瘪，也难以开花。温度过低，如夜间温度在0℃以下，难以预期开花。

(6)水质不洁，水仙根系发育不良，甚至出现霉烂，水仙植株生长受阻，叶片发黄，花苞逐渐干瘪。

(7)养水仙时局部小气候湿度不够。花苞外面的薄膜因干燥失水，韧性增大，也易哑花。

第十章　中国水仙病虫害防治

20世纪90年代中期，中国水仙商品花球供不应求，仅漳州水仙年产值就达上亿元。因此出现了为追求经济效益而盲目扩大种植面积所导致的中国水仙品质下降、种质退化、经济利益受损等一系列问题，而病虫害的发生是其重要因素之一。

中国水仙在栽培过程中，由于受环境气候的影响或者栽培管理不善，难免会发生病虫危害，这将影响植株的正常生长、降低其观赏价值，严重时甚至会造成植株死亡，带来巨大的经济损失。因此，在生产上加强病虫害防治，根据常见病虫害的发生规律，及时采取防治措施，显得至关重要。

中国水仙常见的病虫害有：水仙黄条斑病、水仙花叶病、水仙大褐斑病、水仙鳞茎干腐病、球根粉螨、水仙茎线虫病等。

第一节　病害及其防治

一、病毒性病害及其防治

水仙病毒病田间主要表现为系统花叶、斑驳、黄条和白条或植株矮小等多种症状，以花叶和斑驳为主。主要病毒病种类有：

(一) 水仙黄条斑病

【分布与为害】该病是目前水仙上最重要的病毒病害，欧洲各国、美国、日本都有发生，在我国上海、厦门、广州、福建、成都等地普遍发生。在水仙商品化生产基地往往与水仙其他病毒病发生复合侵染，病情更为严重。感病后，植株生长受到抑制，花小、花箭少，大径级的鳞茎产量锐减。

【症状】植株感病后，叶片及新抽的花梗上症状明显，叶片上出现淡绿色、灰绿色、亮黄色条斑或斑驳，病部表面粗糙，有近似球状的突起。花梗上也产生明显褪绿斑，并形成杂色花。典型症状为沿叶脉产生黄色条斑，形成系统花叶。最后鳞茎体积变小，植株矮化，提前枯萎。发病严重时，植株生长不良，花箭少，花小而少。

因品种不同，症状差异。如黄水仙，褪绿条斑，形成杂色花；长寿花，狭形褪绿条斑，有时条斑融合，使整个叶片褪绿，形成杂色花；尼润，花叶；番杏，局部褪绿斑等。

【病原】为水仙黄条病毒(Narcissus yellow stripe virus，NYSV)，属于马铃薯 Y 病

毒科，马铃薯 Y 病毒属，具风轮状内含体。病毒粒体线状，700 ~ 800nm × 12nm，有时被一层膜包被在一起呈聚集状态。致死温度 70 ~ 75℃，稀释终点 10^{-2} ~ 10^{-3}，体外存活期，21 ~ 24℃时为 3d，18℃为 12 周，0 ~ 4℃为 36 周。

【寄主范围】自然寄主明显地局限于石蒜科的少数种，但也可以侵染番杏。另外，千日红、苋色藜、茴藜、克利夫兰烟也可以用作诊断寄主，形成局部坏死。

【发病规律】蚜虫作非持久性传播，传播率与蚜虫的数量正相关。在植株感病期间，有翅蚜数量多，活动时间长，病害发生严重、普遍。汁液机械摩擦接种也能传播，母本鳞茎可将病毒传给子代，但不经种子和花粉传毒。

【防治方法】

(1)采用茎尖组织培养和热处理相结合，培育脱毒苗，建立无毒母球基地。在叶片萎黄之前，收获种球，避开蚜虫为害，减少种球带毒。

(2)注意田园卫生，发现病株立即拔除，并集中销毁；清除田间杂草，减少病毒寄主。

(3)严格控制蚜虫，减少传毒介体，减轻发病程度。清除田间杂草，减少蚜虫的栖息场所；在集中栽培地，用银色塑料薄膜或无毒高脂膜，或采用 50% 辟蚜雾 4000 倍液或 50% 抗蚜威 4000 ~ 5000 倍液，或 25% 西维因 800 倍液或 50% 吡虫啉 2000 ~ 4000 倍液进行防治。

(二)水仙花叶病

【分布与为害】该病在世界各水仙产区均有发生。福建的漳州、厦门以及上海的崇明水仙产地也普遍存在。由于病毒病影响，水仙植株瘦小，种球退化。

【症状】水仙生长初期无症状，或产生轻微的绿色斑点，随着病情的加重，产生花叶。发病严重时，叶子扭曲、黄化、畸形，植株矮小，鳞茎变小，导致种球退化。

许多栽培水仙，其花叶症状从不明显到明显，初期无症状或绿色斑驳，随着病情的加重，产生花叶。

【病原】水仙花叶病毒(Narcissus mosaic virus，NMV)。线状，550nm × 13nm。属马铃薯 X 病毒组。沉降系数 114S，A260/280 = 1.2。致死温度 70 ~ 75℃，也有人报道为 60 ~ 65℃，稀释终点 10^{-5} ~ 10^{-6}，体外存活期 18℃时 12 周，0 ~ 4℃时为 36 周。病毒粒体分散在细胞质内，在细胞核内聚集成束。在茴藜、克利夫兰烟和千日红的病叶表皮细胞中发现有纺锤形内含体的报道。

【寄主范围】水仙花叶病毒的寄主范围很广，能为害红口水仙、黄水仙、风信子、千日红、矮牵牛、豌豆、豇豆等。苋色藜、昆诺阿藜、千日红等是水仙花叶病毒的诊断寄主。此外、黄瓜花叶病毒也可引起水仙花叶病。

【发病规律】该病毒靠叶蝉、土壤线虫和蚜虫传播。汁液、机械接触以及带毒种球也能传播病毒。该病主要流行于人工培育商品球的水仙生产基地。

【防治方法】同水仙黄条斑病。

(三)水仙潜隐病毒病

【分布与为害】在比利时、荷兰、法国、英国、爱尔兰、德国等都有发现。在我国福建的漳州、平潭等地也有报道。该病毒单独为害水仙时其损失可能很小，但与其他病毒混合侵染时可以导致植株逐渐衰退。

【症状】单独侵染水仙时在一些抗病性不强的水仙品种的叶片尖端诱导产生亮绿和暗绿斑驳，这与水仙黄条病毒的初期症状比较相似，但后期症状不同，它只发生在6～10cm的叶片末端，在一些耐病的水仙品种上不产生症状或只产生不明显的叶尖退绿，在甩润和球根鸢尾上也不产生症状或轻微斑驳症状。

【病原】水仙潜病毒(Narcissus latent virus，NLV)。属香石竹潜隐病毒组，病毒粒体线状，直或微弯，650nm×13nm。核酸单RNA，A260/240 = 1.10 在克利夫兰烟汁液中，致死温度65～70℃，稀释终点10^{-2}～10^{-3}，体外存活期2℃时18天，20℃时为4天。

【寄主范围】自然寄主有石蒜科和鸢尾科，汁液接种可侵染苋科、茄科等几十种植物。番杏，褪绿环斑。克利夫兰烟，褪绿环斑，可以作为测定寄主和繁殖寄主。

【发病规律】蚜虫作非持久性传播，汁液机械摩擦接种也能传播. 主要为害水仙，尼润及球根鸢尾，造成种质退化。

【防治方法】同水仙花叶病。

二、真菌性病害及其防治

(一)水仙大褐斑病

【分布与为害】水仙大褐斑病为世界性病害，美国、加拿大、英国、日本、阿根廷、法国、新西兰、荷兰等国均有报道。在我国多发生在水仙主要种植区，如漳州、舟山、福州、厦门、上海等地，另外在广州、合肥、南通、苏州及云南等地也有发生。严重发病的植株，病叶部分或整叶枯死，如同火烧状，故又称为"火团病"。地上部分常提前1～2个月枯死，病株球茎比正常的轻而且体积小。该病除危害水仙外，还为害朱顶红、君子兰、文殊兰等花卉植物。

【症状】侵染花仙的叶和花梗。初次受侵染的病斑多发生在叶片尖端，呈褐色，与健康部分分界明显，常可导致叶片尖端成段枯死。大量再侵染的病斑多发生在叶片中部和花梗上。初期为褐色小斑，不久扩展成椭圆形、纺锤形、半圆形或不规则形的红褐色大斑，病组织明显增厚。单个病斑大小可达4.5cm×1cm，通常病斑相互连接成大型细长条斑。病斑发生在叶缘时，病组织停止生长，而健康组织仍正常生长，致使叶片畸形，在花梗上的病斑与叶片上的相似。该病严重发生时，可导致全叶干枯或全株死亡。

【病原】病原为水仙壳多胞菌 *Stagonospora curtisii* (Berk.) Sacc.，属半知菌亚门，腔孢纲，球壳孢目。病部的褐色小点即为生孢子器。分生孢子器丛生，扁球形，直径140～180μm。分生孢子长椭圆形或圆筒形，无色，单胞或多胞，单胞大小3.0～6.6μm×2.5～3.0μm，多胞大小14.8～27μm×5.2～8.0μm，具1～3个隔膜，分隔处稍缢缩，内含油球。

【发生规律】病菌以菌丝体或分生孢子在球茎的鳞片上端或枯死的叶片上越夏越冬，或在朱顶红、文殊兰等其他寄主上越夏，而在水仙幼苗上越冬。分生孢子通过雨水、浇灌水的溅泼传播侵染新叶。翌年初进行初侵染，4～5月份气温20～25℃时，进入发病盛期，进行多次再侵染。多雨、气温偏高的年份发病重。病害发生与温湿度、栽培措施以及品种均有密切关系。栽培时如植株种植过密、排水不良、施肥过多、连作或邻作朱顶红、文殊兰等其他寄主，则发病严重。不同品种的水仙抗病性有差异，其中以多花型水仙，如崇明水仙最易感病，而青水仙、黄水仙、喇叭水仙及臭水仙抗病力较强。

【防治方法】

(1)加强田间管理。修筑高畦，注意排水；合理密植，保持圃地通风透光；避免喷灌，以免病菌借水滴飞溅传播；忌偏施氮肥，增施钾肥，增强植株抗病力。同时施行轮作或避免与朱顶红、文殊兰等寄主邻作。

(2)减少侵染来源。及时清除病叶及病株残体，可将其集中烧毁或深埋。

(3)化学防治。种植前先剥掉膜质鳞片，然后用65%代森锌300倍液浸泡种球15min，或0.5%福尔马林浸泡30min或50%多菌灵可湿性粉剂500倍液浸泡8h，可减少初侵染源。从水仙萌芽开始，定期喷75%百菌清可湿性粉剂600～800倍液，或30%绿得保悬浮剂1500倍液，或65%代森锌可湿性粉剂500倍液或代森锰锌可湿性粉剂700倍液，或50%克菌丹可湿性粉剂500倍液。药剂应交替使用。发病期每隔7～10天1次，连续喷3～4次。

(二)水仙鳞茎干腐病

【分布与为害】水仙鳞茎干腐病又称基腐病，是水仙重要的病害之一，在世界多国家均有发生，我国漳州、舟山、上海、厦门、广州、合肥等地都有报道。主要危害水仙鳞茎基盘及根部，使之发生褐色软腐，进而导致植株枯萎死亡，严重降低了水仙的产量及质量。

【症状】主要发生在植株地下部分，地上茎叶也有发生。生长期间，首先是地下部分感病，根系变褐色，呈水渍状腐烂，鳞茎基盘处出现褐色斑点并向上迅速穿越鳞茎向内部蔓延，使鳞茎组织呈现深褐色或紫褐色腐烂，鳞片间可见白色或粉色菌丝体。之后茎叶上产生褐色或紫褐色的不规则小斑，并逐渐扩大，发病严重时地上茎叶枯死。贮藏期间，球根从根部开始变褐，腐败，末期肉质部干腐，海绵状剥落，有时则坚硬如石。

【病原】病原为病原为水仙尖镰孢 *Fusarium oxysporum* Schle. f. sp. narcissi Sny. & Hans. ，属半知菌亚门，丝孢纲，座瘤孢目，座瘤孢科。大型分生孢子镰刀形，无色，3~5 隔，大小 19~46μm×3.2~3.5μm，小型分生孢子卵形至长椭圆形，无色，无隔，大小 5.6~10.0μm×3.2~3.5μm。

【发生规律】病菌以菌丝体或厚垣孢子在病残体或土壤中越冬，病菌主要从伤口（虫伤、机械伤等）或从根系直接侵入。因此，水仙在挖掘时受到损伤容易发病。种植有病鳞茎或连作发病重，贮藏期通风不良易发病。发病的适宜温度为 28~32℃。5 月上旬至收获期间为发病盛期，随着温度升高，病情迅速发展，危害加重。

【防治方法】

（1）人工防治。剔除有病鳞茎并销毁，或剥去部分腐烂鳞片，防止将病种球带入田间。

（2）园艺防治。挖掘、挑选和分级时避免产生伤口，并迅速干燥，鳞茎贮藏于干燥、阴凉、通风的场所，施用充分腐熟有机肥料，不偏施氮肥，增施钾肥，以增强植株抗病力，实施轮作。

（3）化学防治。种植前用 50% 苯来特 500~1000 倍液浸泡 20~30min，或用或福尔马林 120 倍液浸泡种球 3.5h，或 50% 多菌灵可湿性粉剂 500 倍液浸泡 12h，清水洗净后阴干种植。田间发病时，用 50% 苯来特，50% 甲基硫菌灵·硫黄悬浮剂 800 倍液，或 50% 根腐灵可湿性粉剂 900 倍液或 50% 多菌灵可湿性粉剂 800 倍液及时淋灌植株根部。

（三）水仙鳞茎贮藏期曲霉病和青霉病

【分布与为害】该病在水仙鳞茎贮藏时发生，主要是引起鳞茎的腐烂。

【症状】鳞茎受害后，根盘部腐烂，变软，有味，表面生黑色或绿色霉层。

【病原】病原水仙贮藏期曲霉病病原为黑曲霉菌（*Aspergillus niger* V. Tiegh. ），属丝孢纲、丝孢目。分生孢子穗灰黑色至炭黑色，圆形至放射形，直径 300~1000μm。分生孢子梗无色或顶部黄色至褐色，光滑，200~400μm×7~10μm。小梗两层，常呈褐色至黑色，顶层小梗 6~10μm×2~3μm。分生孢子成熟时球形，壁初光滑，褐色，后变粗糙或有细刺。

有时可形成菌核。青霉病病原为 *Penicillium* sp. ，分生孢子梗呈帚状。

【发生规律】水仙鳞茎贮藏期曲霉病和青霉病菌可营腐生生活，多寄主性。挖掘时有损伤容易发病。堆积太厚，不通风时容易感病。雨天挖掘，掘起又不能迅速干燥时易感病。

【防治方法】

（1）园艺防治。鳞茎最好薄薄一层摆在竹帘上，贮藏场所要干燥，通风透光。贮藏室温度在 40℃ 左右为宜。

（2）药剂消毒。鳞茎用 0.5% 福尔马林液处理半小时，水洗后阴干贮藏。

（3）人工防治。贮藏期间发现有病鳞茎，立即拣出销毁。

第二节　虫害及其防治

（一）球根粉螨

球根粉螨（*Rhizoglyphus echinopus* Fumouze & Robin）如图 10-1，又名刺足根螨，属真螨目、粉螨科。中国南、北方均有发生，国外日本、欧洲、北美一些国家都有报道。以若螨、成螨危害水仙、郁金香、菖兰、小菖兰、鸢尾、百合、葱兰和风信子等球根花卉。不仅危害生长期的球根，还能继续危害到贮藏期。在花卉生长期，受害植株地上部枯黄，生长不良，叶片提前脱落，球根不能生长，或发生腐烂。在贮藏期可加速传播，造成球根腐烂。其本身可直接造成伤口，若有现成伤口更加重其危害，如水仙鳞茎在相同条件下，种植前阉割过的受害率 91.3%，未阉割过的 29.4%，相差 3 倍左右。另外球根粉螨还可传播细菌（*Pseudomonas marginata*）、真菌（*Fusarium* sp.）等病原，引起复合侵染。

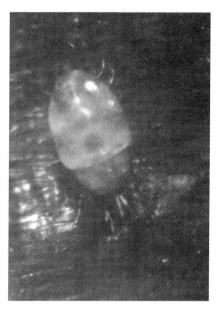

图 10-1　球根粉螨侵染为害状（左）和球根粉螨成虫（右）

【形态特征】

（1）雌成螨：体乳白色，洋梨形，0.78～0.92mm × 0.48～0.55mm，腹面表皮内突，深褐色，肛毛两对，肛裂区刚毛 6 对，体足 4 对，淡褐色至黑褐色，末端具粗大的爪。

（2）若螨：初孵若螨体微白色，呈半透明状，体长 0.26～0.31mm，足 3 对。

（3）卵：乳白色，椭圆形，0.15～0.19mm×0.11mm，光滑，散生或成簇。

【生活习性】球根粉螨一年发生几代至十几代，在 25℃恒温条件下完成一个代需 13～15 天，30℃时需 8～9d。雌螨喜选择较湿润的球茎蒂部产卵，每头可产卵 20～90 粒。在 20℃时，卵期 5 天，25℃左右时 3 天，30℃时仅 1 天。若虫期 8～11 天。成螨寿命最长达 100 天。在生活 97 天后仍有繁殖能力，还能连续孤雌生殖，但产卵量较少。球根粉螨食性杂，既能危害多种球根花卉，又能在腐烂物质上生活。成螨喜潮湿怕干燥，如停食 22 天，保持一定湿度还有 71% 球根粉螨存活。浸在水中 22 天后，还有 15% 的个体存活。但在干燥情况下只能存活 3 天。球根在螨害发生后危害程度与在室内储藏期的温湿度有密切的关系，通风干燥可抑制螨的生长和繁殖。在栽培条件下，低湿处螨害也发生严重，同时球根有虫伤或机械损伤，螨害也容易发生，球根连作和池栽也会加重螨害的程度。

【防治方法】

（1）人工防治。进入贮藏室前要剔除被螨危害的鳞茎，并进行干燥。保持贮藏室干燥，抑制螨在贮藏期生长和繁殖。

（2）园艺防治。在球根生产基地要注意换茬，要进行土壤消毒，在栽培过程中还要防止人为伤口。

（3）物理防治。在贮藏前后，对种球进行热处理。提高贮藏室气温至 40℃，经 24h 可全部致死；或上盆前用热水浸泡种球，50℃ 2～3min，或 45℃处理 3h，均有效果。

（4）药剂防治。可用 20% 三氯杀螨醇 1000 倍液，进行根际泼浇，或在贮藏前后用 20% 三氯杀螨醇 1000 倍液或 5% 尼索朗乳油 2000 倍液，或用 75% 克螨特乳油 1000 倍液、25% 来螨猛 2000 倍液或 50% 杀螨松乳剂浸泡 15～20min，或用 25% 可湿性三氯杀螨醇 1000 倍液浸泡 24h，可杀死球根上的螨虫。

（二）水仙球蝇

水仙球蝇（*Merodon equestris*）在福建漳州、上海崇明均有分布。寄主有郁金香、水仙。为害球茎，变软，不能生长，而且外部鳞片变褐色。幼虫钻入鳞片直到球茎中，为真菌、细菌腐烂开道，外表可见虫孔通到外部，并不腐烂，其实球茎已成空壳。

【形态特征】成虫像小熊蜂，幼虫蛆形，长 12～18mm，淡白色，或带黄白色。

【生活习性】成虫于 5 月初至 6 月活动，产卵于叶和球根的颈部。幼虫孵化后进入鳞片，并钻到球根中危害，使球根变软，造成真菌、细菌侵入而腐烂。

【防治方法】于 5 月初至 6 月成虫活动时，直接用敌百虫 1000 倍液浇灌植株基部，1～2 次。

（三）条灰球蝇

条灰球蝇（*Eumerus strigatus* Fallen）主要分布在中国东南部。为水仙、鸢尾等球根花卉的主要害虫。幼虫蛀人球根为害，被害植株叶发红、球茎肥大，带有恶臭，同时能引起鳞茎腐烂。

【形态特征】成虫体长 10mm，体黑褐色，胸部铜色，稍有光泽。腹部有灰白色斜纹。老熟幼虫体长 10mm，乳白色，尾端有橙色短突起。

【生活习性】1 年发生 2 代。于 5 月、6 月、9 月和 10 月出现成虫。成虫在近土面的叶基部和鳞茎的颈部产卵。卵喜产于根螨等危害的、有枯叶的植株上。初孵幼虫自鳞茎顶部蛀入，食害鳞片，使被害部分逐渐腐烂。幼虫老熟后爬出球根外，在土中或枯叶下化蛹。

【防治方法】

（1）成虫羽化盛期，避免施用鸡粪等有机肥。

（2）发现被害球根，尽早挖出烧毁或深埋处理，

（3）将种球置 44℃温水中浸 2 小时，杀死内部幼虫。注意水温不可过高，以免影响球根的发芽。

（四）卷球鼠妇

卷球鼠妇（*Armadillidium vulgare* Latrielle）又名西瓜虫、潮虫、蒲鞋底虫，属甲壳纲，等足目，鼠妇科。全国各地都有分布。除危害水仙外，还危害仙客来、紫罗兰、瓜叶菊、仙人掌、茶花、苏铁、扶桑、多种草坪草等。以幼虫和成虫取食幼嫩根茎咬断须根或咬坏球根，啃食地上部分的嫩叶、嫩茎和嫩芽，造成植株生长不良，产生局部溃烂，甚至整株死亡，影响观赏效果和降低花卉质量、产量。

【形态特征】

成虫：体长 8～14mm，宽 5.0～6.5mm，长椭圆形，宽而扁，具光泽，体灰褐或灰蓝色，腹面较淡白，胸部腹面略呈灰色，腹部色较深，头顶两侧有复眼 1 对，长短触角各 1 对，体分 13 节，第 1 胸节与颈联合，其他各节能自由活动，第 8、9 体节明显缢缩，末节呈三角形，尾端有 1 对片状小突起，腹足 7 对。雌虫体背暗褐色，隐约可见黄褐色云状纹，每节后缘具白边，雄虫较青黑。

卵：黄褐色，近球形至卵形。

幼虫：初孵幼体白色，半透明，长约 1.3～1.5mm，宽约 0.5～0.8mm，足 6 对，经过一次蜕皮后有足 7 对，后随个体增大，体色逐渐变深，幼虫形态与成虫近似。

【生活习性】一般一年发生 1 代，以成体或幼体在地下越冬。雌体产卵于胸部腹面的育室内，每头产卵约 100 粒，卵经 2 个月后在育室内孵化为幼鼠妇，陆续爬出育室离开母体营独立生活，1 年的发育成熟。再生能力较强，触角、肢足等断损体部能通过蜕皮后重新长出。性喜湿，不耐干旱，有昼伏夜出危害的习性，对光呈负趋性。有"假死性"，受干扰后立即蜷缩成西瓜状。

【防治方法】

（1）施用充分腐熟的有机肥，保持种植地大田卫生，及时拔除杂草，清除残叶，不要在地间堆积。

（2）发生严重植株，可向植株喷洒20%虫死净可湿性粉剂2000倍液、10%吡虫啉可湿性粉剂2500倍液、25%爱卡士乳油1500倍液、50%辛硫磷乳油的1000倍液或西维因粉剂的500倍液。

（五）水仙茎线虫病

茎线虫病是世界性病害，也是水仙鳞茎最严重的病害之一，在欧美及亚洲许多国家普遍发生。我国福建、上海、广州、合肥等地均有发生，尤以福建漳州、上海崇明两地最为严重。茎线虫的寄主范围甚广，能为害40属和40种植物。严重受害的鳞茎春天不能萌发，或能萌发但不能开花，植株萎缩畸形，鳞茎腐烂，致使水仙严重减产。

【症状】茎线虫主要为害水仙鳞茎，叶、花茎也可受害。被侵染的鳞茎可全部或局部腐烂。被害鳞茎的横剖面，可见受害鳞片有深色的环，同正常白紫色鳞片呈鲜明对照。鳞片浅黄色空隙中包含有许多线虫。有时在鳞茎底盘处，偶尔在颈部能出现大量乳白色的线虫绒。叶片受害后出现浅黄褐色小疱斑，用手指捏紧叶片摸过，更易发现，病叶短缩，畸形扭曲。花茎症状与叶片相似，根呈水渍状变褐色，并有臭味。病株生长衰弱，地上部分叶尖干枯，开花少或不能开花，严重发病的全株腐烂死亡。

【病原】病原为甘薯茎线虫[*Ditylenchus dipsaci* (Kühn) Filipjev]，属于线虫纲，垫刃目，茎线虫属。这是一个复合种，为害的植物多达300种以上，如郁金香、风信子、唐菖蒲等植物，但致病性有差异。该种线虫的雌雄成虫均为细长线形，体长0.9~1.8mm，宽约30μm；食道为垫刃型，后食道球膨大，呈棍棒状，与肠分界明显，有时可覆盖在肠端的一侧。排泄孔开口于后食道球中部体壁。雌虫单卵巢前伸，直达中食道球附近，有后阴子宫囊，卵母细胞成一行或两行排列。尾部多为圆锥形，尾尖尖削。雄虫抱片仅达尾部1/4~3/4，交合刺基部宽并有突起。雌虫产卵200~500粒，大小为70~100μm×30~40μm。第一次蜕皮发生在卵内，2龄幼虫从卵内孵出后，很快进行第二次和第三次蜕皮，4龄幼虫期是侵染为害的阶段。

此外，为害水仙鳞茎的还有一种属于垫刃目，滑刃线虫属的 *Aphelenchoides composticola* Franklin 线虫。该线虫的成虫亦为线形。雌虫体长412~614μm，唇区稍高，口针细长，约11μm；基部球小，中食道球形，食道腺叶状，覆盖于肠的背面，排泄孔位于神经附近；卵巢1个，卵母细胞单行排列，后子宫囊呈宽囊状，长为肛阴距1/2~2/3；尾呈圆锥形，末端钝圆，腹面有粗短尾突1个。雄虫体较小，尾部呈钩状，精集1个，精原细胞单行排列。交合刺弓形，基部宽大，背片长约21μm，尾部乳突3对，位于肛门后、尾中部和末端。尾圆锥形，末端钝，腹面有尾突，尾长为肛径 2 ~ 3 倍。

【发生规律】甘薯茎线虫可以在水仙鳞茎内连续繁殖，也可迁入土壤内越冬。通过感病鳞茎远距离传播，在大田内可借助土壤、园艺工具、灌溉水及雨水传播。以 4 龄幼虫侵染为害，自气孔或直接侵入叶片，再进入鳞茎。其 4 龄幼虫对低温和干旱有较强的抵抗力，可在植物体和土壤中长期存活。适宜于侵染和繁殖的温度为 10 ~ 15℃。在适宜条件下，完成一代生活史需 19 ~ 25 天。该线虫在水仙上的繁殖速度很快，1 个生长季节可以增殖 15000 倍，能迅速毁坏整个球茎。对于干燥有很大的忍受性，在干燥条件下，能以假死状态存活数年。土壤湿度大、黏重有利于发病。我国广州从 11 月下旬至翌年 6 月均可发病，但以早春发病严重，尤以低温阴雨后转晴，气温突然升高的情况下，病害蔓延迅速。由于线虫危害造成地下部根茎损伤，土壤镰刀菌乘虚而入，复合危害，加速鳞茎腐败和植株死亡。

【防治方法】

(1) 加强检疫。茎线虫常随种球远距离传播，因此在引种时必须严格检疫，杜绝带病种球输出和传入无病区。留种时应选无病鳞茎作为繁殖材料，以控制病害传播蔓延。

(2) 土壤处理。及时清除并销毁田间病株及病株残体。对感病土壤，要进行消毒处理。按 75kg/hm² 的用量，将 10% 力满库(克线磷)直接施入灌溉水中；或按 30 ~ 60kg/hm² 的用量，将 10% 益舒宝(丙线磷)混入适量细土，于种植前 1 周撒施于种植沟内，覆土后种植，防治效果很好。

(3) 鳞茎处理。含有 0.23% 嗪线磷的冷水将鳞茎浸泡 30min，但经过处理的鳞茎只有第一年有效。或将有病的种球浸泡在 50 ~ 52℃ 热水 5 ~ 10min，或浸泡 45 ~ 46℃ 热水中 10 ~ 15min，可杀死种球内线虫。

(4) 在病害严重的种植区，可实行与非寄主植物轮作，轮作期应不少于 3 年。也可选用万寿菊、菊花、蓖麻和猪屎豆等拮抗植物，可降低土壤线虫密度，起到防治作用。

第十一章　中国水仙花的香气

香气是花的灵魂，具有极其特殊的魅力。不同的香气对人类的身心健康产生不同的影响，有的香气甚至还具有治疗疾病的功效。中国水仙不仅姿色优美，其优雅的香气还具有茉莉的鲜清、风信子的甜鲜和紫丁香的幽远，显出独特的氤氲之感。所以中国水仙既是冬季室内观赏花卉的上品，也是提取名贵的水仙花精油的香料植物资源。

第一节　中国水仙香气成分与含量

水仙花香气成分的含量和组成不仅与种类有关，而且还受土壤成分、气候条件、生长年龄、收割时间、贮运情况等影响。香气成分的分析结果与样品处理、仪器、分析条件密切相关。

一、香气成分

目前，水仙的香气分析可分为鲜花精油分析、鲜花活体(不采摘)分析、干花精油分析、鲜花死体(采摘)分析等，不同的分析方法得到的结果略有不同，下面介绍常用的鲜花精油分析和鲜花活体分析的方法和结果。

(一)鲜花精油分析

1. 水蒸气蒸馏和溶剂萃取法

戴亮等人将鲜花采摘后立即用水蒸气蒸馏法和溶剂萃取法制备精油，得到淡黄色具有浓郁芳香的水仙花精油，并用 Finnigan MAT 8230 色谱-质谱联用仪对上述精油进行了分析。色谱条件为：弹性石英毛细管柱 OV-101，50m 0.25mm(内径)，汽化温度270℃，分离器温度 270℃。色谱柱温度采用多阶程序升温。载气为氦气，压力1.8105Pa，分流比 10∶1。质谱条件为电子轰击源，电子能量 70eV 化学电离源，电子能量205eV，反应气为异丁烷，压力 6.710～3Pa。分辨率1000，离子源温度 140℃。

用该法得到的精油具有水仙浓郁的芳香，其主要成分为苯甲醇(8.83%)、3，7-二甲基-1，6-辛二烯-3-醇(9.15%)、乙酸苄酯(12.07%)、2，2，4-三甲基-3-环己烯-1-甲醇(5.79%)、乙酸苯乙酯(1.25%)、1H-吲哚(9.14%)、乙酸苯丙酯(0.97%)、苯甲酸苯甲酯(1.81%)、二十一烷(2.11%)等。

戴亮等人还分析了水仙花蕾的精油，其香味清淡。它的色谱图与水仙花精油的色谱图比较，有着显著的不同。其主要成分以高级脂肪酸和烷烃为主：棕榈酸

（28.8%），肉豆蔻酸（3.1），9，12-十八碳二烯酸（4.3），正-二十一烷（16.8）以及2，6-双叔丁基-4-辛基酚（3.4%）等。

采用不同制备方法所得到的水仙花精油，其成分不尽相同。用石油醚抽提得到的浸膏，再以乙醇溶解后低温处理得到的精油，其高沸点（柱温200℃以后）的组分占较大比例，低沸点的组分含量低，成分复杂，难以分离。显然，石油醚提取了水仙花中香精油外，同时也把植物色素、蜡、树脂、脂肪酸和植物甾醇等提出。虽经乙醇低温处理，仍有部分残留和随着乙醇的去除带来低沸点成分挥发损失有关。

2. 同时蒸馏萃取法

高健采用同时蒸馏萃取法（SDE）制备精油，并使用美国PE公司的TurboMass气相色谱－质谱联用仪进行分析。

分析条件如下：色谱柱：Supelro·wax石英毛细管柱（30m×0.25mm×0.25μm）；程序升温：柱温60~240℃，开始进样时60℃2min，然后3℃/min升温，最后240℃10min；载气：氦气；流速：1mL/min；分流比：10∶1，每次进样2μL；电离方式：EI；离子能量：70eV；离子源温度：170℃；扫描范围：33~350U；进样口温度：250℃；传输线温度：200℃；扫描速度：2次/s；检索：Nist/Wiley谱库串联检索。

通过SDE法分析中国漳州水仙香气成分共鉴定出90种化合物，占全部峰面积的91.8%，其中绝大多数是含氧化合物。含量超过1%的化合物有23种，而其中含量超过5%的仅芳樟醇、吲哚、N-甲基-甘氨酸、十九碳烯、二十烷酸五种。

从成分的性质和作用看，芳樟醇有较强的香味，在水仙花精油中含量相当高，在水仙花香中起重要作用。苯甲醇虽香气淡薄，但在花香中起协调衬托作用，含量超过2%；吲哚对水仙花的鲜幽香气特征起极重要的作用，是90种化合物中少数几种含氮化合物之一；乙酸苯甲酯有较强的香味，含量0.54%，在90种化合物中含量属中上等，也是水仙花中较有价值的赋香成分。

表11-1给出了各类化合物在中国水仙精油中所占的含量百分比及种数类别。

表11-1　中国漳州水仙花精油化学成分

化合物类别	种类	含量（%）
醇类	25	16.0538
酸类	11	9.2481
酯类	11	13.0347
酮类	1	4.7369
烃类	14	9.021
烯类（包括萜烯类、倍半萜等）	6	1.4778
苯环类	6	3.8404
含氮化合物类	5	11.8527
醛类	5	1.4744
酚类	3	0.3804

（二）鲜花活体分析

1. 活性炭吸附丝法

鲜花香气成分的研究，一般是对已采摘的鲜花采用溶剂萃取、水蒸气蒸馏和动态顶空法等进行预处理，然后用气相色谱或气相色谱/质谱联用仪分析。这些方法的一个特点是只能研究死花（已摘下来）的香气，并且容易受萃取溶剂及温度（低沸点组分容易损失）的干扰。水仙花的香气组成已有少量研究报道，但研究的也是"死花"。黄巧巧、冯建跃采用活性炭吸附丝累积吸附水仙花（活体）不同时段的香气，通过气相色谱－质谱联用分析研究了水仙花的香气组成及变化规律。

本方法采用一端涂以活性炭的金属镍丝（居里点 358℃，直径 0.5mm，长 100mm），可以方便地在花枝上面进行鲜花香气组分的累积吸附。将采好样的吸附丝置于居里点裂解器的高频磁场中，可以在启动磁场时瞬间达到 358℃，从而使被吸附的香气组分释放，并通过六通阀直接切入进样口，由 N_2 带入毛细管柱，进行气相色谱/质谱分析。

分析定性水仙花的香气成分，共鉴定出 55 个组分，占总挥发物的 93.59%。其中萜烯类化合物有 10 种，相对含量占 11.9%；醇类有 9 种，占 14.55%；烯烃类 8 种，占 8.46%；酮、醛类 6 种，占 36.19%；酯类 3 种，占 9.69%；醚类 3 种，占 2.34%；酸类 1 种，占 0.25%。其中含量最高的为苯甲醛（30.7%），其次为芳樟醇（8.28%）、乙酸苄酯（5.05%）、柠檬烯（4.78%）、乙酸苯乙酯（4.17%）和 β-月桂烯（3.62%）等。

为了从定性、定量上探讨水仙花香气成分在花开过程中的变化规律，黄巧巧把花香释放过程分成 3 个阶段：①未成熟期：花蕾从未打开到逐步打开，香气甚微到逐渐充实，即实验第 1~5 天；②成熟期：花开后香气浓郁、持久，即本实验中第 6~14 天；③花枯萎期：鲜花逐渐枯萎，香气减弱，并伴有异味产生，即第 15~28 天。在花开初期香气组分寥寥无几，各类化合物均在增长中。随着花的盛开，其香气成分逐渐增多，到第 12 天时，鲜花吐香量达到最高，鉴别种类达到 55 种，即为成熟期，而第 16 天后，枯萎的花逐渐增多，各类化合物的含量都明显降低。

不同的化合物，其成熟规律不同。萜烯类化合物在第 1 天时其总含量为 3.8%，而到成熟期第 12 天时其总含量达到最高为 9.2%，花枯萎后第 28 天其含量降为 4.02%。而醛类化合物在第 1 天时总含量为 13.09%，到第 12 天时含量增加为 31.06%，第 28 天降为 2.24%，其变化程度较萜烯类化合物明显。

2. 顶空固相微萃取法

顶空固相微萃取是一种和适合分析活体水仙中可挥发性成分的方法，具有简单、快速、可靠等优点。萃取头采用 85μmCAR/PDMS（Supelco，Bellefonte，PA，USA）。分析仪器采用 Finnigan Voyager。

分析条件如下：

色谱柱：HP－5MS 毛细管柱（30m×0.25mm×0.25μm），不分流进样；

程序升温：50℃保持2min，以15℃/min升到300℃，停留5min；

进样口温度：250℃；离子源温度：230℃；

载气：氦气；流速：1mL/min；

离子能量：70eV，扫描方式：全扫描；扫描范围：41~450U；

谱库：NIST（美国）。

经分析，活体水仙的香气成分主要有乙酸苯甲酯（31.68%）、E-罗勒烯（17.15%）、乙酸苯乙酯（11.53%）、异别罗勒烯（6.94%）、别罗勒烯（5.34%）、α-里哪醇（5.26%）、1,8-桉叶素（3.70%）、对伞花烃（2.62%）、Z-罗勒烯（1.88%）、3-蒈烯（1.06%）等。

二、影响水仙香气的因素

（一）品　种

主要以洋水仙与漳州水仙的成分比较为例。

洋水仙主要检测到罗勒烯，漳州水仙除检测到相同的罗勒烯外，还检测到芳樟醇、乙酸苯甲酯、乙酸苯乙酯等。表明漳州水仙的香气组分较洋水仙更为丰富，且相同组分（罗勒烯）的释放率也更高，漳州水仙是洋水仙的1.5倍。反映出洋水仙虽然花形艳丽，但在香气方面却较漳州水仙明显逊于一筹。

（二）开花时间

这里主要以早、中、晚的时间变化为例。花的品种为漳州水仙。

早、中、晚均有检出的组分：芳樟醇在早间、中午和傍晚均检出；乙酸苯甲酯在早间、中午和傍晚均检出；乙酸苯乙酯在早间、中午和傍晚均检出。

仅早间检出的组分：苎烯仅在早间检出，而中午和傍晚未检出。

仅中午检出的组分：檀香三烯仅在中午检出，而早间和傍晚未检出。

仅早、晚检出的组分：乙酸-3-甲基-2-丁烯-1-醇酯仅在早间和傍晚检出，而中午未检出；2,6-二甲基-1,3,5,7-辛四烯仅在早间和傍晚检出，而中午未检出。

表明漳州水仙香气组分主要为醇、烯、酯等化合物类型。其中，早间和傍晚释放的化合物种类多于中午。且在早、中、晚均有释放的相同化合物中，早、晚的释放强度高于中午（以水仙香气中类似丁香花香气的特征组分芳樟醇为例）。还有个别组分仅在早间或中午明显释放，如早间可检测到苎烯，中午则可检测到檀香三烯，而这些化合物在其他时段未能明显检出。

（三）环境及样品处理

环境条件对水仙花的开放吐香影响较大，在温度、湿度和含氧量三个环境因子中，以温度的作用最大，虽然水仙花开放于严寒的冬季，但气温若低于5℃，水仙不会开花。

目前普遍认为水仙化和茉莉花相同，是典型的"气质花"，其香精油是随着鲜花的开放而不断形成和挥发的，所以它不开不香。其香气物质以苷类前体物质形式存在，在适宜的环境条件下，随着水仙花的成熟开放，一些酶类活性增强，香气的前体物质水解为香精油，而释放出香气。由于环境条件和花蕾成熟程度对花香都有影响，因此取样的时间对花香成分有一定的影响。另外，香气捕获方式的不同也影响香气成分的分析。这可能造成不同研究者对同种花卉花香成分分析中有不同的组分。

（四）辐　射

高健对经 ^{60}Coγ 辐射的中国漳州水仙的香气成分进行了研究。结果发现经辐射的漳州水仙花香组成成分与对照组基本一致，但在含量上有较大差异，如组分中少数几种含氮化合物，低剂量辐射后含量明显增加，而苯甲醇含量略有降低。总体上看，辐照处理后，水仙香气成分中酯类、含氮化合物含量增加，醇类化合物略有降低，高沸点成分增加，使水仙香气持续时间长。

另外，金荷仙也对辐射选育的矮化水仙和漳州水仙的香气成分进行了比较分析。发现矮化水仙香气组分中的化合物种类略多于漳州水仙，尤其是萜烯类化合物，如矮化水仙中普遍可检测到的3-蒈烯在漳州水仙中均未检出。芳樟醇、乙酸苯甲酯(乙酸苄酯)、乙酸苯乙酯等是矮化水仙和漳州水仙香气的相同组成挥发物。

矮化水仙和漳州水仙的香气释放强度均呈现出早晚强于中午的特点。

萜烯化合物苎烯在矮化水仙和漳州水仙中的明显释放时段存在差异，在矮化水仙中主要是傍晚释放，而在漳州水仙中主要是早间释放。

第二节　中国水仙香气与人体健康

国外研究表明，在室内送入适宜种类的香气，可使工作人员精神放松，缓解疲劳，工作失误率明显降低；对进行加法运算的作业者香气效果的测定比较可知，有香时作业者的正解率提高，自觉疲劳状态减轻。另外，低浓度的 α-萜烯的吸入，能促进副交感神经的作用，使人趋于放松，减轻疲劳感。CNV 是大脑的事件相关电位之一，一般认为它与人的注意、期待、预期等心理过程以及意识水平的变化密切相关。CNV 早期成分的变化可用来评价芳香物质的镇静与觉醒作用。薰衣草、檀香木、柠檬、侧柏等植物的精油能导致 CNV 早期成分减少(表现为镇静作用)；茉莉、百里香、迷迭香、薄荷等植物的精油能导致 CNV 早期成分增加(表现为觉醒作用)。

据研究。一般来讲，香气对人体的影响，通常是通过心理和生理两个方面起作用的。例如，α-蒎烯是松柏精油的代表性构成成分。有关 α-蒎烯对人的生理及心理影响的研究表明，处于 α-蒎烯的氛围中睡眠，与对照相比，有使人减轻疲劳的效果。α-蒎烯有抑制人类紧张状态时交感神经系统的兴奋度，促进安静状态的副交感神经系统活动的作用。低浓度的-蒎烯可减少紧张状态下的精神性发汗量，增加指尖血流量，提高指尖温度，降低脉搏数，使人处于安定状态。永井等人通过情感断面测试（profile test），测评瞳孔的光反射、感情及情绪状态，来评价在工作负荷下芳香气体对人体的影响。结果表明，α-蒎烯可减轻人体因工作而带来的疲劳感。

为了证实气味对减轻压力的影响，石山诚一、田和等使用萜烯化合物来测定中枢神经系统的反应。通过测定脑波、血压的变化，得知森林中的萜烯类物质能使人放松而又恢复精神。

金荷仙在武汉疗养院和杭州疗养院研究了桂花对人体生理指标和心理指标的影响。实验结果显示，桂花香气对人的注意力、记忆力和想象力均有一定程度的促进作用。血压和心率也显示出同样的结果：人群在闻花后的收缩压、舒张压及心率与对照相比均有所下降。此外，桂花香气对人的体温产生了一定的影响。高血压病人的体温在闻花后的体温值均低于对照组。闻了净膏后的健康人即刻体温有所下降，但接着就开始回升。7~10min后比对照高了0.18℃，13~15min后上升了0.1℃。而健康人群闻了桂花香气后3~5min后的体温均比对照下降了0.2℃和0.25℃。

桂花香气对人的心率会产生一定的影响。在闻花后7~10min桂花组的心率与对照相比下降的幅度最大，下降了8.2次/min，净膏组在闻花后即刻下降的最多，为6.2次/min。

闻花后，实验组与对照组的舒张压存在差异。桂花组的人在闻花后即刻舒张压下降5mmHg，净膏组下降了7.6mmHg。

闻花后的收缩压与对照组相比均有下降。桂花组的人在闻花即刻的收缩压与对照相比下降了8mmHg，净膏组的人在闻花后即刻血压下降了6.8mmHg。

被试的微血管随着吸入桂花香气时间的延长而扩展，血流速度增快。吸入15min后，输入支、输出支及攀顶值均达到最高。人体处于放松状态。

总体来说，被试在闻花和听音乐后的肌电值与对照相比均有较大程度的下降。闻花后的肌电下降幅度比听音乐要大。但不同性别的人群在闻花和听音乐后的肌电变化存在差异。男性在闻花后的肌电值均比对照有所上升，听音乐后的肌电值比闻花时要低，但依然比对照高。而女性则呈现出不同的结论：闻花后女性的肌电值均比对照下降，听放松音乐后肌电值与对照相比也有所下降，但下降的幅度不及闻花后。

香味具有预防保健和治疗疾病的可能原因是：

首先可能跟植物花朵所含挥发性成分有关。因为植物花朵或茎叶的油细胞，一经阳光照射，便能分解出挥发性的芳香油，与人体鼻腔内的嗅觉细胞接触后，产生一种特异功能。这是由于许多香料植物的挥发油本身就具有治病和预防保健作用的药效作用。例如：松节油，薄荷油吸入人体后能刺激器官起消炎、利尿作用，薰衣草油能治疗头痛、心悸等。

其次是心理效应，神经系统指挥人体各种活动，人的精神状态如何，对治疗疾病有重要作用。美丽的鲜花，优雅的馨香，沁人心脾，令人清爽，通过人的嗅觉、视觉器官，对大脑边缘系统和网状结构具有重要作用。可以提高神经细胞的兴奋性，使情绪得到改善。与此同时，可以使神经体液进行相应调节，促进人体相应器官分泌出有益健康的激素及体液，释放出酶、乙酰胆碱等具有生理活动性的物质，改善人体的神经系统、分泌系统等，从而达到和谐全身器官功能的作用。

关于水仙香气成分对人体有何影响研究较少。但水仙的香气成分与桂花类似，如在各种水仙花均检测到明显的乙酸苄酯、乙酸苯乙酯等芳香族乙酸酯，多数成分是香料香精生产的重要原料，使人感觉香甜，清新愉悦。

为了更加准确地了解水仙花对人体心理的影响，我们设计了不同浓度水仙花花香对人心理影响的研究（表 11-2）。

表 11-2　浓度相关系数

		心理感受度	浓度	闻香前脉搏	闻香后 30′	闻香前肺活量	闻香后 30′
心理感受度	Pearson Correlation	1	−0.297(∗)	0.236	0.088	0.043	0.091
	Sig.（2−tailed）		0.047	0.119	0.567	0.781	0.552
	N	45	45	45	45	45	45
浓度	Pearson Correlation	−0.297(∗)	1	−0.380(∗)	−0.075	0.107	−0.048
	Sig.（2−tailed）	0.047		0.010	0.626	0.486	0.754
	N	45	45	45	45	45	45
闻香前脉搏	Pearson Correlation	0.236	−0.380(∗)	1	0.743(∗∗)	−0.072	−0.027
	Sig.（2−tailed）	0.119	0.010		0.000	0.637	0.861
	N	45	45	45	45	45	45
闻香后 30′	Pearson Correlation	0.088	−0.075	0.743(∗∗)	1	−0.012	−0.100
	Sig.（2−tailed）	0.567	0.626	0.000		0.938	0.514
	N	45	45	45	45	45	45
闻香前肺活量	Pearson Correlation	0.043	0.107	−0.072	−0.012	1	0.823(∗∗)
	Sig.（2−tailed）	0.781	0.486	0.637	0.938		0.000
	N	45	45	45	45	45	45
闻香后 30′	Pearson Correlation	0.091	−0.048	−0.027	−0.100	0.823(∗∗)	1
	Sig.（2−tailed）	0.552	0.754	0.861	0.514	0.000	
	N	45	45	45	45	45	45

∗ Correlation is significant at the 0.05 level (2−tailed).

∗∗ Correlation is significant at the 0.01 level (2−tailed).

一、中国水仙香气对人体心理的影响

水仙花具有似大花茉莉的鲜清、风信子的甜鲜和紫丁香或铃兰的鲜幽，显出独特的氰氯动物样咸浊香气，浑然成为清甜鲜雅的幽香香韵，既是冬季室内观赏花卉的上品，也是提取名贵的水仙花精油的香料植物资源。为了更加准确地了解中国水仙花香气对人体心理的影响，我们设计了不同浓度水仙花花香对人心理影响的研究。

实验人群选择 19～21 岁，男性，学生；分五组，每组 9 人。花材选择福建漳州 3 年生头株，经过精心培养，控制花期在盛开时，约开花的第 5、6 天，我们进行测试通过水仙花香味浓度梯度的变化，研究其对人心理的影响。实验问卷，采用自己设计的心理感受度问卷，经过了可信度和效度检验。

选一间 20m² 左右的房间，将水仙花按不同浓度（30，20，10，5，1）放置在房间内，选择 2 年生的漳州水仙两头（为浓度 1），依次类推。人工控制花期开花，记录花朵数。实验前先测定脉搏、肺活量等生理数据作为对照，教师指导学生自测。闻香气约 10min 后，开始进行心理感受度问卷作答，30min 后收回问卷，再测定脉搏、肺活量等生理指标。心理感受度问卷只按浓度分组，进行统计学分析，得出结论。

心理感受度的大小与水仙花花香浓度呈负相关（$P < 0.05$）（表 11-3），而脉搏、肺活量（表 11-4）在实验前后的变化呈高度相关性，脉搏闻香后变缓，肺活量有增加，但无显著意义。

表 11-3　心理感受度大小与浓度的关系

心理感受度

浓度	Mean	N	Std. Deviation
浓度 1	50.78	9	6.942
浓度 5	48.78	9	10.745
浓度 10	49.11	9	13.532
浓度 20	46.00	9	8.155
浓度 30	41.33	9	11.068
Total	47.20	45	10.422

表 11-4　脉搏、肺活量的 T 检验

	N	Mean	Std. Deviation	Std. Error Mean
闻香前脉搏	45	75.53	11.212	1.671
闻香后 30′	45	72.44	11.061	1.649
闻香前肺活量	45	3842.91	579.846	86.438
闻香后 30′	45	3865.93	539.785	80.466

经研究发现，水仙花香味中含有脂酸苄酯等多种成分。有人研制的具有水仙花香味的化妆品，在人们感受到脑疲劳时使用，顿时会感到头脑清醒精神焕发，经常使用，可维持脑功能平衡，减轻疲劳，起到健脑作用。其实，香味治病和预防保健在我国和世界一些国家自古代就开始了，如制成具有独特疗效的药枕，治疗高血压、失眠、神经衰弱、心悸、小儿腹泻等病。明代医药家李时珍在《本草纲目·芳香篇》中列举了多种有清热、杀菌、镇痛的香草植物。我国古代的中医和药学专家对香草植物

的认识运用，应当说已经达到了相当的深度，极大地丰富了祖国医学宝库，也为今天开发这些香料植物造福于现代人类，提供了依据。香味为什么可以治疗疾病和有预防保健的功能呢？这是因为植物花朵或茎叶的油细胞，一经阳光照射，便能分解出一种挥发性的芳香油，与人体鼻腔内的嗅觉细胞接触后，产生一种特异功能。这是由于许多香料植物的挥发油本身就具有治病和预防保健作用的药效作用。例如：松节油、薄荷油吸入人体后能刺激器官起消炎、利尿作用，薰衣草油能治疗头痛、心悸等等。其次是心理效应，神经系统指挥人体各种活动，人的精神状态如何，对治疗疾病有重要作用。美丽的鲜花，优雅的馨香，沁人心脾，令人清爽，通过人的嗅觉、视觉器官，对大脑边缘系统和网状结构具有重要作用。可以提高神经细胞的兴奋性，使情绪得到改善。与此同时，可以使神经体液进行相应调节，促进人体相应器官分泌出有益健康的激素及体液，释放出酶、乙酰、胆碱等具有生理活动性的物质，改善人体的神经系统、分泌系统等，从而达到和谐全身器官功能的作用。

　　上述心理感受度问卷分为客观判断、行为选择、主观愿望和心智感受四个方面，每个方面20分，共60分。浓度从低到高，问卷得分呈现由高到低的负相关，说明花香对人心理感受的影响，不是与花香浓度呈正相关。适宜花香浓度是对人心理有好的调节作用，随着花香浓度的增加，心理感受度反而下降。同时，也说明视觉对心理感受有较大影响，低浓度时视觉起到调节心理感受的作用，特别是花香纯正幽香香韵，人体会自动调节情绪。

二、水仙花香气对人体某些生理指标的影响

　　通过水仙花香味浓度的改变，研究其对人体血压、脉搏、呼吸频率、肺活量和血常规等生理指标的影响。

　　实验人群仍然是19～21岁，男性，学生；分五组，每组9人。花材同样为福建漳州3年生水仙，经过精心培养，控制花期在盛开时，约开花的第5～6天，我们进行测试通过水仙花香味浓度和闻香时间的改变，研究其对人体血压的影响。实验仪器是欧姆龙HEM-6000智能电子血压计。

　　水仙浓度试验方法同前。学生共60人，每组实验10人，实验前先测定血压、脉搏、呼吸频率、肺活量和血常规等生理数据作为对照，教师指导学生自测。10人闻香气约10min，做第一次数据采集包括血压、脉搏、呼吸频率、肺活量；30min时第二次采集数据，依次类推。教师控制时间提醒学生检测。1h第三次采集数据后，2h开始做血常规。第3h做完数据采集后，第4h再测一次数据。每人在室内闻香依时间长短为梯度，如闻香时间从10min到4h，设计六个时间点（10min，30min，1h，2h，3h，4h）。每个时间段，同时测定血压、脉搏、呼吸频率、肺活量，2h后验血常规测定红/白细胞。其余浓度方法同前，记录五组实验数据（表11-5）。对照实验前后的测

定上述生理/生化指标数据，进行统计学分析，得出结论。

从表11-6看出，实验前收缩压与闻香后5种不同浓度的收缩压均有显著差异（$P < 0.01$）。

从表11-7看出，实验前收缩压与闻香后不同时间段所测收缩压有显著差异（$P < 0.01$）。

从表11-8看出，不同浓度下的血压变化平均值。

浓度A：表示浓度1

浓度B：表示浓度5

浓度C：表示浓度10

浓度D：表示浓度20

浓度E：表示浓度30

编号要求：浓度加上1到10的数字，例如：A5表示浓度1第5个学生。

表 11-5 中国水仙花香气对人体生理指标的影响

实验时间：2008.3.16；13：00～17：00　　　实验地点：506

姓名：×××	性别：男	年龄：21	班级：××	浓度：C	编号：1
实验前对照指标					
血压（mmHg）	脉搏（次/min）	呼吸频率（次/min）	肺活量（ml）	血常规（RBC/HB）	
117/80	76	16	4000		6.59/208
10min 后数据					
血压（mmHg）	脉搏（次/min）	呼吸频率（次/min）	肺活量（ml）		
110/76	76	16	4000		
30min 后数据					
血压（mmHg）	脉搏（次/min）	呼吸频率（次/min）	肺活量（ml）		
101/70	76	16	4100		
1h 后数据					
血压（mmHg）	脉搏（次/min）	呼吸频率（次/min）	肺活量（ml）		
108/56	78	16	4200		
2h 后数据					
血压（mmHg）	脉搏（次/min）	呼吸频率（次/min）	肺活量（ml）	血常规	
104/71	69	15	4300		6.23/196
3h 后数据					
血压（mmHg）	脉搏（次/min）	呼吸频率（次/min）	肺活量（ml）		
107/82	76	15	4300		
4h 后数据					
血压（mmHg）	脉搏（次/min）	呼吸频率（次/min）	肺活量（ml）		
105/78	75	16	4300		

表 11-6　不同浓度中国水仙花花香对人体收缩压的影响比较（浓度 0 为实验前）

Dependent Variable：收缩压

（Ⅰ）浓度		（J）浓度	Mean Difference (I − J)	Std. Error	Sig.	95% Confidence Interval	
						Lower Bound	Upper Bound
LSD	浓度 0	浓度 1	7.35 *	1.656	0.000	4.09	10.61
		浓度 5	8.42 *	1.656	0.000	5.16	11.68
		浓度 10	7.14 *	1.656	0.000	3.89	10.40
		浓度 20	5.05 *	1.656	0.002	1.79	8.31
		浓度 30	8.57 *	1.656	0.000	5.31	11.83
	浓度 1	浓度 0	− 7.35 *	1.656	0.000	− 10.61	− 4.09
		浓度 5	1.07	1.579	0.497	− 2.03	4.18
		浓度 10	− 0.20	1.579	0.897	− 3.31	2.90
		浓度 20	− 2.30	1.579	0.147	− 5.40	0.81
		浓度 30	1.22	1.579	0.439	− 1.89	4.33
	浓度 5	浓度 0	− 8.42 *	1.656	0.000	− 11.68	− 5.16
		浓度 1	− 1.07	1.579	0.497	− 4.18	2.03
		浓度 10	− 1.28	1.579	0.419	− 4.39	1.83
		浓度 20	− 3.37 *	1.579	0.034	− 6.48	− 0.26
		浓度 30	0.15	1.579	0.925	− 2.96	3.26
	浓度 10	浓度 0	− 7.14 *	1.656	0.000	− 10.40	− 3.89
		浓度 1	0.20	1.579	0.897	− 2.90	3.31
		浓度 5	1.28	1.579	0.419	− 1.83	4.39
		浓度 20	− 2.09	1.579	0.186	− 5.20	1.01
		浓度 30	1.43	1.579	0.367	− 1.68	4.53
	浓度 20	浓度 0	− 5.05 *	1.656	0.002	− 8.31	− 1.79
		浓度 1	2.30	1.579	0.147	− 0.81	5.40
		浓度 5	3.37 *	1.579	0.034	0.26	6.48
		浓度 10	2.09	1.579	0.186	− 1.01	5.20
		浓度 30	3.52 *	1.579	0.027	0.41	6.63
	浓度 30	浓度 0	− 8.57 *	1.656	0.000	− 11.83	− 5.31
		浓度 1	− 1.22	1.579	0.439	− 4.33	1.89
		浓度 5	− 0.15	1.579	0.925	− 3.26	2.96
		浓度 10	− 1.43	1.579	0.367	− 4.53	1.68
		浓度 20	− 3.52 *	1.579	0.027	− 6.63	− 0.41

Based on observed means.

* The mean difference is significant the. 05 level.

表 11-7　同一水仙花花香浓度下，闻香时间不同对人体收缩压的影响比较

（I）分组变量		（J）分组变量	Mean Difference (I－J)	Std. Error	Sig.	95% Confidence Interval	
						Lower Bound	Upper Bound
LSD	实验前	10min	5.64 *	1.730	0.001	2.24	9.05
		30min	7.04[8]	1.730	0.000	3.64	10.45
		1h	9.33 *	1.730	0.000	5.93	12.74
		2h	7.38 *	1.730	0.000	3.97	10.78
		3h	8.09 *	1.730	0.000	4.68	11.49
		4h	6.36 *	1.730	0.000	2.95	9.76
	10min	实验前	－5.64 *	1.730	0.001	－9.05	－2.24
		30min	1.40	1.730	0.419	－2.00	4.80
		1h	3.69 *	1.730	0.034	0.28	7.09
		2h	1.73	1.730	0.317	－1.67	5.14
		3h	2.44	1.730	0.159	－0.96	5.85
		4h	0.71	1.730	0.681	－2.69	4.12
	30min	实验前	－7.04 *	1.730	0.000	－10.45	－3.64
		10min	－1.40	1.730	0.419	－4.80	2.00
		1h	2.29	1.730	0.187	－1.12	5.69
		2h	0.33	1.730	0.847	－3.07	3.74
		3h	1.04	1.730	0.546	－2.36	4.45
		4h	－0.69	1.730	0.691	－4.09	2.72
	1h	实验前	－9.33 *	1.730	0.000	－12.74	－5.93
		10min	－3.69 *	1.730	0.034	－7.09	－0.28
		30min	－2.29	1.730	0.187	－5.69	1.12
		2h	－1.96	1.730	0.259	－5.36	1.45
		3h	－1.24	1.730	0.472	－4.65	2.16
		4h	－2.98	1.730	0.086	－6.38	0.43
	2h	实验前	－7.38 *	1.730	0.000	－10.78	－3.97
		10min	－1.73	1.730	0.317	－5.14	1.67
		30min	－0.33	1.730	0.847	－3.74	3.07
		1h	1.96	1.730	0.259	－1.45	3.36
		3h	0.71	1.730	0.681	－2.69	4.12
		4h	－1.02	1.730	0.555	－4.43	2.38
	3h	实验前	－8.09 *	1.730	0.000	－11.49	－4.68
		10min	－2.44	1.730	0.159	－5.85	0.96
		30min	－1.04	1.730	0.546	－4.45	2.36
		1h	1.24	1.730	0.472	－2.16	4.65
		2h	－0.71	1.730	0.681	－4.12	2.69
		4h	－1.73	1.730	0.317	－5.14	1.67
	4h	实验前	－6.36 *	1.730	0.000	－9.76	－2.95
		10min	－0.71	1.730	0.681	－4.12	2.69
		30min	0.69	1.730	0.691	－2.72	4.09
		1h	2.98	1.730	0.086	－0.43	6.38
		2h	1.02	1.730	0.555	－2.38	4.43
		3h	1.73	1.730	0.317	－1.67	5.14

Based on observed means.

* The mean difference is significant at the .05 level.

表 11-8　不同浓度下的血压变化平均值

Dependent Variable	浓度	Mean	Std. Error	95% Confidence Interval	
				Lower Bound	Upper Bound
收缩压	浓度	107.762	1.029	105.737	109.787
	浓度 5	107.619	1.029	105.594	109.644
	浓度 10	107.381	1.029	105.356	109.406
	浓度 20	110.317	1.029	108.292	112.343
	浓度 30	106.048	1.029	104.022	108.073
舒张压	浓度	67.762	0.952	65.888	69.636
	浓度 5	68.794	0.952	66.920	70.667
	浓度 10	67.048	0.952	65.174	68.921
	浓度 20	68.857	0.952	66.983	70.731
	浓度 30	66.190	0.952	64.317	68.064

　　美丽的鲜花，优雅的馨香，沁人心脾，令人清爽，通过人的嗅觉、视觉器官，对大脑边缘系统和网状结构具有重要作用。可以提高神经细胞的兴奋性，使情绪得到改善。与此同时，可以使神经体液进行相应调节，促进人体相应器官分泌出有益健康的激素及体液，释放出酶、乙酰，胆碱等具有生理活动性的物质，改善人体的神经系统、分泌系统等，从而达到和谐全身器官功能的作用。

　　水仙花香浓郁，鲜花芳香油含量达 0.20% ~ 0.45%，有人研究活体水仙花花香，分析定性水仙花的香气成分，共鉴定出 55 个组分，占总挥发物的 93.59%。其中菇烯类化合物有 10 种，相对含量占 11.9%；醇类有 9 种，占 14.55；烯烃类 8 种，占 8.46%；酮、醛类 6 种，占 36.19%；醋类 3 种，占 9.69%；醚类 3 种，占 2.34%；酸类 1 种，占 0.25%。成分中含量最高的为苯甲醛(30.73%)，其次为芳樟醇、乙酸节醋、柠檬烯、Q-月桂烯、苏合香烯、乙酸苯乙酯等。我们认为这些复杂的化学物质通过嗅觉神经细胞刺激大脑中枢，引起心血管中枢的反应，调节血压、心率使人体有良好的适应性及兴奋性。综合结果表明，水仙花花香能影响人体血压，对收缩压、舒张压均有作用，收缩压表现为降低，舒张压表现为双项调节。

三、中国水仙香气对人体红细胞和血红蛋白的影响

　　实验人群及花材与前两项研究相同。

　　选一间 20m² 左右的房间，将水仙花按不同浓度(30，20，10，5，1)放置在房间内，选择三年的漳州水仙两头(为浓度 1)，依次类推。人工控制花期开花，记录花朵数。实验前先测定受试者的红细胞和血红蛋白数据作为对照，闻香气 2h 后，采集手指末梢血，用仪器获得数据。对照实验前后的测定上述血液指标数据，进行统计学分析，得出结论(表 11-9)。

表 11-9　不同浓度中国水仙花花香实验前后红细胞和血红蛋白含量

	花香浓度	group	Mean	Std. Deviation	N
红细胞	实验前	实验前	5.4922	0.77232	45
		Total	5.4922	0.77232	45
	浓度 1	实验后 2h	5.4156	0.58361	9
		Total	5.4156	0.58361	9
	浓度 5	实验后 2h	6.0600	1.33367	9
		Total	6.0600	1.33367	9
	浓度 10	实验后 2h	6.1489	1.09542	9
		Total	6.1489	1.09542	9
	浓度 20	实验后 2h	5.9989	0.78201	9
		Total	5.9989	0.78201	9
	浓度 30	实验后 2h	5.3389	0.64153	9
		Total	5.3389	0.64153	9
	Total	实验前	5.4922	0.77232	45
		实验后 2h	5.7924	0.95393	45
		Total	5.6423	0.87610	90
血红蛋白	实验前	实验前	165.6000	22.92418	45
		Total	165.6000	22.92418	45
	浓度 1	实验后 2h	173.2222	22.27542	9
		Total	173.2222	22.27542	9
	浓度 5	实验后 2h	174.4444	24.84004	9
		Total	174.4444	24.84004	9
	浓度 10	实验后 2h	185.0000	36.21809	9
		Total	185.0000	36.21809	9
	浓度 20	实验后 2h	180.4444	27.24019	9
		Total	180.4444	27.24019	9
	浓度 30	实验后 2h	162.6667	18.06931	9
		Total	162.6667	18.06931	9
	Total	实验前	165.6000	22.92418	45
		实验后 2h	175.1556	26.33435	45
		Total	170.3778	25.01486	90

Multiple Comparisons LSD

Dependent Variable	(I) 花香浓度	(J) 花香浓度	Mean Difference (I－J)	Std. Error	Sig.	95% Confidence Interval	
						Lower Bound	Upper Bound
红细胞	实验前	浓度 1	0.0767	0.31113	0.806	－0.5420	0.6954
		浓度 5	－0.5678	0.31113	0.072	－1.1865	0.0509
		浓度 10	－0.6567(＊)	0.31113	0.038	－1.2754	－0.0380
		浓度 20	－0.5067	0.31113	0.107	－1.1254	0.1120
		浓度 30	0.1533	0.31113	0.623	－0.4654	0.7720
	浓度 1	实验前	－0.0767	0.31113	0.806	－0.6954	0.5420
		浓度 5	－0.6444	0.40166	0.112	－1.4432	0.1543
		浓度 10	－0.7333	0.40166	0.071	－1.5321	0.0654
		浓度 20	－0.5833	0.40166	0.150	－1.3821	0.2154
		浓度 30	0.0767	0.40166	0.849	－0.7221	0.8754
	浓度 5	实验前	0.5678	0.31113	0.072	－0.0509	1.1865
		浓度 1	0.6444	0.40166	0.112	－0.1543	1.4432
		浓度 10	－0.0889	0.40166	0.825	－0.8876	0.7099
		浓度 20	0.0611	0.40166	0.879	－0.7376	0.8599
		浓度 30	0.7211	0.40166	0.076	－0.0776	1.5199
	浓度 10	实验前	0.6567(＊)	0.31113	0.038	0.0380	1.2754
		浓度 1	0.7333	0.40166	0.071	－0.0654	1.5321
		浓度 5	0.0889	0.40166	0.825	－0.7099	0.8876
		浓度 20	0.1500	0.40166	0.710	－0.6487	0.9487
		浓度 30	0.8100(＊)	0.40166	0.047	0.0113	1.6087
	浓度 20	实验前	0.5067	0.31113	0.107	－0.1120	1.1254
		浓度 1	0.5833	0.40166	0.150	－0.2154	1.3821
		浓度 5	－0.0611	0.40166	0.879	－0.8599	0.7376
		浓度 10	－0.1500	0.40166	0.710	－0.9487	0.6487
		浓度 30	0.6600	0.40166	0.104	－0.1387	1.4587
	浓度 30	实验前	－0.1533	0.31113	0.623	－0.7720	0.4654
		浓度 1	－0.0767	0.40166	0.849	－0.8754	0.7221
		浓度 5	－0.7211	0.40166	0.076	－1.5199	0.0776
		浓度 10	－0.8100(＊)	0.40166	0.047	－1.6087	－0.0113
		浓度 20	－0.6600	0.40166	0.104	－1.4587	0.1387

（续）

Dependent Variable	(I) 花香浓度	(J) 花香浓度	Mean Difference (I－J)	Std. Error	Sig.	95% Confidence Interval	
						Lower Bound	Upper Bound
血红蛋白	实验前	浓度 1	－7.6222	9.00360	0.400	－25.5269	10.2824
		浓度 5	－8.8444	9.00360	0.329	－26.7491	9.0602
		浓度 10	－19.4000(＊)	9.00360	0.034	－37.3046	－1.4954
		浓度 20	－14.8444	9.00360	0.103	－32.7491	3.0602
		浓度 30	2.9333	9.00360	0.745	－14.9713	20.8380
	浓度 1	实验前	7.6222	9.00360	0.400	－10.2824	25.5269
		浓度 5	－1.2222	11.62359	0.917	－24.3370	21.8926
		浓度 10	－11.7778	11.62359	0.314	－34.8926	11.3370
		浓度 20	－7.2222	11.62359	0.536	－30.3370	15.8926
		浓度 30	10.5556	11.62359	0.366	－12.5592	33.6703
	浓度 5	实验前	8.8444	9.00360	0.329	－9.0602	26.7491
		浓度 1	1.2222	11.62359	0.917	－21.8926	24.3370
		浓度 10	－10.5556	11.62359	0.366	－33.6703	12.5592
		浓度 20	－6.0000	11.62359	0.607	－29.1148	17.1148
		浓度 30	11.7778	11.62359	0.314	－11.3370	34.8926
	浓度 10	实验前	19.4000(＊)	9.00360	0.034	1.4954	37.3046
		浓度 1	11.7778	11.62359	0.314	－11.3370	34.8926
		浓度 5	10.5556	11.62359	0.366	－12.5592	33.6703
		浓度 20	4.5556	11.62359	0.696	－18.5592	27.6703
		浓度 30	22.3333	11.62359	0.058	－0.7815	45.4481
	浓度 20	实验前	14.8444	9.00360	0.103	－3.0602	32.7491
		浓度 1	7.2222	11.62359	0.536	－15.8926	30.3370
		浓度 5	6.0000	11.62359	0.607	－17.1148	29.1148
		浓度 10	－4.5556	11.62359	0.696	－27.6703	18.5592
		浓度 30	17.7778	11.62359	0.130	－5.3370	40.8926
	浓度 30	实验前	－2.9333	9.00360	0.745	－20.8380	14.9713
		浓度 1	－10.5556	11.62359	0.366	－33.6703	12.5592
		浓度 5	－11.7778	11.62359	0.314	－34.8926	11.3370
		浓度 10	－22.3333	11.62359	0.058	－45.4481	0.7815
		浓度 20	－17.7778	11.62359	0.130	－40.8926	5.3370

Based on observed means.

＊ The mean difference is significant at the 0.05 level.

（续）

实验结果表明，闻香前和闻香后2h，比较红细胞和血红蛋白，只有浓度10差异有显著性（$P < 0.05$）；其余浓度差异无显著意义。这说明适宜的水仙花浓度可以刺激人体红细胞和血红蛋白的增加，意味着人体携带氧的能力提高，是解释花香影响人体情绪和心情的重要的客观生理指标，同时也是解释呼吸频率变慢，脉搏变缓，收缩压下降的有力证据。

嗅觉对我们的幸福感至关重要：它能激起我们对往事的回忆，创新的情感，对异性的渴慕以及其他等情感。我们生活在由科学推动的嗅觉革命之中，它向我们揭示了有关鼻子和嗅觉感官的大量新发现，这些发现有希望为我们带来一些仅在几年前还不可想象的有益生活方式的突破。气味及嗅觉研究的重点在香气对人们行为的有益效用，并证明人们对香气——技术研究和心理学之间的相互关系的认知日渐深入。

有实验报道，当你凑近一朵玫瑰花用鼻吸气时，闻到了一阵丁香花香，混合后的气味很像是康乃馨的芳香。在我们的大脑里缘何会产生这种仿佛来自稀薄空气中的奇异香气呢？一项关于老鼠大脑对不同气味怎样反应的研究也许能回答这个问题。一个积年未决的嗅觉之谜是人为什么能够辨认比他们检测气味的嗅觉感受器数目多得多的气味种类呢？当鼻子里的感受器一旦捕获了空气中的分子，嗅觉机制就开始运作了接着，感受器将信号传送到大脑，大脑就会告诉我们闻到的是什么。从表面看我们能够区分感受到的不同气味，但情况并非总是如此。有一种理论说，大脑有时会把鼻子传来的多种信号混合匹配，编成单个芳香数码包。为了检测此想法，位于华盛顿Settle的FrcdHutchinso癌症研究中心和位于Galveston的德州大学的两位神经科学家Linda Buck和Zhihua Zou各自给一群老鼠吹入不同化学品发出的香气，其气味分别类似丁香、巧克力、柠檬、鱼、香草和苹果。有些老鼠被暴露在一种香气下，另一些鼠则同时吸入两种不同的气味。为了观察老鼠怎样处置嗅觉信号，研究人员关注大脑的嗅觉中心，Ⅱ口嗅觉皮层。当神经细胞兴奋时，一个叫Arc的基因启动了。因此通过跟踪大脑该区域中Arc的表现，研究组便可确定，相对某种香气的刺激、哪些神经细胞会作出反应 兴奋起来。老鼠的大脑会把几种气味的混合物组合起来当做一种新的气味来处置。诚如所料，对研究人员引入的每一种有气味的化学品，嗅觉皮质上都有一种对应的神经细胞作 fII 反应。但是当两种气味混起来后，该区域里仅有30%的神经细胞产生兴奋，这份研究报告刊登于《Science》杂志上。研究人员得出结论，虽然对合成气味会兴奋的神经细胞如何导致人对气味产生感知，其机理至今尚未知晓，但神经细胞所在位置便是奇异气味生成之处，则是确凿无疑的。

因此，我们可以说香气研究是一门新兴边缘学科，香气学便是其中一门崭新科学，它研究香味对人体和精神状态的作用，即将成为最有前途的领域。香味在对疾病及治疗预防保健方面的功效也是早被人们熟知的，很多香料都具有止痛、镇静和兴奋作用，比如清凉油、万金油、祛风油等类药物中都配有香料。有些病甚至只看一看香花，闻一闻花香就有效果。正是"七情之病也，看花解闷，听曲消愁，有胜于服药矣"。

第三节　花香合成

一、合成途径

花香的成分很多，主要是低分子量、低沸点、低极性的化合物，包括萜类、苯丙烷类、脂肪酸及其衍生物和一些含氮含硫化合物。

萜类化合物是自然界存在较多的有机物，是花卉香气形成的重要成分，它们由若干个异戊二烯（C5）单元组成。芳香基因工程首先就是聚焦于萜类。萜类化合物的合成可分为四步：

（1）形成 C5 单元异戊二烯焦磷酸（isopentenyldiphosphates，IPP）。合成 IPP 的途径有二：一类是甲瓦龙酸（mevalonic acid，MVA）途径，主要负责倍半萜类的合成，该途径在细胞质中进行。另一类是甲基赤薛糖醇（methylerythritol）途径，该途径在质体中进行。主要负责半萜、单萜和双萜的合成。这两条途径之间经常存在着物质交换。

（2）IPP 与其双键异构体二甲基烯丙基焦磷酸醋（dimethylally diphosphate，DMAPP）在一系列烯丙基转移酶（prenyltransferases）的催化作用下，缩合成具 C10 骨架的香叶基焦磷酸（geranyl diphosphate，GPP）、具 C15 骨架的法呢基焦磷酸（farnesyl diphosphate，FPP）和具 C20 骨架的香叶基香叶基焦磷酸（geranyl geranyl diphosphate，GGPP），分别作为合成单萜、倍半萜和双萜的前体。

（3）这些中间体在属于一个大家族的一系列萜类合成酶（terpene synthases）的作用下，合成半萜、单萜、倍半萜和双萜。

（4）这些萜类化合物在细胞色素 P450 氧化酶（cytochrome P450 oxidases）、NADP/NAD 的氧化还原酶（NADP/NAD－dependentoxidoreductases）和甲基转移酶（methyl-transferase）等的作用下被氧化或甲基化进一步生成各种萜类衍生物，这些衍生物有的使原来没有香味的萜类产生了香味，有的增强或改变了原来萜类的香味。

苯型烃和苯丙烷类由肉桂酸（cinnamic acid）途径合成。该途径以草莽酸（shikimic acid）为前体，经苯丙氨酸（phenylalanine）形成反式肉桂酸（trans－cinnamicacid），苯丙氨酸解氨酶（pheammonialyase，PAL）在此过程中发挥关键作用。反式肉桂酸经过一些甲基转移酶和酰基转移酶的作用而甲基化或酰化，形成一系列的挥发性化合物，催化这些反应的酶是一些甲基转移酶和酰基转移酶。上述的每一类酶都由基因家族编码。此外，苯丙烷类物质还可以通过依赖乙酰辅酶 A 的苗氧化和不依赖于乙酰辅酶 A 的非苗氧化途径及异分支酸（isochorismate）途径减去两个 C 原子而转变为苯型烃。苯丙氨酸还可以在苯乙醛合成酶（phenylacetaldehyde synthase）的催化下直接生成苯乙醛。其他的一些香味化合物，如一些短链的醇和醛（通常为 C6～12），可通过磷脂或脂肪酸降解而产生，脂氧合酶（lipoxygenases，LOX）、过氧化氢物解离酶（hydrolperoxide lyases，HPLS）、异构酶（isomerases）和脱氢（dehydrogenases）等在此过程中发挥重要作用。挥发性含氮含硫化合物主要是由相应的氨基酸及其前体裂解生成（Goff and Klee，2006），比如经色氨酸的前体吲哚-3-甘油磷（indole-3-glycerolphosphate）裂解即可生成挥发性的吲哚。

二、香味合成酶的相关基因

Pichersky 等鉴定并分离纯化了仙女扇（Clarkia breweri）单萜挥发性物质（S）-芳樟醇的合成酶；Dudareva 等（1996）从中克隆得到了其 cDNA，这是花香相关基因克隆的第一篇报道。随后，IEMT、BEAT、SAMT、BAMT、BEBT、BSMT 和苯乙醛合成酶（phenylacetaldehyde synthase，PAAS）等花香物质形成过程中的关键酶基因从仙女扇（Clarkia breweri）、金鱼草（Antirrhinum majus）、烟草野生种（Nicotian suave 原 olens）和矮牵牛（Petunia hybrida）等植物中相继被克隆。利用功能基因组学的方法，从玫瑰中分离了 OOMT1、OOMT2、RcOMT1、RcOMT2 和 POMT 基因；从矮牵牛（Petunia hybrida）中分离到了 BAMT 的相似基因 BSMT、BPBT 和新的花香调控基因 ODORANT1。

近几年植物基因组学的发展使得有关花香代谢的研究不再局限于一、两种模式植物。Aharoni 等（2000）首次采用表达序列标签（EST）文库搜索结合植物挥发性成分谱，利用 cDNA 芯片分离了一个新的与芳香气味相关的醇酰基转移酶基因（SAAT），该酶催化草莓果实挥发性酯类物质的合成。Channe liére 等（2002）利用表达序列标签对玫瑰花中基因表达的情况进行了分析，发现了几个在花和雄蕊中特异表达与花香代谢相关的基因，为下一步的研究奠定了基础。Guterman 等（2002）用基因组学的方法研究了两种释放香气能力完全不同的四倍体玫瑰（Rosahybrida）（香气浓烈的 FC 和气味很淡的 GG）的基因表达差异，完成了 2100 个单拷贝基因的 EST 序列注释，并用基因芯片对其中一些选定克隆的表达模式进行了分析。通过对可挥发性物质的组成进行详尽的化学分析，并结合对表达同花香释放同步的一些次生代谢相关基因的鉴定，发现了一些花香合成相关的基因，并用大肠杆菌表达和酶活鉴定的方法进行了功能分析。对于脂肪酸类衍生物，Leon 等（2002）采用共抑制沉默（co－supression mediated depletion）的方法，证实马铃薯（Solanum tuberosum）LOXH1 基因编码的脂肪氧化酶（lipoxygenase，LOX）催化 C6 挥发性醛类的合成。而在拟南芥基因组全序列中已经发现了 4 个挥发性萜类合成酶基因，分别催化茁－β 罗勒烯、月桂烯、芳樟醇和石竹烯的合成，而经过广泛研究的信号分子茉莉酸甲酯合成酶基因也已被分离。

目前，有关一些萜类和酯类化合物合成的基因已被克隆，尽管对水仙香气合成途径和相关机理研究很少，但水仙中也含有一些酯类和萜类化合物，相信不久的将来能够破译水仙香气生成的密码。

参考文献

1. 蔡树木，林曙光．中国水仙花［M］．福州：福建美术出版社，2001．

2. 陈村姣，田惠桥，武剑．中国水仙与欧洲水仙品种 RAPD 指纹的研究［J］．热带亚热带植物学报：南日岛水仙，2003.11（2）：177～180．

3. 陈段芬，高志民，彭镇华．中国水仙八氢番茄红素脱氢酶基因（PDS）的克隆及表达分析［J］．分子植物育种，2008.（3）：574～578．

4. 陈段芬，高志民，彭镇华．中国水仙 NTMADS1 基因表达分析及转化拟南芥研究［J］．园艺学报，2005.36（2）：245～250．

5. 陈段芬，彭镇华，高健．中国水仙 ZDS 基因的克隆及序列分析［J］．林业科学研究，2009.22（1）：115～119．

6. 陈俊愉．中国花卉品种分类学［M］．北京：中国农业出版社，2001．

7. 陈丽萍．水仙花球的生产性栽培［J］．福建农业，2005（2）：18～19．

8. 陈心启．中国水仙考［J］．植物分类学报，1982.20（3）．

9. 陈燕贤，苏亚北．漳州水仙花新品种‘金三角’选育［J］．花木盆景：花卉园艺，2002.（11）：10～11．

10. 陈卓全，王勇进，魏孝义，等．植物挥发性气体与人类的健康安全［J］．生态环境，2004，13（3）：385～389．

11. 戴亮，杨兰苹，郭友嘉，等．漳州水仙花精油的化学成分研究［J］．色谱，1990，8（6）：377～380．

12. 高国华，张连生，傅新生，郭喜乐，王祥和．家庭花卉病虫害防治［M］．天津：天津科学技术出版社，2004，433．

13. 高健，彭镇华.^{60}Coγ 射线辐射中国水仙的细胞学诱变效应［J］．激光生物学报，2006.（2）：179～183．

14. 高健.^{60}Coγ 射线辐照中国水仙的诱变效应和机理研究［J］．北京：中国林业科学研究院博士学位论文，2000.1～4．

15. 高志民，陈段芬，李雪平，等．一个中国水仙 MADS - box 基因的克隆与分析［J］．园艺学报，2008.35（2）：295～300．

16. 管中天．森林生态研究与应用［M］．成都：四川科学技术出版社，2005.5．

17. 郭安熙，等．菊花花色辐射诱变研究［J］．核农学报，1997，11（2）：65～71．

18. 郭郛注．山海经注证［M］．北京：中国社会科学出版社，2004.5．

19. 国家林业局．中国水仙种球生产技术规程与质量等级，2005．

20. 韩建业，杨新改．五帝时代［M］．北京：学苑出版社，2006.12．

21. 何小颜．花之语［M］．北京：中国书店出版社，2008.10．

22. 何星亮．图腾与中国文化［M］．南京：凤凰出版传媒集团江苏人民出版社，2008．

23. 洪涛等．康县发现野生水仙花［N］．甘肃日报，1983.3.11．

24. 黄巧巧，冯建跃．水仙花开放期间香气组分变化的研究［J］．分析测试学报，2004，23（5）：110～113．

25. 黄胤怡，沈明山，陈亮，等．中国水仙查尔酮合酶 cDNA 的克隆及序列分析（简报）［J］．实验生物学报，2002.35（3）：195～197．

26. 金荷仙．梅、桂花文化与花香之物质基础及其对人体健康的影响［J］．北京林业大学博士学位论文，2003．

27. 金荷仙. 室内常用植物挥发物及其对甲醛吸收的初步研究[J]. 中国林业科学研究院博士后出站报告，2006.

28. 李懋学，等. 中国水仙的染色体组型和GiemsaC—带之带型研究[J]. 园艺学报，1980，7（2）：29～39.

29. 李雅志. 花卉辐射育种的成就与前景[J]. 原子能农业应用，1986，（3）：57～60.

30. 李招文，唐道一. 水仙组织培养的研究[J]. 园艺学报，1982，9（4）：65～68.

31. 林仲华. 中国水仙球茎螨类调查报告[J]. 福建热作科技，1991，2：6～12.

32. 刘朝谦. 赋之本的艺术研究[M]. 北京：中国社会科学出版社，华龄出版社，2006.4.

33. 刘毓庆. 上党神农传说与华夏文明起源[M]. 北京：人民出版社，2008.

34. 刘金. 水仙[M]. 北京：中国农业出版社，1999，86.

35. 刘开律，耿继光，张萍，郭书普，金国玲. 草本花卉病虫害防治原色图鉴[M]. 合肥：安徽科学技术出版社，2003，152.

36. 陆春芳，等. 崇明水仙组织培养技术初探[J]. 上海农业科技，2002，（6）：18～20.

37. 吕柳新，等，水仙品种资源的育种基础研究. 亚热带植物通讯，1987，（2）.

38. 吕柳新，等，水仙品种资源的育种基础研究Ⅰ——多花水仙若干品种类型的细胞学研究. 福建农学院学报，1989，（1）：18.

39. 吕柳新，等. 水仙品种资源的育种基础研究[J]. 福建农学院学报，1989，18（增刊）：347～355.

40. 南朝梁陶弘景著，王京州校注. 陶弘景集校注[M]. 上海：上海古籍出版社，2009.11.

41. 彭镇华，汪政科，孙振元. 辐射转基因水仙花育种取得突破. 中国花卉园艺，2001.（7）：30～31.

42. 清·康熙. 定海县志. 卷24. 特产篇记载.

43. 森川司郎. 越前水仙产地介绍和今后的技术对策（越前水仙产地の绍介と今後の技术の对策）. 今日の农业，1979.23，NO11114～120.

44. 山东省志编写委员会. 山东省志·文物志[M]. 北京：山东人民出版社，1996.

45. 施德勇. 奇特的水仙花[M]. 花木盆景：花卉园艺. 2003.（12）：28～28.

46. 宋·陈景沂. 全芳备祖·卷二十一花部·水仙花门[M].

47. 宋国新，余应新，王林祥，等. 香气分析技术与实例[M]. 北京：化学工业出版社，2008，327～330.

48. 孙企农，张能唐. 盆栽花卉病虫害防治[M]. 郑州：河南科学技术出版社，1991，636.

49. 谭宏姣. 古汉语植物命名研究[M]. 北京：中国社会科学出版社，2008.10.

50. 汪政科. 水仙转化系统得建立与Agamous基因的克隆及油菜素内酯应答基因鉴定与分析. 北京：中国林业科学研究院博士学位论文，2000.29～40.

51. 王瑞，张亚楠，王雅英，等. 中国水仙六倍体的诱导和染色体数目的变异（简报）[J]. 分子细胞生物学报，2007.40（3）.

52. 王瑞灿，孙企农. 园林花卉病虫害防治手册[M]. 上海：上海科学技术出版社，1999，593.

53. 翁国梁（春雪），水仙花考[M]. 中国民俗学会丛书. 1936.

54. 吴应祥. 水仙史话[M]. 世界农业，1984.3.

55. 武剑，陈林娇，谷力，等. 中国水仙的胚胎学研究[J]. 厦门大学学报（自然科学版），2005，44：112～117.

56. 武三安. 园林植物病虫害防治[J]. 北京：中国林业出版社，1993，398.

57. 向回. 杂曲歌辞与杂歌谣辞研究[J]. 北京：北京大学出版社，2009.8.

58. 谢联辉，郑洋洋，林奇英. 水仙潜隐病毒病拳原鉴定[J]. 云南农业大学学报，1990，5（1）：17～21.

59. 谢宇，唐文立. 中国古代兵器鉴赏[J]. 北京：华龄出版社，2008.10.

60. 徐公天，陆庆轩. 花卉病虫害防治图册[M]. 沈阳：辽宁科学技术出版社，1999，127.

61. 徐明慧. 花卉病虫害防治[M]. 北京：金盾出版社，1993，232.

62. 徐志华. 庭院花卉病虫害诊治图说[M]. 北京：中国林业出版社，2004，122.

63. 许荣义，叶季波. 水仙花[M]. 北京：中国农业科学技术出版社，1992.

64. 许荣义. 中国水仙资源考察初报[J]. 福建农学院学报，1987.16(2).

65. 许荣义等. 自然生长与栽培种中国水仙的切片观察[J]. 福建农学院学报，1989.13(1).

66. 严衡元，邵桂英，姜凤丽，金敏信，应格飞. 花卉病虫害防治[M]. 杭州：浙江科学技术出版社，1985，260.

67. 杨保安，等. 辐射与组培复合育成"霞光"等14个菊花新品种[J]. 河南科学，1996，(1)：57～60.

68. 杨子琦，曹华国. 园林植物病虫害防治图鉴[M]. 北京：中国林业出版社，2002，357.

69. 叶季波. 中国水仙鳞茎催花技术机理及应用研究[J]. 中国园艺文摘，2009，(7)：26～28.

70. 叶祖云. 根癌农杆菌介导F-3′, 5′H酶基因转化中国水仙的初步研究[M]. 昆明：云南大学硕士学位论文，2001.26～29.

71. 易存国. 中国古琴艺术[M]. 北京：人民音乐出版社，2003.11.

72. 尹丽蓉等. 百合转基因研究进展[J]. 生物技术通报，2005，(5)：16～19.

73. 英·大卫·伯尼(Burnie, D,)著，张扬译，王静校译. 野花[M]. 北京：中国友谊出版公司出版，2008.3.

74. 袁学军等. 水仙脱毒快繁[J]. 植物杂志，1999，(2)：28.

75. 曾荣华，陈亮. 农杆菌介导的中国水仙遗传转化体系的建立[J]. 厦门大学学报：自然科学版，2001.(40)5：1145～1146.

76. 曾荣华. 中国水仙转IPT基因的研究[J]. 厦门：厦门大学硕士学位论文，2001.32～34.

77. 詹杭伦. 唐宋赋学研究[M]. 北京：中国社会科学出版社：华龄出版社，2004：10，376.

78. 张健如，沈淑琳. 花卉植物病毒及病毒病[M]. 上海：上海科学技术出版社，1991，260.

79. 张强，田彦彦，孟月娥，等. 植物花香基因工程研究进展[J]. 基因组学与应用生物学，2009，28(1)：159～166.

80. 赵明德，吴艳萍. 盆花病虫害防治新技术[M]. 杨凌：西北农林科技大学出版社，2005，158.

81. 赵湘(字巨源)，南阳诗注[M]. 宋淳化(990～994)年间.

82. 赵月芬，等. 菊花辐射效应及利用组织培养加速突变体稳定的研究[J]. 核农学通报，1990，(5)：207～209.

83. 郑孟富，等，平阳县南麂列岛野生水仙花资源调查报告[J]. 杭州植物院通讯，1984，(3)～19.

84. 中国可持续发展林业战略研究项目组编. 中国可持续发展林业战略研究总论[M]. 北京：中国林业出版社，2002.10.

85. 周仕慧. 琴曲歌辞研究[M]. 北京：北京大学出版社，2009.8.

86. 朱天辉. 园林植物病理学[M]. 北京：中国农业出版社，2003，361.

87. 朱振民. 漳州水仙花[M]. 上海：复旦大学出版社，1991.

88. 庄晓英，卢钢，汪志平，等. 中国水仙遗传转化及离体诱变体系的研究[J]. 核农学报，2006.2(1)：32～35.

89. 邹清成，庄晓英，卢钢，等. 反义PSY基因植物表达载体的构建及其对中国水仙的转化[J]. 浙江林业科技，2006.26(3)：25～30.

90. B roert jes C. Mutation breeding in floricultura crop [J] 1Acta Horticulture，1976.

91. Carder J H, Grant C L. 2002. Breeding for resistance to basal rot in *Narcissus*. Acta – Horticulturae, (570): 255~262.

92. Fry B. M. 1975. Breeding narcissus for cut flower production// Rees A R, vanderborg H H. Acta Horticulturae 47: II International Symposium on Flower Bulbs. Littlehampton – Skegness, U K: ISHS, 173~178.

93. Gordon R. Handks. Narcissus and daffodil: The genus Narcissus[M]. CRC, London and New York: 2002.

94. HIDEOIMANISHI. Effects of an exposure of bulbs to ethylene and smoke on flowering of Narcissus tazetta Grand Soleil d'Or[J]. Scientia Horticulturae, 1983, 21(2): 173~180.

95. Natalia Dudareva, Eran Pichersky. Biochemistry of Plant Volatiles. Plant Physiology, 2004, 135(8): 1893~1902.

96. SaghiAnbari, Masoud Tohidfar, Ramin Hosseini and Rahim Haddad. Somatic Embryo genesis Induction in Narcissus papyraceus cv. Shirazi. Biotechnology, 2007, 6(4): 527~533

97. Wilfried Schwab. Biosynthesis of Plant – derived Flavor Compounds. Plant Journal, 2008, 54: 712~732.

附 录

一、唐及五代水仙诗词

丁　儒　（647～710）字学道，一字惟贤，光州固始（河南省）人。入闽，赘子渚卫将军曾氏。后历佐陈政、陈元光父子，漳洲置郡后，垂拱（685～688）年间，任佐郡承事郎，落籍漳州。

归间诗二十韵

漳北遥开郡，泉南久罢屯。

归寻初旅寓，喜作旧乡邻。

好鸟鸣檐竹，村黎爱幕臣。

土音今听贯，民俗始知淳。

烽火无传警，江山已净尘。

天开一岁暖，花发四时春。

杂卉三冬绿，嘉禾两度新。

俚歌声靡漫，秫酒味温醇。

锦苑来丹荔，清波出素鳞。

芭蕉金剖润，龙眼玉生津。[1]

蜜取花间露，柑藏树上珍。

醉宜薯蔗沥，睡稳木棉茵。

茉莉香篱落，榕阴浃里闉。

雪霜偏僻地，风景独推闽。

辞国来诸属，於兹缔六亲。

追随情语好，问馈岁时频。

相访朝和夕，浑忘越与秦。

功成在炎城，事定有闲身。

词赋聊酬和，才名任隐沦。

呼童多种植，长是此方人。

注　①"锦苑来丹荔，清波出素鳞。芭蕉金剖润，龙眼玉生津。"诗人指出漳州在唐代六七世纪间人工栽培荔枝、水仙花、香蕉、桂圆四种名贵特产。"清波出素鳞"亦是指水仙鳞茎球放在盆中水养时之情形。似乎那时已知水仙花球已有水养开花技术。这也是现在世界上唯一不需要添加任何营养剂，只要清水一碟就能培养开花花卉，而欧洲水仙花至今只能在旱地栽或盆中栽培的花卉。

来　鹏　（?～883）唐·洪州豫章（江西南昌）人，来鹄弟。家于儒子亭边，以园林自适。以诗思清丽，驰名大中、咸通（847～874）年间。后游蜀，卒于通议郎。

水仙花　二首

瑶池来宴老金家，醉倒风流萼绿华[1]。

白玉断笋金晕顶，幻成痴绝女儿花。

花盟平日不曾寒，六月曝根高处安。

待得秋残亲手种，万姬围绕雪中看。

注　①萼绿华：传说中仙女。自言是九嶷山中得道女罗郁。南朝梁·陶弘景《真诰·运象》："晋穆帝时，夜降羊权家，赠权诗一篇，火澣手巾一方，金玉条脱各一枚。"白居易《霓裳羽衣歌》："上元点鬟招绿萼，王母挥袂别飞琼。"又称绿萼华。

陈　抟　（871～989）唐末宋初著名道教学者。字图南，自号扶摇子，赐号希夷先生，称白云先生，为普州崇龛（四川安岳东）人，武当山隐居二十余年。后居华山。

咏水仙

湘君遗恨付云来，虽堕尘埃不染埃。

疑是汉家涵德殿，金芝相伴玉芝开。

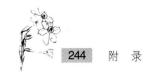

二、宋代水仙诗词

晏 殊 （991～1055）字同叔，抚州临川（江西）人。十五岁时以神童荐赐同进士出身，官翰林学士，枢密使。为相，范仲淹、孔道辅、欧阳修等皆出其门。

菩萨蛮 水仙花 二首

人人尽道黄葵淡，侬家解说黄葵艳。可喜万般宜，不劳朱粉施。摘承金盏酒，勤我千春寿。擘作女真冠，试伊娇面看。

黄梧叶下秋光晚，珍丛化出黄金盏。还似去年时，傍阑三两枝。 人情须耐久，花面长依旧。莫学蜜蜂儿，等闲悠扬飞。

李 觏 （1009～1059）字泰伯，学者称盱江先生，南城（江西）人。以教授自资，学者常数十百人。

忆钱塘江

昔年乘醉举归帆，隐隐前山日半衔。
好是满江涵返照，水仙齐着淡红衫。

韩 维 （1016～1098）字持国，开封雍丘（河南杞县）人。韩亿第三子，为翰林学士，知开封府。哲宗立，拜门下侍郎，以太子少傅致仕，封南阳郡公。

从厚卿乞移水仙花

翠叶亭亭出素房，远分奇艳自襄阳。
琴高住处元依水，青女冬来不怕霜。
异土花蹊惊独秀，同时梅援失幽香。
当年曾效封培力，应许移根近北堂。

谢到水仙二本

黄中秀外干虚通①，乃喜嘉名近帝聪。
密叶暗传深夜露，残花犹及早春风。

拒霜已失芙蓉艳，出水难留菡萏红。
多谢使君怜寂寞，许教绰约伴仙翁。

自注：①此花外白中黄，茎干虚通如葱，本生武当山谷中，土人谓之天葱。

赵 瞻 （1019～1090）字大观，盩厔（陕西周至县）人。庆历进士，授孟州司户参军，知万泉，夏县。出判汾州、开封，神宗立知同州，累迁同知枢密院事。

水 仙

花仙凌波子，乃有松柏心。
人情自弃忘，不改玉与金。

刘 攽 （1022～1089）字贡父，北宋新喻（江西新余）人。与其兄刘敞同登进士，官至中书舍人，并与司马光同修《资治通鉴》。官至中书舍人。

水仙花

早于桃李晚于梅，冰雪肌肤姑射来。
明月寒霜中夜静，素娥青女共徘徊。

徐 积 （1028～1103）字仲车，山阳（今江苏淮安）人。治平（1063）进士，神宗时因耳聩不能致仕，哲宗时近臣推荐，为楚州教授。性至孝，赐谥节孝处士。

水 仙

龙驭曾游绛水霞，回来却坐赤鲸车。
庭深正解双珠珮，莫点犀灯照我家。

韦 骧 （1033～1105）原名让，字子骏，世居衢州，父徙钱塘（杭州）。皇祐（1053）进士，官至少府监主簿，主客郎中等。

减字木兰花　水仙花

雕阑香砌。红紫妖韶何足计。争似幽芳。几朵先春蘸碧塘。

玉盘金盏。谁谓花神情有限。绰约仙姿。仿佛江皋解佩时。

钱　勰

（1034～1097）字穆父，临安（浙江）人，钱彦远子，以荫知尉氏县。奉使高丽，官至翰林学士，罢知池州卒。藏书甚富，工行草书。

水　仙

碧玉簪长生洞府，黄金杯重压银台。

黄庭坚

（1045～1105）字鲁直，号山谷道人。又号涪翁，分宁（江西修水）人。治平（1065）进士，官至起居舍人，秘书丞。与张来、晁补之、秦观并称"苏门四学士"。

王充道送水仙花五十枝
欣然会心为之作咏

凌波仙子生尘袜，水上盈盈步微月。
是谁招此断肠魂，种作寒花寄愁绝。
含香体素欲倾城，山矾是弟梅是兄。
坐对真成被花恼，出门一笑大江横。

次韵中玉水仙花　二首

淤泥解作白莲藕，粪壤能开黄玉花。
可惜国香天不管，随缘流落野人家。
借水开花自一奇，水沉为骨玉为肌。
暗香已压荼蘼倒，只此寒梅无好枝。

吴君送水仙花并二大本

折送南园粟玉花，并移香本到寒家。
何时持上玉宸殿，乞与官梅定等差。

刘帮直送早梅水仙花　四首

簸船绩缆北风嗔，霜落千林憔悴人。
欲问江南近消息，喜君贻我一枝春。

探请东皇第一机，水边风日笑横枝。
鸳鸯浮弄婵娟影，白鹭窥鱼凝不知。

得水能仙天与奇，寒香寂寞动冰肌。
仙风道骨今谁有？淡扫娥眉篸一枝。

钱塘昔闻水仙庙，荆州今见水仙花。
暗香靓色撩诗句，宜在林逋处士家。

张　耒

（1052～1114）字文潜，祖籍亳州谯县（安徽亳州），生长于楚州淮阳（江苏淮阳）。熙宁（1073）进士，为苏门四学士之一，初知润州，官至太常少卿。

赋水仙花　并序

水仙花中如金燈而加柔泽，花浅黄，而干如萱草，秋深开至来春方已，虽霜不衰，中州未尝见，一名雅蒜。

宫样鹅黄绿蒂垂，中州未省见仙姿。
只疑湘水绡机女，来伴清秋宋玉悲。

谢　薖

（1074～1116）字幼槃，号竹友，临州（江西）人，曾举进士不第。诗与兄谢逸齐名，时称"二谢"。

菩萨蛮　水仙花

相思一夜庭花发。窗前忽误生尘袜。晓起艳寒妆。雪肌生暗香。

佳人纤手摘。手与花同色。插鬓有谁宜。除非潘玉儿。

偷声木兰花　水仙花

景阳楼上钟声晓。半面啼妆匀未了。残月纷纷，斜影幽香暗断魂。　玉颜应在昭阳殿，欲向前村深夜见，冰雪肌肤，还有斑斑雪点无？

朱敦儒 (1081～1175)字希真，世称洛川先生，洛阳(河南)人。屡辞荐辟，避乱客居南雄州。绍兴初，招为迪功郎，后赐进士，累迁两浙东路提点刑狱。

促拍丑奴儿 水仙

清露湿幽香。想瑶台、无语凄凉。飘然欲去，依然如梦，云度银潢。　又是天风吹澹月，佩丁东、携手西厢。泠泠玉磬，沈沈素瑟，舞遍霓裳。

周紫芝 (1082～1155)字少隐，号竹坡居士，宣城(安徽)人。绍兴进士，官右司员外郎，知兴国军。

九江初识水仙 二首

七十诗翁鬓已华，平生未识水仙花。
如今始信黄香错，刚道山矾是一家。

天香不染麝煤烟，家近龙宫宝藏边。
世上铅华无一点，分明真是水中仙。

吕本中 (1084～1145)初名大中，世称东莱先生，寿州(今安徽寿县)人。绍兴(1135)赐进士，官中书舍人，兼侍读，权直学士院，后因忤秦桧而罢官。

水 仙 二绝

淡绿衣裳白玉肤，近人香欲透衣袄。
不嫌破屋飕飕甚，肯与寒梅作伴无。

破腊迎春开来迟，十分香是苦寒时。
小瓶尚恐无佳对，更乞江梅三四枝。

曾 几 (1084～1166)字吉甫，号茶山居士，原籍赣州(江西)。试吏部，置优等，赐上舍出身，历官浙江提刑。后迁知台州，官终礼部侍郎。

水 仙

坐令簪一枝，峨眉淡初扫。
笑弄黄金杯，连台盘拗倒。

僧慧梵 字竺卿，崇德石门(今浙江)顾氏子，嘉定(1208～1224)受戒澄寂院。

题水仙

雪骨檀心碧玉姿，抽花多在小盆池。
道人不写胭脂色，墨淡香寒著几枝。

郭 印 (约1089～约1170)晚号亦乐居士，成都双流(四川)人。二十岁入太学，肄业。政和(1115)进士，历县令，终吏部刺使。

水仙花 二首

琉璃擢干耐祁寒，玉叶金须色正鲜。
弱质先梅夸绰约，献香真是水中仙。

隆冬百卉若为留，独对冰姿不解愁。
谁插一枝云髻里，清香浑胜玉搔头。

又 和

披风擎露晓光寒，玉立霜阶照碧鲜。
谁遣翩翩离海底，宝钗交映萃群仙。

湘娥故把玉钿留，能为幽人一洗愁。
不似梅花枝千古，凋年寂寞暮江头。

陈与义 (1090～1138)字去非，号简斋，洛阳(河南)人。政和(1113)登上舍甲科，历太学博士，南渡后官兵部员外郎，终参政知事。

咏水仙花五韵

仙人缃色裳，缟衣以禂之。
青悦纷委地，独立东风时。

吹香洞庭暖，弄影清昼迟。

寂寂篱落阴，亭亭与予期。

谁知园中客，能赋会真诗。

陈朝老 字廷臣政和（福建）人，元（1110）为太学生，论事剀切。大观（1107～1110）中，以何执中为左仆射，朝老上书力谏，宣和（1125）末，复与陈东等上书，论蔡京、童贯等为六贼，被编置道州。后三诏征不起，俗称"陈三诏"。

水 仙 散句

姑射楼台簇水仙。

曾 协 （？～1173）字同季，号云庄，南丰（江西）人。曾肇之子，以荫入仕，历长兴、嵊县丞，镇江、临安通判。知吉州，改抚州，终知永州。

周知和以苏陈倡和韵赋水仙、
江梅、蜡梅三种花谨次韵

天工着意初放花，三英凛凛真一家。

镂冰点酥更团蜡，始信功深解生物。

临风却嗅心自知，粲兮粲兮哦古诗。

几年刻玉但成叶，一笑真同长康绝。

得非仙种来神山，为伴老子终朝眠。

岁寒得友不忍去，且对众香勤觅句。

鼎分风月俱可人，如陈窦刘人所君[①]

诗场战罢戢干越，尽扫色尘歌一钵。

自注：①三君事见东汉。

注：①三君事，即诗人指东汉建宁元年（168）大将军窦武、太傅陈蕃、虎贲中郎将刘淑三人谋诛宦官，事败被杀，灵帝刘宏迁窦太后于南宫。封宦官曹节、王甫等6人为列侯，另11人为关内侯。宦官益横，虐刻民众。三君，意指三个受人敬仰之人物。

周知和李粹伯一再和钵字
韵诗益工勉继元韵

道人钟情独此花，封植绝类富贵家。

毋令攀折强封蜡，精神顿减非生物。

五陵少年那得知，气使造化须新诗。

春工未遍裁云叶，但赋贡金品皆绝。

公家甥舅如玉山，清夜秉烛愁花眠。

一朝奉节公驰去，又叠阳关断肠句。

谁专此花蒋径人，公自无愧面觐君。

来诗声调转清越，谬对霜钟扣铜钵。

和翁士秀瑞香水仙 二首

蝶绕蜂团碧玉丛，紫罗囊小透香风。

自从鼻观销烦恼，疑在维摩丈室中。

正白深黄态自浓，不将红粉作华容。

却疑洛浦波心见，合向瑶台月下逢。

曾 惇 （1092～?）字宏父，南丰（江西）人，绍兴间累知台州、黄州、润州及光州。

朝中措

幽芳独秀在山林。不怕晓寒侵。应笑钱塘苏小，语娇终带吴音。

乘槎归去，云涛万顷，谁是知心？写向生绡屏上，萧然伴我寒衾。

又

绿华居处渺云深。不受一尘侵。细看宜州新句，平生才是知音。

凌波一去，平山梦断，谁是关心？惟有青天碧海，知渠夜夜孤衾。

王之道 （1093～1169）字彦猷，号相山居士，濡须（安徽无为）人，与兄之义、弟之深同登进士，累官湖南转运判官，朝奉大夫。

和张元礼水仙花 二首

素颊黄心破晓寒，叶如谖草臭如兰。

一樽坐对东风软，敢比江梅取次看。

沉水香浓昼不烟，赋花谁是饮中仙。

顾予老拙辞源涩，空想东坡万斛泉。

张 炜

（1094～?）字子昭，宋临安（今浙江杭州）人。绍兴（1148）进士。

雪窗自西陵①以新诗并水仙见惠

洛浦风流几隔年，江南重见色依然。
根从野卉同分品，香与梅花可并肩。
葩白中黄饶蕴藉，蜡梅春暖肆芳妍。
殷勤并挟新诗送，领略丰姿夜不眠。

注：①西陵：渡口名。在浙江萧山县西。本为固陵，六朝时为西陵戍。

杨无咎

（1097～1171）字补之，号逃禅老人，肖夷长者，清江（江西）人。高宗朝以秦桧故，累征不就。善书画，亦工词，人称"三绝"。

传言玉女

许永之以水仙、瑞香、黄香梅、幽兰同坐，名生四和，即席赋此。

小院春长，整整绣帘低轴。异葩幽艳，满千瓶百斛。珠钿翠珮，尘袜锦笺环簇。日烘风和，奈何芬馥。凤髓龙津，觉从前、气味俗。夜阑人醉，引春葱兢秀。只愁飞去，暗与行云相逐。月娥好在，为歌新曲。

史 浩

（1106～1194）字直翁，自号真隐居士，鄞县（今浙江宁波）人。绍兴十五年（1145）进士，官至右丞相。有《鄮峰真隐漫录》。

水仙花得看字

奇姿擅水仙，长向雪中看。
翠碧瑶簪盎，鹅黄粉袂攒。
夜阑香苒苒，风过珮珊珊。
著在冰霜里，姮娥御广寒。

李 石

（1108～1181）字知几，号方舟子，资州（四川资中）人。绍兴（1151）进士，官太学博士。不附权贵，出主石室，闽越之士万里而来，刻石者有千人。

捣练子　水仙

心自小。玉钗头。月娥飞下白蘋洲。水中仙。月下游。　江汉佩。洞庭舟。香名薄幸寄青楼。问何如？打泊浮。

王十朋

（1112～1171）字龟龄，号梅溪，温州乐清（浙江）人。绍兴（1157）进士，累官至太子詹事，龙图阁学士。

点绛唇　寒香水仙

清夜沉沉，携来深院柔枝小。俪兰开巧。雪里乘风袅。温室寒祛，旖旎仙姿早。看成好。花仙欢笑。不管年华老。

四日雪坐间有江梅水仙花因目曰三白

孤标相对楚天涯，寒不能威意自佳。
清得广平公援笔，此花真是铁心花。

右　水仙花

叶抽书带秀文房，玉表黄中耐雪霜。
得水成仙最风味，与梅为弟各芬芳。

右　梅花

不来平地只山巅，端为民贫故自怜。
未到立春犹腊月，忽成三白定丰年。

赵彦端

（1121～1175）字德庄，号介庵，涿州（河北）人。宋宗室。淳熙间，以直宝文阁知建宁府，终左司郎官。

菩萨蛮　水仙花

珮环解处妆初了，翠娥玉面金细小。葶绿本仙家，天香谁似他？芳心真耐久，度月长相守。岁晚未能忘，相期云水乡。

杨万里 （1127～1206）字廷秀，号诚斋。吉州吉水（江西）人。绍兴（1154）进士，大文豪。官秘书监兼实录院检讨官。

水仙花　二首

韵绝香仍绝，花清月未清。
天仙不行地，且借水为名。

开处谁为伴？萧然不可邻。
雪宫孤弄影，水殿四无人。

水仙花　二首

江妃虚却蕊珠宫，银汉仙人谪此中。
偶趁月明波上戏，一身冰雪舞东风。

额间拂煞御袍黄，衣上偷将月姊香。
待倩春风作媒妁，西湖嫁与水仙王。

咏千叶水仙花　并序

序曰："世以水仙为金盏银台，盖单叶者，甚似真有一酒盏，深黄而金色。至千叶水仙，其中花叶卷皱密促，一片之中，下轻黄而上淡白，如染一截者，与酒杯之状殊不相似，安得以旧日俗名辱之？要之单叶者当命以旧名，而千叶者乃真水仙云。"

薤叶葱根两不差，重葩风味独清嘉。
薄揉肪玉围金钿，细染鹅黄剩素纱。
台盏原非千叶种，丰容要是小莲花。
向来山谷相看日，知是他家是当家。

水仙花

生来弱体不禁风，匹似顿花较小丰。
脑子醲熏众香国，江妃寒损水晶宫。
银台金盏何谈俗，砚弟梅兄未品公。
寄语金华老仙伯，凌波仙子更凌空。

姜特立 （1125～1192）字邦杰，号南山老人，处州丽水（浙江）人。以父恩承袭信郎。官终庆远军节度使。工诗，意境超旷。

水　仙

六出玉盘金屈卮，青瑶丛里出花枝。
清香自信高群品，故与江梅相并时。

范成大 （1126～1193）字至能，号石湖居士。吴郡（江苏苏州）人。绍兴（1154）进士，官至礼部尚书参知政事。

次韵龚养正送水仙花

色界香尘付八还，正观不起况邪观。
花前犹有诗情在，还作凌波步月看。

瓶　花

水仙镌蜡梅，来作散花雨。
但惊醉梦醒，不辨香来处。

王　质 （1127～1189）字景文，号雪山，兴国（江西）人，绍兴进士，为太学正。孝宗时屡易相国，质上疏极论。

无月不登楼　种花

池塘生春草，梦中共、水仙相识。细拨冰绡，低沈玉骨，搅动一池寒碧。吹尽杨花，糁毡消白。却有青钱，点点如积。渐成翠，亭亭如立。　汉女江妃入侌室。擘破靓妆拥出。夜月明前，夕阳敧后，清妙世间标格。中贮琼瑶汁。才嚼破、露飞霜泣。何益。未转眼，度秋风，成陈迹。

项安世 （1129～1208）字平甫，号平庵，其先括苍（浙江丽水）人。淳熙（1175）进士，厉秘书正字，校书郎，以事被劾。

江梅水仙同赋

萧然两人高，冠珮何楚楚。
齐鲁有大臣，可敬不可侮。
东风吹百花，馀子不足数。

同为岁晚游，各不相媚妩。

君看冰雪姿，定肯学儿女。

三肃庵中人，此客难为主。

水 仙 二首

川后冰幢下碧湍，玉妃前导驾青鸾。

素罗襦下青罗带，碧玉簪头白玉丹。

小窗寒夜见冰花，骨冷魂清梦不邪。

蘑葛花头萱草树，只应常在野人家。

水仙花

意浓态远十洲人，岁晏天寒七泽滨。

奕奕云冠疑映月，傲傲翠带欲摇春。

梅稍枉为行人瘦，柳眼虚随酒市新。

林下水边风味永，弄珠谁见汉皋神。

和胡抚干水仙花韵

瑶池蓬岛旧题名，岁晚江湖得此生。

水战风摇疑体弱，雪欺霜夺见神清。

佩衿济济贤师友，兰玉诜诜好弟兄。

笞凤鞭鸾云泽畔，向人怀抱十分倾。

次韵张直阁水仙花 二首

买得名花共载归，春风满眼豫章诗。①

银台把月杯光潋，翠被凌波鞯影迟。

山鬼湘娥通系牒，梅兄礬弟绝藩篱。

我家正在江横处，一笑相看更莫疑。

贝阙珠宫日月长，青鸾白凤姿翱翔。

试烦钟子传琴操，莫向田郎问国香。②

风里翠鬟慵整顿，月中幽恨自凄凉。

鸥波万顷情何限，未羡春花占洛阳。

注：①豫章诗：意指唐·来鹏《水仙花》诗二首。②琴操：即指春秋时伯牙琴师成名之作《水仙操》。

朱 熹 （1130～1200）字元晦，一字仲晦，号晦翁，云谷老人等。祖籍徽州婺源（江西），南宋大理学家。进士，官至焕章阁待制兼侍讲。

赋水仙花

隆冬凋百卉，江梅历孤芳。

如何蓬艾底，亦有春风香。

纷敷翠羽帔，温艳白玉相。

黄冠表独立，淡然水仙妆。

弱植晚兰荪，高操摧冰霜。

湘君谢遗褋，汉水羞捐珰。

嗟彼世俗人，欲火焚衷肠。

徒知慕佳冶，讵识怀贞刚？

凄凉柏舟誓，恻怆终风章。

卓哉有遗烈①，千载不可忘。

注：①卓哉：遥远之意。

用子服韵谢水仙花

水中仙子来何处？翠袖黄冠白玉英。

报道幽人被渠恼，著诗送与老难兄。

注：子服：宋·丘膺字，建阳（今福建）人，从朱熹游，称为老友。

姚述尧 （约1130～?）字进道，嘉兴华亭人。寄籍临安钱塘人。进士。淳熙间（1174～1189）间历知鄂、信二州，后主管亳州明道宫。

如梦令 水仙

绰约冰姿无语。高步广寒深处。香露浥檀心，拟到素娥云路。仙去。仙去。莫学朝云暮雨。

又

雅淡轻盈如语。碧玉枝头娇处。钩月衬凌波，仿佛湘江烟路。凝伫。凝伫。不似梨花带雨。

张孝祥　（1132～1169）字安国，号于湖居士，历阳（安徽和县）人，进士第一，官至中书舍人、显谟阁直学士。

以水仙花供都运判院　二首

十月西湖冰齿凉，梅间松下小斋房。
幽芳靓色天为笑，落莫南来也自香。

瘴土风烟那有此，却疑姑射是前身。
冰肌玉骨谁消得？付与霜台衣绣人。

再　和

雪屋因君发妙思，作歌好比汉芝房。
根尘已证清净慧，鼻观仍熏知见香。
玉壶寒露映真色，雾阁云窗立半身。
可但凌波学仙子，绝怜空谷有佳人。

水　仙

净色只应撩处士，国香今不落民家。
江城望断春消息，故遣诗人咏此花。

樊汉炳　（约1132～?）蜀人，进士，累官左迪功郎，合州赤水县主簿，仕至尚书。

奉和冯使君　水仙花

天仙下寓人世间，爱欲都忘祇爱山。
更响冯仙问陈迹，烟萝深处勇跻攀。
此山胜处非人境，长有烟云拨不开。
信是天公悭绝胜，晴曦端为使君来。
披露已谐平日志，开云须信大贤能。
只余天道终堪倚，不问人间爱与憎。

喻良能　（约1132～?）字叔奇，号香山，义乌（浙江）人。进士，补广德慰，历迁工部侍郎，太常侍丞，出知处州，寻以朝清大夫致仕。

种水仙醝醿

醝醿水仙皆玉英，请借汝南言以评。

水仙内润叔慈似，醝醿外朗似慈明。

葛天民　字无怀，越州山阴（浙江绍兴）人，徙台州黄岩，初为僧，名义铦，字朴翁。与姜夔（1155～1221）等多有唱和。

水　仙

玉润金寒窈窕身，翩翩翠袖挽青春。
水晶宫里神仙女，香醉山中得道人。
朔雪几回埋不死，南州一出净无尘。
朴翁老矣谁同调，相对无言意转亲。

高文虎　（约1135～?）字炳如，一云炳儒，宋鄞（浙江宁波）人。进士，历任吴兴主簿，太学博士，官至华文阁学士，建宁府知。

水　仙

朝朝暮暮泣阳台，愁绝冰魂水一杯。
巫峡云深迷昨梦，潇湘雪重写余哀。
菊如相得无先意，梅亦倾心敢后开。
恼彻会心黄太史，他花从此不须栽。

陈傅良　（1137～1203）字君举，号止斋，温州瑞安（浙江）人。

水仙花

江梅丈人行，岁寒固天姿。
蜡梅微着色，标致亦背时。
胡然此柔嘉，支本仅自持。
廼以平地尺，气与松篁夷。
猝然金玉相，承以翠羽仪。
独立万橅中，冰胶雪垂垂。
水仙谁强名，相宜未相知。
刻画近脂粉，而况山谷诗。
吾闻抱太和，未易形似窥。
当其自英华，造物且霉威。
平生恨刚褊，未老齿发衰。

掇花置胆瓶，吾今得吾师。

王千秋 字锡老，号审斋，东平(山东)人。孝宗(1163～1189)时流寓金陵。

念奴娇　水仙

开花借水，信天姿高胜，都无俗格。玉陇娟娟黄点小，依约西湖清魄。绿带垂腰，碧簪篸髻，索句撩元白。西清微笑，为渠模写香色。

常记月底风前，水沈肌骨，瘦不禁怜惜。生怕因循纷委地，仙去难寻踪迹。缥槛深栽，彤帏密护，不肯轻抛释。等差休问，未容梅品悬隔。

楼　钥 (1137～1213)字大防，自号攻媿主义。进士，调温州教授，以书状官，从汪大猷使金。

咏蜡梅　水仙

二姝巧笑出兰房，玉质檀姿各自芳。
品格雅称仙子态，精神疑著道家黄。
宓妃漫说凌波步，汉殿徒翻半额妆。
一味真香清且绝，明窗相对古冠裳。

王　炎 (1138～1218)字晦叔，号双溪，婺源(江西)人。进士。官至太学博士，著作佐郎，与朱熹交谊颇笃。

朝中措　九月末水仙开

蔷薇露染玉肌肤。欲试缕金衣。一种出尘态度，偏宜月伴风随。初疑邂逅，湘妃洛女，似是还非。只恐乘云轻举。翩然飞度瑶池。

杨冠卿 (1138～1218)字梦锡，江陵(湖北)人，侨寓临安。尝举进士，出知广州，以事罢归。

生查子　忠甫持梅水仙砑笺索词

消瘦不胜寒，独立江南路。罗袜暗生尘，不见凌波步。兰佩解鸣珰，往事凭谁诉。一纸彩云笺，好寄青鸾去。

赵长卿 (1138～1218)自号仙源居士，宋代涿州(河北)人，迁居南丰(江西)。

惜奴娇　赋水仙花

洛浦娇魂，恐得到、人间少。把风流、分付花貌。六出精神，腊寒射、香试到。清秀，与江梅、争相先后。　薝葡粗疏①，怎似妖娆体调。比山矾、也应错道。最是殷勤，捧出金盏银台笑。拚了，仙源与、奇葩醉倒。

注：①薝葡：花名。梵语。义译为郁金花。唐段成式《西阳杂俎》十八广动植木："陶贞白(宏景)言：'栀子剪花六出，刻房七道，其花甚香，相传即西域薝葡花也。'旧以薝葡为栀子，非也。"

袁说友 (1140～1204)字起岩，号东塘居士，建安(福建建瓯)人。进士，官至同知枢密院，参知政事，四川安抚使。

江行得水仙花

彻底清姿秀可餐，柔枝不怯胆瓶寒。
三星细滴黄金盏，六出分成白玉盘。
是物合陪仙子供，何人遣傍客舟看。
山矾似俗梅偏瘦，别与诗人较二难。

辛弃疾 (1140～1207)字坦夫，改字幼安，号和家轩，齐州历城(山东济南)。曾参加抗金义军，不久即归南宋，有众多抗金著名诗词。历官湖北，福建，浙东安抚使等职。

贺新郎　赋水仙

云卧衣裳冷。看萧然、风前月下，水边

幽影。罗袜尘生凌波去，汤沐烟江万顷。爱一点、娇黄成晕。不记相逢曾解佩，甚多情、为我香成阵。待和泪，收残粉。　灵均千古怀沙恨。记当时匆匆，忘把此仙题品。烟雨凄迷偎恁损，翠袂摇摇谁整？谩写入，瑶琴幽愤。弦断招魂无人赋，但金杯的皪银台润。愁骤酒，又独醒。

徐似道　（1140～?）字渊子，号竹所，又号竹隐。台州黄岩（浙江）人。进士，官至朝散大夫，江西提点刑狱。

水仙花　二首

天然初不事铅华，此是无尘有韵花。
翠带诇容萦俗客，金杯只合劝诗家。

林下清风自一家，稍亲梅竹近兰芽。
只缘羞与凡花伍，移植名园不肯花。

水仙散句

晓风洛浦凌波际，夜月江皋解佩时。

许及之　（?～1209）字深甫，号涉斋。永嘉（浙江温州）人。进士，官至同知枢密院事。

水　仙

璧琮行洛佩，雨约过阳台。
正使枝难好，风标故似梅。

许开　（约1140～?）字仲企，丹徒（江苏镇江）人。进士，官至中奉大夫，提举武夷冲祐观，知漳州。

水仙花

定州红花瓷，瑰石艺灵苗。
芳葩苗水仙，厥名为玉霄。
适从闽越来，绿绶拥翠条。
十花冒其颠，一一振鹭翘。
粉蕤间黄白，清香从风飘。
回首天台山，更识胆瓶蕉。

曾丰　（1142～1224）字幼度，号撙斋，乐安（江西）人。进士，官德庆知府。

谭贺州勉赋水仙花　四绝

会逢青帝欲回春，先与梅花清路尘。
自别其衣黄一点，示吾不敢与兄均。

与水相蒸暖盎春，湘妃洛女是前身。
乘风香气凌波影，挑弄眠冰立雪人。

玉女琼姬暂谪居，水中无可与为徒。
莲花固与六郎似，贞女终轻贱丈夫。

高固难为太素容，卑还恶紫又羞红。
柔黄软白交相炫，色一归于正与中。

叶子强　（约1145～?）字自强，缙云（浙江）人。淳熙（1176）知昆山县。工诗。

奉赋水仙花诗以谢提宫龚丈之贶

水晶宫阙云母軿，列仙夜宴晓未阑。
万妃倚竹翠袖寒，捧黄金杯白玉盘。
劝酬未足云中欢，天门叫班奏祥鸾。
惊此绰约落尘寰，嫣然花面明雕栏。
天香宫态冰雪颜，江梅避舍不敢干。
肯与哙伍羞山矾①，说似诗伯平章看。

注：①哙伍：平庸之辈。典出《史记·淮阴侯列传》："信尝过樊将哙，哙跪拜送迎，言称臣……信出门，笑曰：'生乃与哙等为伍！'"韩信意为鄙视樊哙，不屑与他为伍。

沈端节　字约之，号克斋。吴兴（浙江）人。淳熙（1174～1189）中，官朝散大夫。

念奴娇 水仙花

洛妃汉女，护春寒、不惜鲛绡重叠。拾翠江边烟澹澹，交影参差胧月。秦虢相将，英娥接武，同宴瑶池雪。层冰连璧，个中谁敢优劣。　著意晕粉饶酥，韵多香腻，都与群花别。娟秀敷腴索笑处，玉脸微生娇靥。羞损南枝，映翻绿萼，不数黄千叶，形容不尽，细看一倍清绝。

高观国　（约1150~?）字宾王，山阴（浙江绍兴）人。进士，累官知岳州。工词，为南宋十杰之一。

菩萨蛮 咏双心水仙

云娇雪嫩差相奇。凌波共酌春风醉。的皪玉台寒。肯教金盏单。　只疑双蝶梦。翠袖和香拥。香外有鸳鸯。风流烟水乡。

浣溪沙 水仙

魂是湘云骨是兰。春风冰玉注芳颜。谁招仙子在人间。溅水裙儿香雾皱，唾花衫子碧云寒。洞箫声绝却骖鸾。

昭君怨 题春波独载图

一棹莫愁烟艇，飞破玉壶清影。水溅粉绡寒。渺云鬟。不肯凌波微步，却载春愁归去。风澹楚魂惊。隔瑶京。

金人捧露盘 水仙花

梦湘云，吟湘月，吊湘灵。有谁见、罗袜尘生。凌波步弱，背人羞整六铢轻。娉娉袅袅，晕娇黄、玉色轻明。　香心静，波心冷，琴心怨，客心惊。怕珮解，却返瑶京。杯擎清露，醉春兰友与梅兄。苍烟万顷，断肠是、雪冷江清。

马子严　（约1150~?）字庄父，号古洲居士，建安（福建）人。进士，累官至岳

州知州。工诗词，辞意精深。

天仙子 水仙花

白玉为台金作盏，香是红梅名阆苑。年时把酒对君歌，歌不断，杯无算，花月当楼人意满。　翘戴一枝蝉影乱，乐事且随人意换。西楼回首月明中，花已绽，人何远，可惜国香天不管。

张 镃　（1153~1212）字功甫，号亦庵，约斋，临安（浙江杭州）人，先世居成纪（甘肃天水）。官至奉议郎，直秘阁。善画竹石枯木。

失调名 水仙

峨翠鬟珮明珂，度纹波。亲到洞庭曾入梦，听云和。香随月影来过。无尘土，敢琬弓罗。正似梦时风韵，更娇多。

陈 淳　（1153~1217）字安卿，号北溪，龙溪（福建漳州）人。尝从朱熹游，得其赞誉。嘉定（1208~1224）中授安溪主簿，未赴任而卒。

水 仙

玉面婵娟小，檀心馥郁多。
盈盈仙骨在，端欲去凌波。

荒圃淑气回，寒柯发光泽。
下有白玉花，玲珑映深碧。

徐 玑　（1162~1214）字文渊，号灵渊。温州永嘉（浙江）人。历官知县，由武当令改长泰令，未赴。工诗，与赵师秀、翁卷、徐熙并称永嘉四灵。

水 仙

至今寒花种，清彻莹心神。

薤叶秀且耸，兰香细而幽。

释居简　（1164～1246）字敬叟，号北礀，潼川（四川三台）人。俗姓龙。依邑之福广院圆澄得度，后居临安（杭州）之飞来峰北礀十年，晚居天台寺。

水　仙

矮丛傍砌小成阴，冻彻敷腴谢水沉。
细著鲜风扶弱干，腾将零露酌芳心。
华裙冉冉低香绶，柔玉稜稜衬嫩金。
弱水绕山三万里，断魂长记碧萧森。

题水墨萱草水仙

草欲忘忧蔓更滋，望云长在蜀天西。
萧萧风木添新恨，膳录精神答噬脐。
绿玉纤扶水玉腴，华风披拂度华裙。
却从坏色衣中赋，不把高情诧子虚。

趣徐无竞作水仙

抱独贫如我，飘然更我怜。
亲思文度瘦，妇笑伯鸾颠。
混混污成俗，瞳瞳碧虚天。
肯移罗袜步，荐菊些林仙。

淡墨水仙栀子

烁石流金记曝根，古壶疏插煮泉温。
翠扶柔玉春无力，独与华风伴月痕。
六萼敷腴透玉明，六柎垂实趁秋零。
众香醖藉须弹压，笑挽凌波赋鹈鸪。

题水仙　梨花菊蒲栀子（五首选五）

澄鲜无地著楼居，自惜娉婷镜碧虚。
青女不知华玉煖，绿扶绰约翠霞裙①。
自注：水仙。

石罅水仙

缁云浅拂衬中单，苏石蒙茸伴月寒。
欲与南枝分伯仲，为兄恐自季方难。

卢祖皋　（1174～1224）字申之，又字次夔，号蒲江，永嘉（浙江温州）人。进士，官至著作郎兼权司封郎官。

卜算子　水仙

珮解洛波遥，弦冷湘江渺。月底盈盈误不归，独立风尘表。窗绮护幽妍，瓶玉扶轻褭。别后知谁语素心，寂寞山寒峭。

郑清之　（1176～1252）字德源，号安晚，庆元府鄞县（浙江鄞县）人。进士，官至右丞相兼枢密使、左丞相。

水仙散句

玉昆相倚带仙风，壁立春前万卉空。

魏了翁　（1178～1233）字华父，号鹤山，邛州蒲江（属四川）人。庆元五年（1199）进士，以校书郎出知嘉定府，筑鹤山书院讲学，终除知绍兴府、浙东安抚使。

清平乐
即席和李参政壁白笑花

蓝天种玉，为我酬清供。香靥冰肌犹怕重，更倩留仙群俸。看花美倩偏工，举花消息方浓。此笑知谁领解，无言倚东风。

林正大　字敬之，号随庵。永嘉（浙江温州）人，开禧年间（1205～1207）为严州学官。

括朝中措　水仙花并序

序：山谷水仙花：凌波仙子生尘袜，水上轻盈步微月。是谁招此断肠魂，种作寒花寄愁绝。含香体素欲倾城，山矾是弟梅是兄。坐对真成被花恼，出门一笑大江横。

凌波仙子袜生尘，水上步轻盈。种作寒花绝，断肠谁与招魂？　天教付与，含香体素，倾国倾城。寂寞岁寒为伴，藉他矾弟梅兄。

智　愚　（1185～1269）号虚堂，俗姓陈，四明象山（宁波）人。十六岁出家，景定（1264）受诏住临安府净慈、报恩、光孝等寺。

水　仙

芳心尘外洁，道韵雪中香。

自是神仙骨，何劳更洗妆。

刘克庄　（1187～1269）初名灼，字潜夫，号后村居士，莆田（福建）人，特赐同进士出身。官秘书少监兼中书舍人。累官至龙图阁直学士。

水仙花

岁华摇落物萧然，一种清风绝可怜。

不许淤泥侵皓素，全凭风露发幽妍。

骚魂洒落沉湘客，玉色依稀捉月仙。

却笑涪翁太脂粉，误将高雅匹婵娟。

赵以夫　（1189～1256）宋宗室，字用父，号虚斋。寓居长乐（福建）。进士，历知邵武军，漳州，皆有治绩，官至吏部尚书兼侍读。诏为刘克庄同纂修国史。

金盏子　水仙

得水能仙，似汉皋遗珮，碧波涵月。蓝玉暖生烟，称缟袂黄冠，素姿芳洁。亭亭独立风前，照冰壶澄彻。当时事，琴心妙处谁传？顿成愁绝。　六出自天然，更一味清香浑胜雪。西湖秋菊寒泉，似坡老风流，至今人说。殷勤折伴梅边，听玉龙吹裂。丁宁道，百年兄弟，相看晚节！

释元肇　（1189～1257）字圣徒，号淮海，通州静海（江苏南通）人，俗姓潘，历住吴城双塔，金陵清凉，天台万年，苏之万寿，永嘉江心，杭之净慈，灵隐等寺。

水　仙

仙家遗种玉，岁晚发幽香。

露重金杯侧，天寒翠袖长。

神犹步洛妃，梦不到高唐。

待到春风觉，游蜂空断肠。

李　弅　（1194～?）字和父，号雪林。祖籍笠泽（山东）。家吴兴（浙江）。仿元白歌诗，淡于仕进，年登耄期。

水仙花

袜罗尘冷不胜嚬，更向东风占尽春。

三十六湾明月下，女冠逢著谪仙人。

赵孟坚　（1199～1295）字子固，号彝斋居士，海盐（浙江）人。宋宗室，进士，累官翰林学士承旨。宋亡，隐居秀州。善画工诗文。

自题水仙图

自欣分得楷山邑，地近钱清易买花。

堆案文书难鞅掌，簪瓶金玉且奢华。

酒边已爱香风度，烛下犹怜舞影斜。

砚弟梅兄来次第，搅春热闹令君家。

临江仙　水仙花

道雪无香都不是，峭寒一点春融。昨宵烟月水涵空，粉肥略带影，绿弱不禁风。遥与碧窗人似玉，檀心深锁重重。倚阑初日照惺憁，春织珠串坠，仙袂素罗松。

吴文英　（1200～1260）字君特，号梦窗，庆元（浙江宁波）人。工词。

花犯　郭希道送水仙索赋

小娉婷，清铅素靥，蜂黄暗媮晕。翠翘敧鬓。昨夜冷中庭，月下相认。睡浓更苦凄风紧。惊回心未稳。送晓色、一壶葱茜，才知花梦准。　湘娥化作此幽芳，凌波路，古岸云沙遗恨。临砌影，寒香乱、冻梅藏韵。熏炉畔、旋移傍枕，还又见、玉人垂绀鬓。料唤赏，清华池馆，台杯须满引。

夜游宫

竹窗听雨，生久隐几就睡。既觉，见水仙娟娟于灯影中。

窗外捎溪雨响，映窗里，嚼花灯冷。浑似潇湘系孤艇，见幽仙，步凌波，月边影。

香苦欺寒劲，牵梦绕、沧涛千顷。梦觉新愁旧风景，绀云敧，玉骚斜，酒初醒。

燕归梁　书水仙扇

白玉搔头坠髻松。怯冷翠裙重。当时离珮解丁东。澹云低，暮江空。　青丝结带鸳鸯盏，岁华晚，又相逢。绿晨湘水避春风，步归来，月宫中。

声声慢

友人以梅、兰、瑞香、水仙供客，曰四香，分韵得风字。

云深山坞，烟冷江皋，人生未易相逢。一笑灯前，钗行两两春容。清芳夜争真态，引生香、撩乱东风。探花手，兴安排金屋，懊恼司空。　憔悴敧翘委珮，恨玉奴销瘦，飞趁轻鸿。试问知心，尊前谁最情浓？连呼紫云伴醉，小丁香、才吐微红。还解语，待携归，行雨梦中。

凄凉犯　重台水仙

空江浪阔。清尘凝、层层刻碎冰叶。水边照影，华裾曳翠，露搔泪湿。湘烟暮合。罗尘袜、凌波半涉。怕临风、寒欺瘦骨，护冷素衣叠。　樊姝玉奴恨，小钿疏唇，洗妆轻怯，汜人最苦。粉痕深，几重愁靥。花隑香浓，猛熏透，霜绡细摺。倚瑶台，十二金钱晕半揾。

张　榘　（约 1205 ~ ?）字方叔，号芸窗，南徐（江苏镇江）人。南宋端平（1234）为建康府观察推官。淳祐中为句容令，宝祐间仕至参议官。

题赵子固水仙图

紫府川妃夜宴还，玉盘金椀落人间。
香肌不受缁尘污，依约风前响珮环。

释文珦　（1210 ~ ?）字叔向，自号潜山老叟，于潜（浙江临安）人。早岁出家，终年八十余。

墨水仙

二妃泣苍梧，泪多衣袂黑。
犹似不忘君，垂头情脉脉。

萧阜水仙花

江妃楚楚大江湄，玉冷金寒醉不归。
待得天风吹梦醒，露香清透绿云衣。

林　洪　字龙发，号可山，泉州（福建）人，自称林逋七世孙。淳祐（1241 ~ 1252）以诗知名。

水　仙

清真处子面，刚烈丈夫心。
翠带拖云舞，金卮照雪斟。
苦吟吟不得，移入伯牙琴。

舒岳祥　（1219 ~ 1298）字舜侯，宁海（浙江）人。宝祐（1254）进士，官至承直郎。宋亡后，居奉化阆风里，时称阆风先生。

赋水仙花

冷淡不生桃李径，只将素艳伴红梅。
冰清玉润檀心炯，日暮天寒翠袖回。
似倚兰舟并桂楫，羞称金盏共银台。
谁将六出天花种？移向人间妙夺胎。

陈允平 （? ～1325）字君衡，号西麓。庆元府奉化(浙江)人。淳祐(1275)时，授沿海制置司参议官。与吴文英、翁元龙齐名。

酹江月赋　水仙

汉江露冷，是谁将瑶瑟，弹向云中？一曲清冷声渐香，月高人在珠宫。晕额黄轻，涂腮粉艳，罗带织青葱。天香吹散，珮环犹自丁东。　回首杜若汀洲，金钿玉镜，何日得相逢？独立飘飘烟浪远，袜尘羞溅春红。渺渺予怀，迢迢良夜，三十六陂风。九嶷何处？断云飞度千峰。

周　密 （1231～1298）字公谨，号草窗，祖籍济南(山东)，随曾祖南渡后，居湖州(浙江)。曾任义乌令，宋亡，不仕，后流寓杭州。

绣鸾凤花犯　赋水仙

楚江湄，湘娥乍见，无言洒清泪。淡然春意。空独倚东风，芳思谁寄？凌波路冷秋无际，香云随步起。谩记得，汉宫仙掌，亭亭明月底。　冰弦写怨、更多情，骚人恨，枉赋芳兰幽芷。春思远，谁叹赏、国香风味？相将共、岁寒伴侣。小窗净，沈烟熏翠袂。幽梦觉、涓涓清露，一枝灯影里。

声声慢

逃禅作梅、瑞香、水仙，字之曰三香。

瑶台月冷，珮渚烟深，相逢共话凄凉。曳雪牵云，一般淡雅梳妆，樊姬岁寒旧约。喜玉儿，不负萧郎。临水镜，看清铅素靥，真态生香。　长记湘皋春晓，仙路回，冰钿翠带交相。满引台杯，休待怨笛吟商。凌波又归甚处？问兰昌，何似唐昌。春梦好、倩东风，留住琐窗。

夷则商国香慢　赋子固凌波图

玉润金明。记曲屏小几，剪叶移根。经年汜人重见，瘦影娉婷。雨带风襟零乱，步云冷，鹅笙吹春。相逢旧京洛，素靥尘缁，仙掌霜凝。　国香流落恨，正冰销翠薄，谁念遗簪？水天空远，应念砚弟梅兄。渺渺鱼波望极，五十弦、愁满湘云。凄凉耿无语，梦入东风，雪尽江清。

赵　溍 字元晋，号冰壶，衡山(湖南)人。咸淳(1265～1275)中，知建宁府，迁沿江制置使知建康府，德祐(1275)元兵至，弃城遁。

吴山青　水仙

金璞明，玉璞明，小小杯柈翠袖擎。满将春色盛。

仙珮鸣，玉珮鸣，雪月花中过洞庭。此时人独清。

王沂孙 （1240～1290）字圣与，号碧山、一号中仙、又号玉笥山人。会稽(浙江绍兴)人，工诗词，与周密(1232～1298)唐珏等唱和。

庆宫春　水仙花

明玉擎金，纤罗飘带，为君起舞回雪。柔影参差，幽芳零乱，翠围腰瘦一捻。岁华相误，记前度、湘皋怨别。哀弦重听，都是凄凉，未须弹彻。　国香到此谁怜？烟冷沙昏，顿成愁绝。花恼难禁，酒销欲尽，门外冰澌初结。试招仙魄，怕今夜、瑶簪冻折。携盘独出，空想咸阳，故宫落月。

张伯淳 （1242～约1308）字师道，崇德(浙江桐乡)人。咸淳(1265～1274)进士，擢太学录。元代至元(1335～1340)中，被荐授翰林院直学士，官至侍讲学士。

题赵子固水仙图

裙长带袅寒偏耐，玉质金相密更奇。

见画如花花似画，西兴渡口晚晴时。

董嗣杲　又名思德，字明德，号静传，宋临安（杭州）人。咸淳十年（1274）曾官武康令，宋亡，入山为道士，改名思学，字无益。

水仙庙　　并序

在水月园西，庙创梁大同年间，号钱塘湖龙君庙。钱氏继请额，穸碑尚存。乾道中重建。宝庆间郡守别建苏堤上，乃谓旧庙"视湖邈焉，牵连遇就"之说，梁大同时，今几传矣。

云翘雨佩有遗仙，香火宁随世代迁。

庙始大同年纪著，额颁乾化敕碑镌。

凤闲露辇荒瑶草，龙湿秋衣剪玉莲。

隄上创新谁述记？却无门外一泓泉。

寒泉　　并序

与水仙庙相对，东坡诗云："不然配食水仙王，一盏寒泉荐秋菊。"谓和靖也。井上有亭，咸淳中增建，重揭《寒泉》二字。

照胆寒泓复有亭，此泉曾入老坡评。

八诗最得吟梅苦，一盏能消荐菊清。

不拜韬光征士诏，却传配食水仙名。

银床响绝无人汲，墓在孤山木自荣。

张　炎　（1248～1320）字叔夏，号玉田，本成纪人，家于临安（浙江杭州）。宋亡，潜迹不仕，纵游浙东西，落拓以终。

浣溪沙　写墨水仙二纸寄曾心传

昨夜蓝田采玉游。向阳瑶草带花收。如今风雨不须愁。　　零露依稀倾鏊落[1]。碎琼重叠缀搔头。白云黄鹤思悠悠。

又

半面妆凝镜里春。同心带舞掌中身。因沾弱水褪精神。　　冷艳喜寻梅共笑，枯香羞与佩同纫。湘皋犹有未归人。

注：①鏊落：以镌镂金银为饰的酒盏。白居易《送春》诗："银花鏊落从君劝，今宵琵琶为我弹。"

清平乐　题墨仙双清图

丹丘瑶草，不许秋风扫。记得对花曾被恼，犹似前时春好。

湘皋闲立双清，相看波冷无声。独说长生未老，不知老却梅兄。

浪淘沙　余书墨水仙并题其上

回首欲婆娑，淡扫修蛾。盈盈不语奈情何？应恨梅兄砚弟远，云隔山阿。　　弱水夜寒多，带月曾过，羽衣飞过染余波。白鹤难招归未得，天阔星河。

西江月　题墨水仙

缥缈波明洛浦，依稀玉立湘皋。独将兰蕙入离骚，不识山中瑶草。　　月照英翘楚楚，江空醉魄陶陶。犹疑颜色尚清高，一笑出门春老。

临江仙

甲寅秋，寓吴，作墨水仙为处梅吟边清玩。时余年六十有七，看花雾中，不过戏纵笔墨，观者出门一笑可也。

翦翦春冰出万壑，和春带出芳丛。谁分弱水洗尘红？低回金巨罗，约略玉玲珑。　　昨夜洞庭云一片，朗吟飞过天风。戏将瑶草散虚空。灵根何处觅？只在此山中。

西江月　作墨水仙寄张伯雨

落落奇花未吐，离离瑶草偏幽。蓬山元是不知秋，却笑人间春瘦。　　潇洒寒犀尘尾，玲珑润玉搔头，半窗晴日水痕收。不怕杜鹃啼后。

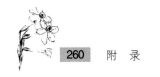

浪淘沙　作墨水仙寄张伯雨

香雾湿云鬟，蕊珮珊珊。酒醒微步晚波寒，金鼎尚存丹已化，雪冷虚坛。　游冶未知还，鹤怨空山，潇湘无梦绕丛兰。碧海茫茫归不去，却在人间。

刘将孙　（1257～1302）字尚友，号养吾斋，庐陵（江西吉安）人，宋末（1279）进士，尝为延平教官，临汀书院山长。

江城子　和赵子昂题水仙花卷

雪涛白凤贺瑶池。仗葳蕤，路芳菲。十月温汤，赐浴卸罗衣。半点檀心天一笑，琼奴弱，玉环肥。　风流谁合婿金闺？露将晞，雪争晖。贝阙珠宫，环佩月中归。误杀洛滨狂子建，情脉脉、恨依依。

杨泽民　宋抚州乐安人，有《和清真词》，时人合周邦彦（1056～1121）方千里词刻之号《三英集》。

浣溪沙　水仙

仙子何年下太空？凌波微步笑芙蓉。水风残月助惺忪。砚弟梅兄都在眼，银台金盏正当胸。为伊一醉酒颜红。

赵闻礼　宋德祐时人，字立之，号钓月，书室名钓月轩，临濮（山东鄄城）人。

水龙吟　水仙花

几年埋玉蓝田，绿云翠水烘春暖。衣薰麝馥，袜罗尘沁，凌波步浅。钿碧搔头，腻黄冰脑，参差难翦。乍声沈素瑟，天风珮冷，蹁跹舞，霓裳遍。　湘浦盈盈月满，抱相思、夜寒肠断。含香有恨，招魂无路，瑶琴写怨。幽韵凄凉，暮江空渺，数峰清远。粲迎风一笑，持花醉酒，结南枝伴。

王　镃　字介翁，平昌（浙江遂昌）人，曾官金溪尉，1279 年前后在世。宋亡，遁迹为道士，所居名曰"月洞"。

水　仙

银台香露洗金卮，玉佩飘飘醉欲飞。
想是龙宫春宴罢，凌波归早湿绡衣。

黄　庚　字星甫，号天台山人，天台（浙江）人。入元后尝客山阴以游幕、教馆为生，与林景熙（1242～1310）等多有交往。

水仙花

冰魂月魄水精神，翠袂凌波湿楚云。
雪后清闲谁是侣，汨罗江上伴湘君。

徐月溪　宋人。

水　仙

砚弟坠小白，梅兄怜老菑。
仲氏似白眉，表表金玉相。

徐敏中　宋人。

水　仙

赠以金琅玕，捧以白玉人。
酌醴动芳气，妙与兰苣纫。

僧　辉　号船窗，为宋僧。

水仙花

如闻交珮解，疑是浴妃来。
朔吹欺罗袖，朝霜滋玉台。

水　仙

极知今世无曹植，称得陈玄记洛神。
弱水蓬莱归不得，梅花相与伴春寒。

游寒岩　宋人。

水仙花 二首

金玉其相一雨花，遐心空为尔兴差。
山矾不用来修敬，只许江梅共一家。

黄琮白璧缀幽花，珍重高人为叹嗟。
织女横河溪月堕，杯盘狼藉水仙家。

无名氏 宋人。

南柯子 水仙

翠袖熏龙脑，乌云映玉台。春葱一簇荐

金杯。曾记西楼同醉、角声催。 袅袅凌波
浅，深深步月来。隔纱微笑恐郎猜，素艳浓
香依旧、去年开。

无名氏 宋人。

水 仙

琴中此操淡而古，花中此名清而高。
金盏银台天下俗，谁以奴仆命离骚。

三、元朝水仙诗词

韩 玉 （？～1211）字温浦，金蓟州
渔阳（天津蓟县）人。金明昌（1190～1195）
进士，入翰林应奉，大安时为凤翔判官，灭
夏人于北源，后反因功受累，入狱冤死。

贺新郎 赋水仙

绰约人如玉。试新妆、娇黄半绿，汉宫
匀注。倚傍小栏闲竚立，翠带风前似舞。记
洛浦、当年俦侣。罗袜尘生香冉冉，料征
鸿、微步凌波女。惊梦断，楚江曲。 春工
若见应为主。忍教都、闲亭邃馆，冷风凄
雨。待把此花都折取，和泪连香寄与。须信
道、离情如许。烟水茫茫斜照里，是骚人、
《九辩》《招魂》处。千古恨，与谁语？

商 挺 （1209～1289）字孟卿，号左
山，曹州济阴（山东）人。其先本姓殷氏，
避宋讳改。元累官至中书参知政事，枢密副
使，率封鲁国公。

水仙花 二首

海上三山璧月明，人间谁识许飞琼。
秋风吹上青鸾背，未散天香与素英。

明月珠衣翡翠裳，冰肌玉骨自清凉。
不随王母瑶池去，来侍维摩病几傍。

白 樸 （1226～1307）本名桓，字仁
甫，号兰谷，澳州（山西河曲）人，徙家金
陵。与关汉卿、马致远、郑老祖并称元曲四
大家。

清平乐 咏水仙花

玉肌消瘦，微骨熏香透。不是银台金盏
酒，愁煞天寒翠袖。 遗珠怅望江皋，饮浆
梦到蓝桥。露下风清月惨，相思魂断谁招？

钱 选 （1235～1300）字舜举，号玉
潭，习懒翁，吴兴（浙江湖州）人。乡贡进
士，入元不仕。工画人物山水花鸟，元初与
赵孟頫等被称为"吴兴八俊"之一，以诗画
为终。

水仙花图

帝子不沈湘，亭亭绝世妆。
晓烟横薄袂，秋濑韵明珰。
洛浦应求友，姚家合让王。

殷勤归水部，雅意在分香。

仇 远 （1247～1326）字仁近，又字
仁父，号山村民，钱塘（浙江杭州）人。居余
杭溪山之仇山。宋末与白廷齐名。世称"仇
白"。元初（1305年）曾为溧阳州儒学教授。

题赵子固水墨双钩水仙卷

冰薄沙昏短草枯，采香人远隔湘湖。
谁留夜月群仙佩，绝胜秋风九畹图。
白粲铜盘倾沉瀣，青明宝珏碎珊瑚。
却怜不得同兰蕙，一识清醒楚大夫。

马 臻 字志道，号虚中，钱塘（今
浙江杭州）道士，隐于西湖之滨，士大夫慕
与之交。

集句题张玉田画水仙

赏月吟风不要论，曳裾何处觅王门。
谁人得似张公子，粉蝶如知合断魂。

赵孟頫 （1254～1322）字子昂，号松
雪道人，吴兴（浙江湖州）人。以父荫补官，
入元，官至翰林院学士承旨，工书、善画而
扬名海内外。

江城子 赋水仙

冰肌绰约态天然，淡无言，带蹁跹。遮
莫人间，凡卉避清妍。承露玉杯餐沉瀣，真
合唤，水中仙。 幽香冉冉暮江边，佩空
捐，恨谁传？遥夜清霜，翠袖怯春寒。罗袜
凌波归去晚，风裊裊，月娟娟。

邓文原 （1258～1328）字善之，又字
匪石，绵州（四川绵阳）人，流寓钱塘。南
宋官至杭州路儒学正，翰林待制，入元，官
至集贤直学士，兼国子祭酒。

题赵子固水墨双钩水仙长卷

仙子凌波佩陆离，文鱼先乘殿冯夷。
积冰断雪扬灵夜，鼓瑟吹竽会舞时。
海上瑶池春不老，人间金碗事堪疑。
天寒日暮花无语，清浅蓬莱当问谁？

张 模 （1260～1325）字仲实，号菊
存，元杭州路钱塘（浙江杭州）人。荐杭州
路学录，终两浙盐运司知事，与赵孟頫等
有交。

戏题赵子固水仙图

翠袖冰姿隔暮云，凌波微步袜生尘。
江空岁晚情无奈，笑把明珰解赠人。

张天英 （？～约1335）字羲上，又字
楠渠，号石渠居士，永嘉（浙江温州）人。
官国子助教。

题凌波飞盖图

蕊珠宫人驾云軿，山中翠盖何亭亭。
老龙飞盖作风雨，八仙池上争娉婷。
金環琼佩裛薇露，双成蹑堕青鸾翎。
酒星入水化为石，寒玉夜语天泠泠。
白瑶城阙三万里，月照湘娥行洞庭。

题赵子固三香图

昔日我在桃花原，群仙呼我游昆仑。
飞佩凌波出湘浦，月明同醉罗浮村。
江头小白效矉者，琼薤暗结心婵媛。
紫皇召还蕊珠阙，十年谪隐苍龙门。
道人神游碧云裹，染霞能返三香魂。
玉骨千霜蜕幽影，轻烟半湿鲛鲭痕。
翠羽纷披向人舞，金杯劝我开芳尊。
阆风迢迢隔银汉，安得下土同灵根。
海国天寒忽相见，瑶瑟载鼓花能言。

题赵子固水墨水仙

青竹珠簾人似玉，雾鬓风鬟缀灵粟。
一笑误翻金巨罗，香湿群仙翠袿襦。
龙国朝回八风舞，凤池醉度凌波曲。
瑶瑟双歌李白词，冯夷捧出兰缣绿。

题赵子固水仙

雨带风襟玉体寒，为谁解佩在江干。
金支翠钿那复得，只愁归去便乘鸾。

题卢益修白描水仙花

卢生吮笔写三香，海上仙人欲取将。
宫阙累酥春雪霁，好留屏曲写孤芳。

题赵子固画水仙花 雨雪风晴四首

水仙花上雨垂垂，绝似华清赐浴时。
况是亲承恩泽后，讬根只合在瑶池。

——雨

冰肌冷浸六华香，姑射仙人试晓妆。
门外玉京天咫尺，金珰瑶佩谒明光。

——雪

海上群仙驾八鸾，翠华袅袅玉珊珊。
临风似学回波舞，要博君王一笑看。

——风

仙子骑龙出水濒，云衣飞动月为神。
停杯听唱凌波曲，笑醒东都梦里人。

——晴。

韩　性　（1266～1341）字明善，元绍兴（浙江）人。博通经史诸子百家，从学甚众。荐为慈湖书院山长，谢不起。

题水仙图

洛下风流人，人言影亦好。
况乃蛟宫仙，迥立清汉表。
翠裙湿凉蟾，晴光白如扫。
坐对冰雪容，不受东风老。

澄江渺余怀，相期拾瑶草。

张可久　（1270～1348）一名伯元，字可久，号小山，仲元，元·庆元（浙江宁波）人。解音律、工词曲，好远游。

[南吕]金字经　咏水仙花

霜压瑶花瘦，雪侵翠叶残。似听仙娥玉佩环珊。　凌波仙子罗袜寒，香风散，月明人倚阑。

杨　载　（1271～1323）字仲弘，浦成（福建）人。后徙居于杭州（浙江）。40 岁以布衣召为翰国史院编修官，旋举进士，官终宁国路推官。

水仙花

花似金杯荐玉盘，炯然光照一庭寒。
世间复有云梯子，献与嫦娥月里看。

丘　衍　（1272～1311）一作吾衍，世称贞白先生，衢州（浙江衢县）人，家居钱塘（杭州）。博学多才，嗜古学，工篆隶，谙音律，隐居教授。

玉珮瑶

昆吾翦月吹香风，鸾丝贯缕声珑珑。
珠华闲珊舞四步，宓纪催唤蓬莱宫。
联翩凤带春风醉，曳雨摇云楚腰醉。
仙人琪树生晚寒，洞中敲折青琅玕。

虞　集　（1272～1343）字伯生，号道园，祖籍仁寿（四川），徙居临川崇仁（属江西）。官至奎章阁侍书学士。平生为文万篇，工诗。

题赵子固山矾瑞香水仙馨兰

梁园池馆日苍凉，飞盖追随忆故乡。

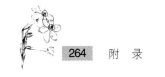

泽畔行吟春事晚，时时驻屐近微香。

张　雨

（1277～1350）字伯雨，自号句曲外史，钱塘（浙江杭州）人。工书画、善诗词，与赵孟頫、杨载等唱和，年甘弃家为道士，往来华阳云右间，尝居茅山。

凌波仙

春云如水碧粼粼，谁见凌波袜上尘。

洛浦湘皋都是梦，手中花是卷中人。

凌波仙子三香图

凌波仙子尘生袜，空穀佳人玉鍊容。

不奈天寒风露早，日高犹傍锦熏笼。

水　仙

芳草有时歇，无此金玉相。

一枝和月露，持奉水仙玉。

王蒇隐写水仙

剡藤政索山阴画，月佩风裳满眼飘。

记得年年春雪后，金鸦咀嚼水精苗。

三香图

秋水为神玉为骨，山矾是弟梅是兄。

国香零落王孙远，依旧江南春草生。

踏莎行

王蒇隐《五香图》作圆象，墨写梅、兰、水仙、山矾、瑞香五品，盘凭折枝于其中。韩明善有"月上影娥池，人在众香国"一联，令予为易玄赋之。

玉镜台前，看花如雾。交柯接叶纷无数。春寒约住柳丝围，月明染下方诸露。庐阜神游，湘皋微步。玉奴老去羞樊素。韩郎解比影娥池，倩谁摘出香奁句。

黄　溍

（1277～1357）字晋卿，又字文晋，号日损斋，义乌（浙江）人，延祐进士。官至侍讲学士，工书画。

水仙图

翛翛翠羽映鸣珰，谁遣乘风过我傍。

岁晏高堂空四壁，一簾烟雨看潇湘。

项　炯

（1278～1338）字可立，临海（浙江）人，为时名儒。尝居吴中甫里书院。

题赵子固水仙

龙波乍起湘云湿，帝子欲归归不得。

二十烟鬟点遥碧，到今愁魄寄湘花，

画出深愁云绕笔。

王　冕

（1287～1359）字元章，号煮石山农，饭牛翁等。诸暨（浙江）人。出身农家，后从韩性（1266～1341）学，归隐九里山，以卖画为生。工画墨梅而著称于世。

水仙图

寒风萧萧月入户，渺渺云飞水仙府。

仙人一去不知所，池馆荒凉似无主。

江城岁晚路途阻，邂逅相看颜色古。

环珮无声翠裳舞，欲语不语情凄楚。

十二楼前问鹦鹉，沧海桑田眯尘土。

王孙不归望湘浦，芳华连天愁夜雨。

题凝雪水仙图

出门大江横，银涛数千顷。

仙子御轻飙，环珮摇虚影。

中宵月无光，天池冰壶净。

轻盈何所之？飞梦西湖冷。

张　翥

（1287～1368）字仲举，学者称蜕庵先生，晋宁（山西临汾）人。受业于李存，陆九洲，仇远，官国子助教，迁河南平章政事，予修辽、金、宋三史。

题王毓隐水仙

额黄销尽玉婵娟，翠袖凝愁倚莫烟。

旧日汉宫三十六，更无秋露泣铜仁。

感皇恩　题赵仲穆画凌波水仙图

湘水冷涵秋，行云平贴。时见惊鸿度蘋末。雾鬟烟佩，微步一川凉月。软波擎不定，龙绡袜。楚楚绀莲，惜惜瑶瑟。照影明珰两清绝。汜人何处？起舞为谁轻别。数峰江上晚，和愁叠。

陈　旅　（1288～1343）字众仲，莆田（福建）人。荐为闽海儒学官，国子助教，元初（1335）迁国子监丞。

题水仙花图

莫信陈王赋洛神，凌波那得更生尘。

水香露影空清处，留得当年解珮人。

柯九思　（1290～1365）字敬仲，号丹丘生，台州仙居（浙江）人。元文宗筑奎章阁，特授九思学士院鉴书博士。善画梅花、枯木、尤长山水而闻名于世。

题卢益修画水仙花

暖琼柔翠晓慵妆，香损鸳鸯瓦上霜。

帝子愁多春梦远，珮摇明月近潇湘。

郑元祐　（1292～1344）字明德，号遂昌山樵，遂昌（浙江）人，徙钱塘（今杭州）。元至正中，任平江路儒学教授，后为浙江儒学提举。

子固水仙

仙姿艳玉肌，轻拂五铢衣。

罗袜凌波去，香尘麝步飞。

凌波仙

迢迢湘浦秋，盈盈洛川月。

镜空离鸾舞，天远孤鸿灭。

木叶向人下，瑶草带愁折。

有怀无由寄，琴心谩谩叠。

题卢益修白描水仙花

卢生吮笔写三香，海上仙又欲取将。

宫阙累酥春雪霁，好留屏曲写孤芳。

题赵子固水仙

雨带风襟玉体寒，为谁解佩在江干。

金支翠钿那复得，只愁归去便乘鸾。

吕　诚　（1293～1357）字敬夫，昆山（江苏昆山）人。喜吟咏，与同乡郭翼等相唱和。

双清诗　二首并序

梅花、水仙，一草木也。其生恒在水涯幽谷之间，发於万木摇落之后，不以荣悴生死异其芳，不以春秋寒暑易其操，虽穷冬盛雪，犹介然与松竹争奇并茂，有类乎高人逸士、怀抱道德，遯世绝俗，而高风雅志，自有不可及者。余虽不敏，心甚慕惜之，故赋此以识云。

怪得荒寒野水滨，疏花冷蕊看横陈。

歌翻玉树多嫌俗，梦唤梨云却久真。

半点不烦春刻画，一分犹仗雪精神。

腊团新荸虽同出，未免韩公议小醇。

湘魂懒上木兰舟，沦落江南草莽丘。

澹色幽香羞自献，江空岁晚若为俦。

素罗微步盈盈月，翠袖寒分寸寸秋。

隔竹似闻灵瑟语，吴云楚雨不胜愁。

集句题水仙图

秋水为神玉为骨，山矾是弟梅是兄。

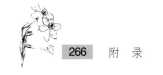

恍然坐我水仙船，吾与汝曹俱眼明。

杨维桢

（1296～1370）字廉夫，号铁崖，会稽（浙江绍兴）人。元泰定进士，官天台尹。诗文俊逸，独檀一时。

题凌波仙图

帝子乘风下九嶷，含情欲去更迟迟。

独怜江东年年长，曾见凌波解珮时。

于立

（约1341在世）字产成，号虚白子，南康（江西）人。博学，放浪江湖间，尝和杨维桢西湖竹枝词。

题虞瑞岩白描水仙

流洲之君号中黄，珥冠翠帔悬明珰。

通明宫中拜帝觞，帝遣换骨生天香。

醉后横斜踏明月，月明零乱如冰雪。

为传清影落人间，化作幽芳更愁绝。

官车晓过西陵渡，贝阙珠宫锁烟雾。

君王十二玉阑干，玉盘倒泻金茎露。

江风吹断旧繁华，年年十月自春花。

写成幽思无人省，持献瑶池阿母家。

题水仙

梦落人间不纪年，月明青影袅翩翩。

为问蓬莱几清浅，御风环珮欲泠然。

贡师泰

（1298～1392）字泰甫，号玩斋，宣城（安徽）人。以国子生中江浙乡试，官翰林应奉，后官礼部尚书、户部尚书。

水　仙　二首

太液池边雪始乾，晓妆初赋珮珊珊。

帘钩欲下东风细，犹梦珠宫扇影寒。

十二瑶台风露寒，银河潋潋月团团。

龙宫自与尘凡隔，别有铢衣白玉冠。

倪　瓒

（1301～1374）初名珽，字元镇，号云林，无锡（江苏）人。工诗、善画山水而著称。

水仙花

晓梦盈盈湘水春，翠虬白凤照江滨。

香魂莫逐冷风散，拟学黄初赋洛神。

玉壶中插瑞香水仙梅花戏咏

寒梅标素艳，幽卉弄妍姿。

团团紫绮树，共耀青阳时。

折英欲遗远，但恐伤华滋。

置之玉壶冰，芳馨消歇迟。

墨水仙

宋诸王孙释大云，清诗多为雪精神。

谁言一点金壶墨，解寄湘江万里春。

王　沂

（1301～1374）字师鲁，弘州襄阳人，占籍真定（今河北正定）。延祐间进士，官至礼部尚书。

题水仙

水为环珮玉为棠，一种春风各自香。

幽恨瑶琴传不尽，至今烟雨暗潇湘。

滕　宾

字玉霄，黄冈（湖北）人。至大间（1308～1311），任翰林学士，出为江西儒学提举，后入天台山为道士。

点绛唇　墨本水仙

缟袂啼香，为谁一滴春心醉？淡黄深翠，不似当时态。　东洛缁尘，依旧交情耐。空憔翠，玉人何在？细雨疏烟外。

妙　声

（1308～1383）字九皋，吴县（江苏苏州）人，后主平江北禅寺，与袁角、张羣为友，洪武三年（1370），掌天下僧教。

水仙咏

百草秋尽死，孤花丽岩阿。

芳心太皎洁，岁事坐蹉跎。

微月步遥夜，轻风生素波。

怀人岂无意，路远欲如何！

题墨竹水仙

美人独立潇湘浦，嫋嫋秋风生北渚。

手把琅玕江水深，香琼泣露愁痕古。

我有所思在空殼，翠袖娟娟倚寒绿。

云断苍梧殊未来，月明长照鱼鳞屋。

邵亨贞　（1309～1401）字复儒，号贞溪，先世为浙江淳安人，徙居华亭，至正末官至松江府训导。

虞美人　水仙

几年不见凌波步，只道乘风去。山空岁晚碧云寒，惊见飘萧翠袖倚琅玕。　玉盘承露金杯勤，几度和香嚥。冰霜如许自精神，知是仙姿不污世间尘。

江城子　水仙

凌风翠袖与飘然、步跹跹，憺忘言。净洗明妆，不与世争妍。玉质金相清韵绝，端可拟，月中仙。　天寒日暮水云边，忍相捐，意难传。回首珠宫，贝阙不胜寒。环珮珊珊香冉冉，谁敢与、斗婵娟？

李　祁　字一初，号希蘧，茶陵（今湖南）人。元统元年（1333）进士，官至浙江儒学副提举，元亡，隐居永新山。

水仙花

影娥池上晚凉多，罗袜生尘水不波。

一夜碧云凝作梦，醒来无奈月明何。

陈　基　（1314～1370）字敬初，临海（浙江）人。黄溍弟子。至京师，授经筵检讨。明兴，朱元璋诏修《元史》，赐金而还。

题白描水仙

汗漫海上期，婵娟池中影。

麻姑殊未来，相思月华冷。

题凌波飞蓋

落落秦大夫，皎皎汉皋女。

赋质虽琼殊，讬根乃一所。

愿结岁寒心，不惮风雪苦。

犹胜河汉间，脉脉不得语。

题水仙

水苍为佩玉为人，素质娟娟不受春。

终古关雎遗德化，礼访游女汉江滨。

袁　华　（1316～?）字子英，昆山（江苏）人。元末从杨维桢游，工诗，为铁崖诗派，兼与顾瑛交善。明洪武初为苏州训导，后坐事系狱死。

题玉山所藏画水仙卷书达秘书后

窈窕楚皋女，委蛇佩陆离。

凌风翳翠袖，乘月靡云旗。

含嚬默延伫，怊怅失佳期。

涉江采璃芳，将以慰所思。

丁鹤年　（1335～1372）字永庚，号友鹤，色目（一作回回）人，父官武昌，遂为武昌人。元亡，避四明（浙江宁波）。明初，还武昌。

水仙花

湘云冉冉月依依，翠袖霓裳作队归。

怪底香风吹不断，水晶宫里宴江妃。

袁士元　字彦章，自号菊村学者，鄞县（今浙江宁波）人，1341 年前后在世。因

荐授鄞县学教谕，后至平江路学教授。

题兰水仙墨竹

上林春又老，在野抱幽贞。

泣露丹心重，凌波玉步轻。

孤山初雪霁，三径午风清。

志操浑相似，何妨共结盟。

水 仙

醉阑月落金杯侧，舞倦风翻翠袖长。

相对了无尘俗态，麻姑曾约过浔阳。

姚文奂 字子章，自号娄东生，1350年前后在世，昆山（江苏）人。博学经史，辟为浙东帅府掾。与郭羲仲、郯九成等唱和。

题虞瑞岩白描水仙花

离思如云赋洛神，花容婀娜玉生春。

凌波袜冷香魂远，环珮珊珊月色新。

郯 韶 字九成，号云台散史，湖州吴兴（浙江）人。至正中辟试漕府掾，不事奔竞，淡然以诗酒自乐。工诗、善画山水。

送卢益修炼师所画水仙

卢敖爱向山中住，长遣看云一鸟飞。

昨夜候神东海上，梦随環珮月中归。

沈 禧 字廷锡，元代湖州吴兴（浙江）人。

鹧鸪天 水仙

邂逅江妃泽畔逢，何年谪降蕊珠宫？经绡翦袂罗裁袜，秋水为神玉为容。

清浅处、月明中，凌波微步欲飘空。三生已断身前梦，一味全真林下风。

风入松 水仙

忆从湘浦遇琼仙，解珮是何年？冰姿不许铅华污。淡凝妆、风度飘然，长伴霜前青女，来寻月下婵娟。 一尘难染净娟娟，独立晚风前。黄冠翠袖殊清雅。谈思凡，谪向江边。矾弟梅兄是侣，桃娇杏冶空妍。

陆 仁 字良贵，号樵雪生。元代河南洛阳人，寓居昆山。工诗文、善书，馆阁称为"陆河南。"

题文海屋洛神图

神之媛兮霓裳，凌长波兮回翔。

龙辀兮孔盖，秋之水兮如霜。

浦有兰兮有蕦，折芳馨兮遗所思。

扬舲兮遶远，目眇眇兮愁予。

题水仙

嫩婵媛兮清扬，明月为佩兮绿云为裳。

搴芳荑兮遗谁？幽怀愤兮如结。

蝻蝻兮秋风，水之深兮可涉。

郑 东 字季明，号杲斋，温州平阳（浙江）人。致力古文。欧阳玄（1274～1358）奇其才，欲荐之，会疾卒。

题卢导师三香图

美服兮袴袴，容佩兮珠烦。

咸告予以谷旦，聊容与兮江滨。

爱周顾兮九野，忽邂逅兮予昆季。

伫立以待予，执手而与言。

羌齿发之未化，尚偕老夫夫君。

汪士深 字起潜，元代宛陵（安徽宣城）人。

题云上人水仙图 二首

蛾眉淡扫蓬莱月，翠袖寒欺弱水风。

移入道人三昧手，幽香仿佛画图中。

玉润冰肌水石间，曾将标格压崇兰。
香风吹入旃檀梦，好与拈花一笑看。

张景范　为元代人。

题唐副使墨本水仙花　四诗

晴

斜矗阑干翠袖垂，晴光点碧弄珠玑。
凌波微步迢迢去，环珮声从月下归。

雨

浅注团酥碧玉盘，宫黄微晕晓妆寒。
可怜一掬湘娥泪，湿透鲛绡粉未干。

风

凤箫吹梦下瑶台，折得琼华宴未回。
谁遣封姨传密约，罗袄半解异香来。

寒

美人遥隔楚云深，捐玦秋江不可寻。
一曲冰絃声欲断，青鸾飞出碧波心。

陈　安　字克盟，金溪（浙江）人。

题赵子固水仙图

玉骨冰肌不染尘，霜风凛凛倍精神。
凌波翠袖轻移步，仿佛桃源洞里人。

性　闲　号玉皋，元代人。

题赵子固水仙图

良工笔意夺天工，写出仙范玉一丛。
宛窕凌波何处去？却将余种媚冬风。

顾　观　字利宾，金坛（江苏）人。有《容斋集》。

赵子固水仙图

冉冉众香国，英英群玉仙。
星河明鹭序，冠佩美蝉联。
甲子须史事，蓬莱尺五天。
折芳思寄远，秋水隔娟娟。

四、明朝水仙诗词

刘　基　（1311～1375）字伯温，青田（浙江）人。元（1332）进士，官高安县丞及浙江儒学副提举。后辅佐朱元璋，累迁御史中丞兼太史令，封诚意伯。

尉迟杯　水仙花

凌波步，怨赤鲤，不与传械素。空将泪滴珠玑，脉脉含情无语。瑶台路永，环珮冷江皋荻花雨。把清魂化作孤英，满怀幽恨谁诉？　长夜送月迎风，多应被彤闱、紫殿人妒。三岛鲸涛迷天地，欢会处都成间阻。凄凉对冰壶玉井，又还怕祁寒凋翠羽。盼潇湘凤香篁枯，赏心惟有青女。

题风中水仙花图

痴妒封家十八姨，不争好恶故相欺。
沅湘日暮波涛起，翠荡瑶翻欲渡迟。

宋玄僖　（1312～?）一作元僖，字无逸，号庸菴，余姚（浙江）人。元（1350年）中浙江乡试；入明，与桂彦良同往为福建主考。

题水仙图四首（选二）

翠带飘飘转，瑶环袅袅斜。
凌波清夜舞，月落未还家。

天风吹汝急，羽花已能飞。
只恐凌云去，谁牵翡翠衣。

贝　琼　（1314～1379）字廷琚，号清

江，崇德(浙江桐乡)人。元末领乡荐。入明，官国子监助教。

奉和铁崖先生水仙八韵①

千叶名花阆苑移，浓香百和为熏肌。

藻翘半脱春如醉，翠袖轻扶夜更痴。

赋就陈王空自怨，珮遗交甫至今疑。

承恩不向金涂立，入道初将羽帐离。

步月有时羞素女，行云无意妒瑶姬。

水边寂寞谁能赏？林下风流总未知。

肠断三生孤旧约，眼明万槁出新枝。

朱绹五十闲瑶瑟，黄九为君重赋诗。

注：①铁崖：元杨维桢(1296～1370)自号。

高 启 (1336～1374)字季迪，长洲(江苏吴县)人。洪武初，为翰林院国史编修，累官户部侍郎，后被太祖借故腰斩。博学工诗文。

题三香图

罗浮洛浦与潇湘，三处离魂一本看。

梦断月明秋渺渺，缟衣何短翠裙长。

李至刚 (1358～1427)名钢，以字行，号敬斋。松江华亭(上海松江)人。洪武初举明经，官至右通政。

题子固水仙

水晶宫阙夜不闭，仙子出游凌素波。

为爱低头弄明月，不知零落湿衣多。

张 肯 字继孟，苏州府吴县(江苏)人。宋濂(1310～1381)弟子，工诗文。尤长南词新声。

联芳词 并序

霜入千林众芳俱歇，青阳肇令梅先著花，与梅共芳惟水仙耳。韶华九十二花开端，水仙虽微见梅之清，深加敬爱，遂度夹钟宫一曲以美之。

曲曰：暗香疏影。梅亦爱水仙之秀，答以黄钟商之曲。曲曰：瑞鹤仙。东君乐其二花之交，欢不能自默，亦度无射羽一曲以嘉赏焉。曲曰：声声慢。夫梅与水仙皆以色事东君者，乃能咸无妒忌，而爱敬赞美，若此可谓贤矣。既嘉其贤不可不录其曲，援笔遂录一过。录之者画眉京兆之裔人，称之梦庵云。

暗香疏影 水仙赠梅花

冰肌莹洁。更暗香零乱，淡笼晴雪。清瘦轻盈，悄悄嫩寒犹自怯。一枕罗浮梦醒，闲纵步、风摇璃珧。向记得、此际相逢，临水半痕月。

妖艳不同桃李。凌寒又不与，众芳同歇。古驿人遥，东阁吟残，忍与何郎轻别。粉痕轻点宫妆巧，怕叶底、青圆时节。问谁人、黄鹤楼头，玉笛莫教吹彻。

瑞鹤仙 梅花答水仙

盈盈罗袜，移芳步凌波，缓踏明月。清漪照影，玉容凝素，鬓横金凤，裙拖翠缬。渺渺澄江半涉。晚风生，寒料峭，消瘦想愁怯。

我僭为兄、山矾为弟，也同奇绝。馀芬剩馥，尚薰透、霞绡重叠。春心未展，闲情在、两弯眉叶。便蜂黄褪了，风韵媚粉颊。

声声慢 东君嘉赏梅花与水仙

雪晴山坞，月冷江皋，岁寒解后相逢。携手归来，轻盈一样春容。行间鸣环珮，暗香霏、缥缈东风。弄花手，与安排金屋，共贮芳秾。

雅淡暗通心素，笑桃根桃叶，冶艳妖红。试问韶华，尊前若个情浓。于是乔家姊妹，可人处、清致皆同。春正好，淡眉山，愁减几重。

曾鹤龄 (1383～1441)名延年，江西

泰和人。永乐十九年（1421）进士第一名，授翰林院修撰，预修《实录》成，进侍讲学士。

咏水仙

幽思不可极，放舟湘水间。

日暮遇佳人，弄珠妖且闲。

馨香随风发，秀色若可怜。

愿此托交甫，解珮以为欢。

夏　芷　（1388～1462）字廷芳，钱塘（今浙江杭州）人。工画山水。

题人画水仙

伊人不见渺湘波，一夕寒窗梦涧阿。

琴语漫随流水去，仙情只觉在山多。

招来春讯生冰雪，抱得冬心谢绮罗。

独立南楼研画学，赵家笔法较如何？

林　文　（1389～1476）字恒简，福建莆田人。宣德五年（1430）进士，授翰林院修撰，官至太常少卿兼翰林院侍读学士。

水仙花为僧赋

半为淡白半深黄，金盏银壶一样妆。

夜月水边斜弄影，春风林下暗吹香。

洛川神女羞为态，山谷诗人欲断肠。

知是当年逢贾岛，故留仙种到禅房。

杜　琼　（1396～1474）字用嘉，号鹿冠道人。学者称东原先生，吴县（江苏苏州）人。博综古今，工诗文、书画。

竹下水仙花

珮环香冷水风多，步子轻尘衬袜罗。

二十四弦何处奏？又将哀怨托湘娥。

邹　亮　字克明，号藻庵居士，长洲人。景泰（1450～1456）十才子之一；正统

（1436～1449）以荐擢吏部司务，迁监察御史。

水仙花效李长吉

冯夷镂冰驻花魂，奇芬染肌沁仙骨。

天风吹梦落瑶台，家住江南水云窟。

弄珠拾草满潇湘渚，带月迷烟愁不语。

小龙潜开水晶殿，玉杯凉露承华宴。

青鸟衔书来阆苑，笑指蓬莱水清浅。

水仙花效温飞卿

宓妃肌肤莹冰雪，体素含香复清绝。

骊宫夜寒愁不眠，微步沧州拾明月。

月光如练波茫茫，仙魂不归愁断肠。

湘娥含颦老龙泣，鲛人洒泪铜盘湿。

瑟瑟江风吹梦醒，翠袖笼寒袜罗冷。

白露无声满瑶草，烟水迢迢镜光晓。

吴　宽　（1435～1504）字原博，号匏庵，长洲（江苏苏州）人。成化八年（1472）会试、廷试均第一，授修撰，官至礼部尚书。工书法、诗文有典则。

钱舜举水仙花

种尽芳根花不发，雪翁笔底忽生妍。

人云须向水边种，始悟名花是水仙。

倪　岳　（1444～1501）字舜咨，号清谿，钱塘（浙江杭州）人。徙居上元（江苏南京）。天顺（1457～1464）进士，官至礼部，吏部尚书。

望海潮　题水仙扇面

冰玉为肌，沈檀为骨，天然素体倾城。鼓瑟湘潭，捐珰澧浦，凌波微度飞琼。何处是蓬瀛。正忍寒送目，借水成名。东阁官梅，两般标格一般清。

娇黄腻粉轻盈。有心安冷澹，节抱幽贞。压倒酴醿，搀先桃李，花时争遣交并。

临镜渐分明，但半簌掩面，千里关情。山谷
山矾，出门一笑大江横。

李东阳　（1447～1516）字宾之，号西
崖，湖广茶陵（湖南茶陵）人。天顺八年
（1464）进士，官至吏部尚书，文渊阁大学
士，诗文典雅流丽。

题水仙

澹墨轻和玉露香，水中仙子素衣裳。
风鬟雾鬓无缠束，不是人间富贵妆。

苏　仲　（1456～1519）字亚夫，广东
顺德人。明弘治十五年（1502）进士，官至
户部主事，终广西象州知州。

水仙花和黄太史韵

仙子名花品亦奇，沉檀和露温香肌①。
风流惹得人千古，何事罗敷老树枝。

注：①沉檀：沉香和檀香。

祝允明　（1460～1526）字希哲，号枝
山，长洲（江苏苏州）人，弘治举人。官广
东兴宁知县，迁应天府通判。与唐寅、文徵
明、徐祯卿称"吴中四才子"。

钱选水仙

八斗才中画雏神，翠罗轻扬袜尖尘。
雪溪老子真能事，更比陈王写得亲。

水　仙

罢散天花紫土云，露横秋袂水鸣环。
凌波欲接君王去，又恐繁霜不耐寒。

赋王氏瓶中水仙

罗带无风翠自流，晚寒微釅玉搔头。
九嶷不见苍梧远，怜取湘江一片愁。
新黄点额淡生春，日暮含颦故恼人。
老去陈王才力减，相看无那洛波神。

文徵明　（1470～1559）初名璧，字征
仲，号衡山居士，长洲（江苏苏州）人，学
文于吴宽，学书于李应祯，学画于沈周，与
徐祯卿等四人，称"吴中四才子"。正德末
（1521）授翰林院待招。

水　仙

翠衿缟袂玉娉婷，一笑相看老眼明。
香泻金杯朝露重，尘生罗袜晚波轻。
汉皋初解盈盈珮，洛浦微通脉脉情。
刚恨陈思才力尽，临风欲赋不能成。

题水仙

未论摇月堪为佩，若使凌波直欲仙。
香梦搅入眠不得，为君亲赋返魂篇。

陆　深　（1477～1544）初名荣，字子
渊，华亭（上海松江）人。进士，官至太常
卿，兼侍读。以文名，善书为之司臣冠，著
作丰富。

题陶云湖墨花水仙

淡妆高韵北风寒，傍水犹宜月下看。
神女误遗金约指，良工新制水晶盘。
绿罗带引风初定，碧玉珰含露未干。
细检画图知苦意，春光不爱染云峦。

陈　淳　（1483～1544）字道复，号白
阳山人，长洲（江苏苏州）人，少与文璧
（1470～1559）游，以书画擅名。

水　仙　二首

玉面婵娟小，檀心馥郁多。
盈盈仙骨在，端欲去凌波。
荒圃淑气回，寒柯发光泽。
下有白玉花，玲珑映深碧。

自题花卉册　水仙

幽柔密意诗中见，萧瑟画图犹自看。

谁道别来知己少，云房水殿总生寒。

杨　慎

（1488～1559）字用修，新都（四川）人。正德六年（1511）一甲第一名进士，授翰林修撰，充经筵讲官。世宗时，遣戍云南永昌尉。

水仙花 四绝选一

乘鲤琴高采掇新，蔚蓝天上少红尘。
黄姑渚畔溅裙水，不是人间妒妇津。

文　彭

（1489～1573）字寿承，号三桥。长洲（江苏苏州）人。文徵明长子，廷试明径第一，官国子博士，工诗文，能书画，善篆刻。

题水仙

玉为丰骨翠为裳，丽质盈盈试淡妆。
最是雪残春欲去，满庭明月自吹香。

皇甫汸

（1498～1593）字子循，号百泉，长洲（江苏苏州）人。嘉靖八年（1529）进士，官终云南按察签事。

梅花水仙

弄影俱宜水，飘香不辨风。
霓裳承舞处，长在月明中。

吴承恩

（约1500～1582）字汝忠，号射阳山人，山阳（江苏淮安）人。嘉靖间补贡生，历处江、长兴县丞。晚年绝意仕进，著有《西游记》等。

卜算子 题水仙

玉立小娉婷，脉脉含情素。出格风标入骨香，祗恐梅花妒。

云旗洛水妃，罗袜凌波步。罗破江天月满窗，暗诵陈王赋。

王谷祥

（1501～1568）字禄之，号西室，长洲（江苏苏州）人。嘉靖进士，改庶吉士，官吏部员外郎，终真定通判。工书画。

水仙花 二首

仙卉发璚英，娟娟不染尘。
月明江上望，疑是弄珠人。

瑶环月下鸣，翠带风中举。
胡然洛浦神，胡然汉滨女。

文　嘉

（1501～1583）字休承，号文水，长洲人。文徵明次子。以诸生入贡，官至和州学正。诗书画印俱佳。

题水仙册

雨歇风清一棹横，微吟自爱晚潮平。
夕阳西下山千叠，木落空江生远情。

罗洪先

（1504～1564）字达夫，江西吉水人。嘉靖八年（1529）进士第一，授翰林院修撰，官拜左春坊左赞善。与唐顺之，赵时春上凑朝见太子，触怒世宗，三人削职为民。

水仙花

翠袖黄冠玉作神，桃前梅后独迎春。
水晶宫里朝元客，香醉山中得道人。
罗袜细盈微步月，冰肌冷淡迥离尘。
何时携上紫宸殿，乞与宫梅作近邻。

彭　年

（1505～1566）字孔嘉，号隆池山樵，长洲人，少与文徵明游，以词翰名。

题双钩水仙

玉貌盈盈翠带轻，凌波微步不生尘。
风流谁似陈思容，想象当年洛水神。

又见杜大中诗。

酉室写水仙幅①

阴崖雪压松枝折，旸谷冰开碧涧流。
已见华容两秦媛，玉鬟云貌作春游。

注：①酉室。明王谷祥（1501～1568）号。

梁辰鱼　（1520～1594）字伯龙，号少白，昆山（江苏）人，就试诸生，与李攀龙、王世贞等交游，通音律、工诗。

咏水仙花

幽修开处月微茫，秋水凝神黯淡妆。
绕砌雾浓空见影，隔帘风细但闻香。
瑶坛夜静黄冠湿，小洞秋深玉珮凉。
一段凌波堪画处，至今词赋忆陈王。

徐　渭　（1521～1593）字文长，号天池山人等，山阴（浙江绍兴）人，明诸生。入浙闽总督胡宗宪幕，预抗倭军务。诗文书画皆工，与陈道复并称"青藤、白阳。"

水仙兰

自从生长到如今，烟火何曾着一分。
湘水湘波接巫峡，肯从峰上作行云。

水仙　六首

杜若青青江水连，鸱鸹拍拍下江烟。
湘夫人正苍梧去，莫遣一声啼竹边。

百品娇春俗却春，一清无可拟丰神。
银钿缟袂田家妇，绝粒休粮女道人。

略有风情陈妙常，绝无烟火杜兰香。
昆吾锋尽终难似，愁煞苏州陆子刚。

海庙元君断百荤，粉腮胭颊叶如焚。
江心罗袜从渠踏，不乱长波皱绿纹。

姊妹商量明月隈，夜妆莫解绿鬟丝。
黄陵庙口无多路，去听女郎歌竹枝。

素蕊浑疑白玉珥，檀心又似紫金環。
若教栽向瑶池上，正好添妆女道冠。

水仙杂竹

二月二日涉笔新，水仙竹叶两精神。
正如月下骑鸾女，何处堪容食肉人。

题水仙

画里看花不下楼，甜香已觉如清喉。
无因摘向金陵去，短撅长丁送茗瓯。

雪水仙

西子云軿趁雪行，白鸾无力海绡冰。
玉京固是朝天路，如此清寒苦不胜。

画水仙付鹫峰寺僧

水仙画里妙氤氲，蘡蓿从兹等烂芸。
安得香岩真鼻孔，一时成雾尽从闻。

水仙画

海国名花说水仙，画中颜貌更婵娟。
若非洒竹来湘浦，定是凌波出洛川。

钮给事中花园藏陈山人所画水仙花次王子韵一首而陈文学示我五首故我亦如数

西子当年浣苎罗，山樊阿姊亦凌波。
一业挂向黄门璧，二美容颜若个过。

秦楼有女身姓罗，使君立马待回波。
正似水仙初放雪，二十未足十五过。

年年花药缚红罗，给谏池塘影赤波。
争似黄冠簪玉导，色虽不及丰神过。

弓鞋窄窄寸来罗，踏水乘鱼浅浅波。
谁把江娥勾入画，夫人自嫁不吾过。

海樵笔能移汨罗，分明纸上皱鳞波。
况添一种梅花妹，比较离骚香更过。

孙七政　字齐之，号沧浪生，常熟（江苏）人。工诗，与王世贞（1526～1590）诸人交游，书室名清辉馆、松韵堂等。

水仙花

碧江香和楚云飞，销尽冰心粉色微。
乍向月中看素影，却是波上步灵妃。

高 濂　（1527～约1603）字深甫，号瑞南道人，钱塘（浙江杭州）人，曾官鸿胪寺。有南曲《玉簪记》、《遵生八笺》等。

望仙门 水仙

依依楚月傍孤芳。梦魂长。盈盈罗袜忆三湘。恼人肠。　解珮春潇索，携琴夜色凄凉。烟波风月两茫茫。两茫茫。剩有雪中香。

屠 隆　（1542～1605）字纬真，号赤水，鄞（浙江鄞县）人。万历（1577）进士，官至礼部主事，罢归后卖文自活，善戏曲。

咏水仙花

娟娟湘洛净如罗，幻出芳魂俨素娥。
夜静有人来鼓瑟，月明何处去凌波。
萧疏冷艳冰绡薄，绰约风鬟露气多。
直是灵根堪度世，妖容知不傍池荷。

于若瀛　（1552～1610）字文若，号子步，晚号念东。济宁（山东）人。万历进士，授兵部主事、官至陕西巡抚。

咏水仙

水花垂弱蒂，袅袅绿云轻。
自足压群卉，谁言梅是兄。

张大復　（1554～1630）字元长，号寒山子，明苏州昆山人。精经史词章之学，梅花草堂为藏书室名。著有《昆山人物传》《梅花草堂笔谈》等。

水 仙

绰约谁能似，黄冠月下归。步虚摇玉珮，照水拂罗衣。云卧来女神，江游伴洛妃。灵均不解事，骚谱有遗辉。

水仙花影

云冷衣裳敛黛娥，楚湘环珮得无如。
自怜不入灵均谱，笑向银岳索画图。

李日华　（1565～1635）字君实，号竹懒，嘉兴（浙江）人。万历（1592）进士，官至太仆少卿。工书画、精鉴赏。

赵子固水仙

几番疑汝是冰魂，浅渚微霜月映门。
一晕轻黄破檀口，半铢薄粉掩啼痕。

谢肇淛　（1567～1624）字在杭，号小草斋，福州长乐（福建）人。万历进士，官终广西右布政。

水仙花

何意柔荑质，翻成傲雪枝。
凌寒香漠漠，出水影离离。
配食梅应妒，芳心蝶未知。
夜阑霜月冷，无语恨低垂。

水 仙

黄金为盏玉为盘，霜叶丛中巧耐寒。
惆怅东风未相识，一枝低傍碧阑干。

谢承举　明朝人士。

墨水仙

黑云飞满石池秋，涂抹生绡散不收。
钩销雪花无点迹，浙江一夜素娥愁。

袁宏道　（1568～1610）字中郎，号石

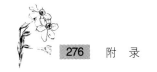

公，湖广公安（湖北）人。万历进士，官终
考功员外郎。

水仙花

琢尽扶桑水为肌，冷光真与雪相宜。

但从姑射皆仙种，莫道梁家是侍儿。[①]

自注：万历三十一年（1603）癸卯在公安作。

①梁家：指神话传说中织女的侍女梁玉清。

钟　惺　（1574～1624）字伯敬，号退
谷，湖广竟陵（今湖北天门）人。万历进士，
累官至福建提学佥事。

暮春水仙花　四首

偶向残冬遇洛神，孤清只道立先春。

今从九月过三月，疑是前身与后身。

物值同时妩亦宜，梅花今见子离离。

相逢洞口千红里，素影当前君不知。

万花如焰柳如烟，常恐冰销畏不前。

曾在水边衣不湿，可知入火不能然。

每笑梅花太畏暄，一身自许历寒温。

春风特念冰霜后，邀与春花共慰存。

季孟莲（1597～1644）

江亭怨　董思白先生瓶中水仙[①]

花石捐除不供。笔墨抛翻不用。侍史拂
银须，忘纪青衫轻重。

一卷昭陵护送。几轴远夷朝贡。润笔不
嫌无，仍倒先生金瓮。

注：①董思白：明画家董其昌（1555～
1636）号。

邝　露　（1604～1650）字湛若，南海
（广东广州）人。南明唐王时，任中书舍人，
清兵破广州城后，抱古琴自杀。工书善诗。

水仙花

谁殿湘沅九畹芳，蕙兰凋尽撷嫣香。

汉滨雪净明珰解，雒浦波微玉珮将。

桂女霓衣纷月户，灵娥锦瑟寄穹桑。

涂黄莫认梅花额，恐有瑶姬妒寿阳。

顾　辰　（1607～1674）字修远，号荃
宜，无锡（江苏）人。崇祯（1639）举人。工
诗文，藏书丰富。

题钱山水仙花

宴罢瑶池曙色凉，凌波仙子试新妆。

金盘露积珠襦重，玉珮风生翠带长。

万里弱流通阆苑，一帘疏雨隔潇湘。

岁寒林下花时节，只许梅花压众芳。

陈子龙　（1608～1647）字卧字，号轶
符，松江华亭县（上海松江县）人。

水仙花

小院微香玉锦茵，数枝独秀转伤神。

仙家瑶草银河边，侍女冰俏月殿新。

捣玉自侵寒栗栗，弄珠不动水粼粼。

虚怜流盼芝田馆，莫忆陈王赋里人。

钱秉镫　（1612～1673）字饮光，自号
田间老人。桐城（安徽）人，明诸生，尝官
明唐王吉安府推官，桂王授翰林院庶吉士，
旋乞归。国变后，杜门课耕。工诗。

水　仙　二首

茎叶盈畦短，根菱与石宜。

素华疑雪片，绝艳是冰姿。

影在灯前好，香惟梦醒知。

神清谁得似？姑射耐寒时。

千叶殊浓艳，吾怜六瓣单。

香中称淡妙，花里最清寒。

白映湘妃珮，黄加道士冠。

常防酒气逼，不敢醉时看。

王汝章　明代人。

题钱山水仙花

宴罢瑶池曙色凉，凌波仙子试新妆。

金盘露积珠襦重，玉珮风生翠带长。

万里弱流通阆苑，一帘疏雨隔潇湘。

岁寒林下花时节，只许梅花压众芳。

李　泛　明代人。

南乡子　咏春水仙航赠丁安之

波静雨痕收。万里湖天一叶舟。明月作朋风作友，悠悠。浅水芦花处处留。　检点古今筹。几个英雄到白头。一落权门都不救，休休。争似烟波得自由。

杜大中　明代人。

水　仙 二首

玉貌盈盈翠带裙，凌波微步不生尘。

风流谁是陈思客，想象当年洛水人。

灵雨濛濛幻态轻，惊魂想象逝怀倾。

愿将玉珮遥相逐，脱骨逍遥水上人。

张　新　明代人。

水仙花

玉质金相翠带围，霜华月色共辉辉。

江妃方欲凌波去，汉女初从解珮归。

吴懋谦　（1615～1687）字六益，号苧庵，华苹山人。华亭（上海）人。布衣。早年与陈子龙，李雯等文游。

水仙花

姑射群真出水新，亭亭玉碗自凌尘。

冰肌更有如仙骨，不学春风掩袖人。

王夫之　（1619～1692）字而农，号船山，衡阳（湖南）人。明崇祯举人，著名学者。后居衡阳石船山，授徒，著有《船山遗书》。

水　仙

乱拥绿云可奈何，不知人世有春波。

凡心洗尽留香影，娇小冰肌玉一梭。

吴　绮　（1619～1694）字园次，江苏江都（扬州）人。寄居歙县。顺治拔贡，荐授中书，累官浙江湖州知府。未几罢归。

水　仙

鸟儿红窗小贮春，盈盈罗袜净无埃。

不知子建缘何事，却向烟波赋洛神。

吴白涵　以字行，江苏宜兴人，万树（？～1687）舅父，善操琴。

玉蝴蝶　水仙花

特地寻喧访寂，麻鞋巉石，邛杖山塘。几处临溪花市，门掩斜阳。秋光谢、菊含霜去，春信香、兰怯冰藏。且携将，水中仙子，冷伴归航。

幽窗。好看承处，高横砚几，低置琴床。遥觑薇红，月月枉恁斗村妆。惜微芬、沉烟罢炷，耐静好、酿盏休狂。最移情，梦回蝴蝶，弦泛潇湘。

陈维崧　（1625～1682）字其年，号迦陵。宜兴（江苏）人。明诸生，康熙十八年（1679）举鸿博。授检讨。

朝中措　客中杂忆十首之一水仙

花栏雕槛尽临河，帘内水仙多。记得半塘初买，小船细雨鸣蓑。　磁盆归贮，红泥

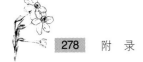

密垄，锦石斜迤。今夜烟廊雨幔，谁人与尔婆娑。

蝶恋花 咏水仙花

小小哥窑凉似雪。插一瓶烟，不辨花和叶。碧晕檀痕姿态别。东风悄把琼酥捻。滟潋空濛天水接。千顷烟波，罗袜行来怯。昨夜洞庭初上月。含情独对姮娥说。

霓裳中序第一 咏水仙花次尹梅津咏茉莉韵

珠栊寒粉厝。偎罢银篝红兽热。恰值青霜骚屑。有一种瑶芳，百花翠叶。海天皓月。美玉娥、生长绡阙。斜春渚、竟川含绿，一笑嫣然绝。　妙绝。顿成离别。长则伴、儿家妆匳。有时坠落帘栊。看尽人间，多少蜂蝶。五铢寒到骨。怅千里、洞庭飞雪。伤情也、旧家何处，悄对素梅说。

玉女摇仙佩 咏水仙花和蘧庵先生原韵

海国春深。洞天日晚，飘下几枝仙蕊。望去疑无，看来入画，朵朵风前拥髻，欲取馀花比。奈绯桃绿柳，大都难似。仿佛是、楚天如梦，湘水如苔，月明千里。有三两鲛人，群弄明珠，凌波游戏。　今夜空廊单枕，酒冷香焦，忽堕花前闲泪。忆得年辰，那家庭院，细雨帘垂丁字。人与花同倚。说不尽此夜，一栏空翠。谁信道、画楼天远，绿窗人去，看花长恁恹恹地。料花也、旧情还记。

汪　楫　（1626～1689）字舟次，号悔斋，休宁（安徽）人。康熙间举鸿博，授检讨，充删封琉球正使，官至福建布政使，著《琉球奉使录》等。

暗香 水仙

一枝拗碧。是玉妃卸向，玲珑鬟侧。月夜朝回，化作香魂堕寒白。刚和娇云梦醒，还凉透、冰绡双褶。忍负了、解佩江皋，人

去镇相忆。

消息。正望极。便欲上鲤鱼，芙蓉先泣。春风远隔，罗袜归来认颜色。怅自陈王赋后，都换却、凌波痕迹。祇倩影、消瘦也，泪边记得。

张　晋　（1628～1658）字康侯，甘肃狄道人，庶吉士，曾官江苏丹徒县知县。

水　仙

影底春月下，香散晚风前。

小小凌波袜，何人赋洛川。

朱彝尊　（1629～1709）字锡鬯，号竹垞，秀水（浙江嘉兴）人。康熙（1679）举鸿博，授检讨。

金缕曲 水仙花禁用湘妃汉女洛神事

小草先春令。问谁移、香本南园。罢栽幽径。定武红瓷看最好，银蒜十囊齐迸。簇薤叶、萱芽相并。几点青螺攒秀石，护冰苔、一片凉沙净。唤仙子，踏明镜。

诗家比喻闲重省。未输他、砚弟梅兄，暗香疏影。风露人间浑不到，晴日纸窗留映。衬髹几、画屏斜整。艳紫夭红昏梦里，料更番、花信催难醒。孤芳在，伴清冷。

又

霁雪明吟院。爱青青、秀叶低排，独呈花面。玉润金寒争怜惜，肯放风帘高卷。把十二、屏山遮断。不信江南芳草渡，傍蓬根、艾底寻常见。鱼天暝，鹭翘遍。

仙姿岂上闲钗钏。便兜娘、要插兰云，未见容轻蒨。纵被春纤偷掐了，折送胆瓶犹恋。怕零落、国香谁管。凭仗王孙钩水墨，恣疏疏、密密匀深浅，须一幅，好东绢。

又

何处无香草。恋晴窗、灵苗抽并，粉葳

开早。梦想西湖归未遂，日日缁尘乌帽。对冷艳、娉娉袅袅。料得芳心应笑我，把风前，黄藕冠敧倒。簪碧玉、袂阿缟。

万花只向春阳闹。惹多情、游丝牵住，曳铃催老。便是秋林攒几簇，也有蝶衔蜂抱。谁似此、幽芬缭绕。绣入罗裙嫌太淡，配山茶、一捻红尤好。还又怕，被花恼。

又

物候开春籥。验芳根、颓檐曝后，画盆移却。稚叶青回才几日，又吐小莲冰萼。胜翠袖、香藏珠络。雪虐风饕都过了，倚南窗、晴景还如昨。虽迟暮，未寂寞。

惜花不用围帘幕。任筵前、山芝舞罢，几曾吹落。静色孤光谁结伴，除是早梅江阁。比多少，汀蘅洲药。楚泽行吟憔悴矣，料遗忘、偶尔骚人错。留共我，岁寒约。

笛家 题赵子固画水墨水仙

亡国春风，故宫铅水，空馀芳草，冷花开遍江南岸。王孙老矣，文采风流，墨池笔塌，泪痕都染。帝子含颦，洛灵微步，宛在中洲畔。怅骚人，未经佩，徒艺楚英九畹。

缭乱。一丛寒碧，生烟疏雨，随意敧斜，鹅绢蝉纱，寄情凄惋。尚想、白石兰亭遗事，逸兴千秋如见。岂似吴兴，君家承旨，蕃马风尘满。纵自署，水晶宫，怕有鸥波难浣。

石 涛 （1630～1707）原名朱若极，僧名道济。字石涛，自号清湘老人，又号大滌子，苦瓜和尚。明楚藩后。梧州（广西）人。工诗，精分隶书，善画山水兰竹。

题画水仙

薄粉羞容态，微风卷白罗。

凌波森仙去，老笔迎来多。

题墨笔石竹水仙

冰姿雪色奈双钩，淡淡丰神隔水羞。

一啸凝脂低粉面，天然风流逞风流。早春争秀芳兰并，带路凌空洛浦侔。灯下但将文竹补，管夫人醉得搔头。

题画水仙

翠袖黄冠小染尘，梅前梅后独迎春。水晶宫里朝元客，香碎山中得道人。罗袜轻盈凝步月，冰肌冷淡迥精神。何时携上紫宸殿？乞与宫梅作近邻。

题八大山人水仙图 二首

金枝玉叶老遗民，笔研精良迥出尘。兴到写花如戏影，眼空兜率是前身。

翠裙依水翳飘飘，光滟随波岂在描。妒煞几班红粉去，凌风无故发清娇。

砂壶水仙

山家清思本无穷，佳茗随人入座中。蒋氏砂盉有高致，水仙安置江云空。

曹贞吉 （1634～1698）字迪清，号实庵。安丘（山东）人，康熙进士。官至礼部郎中。

玉莲环 水仙

盈盈似隔红尘路。陈王休赋。黄昏不是乍闻香，月底更无寻处。 静掩绣帘朱户。更听微雨。青溪溪畔女郎祠，仿佛见魂来去。

解语花 咏水仙，同家弟作

镂冰作面，翦雪为衣，溪畔盈盈女。幽怀谁许。相逢处、翠袖低垂不语。淡黄眉妩。听子夜、歌残白纻。更难兼、并蒂连枝，姊妹还同侣。

因念云迷洛浦。自陈王去后，离别酸楚。明珠翠羽。相迟误、脉脉此情尘土。花魂无主。抵多少、小窗微雨。愿年年、月白风清，仗东君留取。

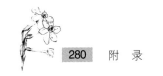

王士禛 （1634～1711）字子真，号渔洋等，山东新城（桓台）人。顺治进士，授扬州府推官，官至刑部尚书。曾主持诗坛数十年。

陈洪绶水仙竹 二首

清冷池畔梁园种，奈此生笑素影何？
更写东阿旧时恨，芝田馆外见凌波。

玲珑疏影玉缤纷，比拟江海迥不群。
特向苍梧分一本，泪痕斑处伴湘君。

李良年 （1635～1694）字武曹，号秋锦，秀水（今浙江嘉兴）人。少与兄绳远、弟符齐名，号"三李"，又与朱彝尊齐名，称"朱李"。授中书舍人。

暗香 咏水仙

秋花过了。对满除残叶、双鬟催扫。试卷重帘，别有幽香送晴沼。汉口烟波正杳。况洛水、微茫难到。想罗袜、定怯深寒，恋此一亭小。

清晓。为谁好。待翠被香残，冶妆侵早。下阶一笑。摘取怜他鬓边袅。歇石浅栏相映，应不比、镜中低照。钗溜也、斜立处，更须悄悄。

陶孚尹 （1635～1709）字诞仙，号白鹿山人。江阴（江苏）人。曾官桐城县训导。

水仙花

澧兰沅芷若为邻，澹荡疑生罗袜尘。
昨夜月明川上立，不知解珮赠何人？

蒲松龄 （1640～1715）字留仙，号柳泉。淄川（山东淄博）人。弃举业，至力古文。其著《聊斋志异》名闻海内外。

水 仙 二首

曾经玉笼笋，着出万人看。
若使姮娥见，应怜太瘦生。

夜夜上青天，一朝去所欲。
留得纤纤影，遍与世人看。

沈皡日 （1640～？）字融谷，号柘西，平湖（今属浙江）人。以贡生知广西来宾县，历辰州同知。

渔家傲 咏水仙花

蕙畹兰丛泥不涅。潇湘飞下烟波窟。清浅移根冰影坼。疏疏叶。檀心细吐香如缬。

隔浦美人愁一别。屏山曲几成幽绝。十二碧阑斜受月。熏炉歇。暗窗冷透梅花雪。

五、清朝水仙诗词

魏 珅 （1646～1705）字禹平，号水村。嘉善（浙江）人。康熙举人。善古文诗词。

望湘人 水仙

盼墙腰月淡，篱角烟疏，霜根雪里催发。短叶攒葱，骈枝缀玉。檀盏擎来孤绝。一点芳心，相依岁晚，忍教轻折。料冰姿、只伴梅花，不受春风窥蝶。 曾记绣帘低揭。见数茎插向，胆瓶幽彻。正香冷窗纱，飞上鬓云凝结。薄寒翦翦，袜尘微步。未许铜盘吹灭。对镜里、几曲屏山，蹙起翠波千叠。

查慎行　（1650～1727）字悔余，号初白。海宁（今属浙江）人。康熙举人。直南书房，特赐进士出身，授编修，充武英殿纂修官。

沁园春 虎丘买水仙戏填一阕

根似鸥头，叶似蒜苗，花名水仙。问仙翁仙姆，几时留种，不移天上，乃落人间。洛浦凌波，汉皋捐珮，想象冰肌映玉颜。娉婷意，胜眼中多少，沅芷湘兰。　山塘卖汝堪怜。只一本才教值一钱。向墙角堆堆，篱根颗颗，渐违物性，欲揽花权。老我婆娑，为渠爱惜，贮以青磁沃以泉。归来好，赛渡江桃叶，同上吴船。

爱新觉罗·玄烨　（1654～1722）清·康熙帝，在位60年期间平定三藩。又多次平定边疆叛乱，加强国家统一。诗作颇丰。

御制见案头水仙花偶作 二首

翠帔绡冠白玉珂，清姿终不污泥沙。
骚人空自吟芳芷，未识凌波第一花。

冰雪为肌玉炼颜，亭亭玉立藐姑仙。
群花只在轩窗外，那得移来几案间。

曹煜曾　（约1658～?）字麓嵩，上海人。康熙贡生，能诗，与弟炳曾（1660～1733），瑛曾（1664～1730）齐名。有《道腴堂诗集》。

水仙花

江端漱雪牙，夜濯宓妃魄。
一洗罗袜尘，踏霜晓无迹。
冰肌归药房，清芬袭中禸。
脉脉契素心，疏梅影横壁。

曹　寅　（1659～1712）字子清，号荔轩，满洲正白旗包衣人，官至通政使。《红楼梦》作者曹霑，即是寅之孙。以郎中先后苏州织造，江宁织造二十多年，后期兼巡视两淮盐漕监察御使。

水　仙

未如湘女艳，翻觉洛神贫。
独抱中黄气，还同入道人。

水　仙

夕窗明莹不容尘，白石寒泉供此身。
一派青阳消未得，夜香深护读书人。

李　馥　（1666～1749）字汝嘉，号鹿山。福清（福建）人。康熙举人。官至浙江巡抚。

水仙花

玉质金相翠羽仪，凌波独立故多奇。
霜寒冰薄月将晓，宛似群仙欲下时。

蒋廷锡　（1669～1732）字扬孙，号西谷，常熟（江苏）人。康熙进士，授编修。官至文华殿大学士，兼领户部。工诗善画。

题水仙

微步凌被水府仙，裙长带袅影翩翩。
墨痕勾染空濛色，宛似陈王过洛川。

严仙藜　（1681～1763）清朝人。

水仙花

万卉皆输洁，冰姿映水妍。
含情贻汉珮，泻影落湘弦。
矮坠黄金髻，欹危碧玉钿。
应怜罗袜冷，踏月已多年。

水　仙

素质自无尘，黄冠礼玉真。
夜寒罗袜冷，归路雪如银。

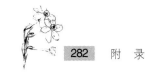

雪水仙

西池春晓露华清，弱水无波海路平。

宴罢不教鸾鹤导，玉栏深处见飞琼。

华 喦 （1682～1756）一作岩，字秋岳，号新罗山人，临汀（福建长汀）人。侨居杭州。善画人物、山水、花、虫、草，兼工诗书，时称"三绝"。

题墨笔水仙花

绿衣绝缁尘，黄冠有道味。

数本作幽香，一室凝清气。

李 鱓 （1686～1757）字复堂，号宗扬等，兴化（江苏）人，康熙举人，官滕县知县，以忤大吏罢归。工诗文，善书画，为扬州八怪之一。

题画兰花水仙

不比桃花可问津，湘烟楚雨接芳邻。

幽香独抱无人赏，流水高山自在春。

题水仙 二首

绝世风姿陈妙常，绝无脂粉杜兰香。

最天然处难描写，愁杀苏州陶子纲。

金相玉琢猷迎春，千古题诗比丽人。

说到空钩白描笔，乃真湘浦洛川神。

汪士慎 （1686～1759）字近人，号巢林，又号溪东外史，歙（安徽歙县）人。善八分书，工诗画。画梅独绝，为扬州八怪之一。

水仙图

仙姿疑是洛妃魂，月珮风襟曳浪痕。

几度浅描难见取，挥毫应让赵王孙。

黄 慎 （1687～1770）字近人，号瘿

瓢山人等，宁化（福建）人。工画山水花鸟，尤擅草书，与郑燮友善，为扬州八怪之一。

花卉卷 水仙图

谁怜瑶草自先春，得得东风到水滨。

湿透湘裙刚十幅，宓妃原是洛川神。

边连宝 （1701～1773）字赵珍，号随园，直隶任丘（今河北任丘）人，雍正（1735）拔贡第一，乾隆举经学，复辞不赴，终生以教书为业。

敦五惠水仙

洛妃罗韈子，玉女洗头盆。

祇可藏金屋，忽惊到荜门。

凝吟殊馥郁，静对已黄昏。

辱赠知何报，梅矾结昆弟。

水 仙

浇灌曾经三五月，七枚蓓蕾始胚胎。

转愁七萼同时放，为嘱商量续续开。

忆水仙

故人乞得水仙花，七宝装盆烂彩霞。

踈落最宜兔卵石，清高偏喜凤团茶。

寒时不碍初生叶，暖后应知早著华。

寄语深闺须护惜，东风休遣入窗纱。

包兰瑛 （约1714～?）字者香，字佩茱，女，江苏丹徒人，工诗词，人称"江右才女。"

水 仙

信是花中第一仙，清同水石证前缘。

淡妆玉立亭亭影，似照春波整翠钿。

馥郁幽香晕碧纱，瑶台玉露湛清华。

谁知云水神仙窟，即是江南女史家。

注：水仙一名女史花。

吴 娘 （1719～1775）字杉亭，安徽

全椒人，吴敬梓之子。

湘春夜月　水仙花用禁体

荐冰瓷，一丛一扶上瑶台。似向蝴蝶花间，忽幻出冰胎。衬取研光笺纸，怕照残银烛，不见花开。题香魂一缕，凉宵飞去，欲共谁来。　空庭有月，悄无人语，深掩萧斋。炉火微温，也不管，砚池冰冻，愁到瓶梅。徵兰梦里笑几回，错认琼腮。想那日，倚天寒翠袖，数竿修竹，一样情怀。

王文治 （1730～1802）字禹卿，号梦楼，江苏丹徒（江苏镇江）人。乾隆（1760）进士，授编修。历官至云南临安知府。

梅花水仙合景

中宵鹤警未成眠，霜气横空月满天。[1]
洛水仙人林下女，忍寒相与斗婵娟。[2]

注：①中宵：半夜。

②洛水仙人：指水仙，将水仙拟为洛神化身。林下女：指梅花。引用赵师雄在罗浮梅花树下梦遇仙女之典故。婵娟：美貌。

水仙画幅

微雪冉冉疑无色，淡月濛濛似有香。
更拟花前研晓露，临风为仿十三行。[1]

注：①十三行：指晋代王献之书《洛神赋》真迹至南宋时仅残留十三行，二百五十字，故后人以此为该字帖之名。

钱孟钿 （1739～1806）字冠之，号浣青，女，江苏武进人。工诗词。

咏水仙花

水沉为骨玉为神，翠袖凌波不染尘。
一自汉皋遗佩后，夜寒不见弄珠人。

水　仙

凌寒独立意迟迟，玉面檀心寄水湄。
楚客断魂招未得，江皋清梦欲谁知。

莫愁翠袖依人冷，为约风鬟系我思。
一片玲珑馀素影，月明疑见步虚时。

水仙花二绝句

素影亭亭傍水厓，檀心几点玉无瑕。
翩翩应笑双蝴蝶，不识人间冷淡花。

静敛寒香迥出尘，梅花为友月为邻。
东皇只解迎桃李，谁与江皋写洛神？

满庭芳　水仙花

绰约云环，轻盈翠带，凌霜见此风流。铅华尽洗，春到水晶楼。遗我琼珠堪佩，凌波步、拟托仙舟。空怅望，江南月夜，含睇翠娥愁。

晓风寒素影，沾泥凡卉，对此应羞。怕玉钗低堕，清镜波流。梦冷瑶台何处，仙踪杳也只难留。潇湘浦，淡烟晴雪，我与尔为俦。

六十七 （1749～?）或书陆世琦，字居鲁，满洲旗人。由中书历官给事中，出巡台湾。有《台海番社采风考》等。

水仙花

凌波仙子世同称，琼岛芳姿未敢凭。
香与春风相应接，神将秋水共清澄。
玻璃案上金千点，玳瑁筵前玉几层。
不许纤埃侵皓素，檀心夜月一壶冰。

金振之 乾隆时人。

醚尹翀尝赋水仙花

春雪压檐水生骨，东园桃李花未发。
水仙有意陵莫寒，素影朦胧漾残月。
我因花事增叹嗟，烟浪微茫梦飞越。
金支翠旗光有无，贝阙珠宫影明灭。
冰夷击鼓急响停，湘妃奏曲繁声歇。

彼姝者子六铢衣，微步生尘见罗袜。

花魂咫尺洵有灵，一点冰心慰寥阔。

忆昔嘉种罗华堂，分茎共逞生花笔。

名并三同六瓣奇，哲兄得句真清绝。

同君解佩返瑶京，石上菖蒲空九节。

欲吟楚些歌《大招》，新诗谁补湘纍缺。

杜蘅芳芷眼迷离，物是人非那忍说。

仙浆未饮热中肠，联取寒泉荐清洁。

梅兄砚弟倘相携，应到蓬莱水云窟。

吴锡麒　（1746～1818）字圣征，号谷人，浙江钱塘（杭州）人。

忆瑶姬　水仙

花也如仙。在湘云梦里，梦月帘前。已和春共瘦，更瘦馀香影，别样娟娟。分排碧薤，小破珠莲。对一枝可怜。渐酒灯、催上梅花外，留伴残年。

道解佩、未远江边。怅招魂无语，孤负吟笺。王孙今老矣，叹白描高格，回首风烟。晚来虚倚十三弦。渐天空雪冷，客去也、肠断鱼波渺渺间。

凌廷堪　（1755～1809）字仲子，歙县（安徽）人。乾隆进士，选宁国府教授。后主讲敬亭，紫阳书院。

霓裳中序第一　水仙

亭亭翠袖薄。裹住仙姿娇戍削。波上寒棱漠漠。乍翦破楚天，湘云如濯。思王赋洛。想断魂、飞去无着。瑶京外、是谁招得，一缕寄冰萼。　萧索。空江雪落。爱弄月、生尘步弱。肌如冰玉缕琢。笑砚弟梅兄，真态度难学。素妆虽淡薄。点粉额、金钿锈错。知何日、重逢交甫，始践佩环约。

沈清瑞　（1758～1791）初名沅南，字吉人，号芷生，吴江（江苏）人。乾隆进士。工诗文。

疏影　水仙花

楚天霁雨。有冷香似雪，吹堕江浦。客里逢人，过尽朝寒，粉痕偷浣芳露。湘妃滴破冰绡泪，空几度、凌波无语。又月中、环佩归来，午夜寄愁何处？

漫倚东风浅笑，天涯春正远，幽思谁侣。相约黄昏，小篆疏帘，掩映风鬟无数。画屏人去留残梦，任化作、香云千缕。奈醒时、瘦影和烟，凉入隔花窗户。

席佩兰　（1760～?）本名蕊珠，字月襟，号浣云。女，江苏昭文县（常熟）人，袁枚弟子，工诗。

天仙子　宛仙嘱题墨水仙

一片潇湘闲自碧，飞过寒香春欲湿。仙人元自不知春，波愁绝，云愁绝，弹到哀弦声更彻。　沧海迢迢归未得，却向人间凄独立。夜深不语奈情何，心无迹，魂无迹，月落天空何处觅？

刘嗣绾　（1762～1820）字简之，号芙初，阳湖（江苏常州）人。嘉庆进士，官编修。后归主东林书院。

减字木兰花　水仙

蒜山葱岭，种出根苗宜玉井。姑射前身。罗袜生来绝点尘。

如何湘浦。一卷离骚忘却补，移伴逋仙。清比梅妻更可怜。

庆春宫

去蜡衍石赠稚圭水仙数本，花事既毕缄置墙角久，且忘之。雪窗偶一检视抽叶已寸许矣，用碧山水仙词韵成阕余亦和之。

银蒜帘垂，玉葱槛亚，隔年曾见微雪。墙角尘多，篱边石冷，香心寸许堪捻。水仙祠下，想罗袜凌波话别。空馀粉本，一望亭亭，佩影都彻。　花房小劫匆匆，根叶多生，者番清绝。黄淡将吟，绿肥入画，伫待风前成结。移来磁斗，莫便放、簪头易折。春泥拥去，留伴窗纱，岁寒停月。

乐　钧　（1766～1814）初名宫谱，字元淑，号莲裳，临川（江西）人。嘉庆举人。工诗。

浪淘沙 水仙

小玉最玲珑。雪貌冰聪。珊珊骨节珮摇风。薄命可怜生水国，罗袜波中。　明月浸珠宫。寒透帘栊。瑶情一缕倩谁通？怅望湘妃来极浦，写入丝桐。

郭　麐　（1767～1831）字祥伯，号频伽，吴江（江苏）人，晚居嘉善（浙江）。嘉庆贡生，工诗古文辞，善篆刻。

暗　香 水仙花

娟娟楚楚。正春人小极，芳心初吐。棐几纸窗，不受人间好风露。除是梅兄砚弟，还配得、汜人汉女。又那得、如此清寒，明媚又如许。　庭宇。最深处。有十二画屏，曲曲低护。旧时记取。到此花开送人去。花信今年太晚，风又雨、轻寒重作。过了落灯节候，有人怨不？

刘　沅　（1767～1855）字止唐，号青槐轩，四川双流人，乾隆（1792）举人。

水仙花

曾抱风琴来上海，更无烟火到人间。
凌寒独占春光早，谁信神仙总在山。

金　逸　（1770～1794）字纤纤，女，江苏苏州人，陈竹士妻。师袁枚，工诗。

水仙花

枯肠池馆响栖鸦，招得姮娥做一家。

绿绮携来横膝上[1]，夜凉弹醒水仙花。
注：[1]绿绮：古琴名。

奚　疑　（1771～1854）字子复，号虚白，人称榆楼先生，乌程（浙江湖州）人。布衣，博雅多闻，工诗能画，喜交宾客。

金缕曲

谢戴铜士馈水仙花，并以诗词见贻。

荏苒年华换。又凌兢、打门风雪，重帘不卷。独有故人情郑重。分得十囊银蒜。恰好与、寒梅相伴。一种丰神怜绝世，记当时、洛浦依稀见。凌波步，袜尘浣。　娟娟楚楚教谁管。伫安排、磁盆沙净，铜瓶水浅。十二画屏遮护处。静对冰窗雪案。问甚日、江南春暖。比似小红初遣嫁，腾香词、写幅鹅溪绢。乏琼报，笑嫠懒。

宋翔凤　（1776～1860）字虞廷，江苏长洲（江苏苏州）人，嘉庆举人，授湖南新宁知县。通训诂名物。

齐天乐 水仙花

薄尘未必生罗袜，潇湘路长能记。盎溢冰花。岩分雪浪，水佩风裳同倚。容华试拟。伫夜月空山，冷梅初缀。各抱清怀，自流遗韵向琴里。　神人姑射正远，借传来小影，宜笑含睇。几惜娉婷。难评绰约，无语犹缄芳意。微香逦迤。要待得群仙，便行瑶砌。望极湖波，影寒云更起。

叶申芗　（1780～1842）字小庚，又作维郁，号瀜墉词叟，福建闽县（福州市）人。官知府。工词。

天仙子 水仙

得水能仙矜冷艳。陈思赋里依稀见。品高惜未入骚经，尘不染。香偏远。雅操谁人

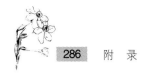

弹别怨。

水龙吟　水仙

是谁微步凌波，娉婷顾影东风里？额黄明澹，珠珰摇曳，冰绡雪袂。韵比兰腴，品同荷净，天然斌媚。向春前腊底，评量花信，都说道、三番是。　题就梅兄矾弟。玉玲珑、更饶风致。清泉白石，花瓷椠几，山斋位置。风透重帘，微闻芗泽，粉浓脂腻。翻教人勾起，闲情多少，忆莺花地。

周之琦　（1782～1862）字稚圭，号退庵，祥符（河南开封）人。嘉庆进士，授编修，累官至广西巡抚。工文词。

天香　水仙花

水艳吟香，花情春梦，湘皋记共游冶。盏侧涂金，簪横削玉，雾带碧痕低亚。通词试托，问甚日、仙魂初化。翠羽明珠不见，依然冷云凝夜。　银釭旧愁自写。倚冰奁，薄寒吹麝。一掬苗窗清泪，粉妆慵卸。还恐春风唤起。又暗忆、扁舟古祠下。素袜无声，凌波去也。

庆春宫

去腊赠衎石水仙数本，花事既毕久置墙角雪窗偶一检视抽叶已寸许矣，用碧山韵成咏。

瑶瑟春愁，铜盘铅泪，寸缄冷护残雪。冰缕方凝，尘封初启，玉簪小翠堪捻。袜罗归去，镇回想、飞琼话别。相思天上，鹅管凄凉，为伊吹彻。　汉皋佩杳谁怜？翦叶移根，几翻凄绝。悄梦禁寒，微波写影，应是香心犹结。曲屏吟绕，怪诗展、宵来渐折。仙魂凝盼，出水亭亭，半眉新月。

李贻德　（1783～1832）字天彝，号次白，浙江嘉兴人。

疏帘淡月　斋头水仙

盈盈水浅。正笑托微波，清眸斜眄。雾织冰绡最薄，六铢衣翦。垂梢天竹春红艳，愈分明、朝天素脸。试灯风里，湘云梦冷，晶帘不卷。

乍向晓妆庭馆。猜蝉鬓松怯，瑶簪零乱。背镜佯羞影落，澄澄波软。矾兄梅弟迟迟展，便换和、暗香难辨。惟愁玉笛，一声吹落，明窗谁伴？

谢元淮　（1784～?）字钧绪，号默卿，湖北松滋人。

玲珑四犯　和赵艮甫水仙，用周美成韵

星淡云浓。正满院疏梅，深闷芳艳。远浦荒凉，愁损个人娇脸。何处翠袜凌波，恰仿佛、鬓香零乱。料冰心、玉骨难换，修得到今生见。

好将金盏寒泉荐。伴幽斋、十分葱茜。绡衣缟带休轻拟，风态谁经眼？除是汉女洛妃，迤逗出、秾华点点。又几番照影，明月底，香飘散。

陈尔士　（1785～1821）女，字炜卿，浙江余杭人。

天香　水仙

翠箭擎寒，粉黄拂艳，盈盈乍隔秋水。湘梦云迥，玉魂烟锁，温蔼一窗晴意。飞琼不见，问带上、仙题凭寄。纵是深藏金屋，难抛碧岩清致。　芳姿是谁竞丽。只梅花、晚妆同试。抹倒万红千紫，独明珠佩。一段心情泉石。但付与枯桐写幽思。倩耐牵萝，琅玕静倚。

湛华老人画水仙

伊人不见渺湘波，一夕寒窗梦涧阿。
琴语漫随流水去，仙情只觉在山多。

招来春气生冰雪，抱得冬心谢绮罗。

等是南楼贻画学，万苍翁法较如何。

唐寿莼　（1785～?）字宪伯，号子珊，江苏震泽（江苏吴江）人。

玉漏迟

春阴沈滞，盆中水仙，二月始花，风帘雨幌，婉翠可念。剪灯赋此，夜寒弥益凄庚矣。

怪春痕短短，行云何处，半奁瑶碧。乍见惺忪，划袜香阶无月。不与素琴谱恨，禁得过、迢迢良夕。清泪滴。绿鬟低拥，背灯幽咽。

可怜最小华年，受何限春寒，芳心如结。旧约梅花，怎遣翠禽传说。夜夜曲屏风底，拼诉尽、肝肠冰雪。休怨别。重遗汉皋金玦。

周　赓　为嘉庆时人。

浣溪沙　车秋舲嘱题金袖珠校书水仙画册①

活脱谁摹小样笺。冰肌裛裛骨纤纤。绝无言处赚人怜。　抱影已和秋共瘦。凌波还望月能圆。湘风湘雨恣娟娟。

注：①车秋舲（1778～1842）字子尊，号秋舲，江苏上元（今南京）人。

陈彬华　（1790～?）字符之，号小松，江苏吴县人。

尉迟杯　题水仙画册

珊珊步。倚日暮、缟袂凉烟素。凌波悄自无言，生怕酒边人语。天涯月澹，不分又、隔宵弄丝雨。却闲愁，梦堕微茫，碧天云影偷诉。

洗净腻粉残脂，向璇室、争妍冰骨应妒，风露一庭清漏永，怅望里、藐姑山阻。

前身问，盈盈流水，更惊起、鸳鸯双宿羽。奈征帆，树外朝生，洛滨凝想神女。

沈玉遮　为嘉庆时人。

咏水仙花

纸窗耿虚影，媚比小雪天。
明明冷飞白，扑簌上琴弦。
何时降北渚，犹带潇湘烟。
伶娉独幽绝，小筑含春妍。
艺以琐碎石，浴以清泠泉。
衬以石子瘦，佐以铜盆圆。
伴我梅花帐，茶梦寒可怜。
珊珊忽见之，翩若凌波然。
解佩无默语，欲往愁刺船。
起视水壶晓，水月生便娟。

吴葆晋　（1793～1860）字佶人，号红生，河南固始人。道光（1829）进士，官至江苏淮海河务道。

疏影　水仙花

幽姿似玉。恰晨葩半展，香冻经宿。欲觅芳踪，雾縠风裳，闲愁只寄湘竹。珊珊略现凌波影，更不管、兰桡南北。看此花、怎地清寒，想见对花人独。　三面瑶窗未敞，几痕破素萼，春逗庭绿。月落雕梁，一律吟魂，但与梅花同屋。明珰翠羽移情久，待写入、伯牙琴曲。问甚时、缟袂相逢，莫艳楚江裙幅。

张纶英　（1798～?）字婉紃，阳湖（江苏常州）人，张琦四女。工北朝书法，诗宗魏晋。

水　仙

水仙最高洁，泉石雅相称。
亭亭绝尘滓，迥迥见情性。

惜哉柔脆姿，欲与岁寒竞。

安能如老梅，风骨冰雪劲。

赋形各殊类，钟毓有定命。

飘飘列仙人，菱形亦奚病。

真意托瑶琴，挥弦孰同听。

高继珩 （1798～?）字寄泉，直隶迁安（河北）人，寄籍宝坻（今天津）。嘉庆举人，授教谕，官至广东盐场大使。工墨兰。

疏影 水仙 和边袖石寄怀

沅云破晓。认倚风倩影，飞向琼岛。露泡珠浆，沁入檀心，幽香一线微袅。珠帘跪地垂垂护，总未识、尘根烦恼。妒芳姿、羞煞梅花，转问几生修到。　往事如烟如梦，照湘月楚楚，同证幽抱。翠袖禁寒，罗袜生尘，不是当年花貌。安弦欲谱迎神曲，又忘却、水仙王调。只更吟、江上峰青，可奈曲终人杳。

西林春 （1799～1877）本名春，字子春，姓西林觉罗氏，满洲镶蓝旗人。工诗。书法、绘画才女。

定风波 咏水仙

翠带仙仙云气凝，玉盘清露泻金精。最是夜弥人入定，相映，满窗凉月照娉婷。

雪霁江天香更好，飘缈，凌波难记，环声。一枕游仙轻似絮，无据，梦魂空绕数峰青。

水 仙

托根清净态清妍，六出花开小雪前。

素质果然同皓月，生香端合比青莲。

风裳水佩山中侣，金盏银台海上仙。

一自凌波人去后，夜凉空对影娟娟。

张纨英 （1800～1881）女，字若绮，阳湖（江苏常州）人，张琦幼女，与诸姐妹均有文名。

疏影 水仙

琐窗清冷。有数枝绰约，低傍妆镜。素靥盈盈，越样玲珑，嫣红怎许相并。冰魂算与琼楼远，忍便入、等闲花径。到夜阑、明月飞来，帘底暗窥纤影。　还记深宫旧事，翠鬟愁不整，尘梦初醒。故国云迷，洛水依然，幽恨诉将谁省？珊珊休话凌波步，怕前度、珮环难认。伫深深、银蒜低垂，不管晓来风劲。

费丹旭 （1801～1850）字子苕，号晚楼，乌程（浙江湖州）人。工写真，所画仕女，娟秀有神，兼善山水，亦能诗。

题水仙

袖翻洛影，裙褶湘纹。

瑶琴一曲，海风碧云。

郑献甫 （1801～1872）原名存紵，以字行，号小谷，广西象州人。道光（1835）进士，官刑部主事，晚年在广州主讲越华书院。

水仙花

结束柔肌系紫绦，生成绿发试香膏。

夫人袂褋留湘水，神女珠玑想汉皋。

影落帘西银蒜小，晕分堂北玉瓶高。

相依好在观音竹，日暮天寒首重骚。

蒋志凝 （1802～1863）字子于，号淡怀，元和（江苏苏州）人。诸生。以贫故，中年后常为人幕下客，最后依曹懋坚于京师。工诗。

疏 影

辛丑初春，白沙旅廨，购置水仙数盆，屏

帷易暄，柑萼竞吐冷香、艳若华月之破夜而翠烟之融晨也。赵艮甫有词，余亦谱此。

　　盈盈脉脉。伴玉沙瑶草，吟事幽绝。纸阁晴初，棐几灯初，相看世外莹洁。婵娟自惯天寒倚，悄换却、铢衣重叠。便赋成、翠羽明珰，伫立渺然难说。　移向西湖庙里，镜波试照影，都是冰雪。怅望湘娥，杜若汀洲，岁晚芳华消歇。还愁海上琴心杳，堕冷梦、空江烟月。算似伊、罗袜无尘，那识艳阳蜂蝶。

张友书　（1803～1875）字静宜，江苏丹徒（镇江）人。

国香慢　咏水仙

　　沅湘何处。叹蘼芜杜若，飘零无数。洛浦寒深，宛宛流年，望断美人迟暮。江皋风雨朝还夕，只相伴、寒梅千树。怅苍梧、落木萧萧，一派江声流去。　最好移来妆阁，看星眸素靥，翠帏低护。盆盎波深，照影亭亭，罗袜不教尘污。明珰翠佩今何在？又怨入东风无语。暗香风露。问甚时、写入瑶琴，待倩伯牙重谱。

林昌彝　（1803～1876）字惠常，号五虎山人。侯官（福建福州）人。道光举人。博经通史，工诗古文。与魏源、林则徐为挚友。

水仙花

何日凌波刬袜来，汉皋解珮更疑猜。
因人而热噉莲子，耐岁之寒合友梅。
涤纷涴脂超俗艳，镂冰团雪绝尘埃。
知卿色相都参透，空费陈王八斗才。

水仙花

凌波无语立亭亭，晚尽尘埃唤梦醒。
凭吊烟皋怜解珮，湘云湘月又湘灵。

黄燮清　（1805～1864）原名宪清，字韵珊，海盐（浙江）人。道光举人，以实录馆誊录仪叙知县。授官宜都，松滋知县。

南浦　咏水仙和钱筱南茂才符祚韵

　　绮窗晴雪，看天涯、又漏一丝春，略有冬心未褪，还借兽炉温。已是经年离别，倩冰查、重照旧啼痕。怅铢衣寒峭，银灯梦浅，无赖是黄昏。　曾记元宵楼阁，采明珠、点染倚阑人。卷起潇湘帘子，流水认前身。忽忽芙蓉远道，望烟波、江上总销魂。想鬓妆鲜影，携琴写怨，残月下重门。

刘荫　（1806～1831）字佩萱，女，江苏武进人。

水仙

矾弟梅兄品尚差，渺如姑射立窗纱。
肯将水上凌波步，来散人间女史花。

蒋敦复　（1808～1887）原名尔锷，字克文，号铁峰，宝山（今属上海）人。工诗词。

花犯　春寒水仙未花用草窗韵写之

　　澹黄昏，泠泠碎语，瑶波含春泪。冷云何意？空隔断湘天。清怨难寄。东风只在红阑际。玲珑吹未起。漫注念、水晶帘卷，玉人眠梦底。　烟消雾瘦结同心，纤罗带暗约、山中兰芷。愁独立，寻世外，渺然幽味。还不是、芳梅伴侣，夜来忆，香篝笼素被，仙掌小、金盘滴露，月明寒影里。

锁瑞芝　（1809～1831）字佩芬，浙江钱塘（杭州）人，锁裕桢女，工诗。

水仙

插来磁斗未经霜，素影娉婷压众芳。

佩解明珠仙有伴，步凌寒玉水为乡。

琴边雅称珊珊韵，酒后微飘淡淡香。

一桁珠帘常不卷，灵妃原只爱潇湘。

边浴礼 （1813～?）字袖石，号空青，任丘（河北）人。道光进士。官至河南布政使。

疏影 水仙花

湘皋春晓，讶宓妃出浴，步下瑶岛。袜窄凌波，屧浅含烟，霓裳舞罢犹裹。铅霜密护宫罗蕊，总不惹、蝶嗔蜂恼。占汀洲、雪沍沙昏，依约采珠人到。　环珮空归夜月，飞琼照瘦影，幽恨同抱。欲唤冰魂，江路清寒，瘦损亭亭风貌。朱弦十五声危咽，忍重谱、怨琴凄调。剩翠裙、几褶娉婷，目断水空天渺。

金兰贞 （?～1872）字纫芳，女，浙江嘉兴人，工诗画，尤擅墨兰。

题周研芬表妹之瑛所赠梅竹水仙画

玉貌冰心出水寒，神仙风味此中看。

春光更喜南枝早，犹让筼筜报岁安。

闺中妙笔最堪夸，点缀铜瓶自一家。

侬替岁寒增一友，而今更得水仙华。

附周之瑛研芬和作①

写得平安祝瑞年，冷香清影更堪怜。

佳人翠袖天寒暮，弹罢梅花按水仙。

闲窗偶尔学涂鸦，敢荷清才笔底夸。

一抹红梅数枝竹，题成尺幅总增华。

注：①周之瑛，字研芬，女，浙江嘉善人，工诗，绘画。有《徽云室诗稿》。

端木埰 （1816～1892）字子畴，江宁（江苏南京）人。道光优贡，同治间以知县用，荐授内阁中书，累擢侍读。

洞仙歌 和瑟轩水仙

湘皋翠冷，正灵妃归去。遗下金钗照芳渚。抱仙根、恰又多谢花神，亲种出，一种珠明玉嫮。　盈盈洛浦外，罗袜凌波，堪与梅花共寒素。生性厌繁华，白石清泉，刚留得、仙人同住。更问取、春风几时来？但冷月荒烟，悄然无语。

李坦 （1820～1899）字继芳，号怀白。山东莒州沐东姜庄人。咸丰初与名士尹彭寿。庄达等结社于虬云山房书馆。

天竺水仙合为一幅

凌波溺溺水中立，红颗粒粒雪里攒。

色相参来成妙偶，天仙正好画中看。

忆水仙 二绝并序

乙卯冬，水仙花盛，因作小制客冬购于城阳，杳无芳讯。每一怀及不觉神驰，又得二绝句。

一别湘江历几时，云泥盼断费相思。

侬今更比梅花瘦，笑煞窗前翠竹枝。

恍惚洛川一梦惊，微云淡月不分明。

人间烟火嫌多事，也要凌波去访卿。

朱偁 （1826～1900）初名琛，字梦庐，号觉未生。浙江秀水（嘉兴）人，朱熊弟。得其兄画法，工画花鸟。

水仙飞燕图

玉貌盈盈翠带轻，凌波微步不生尘。

风流睢是东阿客，想象当年赋里人。

李慈铭 （1828～1894）字式侯，号尊客，浙江会稽人。光绪（1880）进士，曾任户部江南司，山西道监察御史。

探春慢

春夜尚寒，月色夺昼，盆中水仙花盛开，于波黎窗下映月观之，香艳清发，姑射仙人冰雪姿，无此绮绝也。

叶蠹春纤，苞囷玉洁，酝得冰心如许。吹气难胜，扶头有恨，小试凌波微步。不识东风态，祗忍俊、天寒无语。也应独立销魂，人间何事尘污。　可是前生瑶侣。恁量水添香，换他眉妩。暂启重帘，绮钱低映，留得银蟾来驻。还惜亭亭影，怕清绝、无人为主。历历星霜，持裙莫便归去。

杨引传　(1829～1889)字薪圃，号醒逦，江苏吴县人。

水仙花 三首

写出娉婷态，名花望若仙。
春风吹信息，流水结因缘。
影许湘波照，神从洛渚传。
散来天女座，操入伯牙弦。
小谪三仙石，新妆一抹烟。
珮环听绰约，罗袜伫蹁跹。

若有人今在，娉婷望水仙。
横波愁渺渺，罗袜伫翩翩。
步月江皋外，回风洛渚前。
全见花叶见，小立水云牵。
清许梅花伴，寒同鹤子眠。
软红无梦到，净绿有香清。

芳谱诵兰谱，神仙即水仙。
山矾甘弟后，梅萼占兄先。
臭味夸同气，相看得比肩。
金枝金友共，玉叶玉昆联。
桃李园中会，芦花被底眠。
咏宜棠棣句，雅称蓼萧篇。

王闿运　(1832～1916)字壬秋，号湘绮，湖南湘潭人。咸丰(1853)举人，官至翰林院检讨，加侍读。辛亥革命后，任国史馆馆长，兼参政院参政。

芳　草

水仙花即葿，山蒜，花开如釜、蒸鬲，今或名雅蒜，根如蒜也。《尔雅》：凡香草即曰山。

又相逢、深寒帘幕，晴光灯影参差。素兰羞叶瘦，铜瓶湘几外，占春宜。瑶姬惯嫁，便远行、未损腰支。看万里轻车，细驮玉蕾琼肌。

抛离。一分尘土，不须风露，自秀芳时。嫩黄三四箭，暗香疏影地，摇曳烟丝。伴晨妆夜盝，却未妨、污粉凝脂。怪只怪、横江一笑，误了幽期。

董文涣　(1833～1877)字尧章，号砚秋，山西洪洞县人。晚清学者，诗人。

仲复惠水仙花索诗戏柬代谢

沅湘明月一千里，锦瑟凝弦寄流水。
千秋唤起灵钧魂，泣向西风化蘅芷。
东阴腰复惜便便，束素轻盈抵佩捐。
莫认荆花邀曼硕，且同寒菊荐坡仙。

自注：咸丰辛酉十二月，诗人作诗谢友人沈仲复赠水仙。

陈　书　(1835～1905)字伯初，号俶玉。侯官(福建福州)人。光绪元年举人，曾官博野知县。工诗，善画山水。

题人画水仙

伊人不见渺湘波，一夕寒窗梦涧阿。
琴语漫随流水去，仙情只觉在山多。
招来春讯生冰雪，抱得冬心谢绮罗。
独坐南楼研画学，赵家笔法较如何?

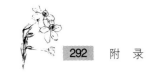

瑶华　水仙

峭寒孕寂，每到花时，被春风先识。凌波去也，早减了、冷月三分颜色。罗帏对影，佽愁织、帘痕凄碧。试问他、琼蕊开残，谁解隔年相忆。　香芽寸许才抽，渐出水亭亭，看已盈尺。今宵梦里，应许我、细诉离尘心迹。冰魂未醒，怎萼绿、偷传消息。便肯教、仙子重来，禁得几番沦谪。

志　润　（1837～1893）字雨苍，号伯时，满洲镶红旗人。

瑶花　水仙

轻罗叠雪，小盖排金，又一番春色。湘皋别去，重结就、几缕柔情绵密。愁含癯影，有谁念、檀心岑寂。消受尽、霜冷冰寒，始于玉梅同室。　瘦馀翠带腰围，看回雪轻翻，香返冰魄。铜瓶纸帐，到永夜、冷艳也应怜惜。王孙去矣，问谁识、白描新格。空剩却、窈窕琼姿，一水盈盈相隔。

洪　钧　（1839～1893）字陶士，号文卿，祖籍歙州（安徽歙县），寓居吴县（属江苏）。同治（1868）进士。

题红梅水仙图

新冬何处寻芳华，飞雪素艳映吾家。
冰心玉洁香四溢，红梅枝头水仙花。

宝　廷　（1840～1890）字少溪，号竹波。清宗室，满洲镶蓝旗人。平定东南沿海及葛尔丹部颇有军功。

红水仙

偶作人间时世妆，天然情艳胜群芳。
洛川远望生颜色，一片朝霞映大阳。

吴昌硕　（1844～1927）名俊，字香蒲，号缶庐，浙江安吉人。擅金石、诗、书、画，驰名中外。

水　仙

缶庐长物唯砖砚，古隶分明宜子孙。
卖字年来生计拙，商童即作水仙盆。

樊增祥　（1846～1931）字嘉父，号云门，湖北恩施人。同治（1867）举人，光绪丁丑（1877）进士。官至陕西、浙江按察史、江宁布政使等职。

水　仙

瓷斗寒泉不受尘，莫将轻拟洛川神。
便宜绣佛灯前供，长伴清斋善女人。

赋得螃蟹水仙

草泥摆脱觉香清，风味尊前伴橘橙。
一水中央怜宛在，百花头上让横行。
黄中雅称王言大，玉立能教疟鬼惊。
寄语时流漫轻薄，鲛妃螺女本倾城。

冰泉蘸斗是家乡，佐我椒花献岁觞。
玉帔欲来先赐紫，檀心将吐更含黄。
闲身信可江湖老，艳质谁非金玉相。
昨向文君梦中见，幻为翠羽与明璫。

两螯八跪玉交枝，娇煞春灯煮梦时。
霜后冰盆随处蔫，风前罗带倩谁持？
玉杯酌我无空手，秀色撩人欲朵颐。
寂寞百年稀赋咏，只应创见赵家诗。①

梅兄三七解倾筐，绀壳承花得十囊。
洛女中肠无可断，毕郎右手有馀香。
美人微步凌秋水，公子同归换道装。
岁兆图中添貌汝，上春佳日似重阳。

辛盘破例许题糕，笑醉花神舖以糟。

尔雅熟来香在口，吴宫舞困玉为膏。

灵妃寄简遗双鲤，内苑烧灯照六鳌。

此豸娟娟玉堂贡，春寒应赐赤霜袍。

薄俗雌黄皎不污，从秋綦养岁云除。

双双玉剪休轻掔，一一花名总不如。

越艳忍将戈甲召，楚腰休与稻粱疏。

小时乞汝蠱娘字，珍重冰绡薤叶书。

檀几清朝瀹井华，琴边约略听爬沙。

香名未可讹蠱草，玉面因何避菊花？

解佩人归遵水浒，煎茶女好属渔家。

两三星火幽窗畔，莫与冰鱼一例叉。

动植参差物不齐，卖花翁有矫揉时。

根须倒苗疑龙竹，跗萼双肥胜肉芝。

清似琴鱼换茗叶②，隽如瑶柱配离支。

怜卿俱是江南客，我作监州未可知。

自注：①尝见赵撝叔画螃蟹水仙，自题一诗，此外无题咏者。

②柳叶鱼即琴鱼，可以入茶。

再咏螃蟹水仙

女儿浦口佩珊珊，髻鬓都亭见玉颜。

幸自接连芳菊后，岂宜屈置蓼花间。

物情喜躁香偏静，花性通灵质岂顽。

昨夜东皇下褒诏，黄中一语是双关。

鲛宫肥婢亦仙乎，趁逐西施泛五湖。

薤本圆如螺带甲，花胎清似蚌含珠。

春风倍长金膏价，岁兆应传玉殿胪。

莫是骑鲸人醉倒，莲灯双照小胥扶。

娟娟静女伴幽窗，依约前身近钓矶。

倚石数丛勤换水①，出门一笑欲横江。

持来宁止金杯一，拥处都成玉剑双。

汝作花身花有语，载花汝即木兰艭。

莫漫汀洲采白苹，莲杯麝火暖围春。

流苏帐里佳公子，璕瑁斋期善女人。

借汝秋波②贻水母，笑他团体结花神。

由来色味江南胜，不分衡行直到秦。

自注：①吾乡綦蟹者。一盆一蟹，水日一易，养水仙亦然。

②秋波：一作明眸。

三咏螃蟹水仙

金不嫌寒玉不瑕，画中添足写秋蛇。

真妃旧跨红鳞鲤，公主新妆白角鰕。

子固题诗真健者①，苏门落墨亦仙家②。

福闽谁建监州节③，除是寒梅第一花。

吞花卧酒笑钱昆，二美能兼亦宿因。

环佩九天来使者④，科名一甲许仙人。

宓妃误入横行梦，吏部能成著手春。

雕刻物情师造化，凤城花事太翻新。

巧傍春盘欲就糖，亦如秋圃助行觞。

娱人好在茶生眼，醉汝曾无酒入肠。

琴几落花休败漆⑤，屏风得蒜更思姜⑥。

园翁夜织湘筠籁，拂晓名花赠一筐。

谁为王者起生祠？秋菊寒泉荐亦宜。

祇许为霜青女配，休令嚼雪道人知。

叶无横侧都如剑，瓣有尖团总换诗。

一曲阳春谁和得？杯螯来共使君持⑦。

自注：①子固：善画水仙。

②苏门：即指螃蟹。

③水仙以福州爲盛。

④使者：蟹为江湖使者。

⑤蟹能败漆。

⑥水仙名雅蒜，姜蒜挂屏风事见《南史》。

⑦此题同社皆阁笔，故戏之。

四咏螃蟹水仙

横江卿亦是花王，吴带曹衣改劲装。

玉琢楚钳赠交甫，绣成越甲被夷光。
淡妆雅爱灯相照，瑶草真如稻有芒。
曾记玉人秋浦住，梦魂夜夜落渔庄。

水中见汝得香材，趁逐江南橘柚来。
璨蛣腹中怜玉孕，瘦鲛背上指花开。
夜凉弹醒龙香拨，岁晚交深蝶瓣梅。
风骨横秋今不用，褰裾直上是瑶台。

莫随鰕菜上闲亭，石畔幽花几翦青。
好处天然在风味，梦中人立亦娉婷。
置之几案谁逢怒？盛以琉璃不忌腥。
乞与石华裁广袖，随风珠沫堕星星。

承筐有女侍幨帷，石铫新汤试一炊。
齐宋名姝魴共鲤，矾梅香友蚿怜夔。
乍回西子秋波眼，真画南朝混沌眉。
比似赏花钓鱼宴，东皇亲与赐今罍。

五咏螃蟹水仙

鰕须谁织却寒帘，难得香和色味兼。
酒后颇闻思橘醋，花时惜未下梅盐。
生机动极翻成静，秀屬团多亦有尖。
竹火笼边寻旧玉，化爲琴爪一双箝。

俊物安能冷眼看，冰天欲得热肠难。
未须就火知春暖，不敢吞花畏性寒。
逸态肯令赵王见，落英羞佐楚人餐。
欲求异貌同心侣，更有蟛梅及魷兰。

元宵火树照花开，金盏浓氲供玉台。
狮子糖边春女就，凤皇灯下玉妃来。
不胜甲胄非英媛，能吐珠玑即使才。
清异录中求比附，葡萄珠帐草龙回。

出泥不染冠羣芳，汤沐犹应赐内黄。

赠子以言须吏部，相君之背亦真王。
清同屈子糟难啜，美遇相如嫁不妨。
解得春醒消得恨，鲥鱼无骨海棠香。

六咏螃蟹水仙

分明郭索近琴牀，乐府重翻八宝妆。
试翦分来江上水，输芒窃得海南香。
颇烦花鸟雕青手，别有蝉蛇蜕壳方。
游戏人间踏烟浪，请看鸳背玉卮娘。

错认芦花雪一枝，深怜秋鞠不同时。
敷来蛎粉香尤酽，惊出骊珠爪不遗。
物象灵奇参化境，匠心穿凿出仙姿。
一丛艳玉春天雪，蝉螓昏昏哪得知。

家住吴江复楚江，浪头石角漫春撞。
一帆借鲎游香海，羣卉如鱼是小邦。
黄玉琢成杯填几，青罗裁以翦刀双。
红闺误认蜘蛛落，报喜争开玉女窗。

生香活色两相兼，花姬求沽价不廉。
学士餐芳无碍舌，娇儿弄水不忧钳。
湖祠合配黄金蠡，仙道终成白玉蟾。
络绎名香供服御，亦如四腿两裙添。

七咏螃蟹水仙

岁筵桂醑伴椒浆，蘸雪何虞食指僵。
绝似花钗插螺髻，几曾叶剑出鱼肠。
菰芦生长原吴产，兰橘筳和亦楚香。
戒我蟳蚌勿多食，斲金爲瑑玉爲梁。

移根换叶两依依，宠诏春宫拜紫泥。
祇觉香脐胜麝麕，莫将雪领误蝤蛴。
仙郎左掌仍擎酒，处子东邻好乞醯。
玉女盆中相对峙，也随金鸭学双栖。

瑶台月下见清容，忺在芦根浅水逢。
娘子有军能敌虎，美人新嫁拟乘龙。
檀心密吐珠无数，花箭平穿甲几重。
可但九秋说豪健，修成黄白历春冬。

蜗庐深闭赏孤芳，着汝蟾蠩砚注旁。
微步信知春有脚，怀人谁谓女无筐。
香添老眼三分雾，玉鍊娇容九月霜。
一种游龙好风态，洛妃终是近昭阳。

伦攸叙 (1849～1944)字彝轩，晚号渚北愚叟，山东莒城人。十四岁童试得魁，郡试连捷入泮。离乡设馆课堂，靠束脩养家。

水仙花

芳谱名花仙界人，水晶宫里唤真真。
轻盈恰似凌波句，洁净浑疑出浴身。
汉女可曾联凤契，洛神定与结前因。
生平不谓红尘住，沅芷澧兰许作邻。

李天锡 (1850～?)字光九，号耀初，贵州贵筑人。

水 仙

坚冰冻雪结良因，蜂蝶难寻净洁身。
淡淡馨香惟耐冷，亭亭风骨不知春。
愿随泉石偕栖隐，岂为寒暄易性真。
秀质凌波魁洛水，牡丹应愧太精神。

谈人格 (约1850～?)字孚远，号笠生，江苏高邮人，工诗。同治(1870)江南优贡第一名，历任赣榆教谕。光绪(1888)中举，主讲珠湖书院。

徵 招 客斋水仙花①

游仙梦忽惊寒断，香来若近还远。渺渺步凌波，认袜罗尘满。参差排玉琯。岂遥忆、吹笙芳伴。月落安归，水流空迅，岁华都晚。

幽馆。对花斟，人初醉，斗觉离愁难遣。一样惜飘零，问孤根谁翦。东风看又转。只蓬阆、几时能返？待通词，仍属陈王，怕濡毫先懒。

注：①客斋：李天馥(1637～1699)号，字湘北，顺治进士，官至吏部尚书，武英殿大学士。《平定朔漠方略》总裁。

许 琼 (1852～?)女，字榴仙，永嘉(今浙江温州)人。

画水仙

含香体素绝纤尘，写出丰姿淡有神。
一片冰魂无处觅，只应姑射是前身。

陈三立 (1853～1937)字伯严，号散源，江西义宁(修水县)人，光绪(1889)进士，授吏部主事。

咏盆水仙花

素标娉态盛根芽，升降骚魂处士家。
莫向江边问梅发，雪中天地倚孤花。

盆玩水仙

吐雨吞晴雁背天，春阴轻织画廊前。
断肠魂匿涪翁案，隔第山砚更自怜。
炉火微微不上眉，冷磬孤发睡魔知。
客喧毡位瞠无对，笑指神人凝雪肌。

李传元 (1854～?)字橘农，号净岩，新阳(江苏昆山)人。光绪进士，授编修，累官浙江提法使。

洞仙歌 水仙

一枝轻举，便亭亭烟表。屋角风微暗香小。看琼肌孕粉，鸦额涂黄，垂首舞、还恐曲终人杳。 翩跹冰雪里。怕见春回，何事东风被花恼。调护费心情，秀石新瓷，终不似、山中泉好。最堪惜、凌波半开时，已纤手擎将，钗头紧裹。

许南英
（1855～1917）字子蕴，号蕴白，祖籍广东揭阳。光绪（1890）进士，任阳江同知，1913 年任龙溪县知事。

咏盆里水仙

不随桃李斗繁华，一勺清泉养绿芽。
几度春风深酝酿，托根无地亦开花。

文廷式
（1856～1904）字希道，号其阁，江西萍乡人。光绪（1890）进士。授编修。官至侍读学士。

卜算子 水仙花

香静玉盘安，影薄银屏绕。白石清泉偶遇之。不碍花光小。 唱彻大江东，此意无人晓。若见湘皋解佩时，我自拌花恼。

凭阑人 咏水仙花

秣驷芝田经几时。袖里明珰光未已。华灯写，澹姿绰，娇饶知似谁？

朱祖谋
（1857～1931）原名孝臧，字古微，号沤尹，浙江归安人。清进士，官至侍讲学士，礼部侍郎，兼署吏部侍郎。

国香慢 为曹君直题赵子固凌波图

一帧湘魂。正捐珰水阔，泛瑟烟昏。江皋几丛憔悴，留伴灵均。日暮通词何许，有婵媛、北渚孤鶱。国香纵流落，未许东风，换土移根。 经年亡国恨，料铜盘冷透，铅泪潜痕。故宫天远，鹅管从此无春。补作宣和残谱，倩消凝、老去王孙。不成被花恼，步入鸥波，满袜秋尘。

张崇光
（1860～1918）字子勉，号鹤耶居士，广东东莞人，工书善画。

临江仙 咏水仙

水漾芝清尘不染，彼姝风度疑仙。簇骑红鲤渡江天。凌风寒翠带，微步颤珠钿。照影春波留粉本，轻躯鹤立吟边。微痕一剪淡渲烟。檀心金皱艳，粉面玉争妍。

张蝶圣
（1862～1900）字祥光，号子才。工诗。

学耕堂看水仙花会 二首

会聚皇冠称耦耕，寒泉荐合瓣香盟。
地邻水竹开图画，花亦矾梅结弟兄。
昨夜珊洲遗玉佩，何来风榭辨琴声。
华灯似昼蒸花气，谁独凭轩看月明。

我知四十九年非，浪迹萍踪尚未归。
愧对名花无骨格，自锄凡草养心机。
他乡有女书千里，到处为家月一围。
忧国忧民全不配，勉寻乐趣看菜衣。

朱凤翱
（1862～1937）字瑞岐，号飞舞。生山东莒城书香世家，少壮时游学鲁、苏、冀名城，广交名士。后为学堂执教。

水仙花

岸芷汀兰伴不多，前身原是托微波。
瘦生格调清如许，新浴精神冷奈何？
空色因缘怀洛女，瓣香供养祝湘娥。
琴高修得灵根活，一样水心踏踏歌。

丘逢甲
（1864～1912）名秉渊，字仙根，号蛰仙。彰化（台湾）人。光绪进士，授工部主事。"马关条约"后，为抵制割台，率义军抗日，后任南京临时政府参议员。

水仙花诗奉家君命作 二首

廿番芳信报新年，海上愁春下谪仙。
入世花偏蜕凡骨，卷帘人自荐寒泉。
双钩写韵珍遗绢，一操飞香冷素绹。
流落纵教天不管，何曾飘坠向风前。

白石清泉足雅供，赏春休倚醉颜红。
满堂金玉饶仙福，近水楼台总化工。
高绝声华香茗附，等闲出处素兰同。
年年一现天人影，不在凡花色相中。

吴秀才赠水仙花赋谢 二首

生花妙笔夺春工，莫笑金银气太浓。
网得西施肯相赠，风裳水珮出吴宫。

砚弟兰兄窗绝尘，入门便作十分春。
珊珊一片凌波影，更遣陈王赋洛神。

章　钰 （1865～1937）字式之，号坚孟，长洲（江苏苏州）人。光绪（1930）进士，官至外务部一等秘书兼京师图书馆编修。民国时任清史馆纂修。

瑶华 水仙，用草窗韵

蘅皋艳迹，芝馆灵因，悔西池轻别。清泉白石，差称得、姑射肤冰肌雪。花中君子，一般是、亭亭芳洁。好画他微步凌波，与伴秃株霜杰。

甘心纸阁芦帘，任繙遍骚经，名等梅阙。东风不管，翻迟了、多少狂蜂痴蝶。国香零落，只清净、托根堪说。尚有情、凭吊灵均，梦到湘烟湘月。

李瑞清 （1867～1920）名文洁，字仲麟，改阿梅，号梅痴，晚号清道人。江西临川人。光绪（1895）进士。入翰林。官至两江师范学堂监督兼江宁提学使。

水仙谣

霜月欲坠天如银，湘江淡霭涵空春。
宓妃盈盈隔湘水，环佩无声散琼蕊。
瑶殿欲晓云母寒，冰花玱琤垂琅玕。
雪肌玉骨不解冷，脉脉凌波弄寒影。
长安游侠诸少年，薇帐翠幕酣春眠。
只道群芳常烂漫，清苏紫腻连昏旦。
西风一夜起白苹，锦堂秀谷颓红云。
野湟寥落楚天碧，幽姿漠漠烟无迹。

杨世谦 （1870～1894）字伯伪，号怡堂，陕西醴泉人。

一枝香 水仙

帘卷湘云，眷花痕、未醒琼妃香梦。瑶簪划玉，影人绮疏初冻。罗裳粉凝。记前度、扁舟曾共。愁素袜、空解凌波，恼说琐窗清供。

水奁雾纹凉动。正仙魂欲堕，哀弦独弄。银釭晕碧，旧怨数声低送。尖风料峭，又寒蹙、六铢衫凤。漫省是、烟冷湘皋，酒销雪重。

王世相 （1870～1923）字说岩，号梦沅。以字行。甘肃兰州人。光绪（1898）进士。

五十自述并咏水仙 五首

人生百载本难期，我已光阴及半时。
早岁功名如梦觉，他年富贵有天知。
怕谈世事何须问，偶遇朋侪强作痴。
自古庸流多厚福，愿仍惜福莫矜奇。

千里多情旧友人，清风远赠一枝春。
光净柳叶丰兼润，品较梅花俊且新。
不怕脂香污色泽，偏逢腊月振精神。

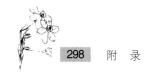

群仙何事今来此? 祝我年华五十辰。

饱经时事历艰难, 五十年来误一官。
与世无争随俗涸, 还家不远放心宽。
炎风久怯关中热, 明月偏依陇上寒。
自愧生辰何足算, 慰人两字是平安。

残念将尽又新年, 细细香霏玉几前。
一叶一花皆挺拔, 无枝无节自完全。
得来岁月筹添海, 洗去泥沙石补天。
未识先生果何许, 大书道号水中仙。

好花嫩白淡黄兼, 妙手春容十指纤。
香到琴书偏不断, 品宜闺阁又何嫌。
金盘银盏多名贵, 道骨仙装足谨严。
一种风流饶本色, 清高自在水云尖。

徐自华 （1873～1935）字寄尘, 号忏慧词人, 浙江石门人。

水仙花 二章

山泉清净净瑶盆, 小朵玲珑刻玉痕。
空谷美人谁有韵? 蕊姑仙子本同根。
冷侵诗思神偏艳, 凉到檀心骨不温。
谱入湘弦愁独抚, 大江何处是香魂?

冰霜共耐岁寒天, 冷艳清香懒斗妍。
岂此世间佳偶少, 洛神却好伴癯仙。
共斗婵娟不肯降, 雅人清友两无双。
评章却笑梅花俗, 当日如何聘海棠。

水仙花 二首

娉婷影凝洛川神, 冰骨仙姿淡不春。
怪道凌波波亦艳, 铮袍捉月是前身。

众芳凋落玉葩开, 水面仙娥合友梅。

最好空庭明月里, 对花人立小瑶台。

秋 瑾 （1875～1907）原名闺瑾, 字璿卿, 号旦吾, 浙江绍兴人。留学日本, 加入同盟会, 浙江分会主盟人。组织光复军, 于浙皖起义, 事泄被捕遇害。

水仙花

洛浦凌波女, 临风倦眼开。
瓣疑呈平盏, 根是谪瑶台。
嫩白应欺雪, 清香不让梅。
余生为花僻, 对此日徘徊。

陈衡恪 （1876～1923）字师曾, 号槐堂, 江西义宁（修水）人。毕业于日本高等师范学校。曾任北京美术学校, 美术专门学校国画教授。

解连环 为公湛画水仙, 并题用清真韵

素根聊托。怅潆洄别浦, 寸心绵邈。试睡起、慵展晶奁, 但颦蹙月寒, 梦移春薄。画桨来迟, 正弧守、幽窗笑索。定冰姿恨隔, 不共丽人, 细评花药。

湘皋近来自若。想轻裳暗掣, 香送天角。甚乱云、渐阻相思, 忍付与瑶环, 怨期闲却。净洗铅痕, 稳伴取、烟条珠萼。怕荒汀、夜风似剪, 点波泪落。

王国维 （1877～1928）初名国桢, 字静安, 号观堂, 浙江海宁人。光绪年间任学部图书馆编辑, 中华民国十二年（1923）, 应溥仪之聘, 任南书房行走等职。

卜算子 水仙

罗袜悄无尘, 金屋浑难贮。月底溪边一晌看, 便恐凌波去。 独自惜幽芳, 不敢矜迟莫。却笑孤山万树梅, 狼藉花如许。

范浣浦　为康熙时人士。

水仙花

霓裳翠袖翦吴绫，烟雾轻笼弱不胜。
绰有风神凌海峤，怜他冷艳断春冰。
银盘皎洁还疑雪，金盏娇娆好试灯。
拟与梅花同配食，水仙王庙最相应。

卢希孟　清朝人士。

水仙花

奚事谪人间，微波艳玉颜。
神疑来洛浦，人岂隔蓬山？
腊月梅同供，迎年橘可班。
排当盆盎侧，一勺汲溪湾。

刘令右　字伊只，安徽阜阳人。

天仙子　咏水仙

高下鹭鸶三十只。水田漠漠秧深碧。晶盘黏粟影玲珑，呈瑶席。香尘辟。墨海屏山随所历。

李心敬　女，字一铭，江苏上海县（今属上海市）人。梧州知府李宗袁女。

水仙花

名花高洁独称仙，素质亭亭出自然。
绝似湘滨留玉珮，天寒翠袖倚婵娟。

陈　枋　字次山，江苏宜兴人，陈于太曾孙。

瑶花幔　咏戴树昆斋头水仙花

君家门外，雪洒轻舟，第一番风乍。碧丛冷蕊，看半坼，开到烧灯未谢。蕙心纨质，是南国当年娇冶。压乌皮几上红蒅，随意攲斜满架。

帘漪不卷湘波，最眇眇愁予，隔水如话。花花叶叶，似采得翠羽珠珰盈把。蘅皋人杳，须种傍玉镂枕亚。梦回时气若幽兰，仿佛袜尘来也。

陈祖虞　清朝人士。

水仙花

脉脉娟娟可奈何？真成微步欲凌波。
莫教一夜骑鱼去，香月香云引恨多。

陈紫婉　清朝人士。

虞美人　咏水仙

湘灵解佩凌波去。都是留春住。替他欢喜替他愁。也并梅花一处、梦罗浮。　天生修洁天生冷。小坐明妆靓。十分香孕碧琉璃。除却窗前明月、没人知。

林孝策　清朝人士。

雅蒜　二首

银蒜响铮纵，开帘见大江。
叶元殊韭薤，花可俪兰茳。
千瓣玲珑玉，重台窈宨瑭。
梅兄砚弟外，超绝欲无双。

生自女儿湾，寒香上髻鬟。
细培倾瓿雪，清供称盆山。
砚弟梅兄外，冰儇玉贩间。
凌波见罗袜，一笑蔑尘寰。

林孝曾　清朝人士。

水仙花

砚弟梅兄外，灵根若是班。
何时披缟素，小谪下尘寰？
盆石三生契，屏风一角山。
寒香薰几席，相对破愁颜。

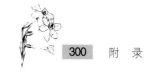

周治鼇　清朝人士。

水仙花

闲骑赤鲤过蓬莱，吹堕人间意自猜。

素袜几时乘雾去，春风昨夜踏波来。

魂飞洛浦魂应断，瑟冷湘江首重回。

独倚明窗共谁语？暗香须索老梅开。

南歌子　病中对水仙

旭日开冰镜，微风暖玉柯。雪晴庭院喜春和。可奈年衰心倦、病如何。　梦醒莲筹促，愁深竹叶多。盈盈无语助清歌。应信惊鸿仙袂、乍凌波。

朝中措　咏水仙

袜罗轻曳水波寒。纹石倚巉岏。伴我孤灯细照，赁谁一曲轻弹。

金尊慢酌，清吟欲和，解语应难。待到三更梦里，浮杯共渡江干。

金若兰　清朝人士。

水仙花

渺渺江波漠漠烟，瑶华风格自天然。

灵均不作长沙死，更有何人吊水仙？

徐大镛　清朝人士。

满庭芳　水仙

搓玉成肌，镂冰作骨，藐姑仙子初逢。凌波微步，又似洛川踪。所托清泉白石，冷香浸、高洁谁同？相辉映，梅兄砚弟，品定自涪翁。

仙风，还应藉，瑶琴弹出，雅操三终。笑银台金盏，刻意形容。底事求诸色相，清净域、色相皆空。参妙谛，前身今日，流水月明中。

程启衡　清朝人士。

水仙花

雪案绮窗间，亭亭净莫攀。

潭生饶色相，盆供最清闲。

孝子传遗种，群生许列班。

蟹形看柳叶，戕贼任人寰。

传同人　清朝人士。

水仙花

南园雪后一花无，独有仙人风韵殊。

砚弟梅兄知忆否？凌波罗袜正清癯。

樊景升　清朝人士。

台城路　水仙花

姗姗环佩铢衣细，凌波恍逢微步。镂玉为肌，裁冰作骨，罗襟轻无纤土。芳心一缕。待谱入湘弦，旧愁谁诉？棐几香清，午窗闲咏洛神赋。　婵娟风韵绝世，恁苔肥石瘦，岑寂如许。淡影灯前，新妆镜畔，倩女离魂何处？明珰翠羽。想梦断黄陵，几番烟雨。更荐寒泉，小梅花半吐。

濮贤娜　女，清朝人士，江苏溧水县人，工诗词。

菩萨蛮　题画水仙梅花

清泉倒浸黄昏月，一般冷艳夸双绝。姑射幻飞仙，美人刚并肩。

孤山山下路，蹀躞凌波步。红点寿阳妆，贴花金盏黄。

后　记

1980 年在安徽农业大学森林利用学院时，我们曾向安徽省科委申报《花卉辐射育种研究》课题立项。本书对中国水仙的研究，是其中一个组成部分。该研究研制开发的"浓香矮化型中国水仙"新类型产品，在 1996 年取得国家发明专利权，1997 年又获得中国花卉第四届博览会科技进步奖。

此后，又在国家林业局 948 项目、科技部 863 项目支持下，以《珍贵花卉栽培技术创新》、《中国水仙分子和细胞高效育种技术与品种创新》项目为基础，继续深度探索研究中国水仙传统历史文化与栽培史、水养史、利用史等，以及中国水仙种质资源、现代栽培技术、育种、芳香成分检测与人体健康等产业化开发的研究和实践，致力于打造新时代中国园林草本花卉精品。《中国水仙》一书编著出版的目的，在于传承和弘扬中国传统优秀花卉文化，生态文明，以及交流栽培技术和科研成果。

中华文化和中华情结深厚依附，交织成为深入研究与不懈探索的不竭动力。遍阅旧史，涉猎上古文字，游意经史子集琴艺，探究溯源中国水仙名称以及与古中医药、古代兵器制造、中华饮食文化、古琴文化、中国图腾文化、中国道教伦理之间相互影响和发展等多方面文献古籍、考古、出土实物。

中国水仙是华夏大地上唯一受到华夏族集团图腾共主崇拜土生土长的花卉植物。在西周初期铸造的青铜礼器铭文中出现水养在盘中水仙鳞茎"鬲"字图案。古人在一年一度年祀时，高举盆中水养开花的中国水仙，恭敬放在贡案上，作为"岁朝清供"珍品，奉献先祖。

冷兵器时代，中国水仙还位居于国家重要战略植物资源。水仙鳞茎顶端与叶片连接处（花农俗称为"冶口"）是鳞茎展叶抽葶的出口通道。在水养水仙时，经常会发现"冶口"常被胶汁黏住，球茎虽经许多天在水中浸泡，但其叶未能抽出，形成如花农所说的"穿底"现象，即叶与花葶生长顺着鳞片层间从鳞茎盘底部穿出，甚至闷在里面不能破出。因此，应及时从鳞茎顶部两侧各斜切两刀，帮助叶抽出。时至今日，福建沿海居民称中国水仙鳞茎为"粘粘头"、"万人友",仍沿用老法提取胶汁,调和成胶水粘贴"风筝"以及作为粘结剂用于碑刻或石版胶印缺损修补。可见,中国水仙鳞茎胶汁调制形成的粘结剂具有粘结牢固,且不怕雨水浸泡的独特神奇特性。胶为制弓六种材料之一,列为古代兵器战略物资而严加保密和禁运。

参加本书研究、收集资料、编写工作的人员还有于 1980 年就参加本课题研究工作的安徽农业大学江守和高级工程师,以及国际竹藤中心高健研究员,中国林业科学研究院王雁研究员,河北农业大学陈段芬教授,北京林业大学赵惠恩副教授,中国林业科学研究院郑宝强博士,国际竹藤中心马艳军、彭爱铭博士,广东体育职业学院卢起教授等,在此一并表示感谢。

历时三年六易其稿之后,这本书总算得以脱稿付梓了。本书的出版承蒙中国林业出版社的各位编辑的敬业和专注。

由于本研究工作的开创性和前瞻性,许多方面的研究尚属于探索,欢迎各有关专家和同仁交流与指正。

谨以此书献给所有喜爱中国水仙的人们!

江泽慧　彭镇华